技能应用速成系列

MATLAB 基础应用与数学建模

田 栋 编著

电子工业出版社
Publishing House of Electronics Industry
北京·BEIJING

内 容 简 介

本书系统介绍了MATLAB在科学计算、数据分析和数学建模中的应用，从MATLAB基础操作逐步深入到程序设计、数据可视化、数学建模等多个方面，旨在帮助读者全面掌握MATLAB的强大功能，解决工程和技术领域中的复杂问题。

全书共12章，包括MATLAB基础知识和数学建模两部分。其中，MATLAB基础知识部分包括工作环境、运算概念和程序设计，帮助读者夯实编程基础，并通过数据可视化与专业图形绘制，提升科学展示能力；数学建模部分重点讲解数学建模中的实际应用，涵盖符号运算、数值计算、数据分析、微分方程、优化计算及图论算法等，为读者提供了丰富的建模工具和技术支持。

本书以实用为目标，深入浅出，示例引导，讲解翔实，适合作为高等院校理工科本科生、研究生的教学用书，也可作为广大科研工程技术人员的参考用书。通过本书的学习，读者能够掌握MATLAB的基础知识并应用这些知识解决复杂的数学建模问题。

未经许可，不得以任何方式复制或抄袭本书之部分或全部内容。
版权所有，侵权必究。

图书在版编目（CIP）数据

MATLAB基础应用与数学建模 / 田栋编著. -- 北京：电子工业出版社, 2025. 3. --（技能应用速成系列）.

ISBN 978-7-121-49889-3

Ⅰ. TP317

中国国家版本馆CIP数据核字第2025MT4172号

责任编辑：许存权
印　　刷：三河市鑫金马印装有限公司
装　　订：三河市鑫金马印装有限公司
出版发行：电子工业出版社
　　　　　北京市海淀区万寿路173信箱　　邮编：100036
开　　本：787×1092　1/16　印张：25.75　字数：659千字
版　　次：2025年3月第1版
印　　次：2025年3月第1次印刷
定　　价：89.00元

凡所购买电子工业出版社图书有缺损问题，请向购买书店调换。若书店售缺，请与本社发行部联系，联系及邮购电话：(010) 88254888，88258888。

质量投诉请发邮件至 zlts@phei.com.cn，盗版侵权举报请发邮件至 dbqq@phei.com.cn。

本书咨询联系方式：(010) 88254484，xucq@phei.com.cn。

前　言

MATLAB，即矩阵实验室（MATrix LABoratory），自诞生以来，已成为全球科研、工程与教育领域的重要工具，尤其在数学建模中具有广泛应用。MATLAB 不仅为科研工作者提供了强大的计算平台，还为高校学生提供了学习和实践建模的便捷环境。在全国大学生数学建模竞赛中，MATLAB 已成为常用的软件之一，帮助参赛者解决复杂的优化问题、数据分析问题和仿真建模问题。通过 MATLAB，学生不仅能够构建高效的数学模型，还能直观地验证其结果，从而在竞赛中脱颖而出。

本书基于 MATLAB R2024a 编写，旨在系统介绍 MATLAB 的基础操作及其在数学建模中的实际应用。通过示例与理论相结合，帮助读者从零开始掌握 MATLAB，并通过逐步深入的学习过程提升在工程、科学和技术领域解决复杂问题的能力。

本书由浅入深，循序渐进，从 MATLAB 的工作环境和基础知识讲起，通过程序设计、数据可视化等核心内容，逐步过渡到符号运算、数值计算、优化计算和图论算法，覆盖了 MATLAB 的广泛应用场景。本书特别关注 MATLAB 在数学建模中的应用，涵盖从基础运算到高级算法的内容，帮助读者应对包括全国大学生数学建模竞赛在内的实际挑战。

1. 本书特点

由浅入深，循序渐进：本书面向 MATLAB 初学者及有一定基础的读者，从基础知识开始，逐步引导读者深入了解程序设计、数据可视化及数学建模等相关内容。配有详细的操作步骤与示例，帮助读者迅速掌握 MATLAB 的应用技巧。

步骤详尽，内容丰富：结合作者多年的实践经验，书中每个操作步骤都详尽描述，并辅以示例和图片，以确保读者能够顺利学习 MATLAB 的各种功能。本书内容涵盖广泛的应用领域，包括数据分析、优化计算和科学展示。

示例典型，易学易用：书中的示例覆盖了科学研究与工程应用中的常见问题，通过这些实操案例，读者能够轻松掌握 MATLAB 在建模、数据处理及数值计算中的实际应用。

视频教学与书本结合：本书的一大亮点是提供了教学视频，帮助读者通过多种学习方式掌握数学建模的关键技能。视频中详细演示了各类模型的构建与 MATLAB 的操作流程，提升了读者的学习体验。

注重数学建模能力培养：本书不仅教授 MATLAB 的使用技巧，更专注于提升读者的数学建模能力。通过学习 MATLAB 中的算法与工具，读者将能够解决复杂的建模问题，特别是为全国大学生数学建模竞赛等实际应用场景做好准备。

2．本书内容

本书基于 MATLAB R2024a 编写，内容分为 MATLAB 基础知识与数学建模应用两大部分。通过本书的学习，读者将能够从基础入手，逐步提升 MATLAB 的应用能力。

第一部分主要介绍 MATLAB 的基础知识，涵盖 MATLAB 的工作环境、基本概念、运算符使用及如何编写和优化程序。通过这些内容，读者将能熟练掌握 MATLAB 的基本功能和编程结构。本部分还特别针对数据可视化和专业图形绘制进行了详细讲解，读者将学会绘制二维、三维图形，并掌握其在科学展示中的应用。章节安排如下：

第 1 章　初识 MATLAB	第 2 章　MATLAB 基础
第 3 章　程序设计	第 4 章　数据可视化
第 5 章　专业绘图	第 6 章　函数概览

第二部分重点讲解数学建模及其在实际问题中的应用，涵盖符号运算、数值计算等核心内容。通过这一部分，读者将深入学习如何利用 MATLAB 进行符号运算、矩阵运算、方程求解等，并探索其在数据分析、微分方程求解、优化计算及图论算法中的广泛应用。本书为读者提供了丰富的建模工具和技术支持，帮助读者解决复杂的建模问题。章节安排如下：

第 7 章　符号运算	第 8 章　数值计算
第 9 章　数据分析	第 10 章　微分方程
第 11 章　优化计算	第 12 章　图论算法

本书配套的数据文件等素材收录在百度云盘中，视频文件在哔哩哔哩分享，读者访问"算法仿真"公众号（回复：202400230）可以获取配套代码等素材文件的下载链接。

3．读者对象

本书通过系统化的内容与示例，帮助读者快速掌握 MATLAB 及其在数学建模中的应用，为解决工程、科学及技术领域的复杂问题提供强大支持。本书适合各类 MATLAB 学习者与从业人员阅读，具体包括：

★ 科研人员：从事科学研究、数据分析的相关从业人员。
★ 学生与教师：理工科院校的本科生、研究生及相关课程教师。
★ 工程技术人员：希望提升建模与仿真能力的 MATLAB 用户。
★ MATLAB 爱好者：对 MATLAB 编程和数学建模感兴趣的读者。

4．读者服务

为了便于解决本书的疑难问题，读者在学习过程中如遇到与本书有关的技术问题，可以通过访问"算法仿真"公众号或加入 QQ 群（816137096）获取帮助。

MATLAB 本就是一个庞大的资源库和知识库，本书所述难窥其全貌，虽然在本书的编写过程中力求叙述准确、完善，但由于编者水平有限，书中欠妥之处在所难免，希望读者和同人能够及时指出，编者致以衷心的感谢。

特别说明：书中对图表和程序代码进行说明时，相关字母的字体保持与图表和程序代码一致，不区分正斜体、黑白体等。

最后感谢您购买本书，希望本书能成为您应用 MATLAB 进行科学研究的启蒙之作。

目 录

第 1 章 初识 MATLAB 1
1.1 MATLAB 简介 1
1.2 工作环境 2
1.2.1 操作界面简介 2
1.2.2 命令行窗口 3
1.2.3 命令历史记录窗口 8
1.2.4 当前文件夹窗口和路径管理 10
1.2.5 工作区窗口和变量编辑器 13
1.2.6 M 文件编辑器 16
1.3 保存数据文件 17
1.4 帮助系统 18
1.4.1 纯文本帮助 18
1.4.2 帮助导航 19
1.4.3 示例帮助 19
1.5 本章小结 20

第 2 章 MATLAB 基础 21
2.1 基本概念 21
2.1.1 数据类型概述 21
2.1.2 整数类型（整数型） 22
2.1.3 浮点数类型（浮点数型） 24
2.1.4 复数 26
2.1.5 无穷量和非数值量（NaN） 26
2.1.6 确定数值类型的函数 27
2.1.7 常量与变量 28
2.1.8 标量、向量、矩阵与数组 29
2.1.9 字符串 30
2.1.10 命令、函数、表达式和语句 30
2.2 运算符 31
2.2.1 算术运算符 31
2.2.2 关系运算符 32
2.2.3 逻辑运算符 33
2.2.4 运算符优先级 34
2.3 向量运算 35
2.3.1 生成向量 35
2.3.2 向量加减和数乘 37
2.3.3 向量的点积与叉积 39
2.4 矩阵运算 40
2.4.1 矩阵元素的存储次序 41
2.4.2 矩阵元素的表示及操作 41
2.4.3 创建矩阵 44
2.4.4 矩阵的代数运算 53
2.5 字符串运算 62
2.5.1 字符串变量与一维字符数组 62
2.5.2 对字符串的多项操作 63
2.5.3 二维字符数组 65
2.6 本章小结 67

第 3 章 程序设计 68
3.1 程序结构 68
3.1.1 顺序结构 68

	3.1.2 if 分支结构 69
	3.1.3 switch 分支结构 71
	3.1.4 for 循环结构 72
	3.1.5 while 循环结构 75
3.2	控制语句或函数 76
	3.2.1 continue 语句 76
	3.2.2 break 语句 77
	3.2.3 return 语句 78
	3.2.4 input 语句 78
	3.2.5 disp 语句 79
	3.2.6 keyboard 语句 79
	3.2.7 error 函数和 warning 函数 80
3.3	程序调试 81
	3.3.1 直接调试法 81
	3.3.2 工具调试法 82
	3.3.3 程序调试命令 84
	3.3.4 程序剖析 85
3.4	程序优化 88
	3.4.1 程序分析工具 88
	3.4.2 效率优化（时间优化） 90
	3.4.3 内存优化（空间优化） 91
	3.4.4 编程注意事项 96
3.5	本章小结 97

第4章 数据可视化 98

4.1	图窗 98
	4.1.1 创建图窗 98
	4.1.2 关闭与清除图窗 99
	4.1.3 图形可视编辑 99
4.2	二维图形绘制 100
	4.2.1 二维曲线 101
	4.2.2 离散序列图 102
	4.2.3 其他二维图 104
	4.2.4 二维图形修饰 107
	4.2.5 子图 109
4.3	三维图形绘制 111
	4.3.1 基本绘图命令 111
	4.3.2 三维曲面图 112
	4.3.3 标准三维曲面 116
	4.3.4 三维图形视角变换 118

	4.3.5 其他图形函数 119
4.4	函数绘制 121
	4.4.1 一元函数绘图 121
	4.4.2 二元函数绘图 122
4.5	图像 124
	4.5.1 图像的类别和显示 124
	4.5.2 图像的读写 126
4.6	图形对象及其属性 127
	4.6.1 图形对象 127
	4.6.2 句柄 129
	4.6.3 属性获取与设定 130
	4.6.4 常用属性 131
4.7	本章小结 133

第5章 专业绘图 134

5.1	线图 134
	5.1.1 阶梯图 134
	5.1.2 含误差条的线图 135
	5.1.3 面积图 136
	5.1.4 堆叠线图 137
	5.1.5 等高线图 139
5.2	散点图和平行坐标图 140
	5.2.1 散点图 141
	5.2.2 三维散点图 143
	5.2.3 分 bin 散点图 144
	5.2.4 带直方图的散点图 145
	5.2.5 散点图矩阵 147
	5.2.6 平行坐标图 149
5.3	总体部分图及热图 151
	5.3.1 气泡云图 151
	5.3.2 词云图 152
	5.3.3 饼图 153
	5.3.4 三维饼图 154
	5.3.5 热图 155
5.4	离散数据图 157
	5.4.1 条形图 157
	5.4.2 三维条形图 158
	5.4.3 帕累托图 159
	5.4.4 茎图（离散序列图） 160
	5.4.5 三维离散序列图 162

- 5.5 分布图 163
  - 5.5.1 直方图 163
  - 5.5.2 条形图 164
  - 5.5.3 二元直方图 166
  - 5.5.4 箱线图 167
  - 5.5.5 分簇散点图 170
  - 5.5.6 三维分簇散点图 173
  - 5.5.7 气泡图 175
- 5.6 本章小结 176

第6章 函数概览 177
- 6.1 M 文件 177
  - 6.1.1 M 文件概述 177
  - 6.1.2 局部变量与全局变量 178
  - 6.1.3 编辑与运行 M 文件 179
  - 6.1.4 脚本文件 181
  - 6.1.5 函数文件 181
  - 6.1.6 函数调用 183
- 6.2 函数类型 187
  - 6.2.1 匿名函数 187
  - 6.2.2 M 文件主函数 188
  - 6.2.3 嵌套函数 188
  - 6.2.4 子函数 189
  - 6.2.5 私有函数 190
  - 6.2.6 重载函数 190
- 6.3 函数参数传递 190
  - 6.3.1 参数传递概述 190
  - 6.3.2 输入、输出参数的数目 191
  - 6.3.3 可变数目的参数传递 192
  - 6.3.4 返回被修改的输入参数 193
  - 6.3.5 全局变量 194
- 6.4 初等数学函数 195
  - 6.4.1 三角函数 195
  - 6.4.2 指数和对数函数 196
  - 6.4.3 复数函数 197
- 6.5 本章小结 199

第7章 符号运算 200
- 7.1 符号运算基本概念 200
  - 7.1.1 符号对象 200
  - 7.1.2 创建符号对象 201
  - 7.1.3 符号常量 203
  - 7.1.4 符号变量 203
  - 7.1.5 符号表达式 204
  - 7.1.6 符号矩阵 205
  - 7.1.7 确定符号变量 206
- 7.2 基本符号运算 207
  - 7.2.1 符号变量代换 207
  - 7.2.2 符号对象类型转换 209
  - 7.2.3 符号表达式化简 212
  - 7.2.4 复合函数运算 215
  - 7.2.5 反函数运算 216
- 7.3 符号微积分 216
  - 7.3.1 求极限运算 217
  - 7.3.2 微分运算 219
  - 7.3.3 积分运算 219
- 7.4 符号矩阵运算 221
  - 7.4.1 创建与访问 221
  - 7.4.2 符号矩阵基本运算 224
  - 7.4.3 微分与积分 229
  - 7.4.4 Laplace 变换 230
- 7.5 符号方程 230
  - 7.5.1 符号代数方程求解 231
  - 7.5.2 符号微分方程求解 232
- 7.6 符号函数图形计算器 235
  - 7.6.1 操作界面 235
  - 7.6.2 输入框操作 236
  - 7.6.3 按钮的功能 236
- 7.7 本章小结 237

第8章 数值计算 238
- 8.1 矩阵分析 238
  - 8.1.1 范数 238
  - 8.1.2 2-范数估值 240
  - 8.1.3 条件数 240
  - 8.1.4 矩阵行列式 242
  - 8.1.5 化零矩阵 244
- 8.2 矩阵分解 245
  - 8.2.1 QR 分解 245
  - 8.2.2 Cholesky 分解 247

8.2.3　不完全 Cholesky 分解 249
　　8.2.4　LU 分解 251
　　8.2.5　不完全 LU 分解 252
　　8.2.6　奇异值分解 253
8.3　特征值分析 255
　　8.3.1　特征值和特征向量 255
　　8.3.2　特征值条件数 257
　　8.3.3　特征值的复数问题 258
8.4　线性方程组求解 259
　　8.4.1　矩阵相除法 259
　　8.4.2　消去法 260
8.5　函数零点求解 262
　　8.5.1　一元函数的零点 262
　　8.5.2　多元函数的零点 264
8.6　数值积分 266
　　8.6.1　一元函数数值积分 266
　　8.6.2　二重数值积分 267
　　8.6.3　三重数值积分 268
　　8.6.4　梯形法求积分 269
　　8.6.5　累积梯形法求积分 271
　　8.6.6　高斯-勒让德法求积分 272
　　8.6.7　自适应数值积分法求积分 273
8.7　本章小结 274

第 9 章　数据分析 275

9.1　插值 275
　　9.1.1　一维插值 275
　　9.1.2　二维插值 280
　　9.1.3　三维插值 282
　　9.1.4　N 维插值 283
　　9.1.5　分段插值 285
　　9.1.6　三次样条插值 287
9.2　拟合 289
　　9.2.1　多项式拟合 289
　　9.2.2　曲线、曲面拟合 292
　　9.2.3　加权最小二乘法拟合 295
9.3　交互式拟合 297
　　9.3.1　曲线拟合 298
　　9.3.2　拟合残差图形 299

　　9.3.3　数据预测 300
9.4　本章小结 301

第 10 章　微分方程 302

10.1　常微分方程 302
　　10.1.1　常微分方程概述 302
　　10.1.2　常微分方程求解 305
　　10.1.3　选择求解器 305
　　10.1.4　求解器的属性 307
　　10.1.5　求解基本过程 308
10.2　偏微分方程 315
　　10.2.1　偏微分方程概述 315
　　10.2.2　偏微分方程求解函数 316
　　10.2.3　一维 PDE 求解过程 317
　　10.2.4　PDE 方程组求解 321
10.3　本章小结 325

第 11 章　优化计算 326

11.1　基于问题的优化 326
　　11.1.1　创建优化变量 326
　　11.1.2　创建方程问题 327
　　11.1.3　创建优化问题 328
　　11.1.4　求解优化问题或方程问题 330
11.2　基于求解器的优化 336
　　11.2.1　线性规划 336
　　11.2.2　有约束非线性规划 339
　　11.2.3　无约束非线性优化 341
　　11.2.4　多目标线性规划 344
　　11.2.5　二次规划 349
11.3　最小二乘最优问题 350
　　11.3.1　约束线性最小二乘 351
　　11.3.2　非线性曲线拟合 352
　　11.3.3　非负线性最小二乘 353
11.4　本章小结 354

第 12 章　图论算法 355

12.1　图论的基本概念 355
12.2　最短路径问题 358
　　12.2.1　Dijkstra 算法 359

        12.2.2　Floyd 算法......................362
        12.2.3　两个单一节点之间的
                最短路径......................368
    12.3　行遍性问题...............................372
        12.3.1　推销员问题......................372
        12.3.2　推销员问题求解算法......374
        12.3.3　邮递员问题......................391
    12.4　最小生成树问题........................391
        12.4.1　最小生成树概述..............391
        12.4.2　求解最小生成树..............392
    12.5　最大流问题...............................394
        12.5.1　最大流问题概述..............394
        12.5.2　求解最大流......................395
    12.6　本章小结...................................397
参考文献...398

第 1 章

初识 MATLAB

MATLAB 是在国际上被广泛使用的科学与工程计算软件。本章主要介绍 MATLAB 软件的主要特点、工作环境和帮助系统，旨在使读者初步了解 MATLAB 软件。

1.1 MATLAB 简介

MATLAB 是一款全球领先的商业数学软件，集成了数值分析、矩阵计算、数据可视化及非线性动态系统建模与仿真等功能。它为用户提供了高效的计算工具，能够快速进行算法分析和仿真测试。因此，MATLAB 广泛应用于工程计算、控制系统设计、信号与图像处理、通信、金融建模等领域。

MATLAB 的核心数据类型是数组和矩阵。尽管二者在形式上相似，但运算规则不同，具体是数组还是矩阵取决于使用的运算符或函数。在 MATLAB 中，矩阵运算通常以整体方式进行，类似于线性代数中的处理方法；而数组的运算则是对每个元素逐一进行，无论是算术运算、关系运算、逻辑运算，还是函数调用。

MATLAB 的数组和矩阵操作高度简化了运算流程，尤其在处理向量和标量运算时极具优势。与传统编程语言不同，MATLAB 支持对矩阵和数组元素进行复数运算，极大拓展了其应用范围。以下是 MATLAB 的主要特点。

（1）语言简洁，编程效率高。MATLAB 通过专用的矩阵运算符，使得复杂的矩阵运算变得简单高效。用户只需编写几条语句即可实现其他编程语言中需要几十行代码才能实现的功能。此外，MATLAB 提供丰富的库函数，使编程效率大幅提升。

（2）交互性强，操作便捷。MATLAB 具备强大的交互功能，程序执行后用户可以在命令行窗口中立即看到执行结果，极大地简化了编程和调试过程，提高了开发效率。

（3）强大的绘图功能，便于数据可视化。MATLAB 不仅支持二维、三维绘图，还能生成复杂的可视化图形，使数据展示更直观，便于用户深入理解数据之间的关系。

（4）丰富的工具箱，适用于多个领域。MATLAB 提供了通用的工具箱，涵盖符号运算、仿真建模、文本处理及与硬件的实时交互等功能；还提供针对特定领域的工具箱，如优化、控制、通信、图像处理等。

（5）开放性好，便于扩展。MATLAB 具有开放性，支持用户修改现有文件、添加自己的代码或构建工具箱，以满足不同需求。

（6）强大的文件 I/O 接口和外部接口支持。MATLAB 支持对多种格式文件的读写，包括大型文本文件和压缩 MAT 文件，并提供动态加载、删除和重载 Java 类的功能，增强了与外部程序的交互性。

> 说明：本书基于 MATLAB R2024a 编写，全面介绍 MATLAB 在数值计算和建模中的应用，旨在帮助读者掌握其强大的功能并将其应用于实际问题的解决。

1.2 工作环境

MATLAB 安装完后，可将 MATLAB 的安装文件夹（默认路径为 C:\Program Files\MATLAB\R2024a\bin）中的 MATLAB.exe 应用程序添加到桌面，这样双击快捷方式图标即可打开 MATLAB 操作界面。

1.2.1 操作界面简介

MATLAB 操作界面中包含大量的交互式界面，如通用操作界面、工具包界面、帮助界面和演示界面等。

启动 MATLAB 后的操作界面如图 1-1 所示，通常包含功能区（置于选项卡下）、当前文件夹窗口、命令行窗口、工作区窗口、详细信息窗口等。

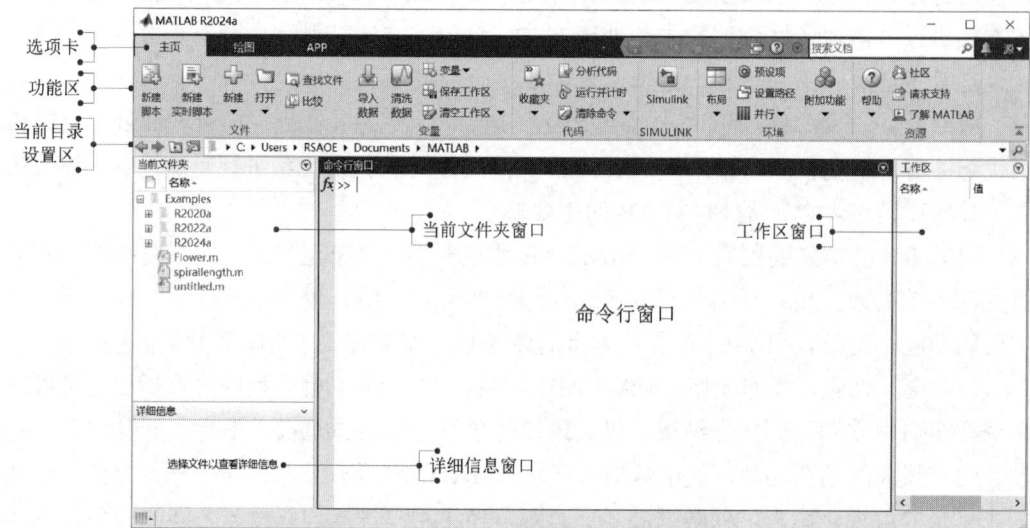

图 1-1 启动 MATLAB 后的操作界面

功能区在组成方式和内容上与其他应用软件基本相同，这里不再赘述，下面重点介绍命令行窗口、命令历史记录窗口、工作区窗口等。其中命令历史记录窗口并不显示在图 1-1 所示界面中。

1.2.2 命令行窗口

命令行窗口主要用于输入命令并即时查看结果，除用于输入 MATLAB 命令外，还可输入函数、表达式、语句及 M 文件名、MEX 文件名等，为叙述方便，将以上可输入的对象统称为语句。

MATLAB 的工作方式之一是在命令行窗口中输入语句，然后由 MATLAB 逐句解释执行并在命令行窗口中给出结果。命令行窗口可显示除图形以外的所有运算结果。

命令行窗口可从 MATLAB 主界面中分离出来，以便单独显示和操作，当然也可重新返回主界面中。分离命令行窗口的操作如下。

（1）单击窗口右上角的 （下拉菜单）按钮，在弹出的下拉菜单中选择"取消停靠"命令；若要使命令行窗口重新返回主界面中，可选择"停靠"命令。

（2）直接用鼠标将命令行窗口拖离主界面，分离的命令行窗口如图 1-2 所示。

图 1-2　分离的命令行窗口

1．命令提示符和语句颜色

在分离的命令行窗口中，每行语句前都有一个符号">>"，此即命令提示符。在此符号后（只能在此符号后）输入各种语句并按 Enter 键，这些语句即可被 MATLAB 接收和执行。执行的结果通常直接显示在语句下方。

不同类型语句用不同颜色区分。在默认情况下，输入的命令、函数、表达式及计算结果等采用黑色字体，字符串采用红色字体，if、for 等关键词采用蓝色字体，注释语句采用绿色字体。

2．编辑语句用到的快捷键

命令行窗口不仅能编辑和运行当前输入的语句，对曾经输入的语句也能进行重复调用、编辑和重运行。编辑语句用到的快捷键如表 1-1 所示。

表 1-1　编辑语句用到的快捷键

快捷键	功能	快捷键	功能
↑	向上回调以前输入的语句行	Home	使光标跳到当前行的开头
↓	向下回调以前输入的语句行	End	使光标跳到当前行的末尾
←	使光标在当前行中左移一个字符	Delete	删除当前行光标后的字符
→	使光标在当前行中右移一个字符	Backspace	删除当前行光标前的字符

> 提示：表 1-1 中的快捷键与文字处理软件中介绍的同一按键在功能上基本一致，不同点在于：在文字处理软件中是针对整个文档使用的，而在 MATLAB 命令行窗口中是以行为单位使用的。

3．语句行中使用的标点符号

在 MATLAB 中输入语句时，可能要用到各种标点符号，这些标点符号在 MATLAB 中所起的作用如表 1-2 所示。

> 提示：在向命令行窗口输入语句时，一定要在英文输入状态下输入，尤其在刚刚输入完汉字后初学者很容易忽视中英文输入状态的切换。

表 1-2　MATLAB 语句中常用的标点符号及其作用

名称	符号	作用
空格		可作为变量分隔符、矩阵的一行中各元素间的分隔符、程序语句关键词分隔符
逗号	,	分隔欲显示计算结果的各语句；可作为变量分隔符、矩阵的一行中各元素间的分隔符
点号	.	可作为数值中的小数点、结构数组的域访问符
分号	;	分隔不想显示计算结果的各语句；矩阵的行与行的分隔符
冒号	:	用于生成一维数值数组；表示一维数组的全部元素或多维数组某一维的全部元素
百分号	%	注释语句说明符，凡在其后的字符视为注释性内容而不被执行
单引号	''	字符串标识符
圆括号	()	用于矩阵元素引用；用于函数输入变量列表；确定运算的先后次序
方括号	[]	作为向量和矩阵标识符；用于函数输出列表
花括号	{}	标识细胞数组
续行号	...	长命令需分行时连接下行
赋值号	=	将表达式赋值给一个变量
at 符	@	用在函数名前形成函数句柄；用在目录名前形成用户对象类目录

4．命令行窗口中数值的显示格式

为了适应用户以不同格式显示计算结果的需要，MATLAB 为用户提供了多种数值显示格式，如表 1-3 所示。默认显示格式如下：

（1）数值为整数时，以整数显示；

（2）数值为实数时，以 short 格式显示；

（3）如果数值的有效数字位数较多，则以科学记数法显示结果。

表 1-3 命令行窗口中数值的显示格式

格式	说明	示例（数值 e）
short	短固定十进制小数格式。 保留 4 位小数，整数部分超过 3 位则用 shortE 格式表示，该格式为默认数值显示格式	>> e=exp(1) e = 　　2.7183
long	长固定十进制小数格式。 double 值保留 15 位小数，single 值保留 7 位小数。整数部分最多 2 位，否则用 longE 格式表示	>> format long >> e e = 　　2.718281828459045
short e shortE	短科学记数法。 用 1 位整数和 4 位小数表示，倍数关系用科学记数法表示成十进制指数形式	>> format shortE >> e=exp(1) e = 　　2.7183e+00
long e longE	长科学记数法。 double 值包含 15 位小数，single 值包含 7 位小数	>> format longE >> e e = 　　2.718281828459045e+00
short g shortG	短固定十进制小数格式或科学记数法（取紧凑的）。 保留 5 位有效数字，数字大小在 $10^{-5} \sim 10^5$ 之间时，自动调整数位的多少，超出该范围时用 shortE 格式表示	>> format shortG >> e=exp(1) e = 　　2.7183
long g longG	长固定十进制小数格式或科学记数法（取紧凑的）。 对于 double 值，保留 15 位有效数字，数字大小在 $10^{-15} \sim 10^{15}$ 之间时，自动调整数位多少，超出该范围时用 shortE 格式表示；对于 single 值，保留 7 位有效数字	>> format longG >> e e = 　　2.71828182845905
shortEng	短工程记数法。 包含 4 位小数，指数为 3 的倍数	>> format shortEng >> e e = 　　2.7183e+000
longEng	长工程记数法。 包含 15 位有效数字，指数为 3 的倍数	>> format longEng >> e e = 　　2.71828182845905e+000
+	正/负格式 正、负数和零分别用+、-、空格表示	>> format + >> e e = +
rational rat	小整数的比率形式 用分数有理数近似表示	>> format rat >> e e = 　　1457/536

续表

格式	说明	示例（数值 e）
hex	二进制双精度数字的十六进制表示形式	>> format hex >> e e = 4005bf0a8b145769
bank	货币格式 限两位小数，用于表示元、角、分	>> format bank >> e e = 2.72
compact	在显示结果之间没有空行的压缩格式	>> format short >> format compact >> e e = 2.7183
loose	在显示结果之间有空行的稀疏格式	>> format loose >> e e = 2.7183

> **说明**：表中最后 2 个格式为屏幕显示格式，而非数值显示格式。MATLAB 所有数值均按 IEEE 浮点标准所规定的 long 格式存储，显示的精度并不代表数值实际的存储精度，或者说数值参与运算的精度。

5. 数值显示格式的设置方法

数值显示格式的设置方法有两种。

（1）单击"主页"→"环境"→ ⚙ 预设项（预设项）按钮，在弹出的"预设项"对话框中左侧选择"命令行窗口"，在右侧进行显示格式设置，如图 1-3 所示。

（2）在命令行窗口中执行 format 命令，例如要用 long 格式显示数值，在命令行窗口中输入 format long 语句即可。在程序设计时使用该方法进行格式设定更方便。

不仅数值显示格式可以自行设置，数字和文字的字体、显示风格、大小、颜色也可由用户自定义。在"预设项"对话框左侧框中选择要设定的对象再配合相应的选项，便可对所选对象的风格、大小、颜色等进行设定。

在 MATLAB 中，如果需要临时改变数值的显示格式，则可以通过 get、set 函数来实现，下面举例加以说明。

第1章 初识 MATLAB

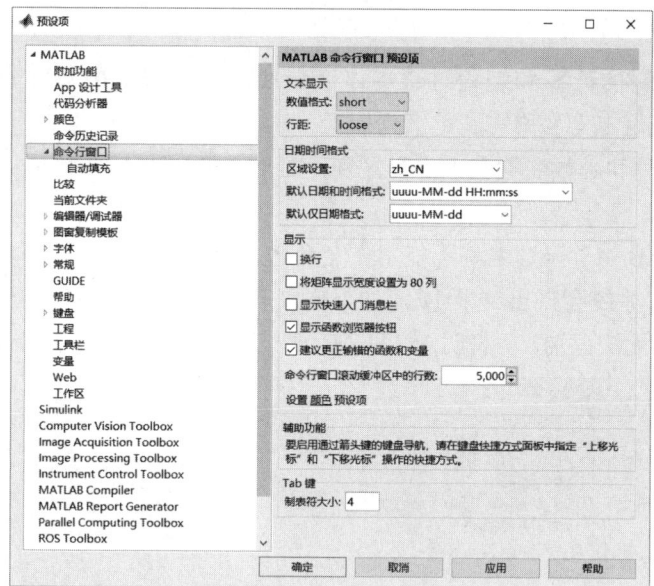

图 1-3 "预设项"对话框

【例 1-1】 通过 get、set 函数临时改变数值显示格式。

在命令行窗口中输入以下语句,并查看输出结果。

```
>> a=0;
>> aformat=get(a,'format')    % 获取当前的显示格式
aformat =
    'short'
>> format rat
>> obj_pi=pi
obj_pi =
    355/113
>> get(a,'format')
ans =
    'rational'
>> set(a,'format',aformat)    % 将显示格式重置为之前保存在变量 aformat 中的值
>> get(a,'format')
ans =
    'short'
```

6. 命令行窗口清屏

当命令行窗口中执行过许多命令后,需要对命令行窗口进行清屏操作,通常有两种方法:

- 执行"主页"→"代码"→"清除命令"→"命令行窗口"命令;
- 在命令行窗口中的提示符后直接输入 clc 语句。

以上两种方法都能清除命令行窗口中的显示内容,但这并不能清除工作区的显示内容。

7. 输入变量

在 MATLAB 的计算和编程过程中，变量和表达式都是最基础的元素。MATLAB 中为变量定义名称需满足下列规则。

（1）变量名称和函数名称有大小写区别。对于变量名称 Mu 和 mu，MATLAB 会认为是不同的变量。

（2）MATLAB 内置函数名称不能用作变量名。例如，exp 是内置的指数函数名称，如果输入 exp(0)，系统会得出结果 1；而如果输入 EXP(0)，MATLAB 会显示提示信息"函数或变量 'EXP' 无法识别。"，表明 MATLAB 无法识别 EXP 的函数名称，如图 1-4 所示。

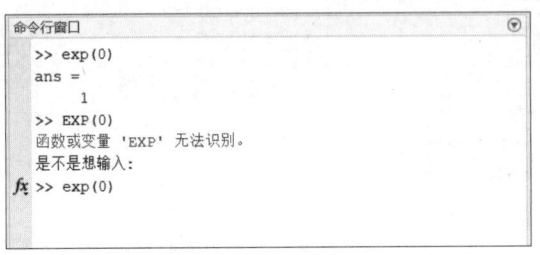

图 1-4　内置函数名称用作变量名会报错

（3）变量名称的第一个字符必须是英文字符。例如，变量 5xf、_mat 等都是不合法的变量名称。

（4）变量名称中不可以包含空格或者标点符号，但是可以包括下画线。例如，变量名称 xf_mat 是合法的。

MATLAB 对于变量名称的限制较少，建议用户在设置变量名称时考虑变量的含义。例如在 M 文件中，变量名称 outputname 比名称 a 更好理解。

在上面的变量名称定义规则中，没有限制使用 MATLAB 的预定义变量名称。建议尽量不要使用 MATLAB 预定义的变量名称。因为在每次启动 MATLAB 时，系统会自动产生这些变量，表 1-4 中列出了常见的预定义变量。

表 1-4　MATLAB 常见的预定义变量

预定义变量	含义	预定义变量	含义
ans	计算结果的默认名称	eps	计算机的零阈值
Inf（inf）	无穷大	NaN（nan）	表示结果或者变量不是数值
pi	圆周率		

1.2.3　命令历史记录窗口

命令历史记录窗口用来存放用户在命令行窗口中曾使用过的语句。其主要目的是方便用户追溯、查找曾经用过的语句，以节省编程时间。在需要重复处理长语句，或者在选择多行曾经用过的语句形成 M 文件的情况下其优势尤为明显。

在命令行窗口中按键盘中的↑方向键，即可弹出命令历史记录窗口，如同命令行窗口，也可对该窗口进行停靠、分离等操作，分离的命令历史记录窗口如图 1-5 所示，从窗口中记录的时间来看，其中存放的正是曾经使用过的语句。

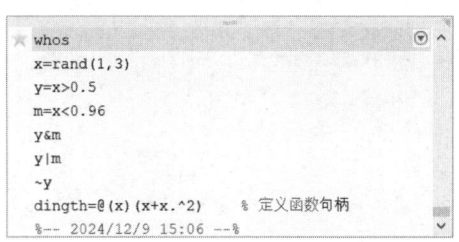

图 1-5 分离的命令历史记录窗口

对命令历史记录窗口中的内容，可在选中的前提下，将它们复制到当前正在工作的命令行窗口中，以便进一步修改或直接运行。

1．复制、执行命令历史记录窗口中的命令

复制、执行命令历史记录窗口中命令的方法如表 1-5 所示，表中"操作方法"一栏中提到的"选中"操作，与 Windows 系统选中文件时的方法相同，同样可以结合 Ctrl 键和 Shift 键使用。

表 1-5 复制、执行命令历史记录窗口中命令的方法

功能	操作方法
复制单行或多行语句	选中单行或多行语句后右击，执行快捷菜单中的"复制"命令；回到命令行窗口，执行粘贴操作，即可实现复制
执行单行或多行语句	选中单行或多行语句后右击，执行快捷菜单中的"执行所选内容"命令，则选中语句将在命令行窗口中运行，并给出相应结果 双击选中的语句行也可运行，按住 Ctrl 键可执行选中的多行语句
把多行语句写成 M 文件	选中单行或多行语句后右击，执行快捷菜单中的"创建脚本"命令，打开 M 文件编辑窗口，执行"保存"命令可将选中语句保存为 M 文件

利用命令历史记录窗口完成所选语句的复制操作。

① 利用鼠标选中所需语句第一行；

② 再用 Shift 键和鼠标选择所需语句最后一行，于是连续多行即被选中；

③ 按 Ctrl+C 组合键，或在选中区域右击，执行快捷菜单中的"复制"命令；

④ 回到命令行窗口，在该窗口执行快捷菜单中的"粘贴"命令，所选内容即被复制到命令行窗口中。

用命令历史记录窗口完成所选语句的运行操作。

① 用鼠标选中所需语句第一行；

② 再按 Ctrl 键结合鼠标单击所需的行，于是不连续多行即被选中；

③ 在选中的区域右击，弹出快捷菜单，选择"执行所选内容"命令，如图 1-6 所示，计算结果就会出现在命令行窗口中。

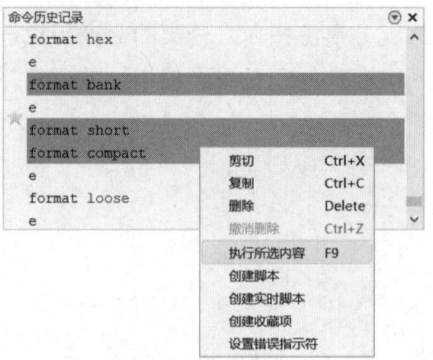

图 1-6　选择"执行所选内容"命令

2. 清除命令历史记录窗口中的内容

执行"主页"→"代码"→"清除命令"→"命令历史记录"命令，此时命令历史记录窗口中的内容被完全清除，以前的命令再不能被追溯和使用。

1.2.4　当前文件夹窗口和路径管理

通过当前文件夹窗口，可管理和使用 MATLAB 文件和其他文件，如新建、复制、删除和重命名文件夹和文件等。

1. 当前文件夹窗口

用户还可以利用该窗口打开、编辑和运行 M 程序文件及载入 MAT 数据文件等。当前文件夹窗口默认位于操作界面的左侧，如图 1-7 所示。

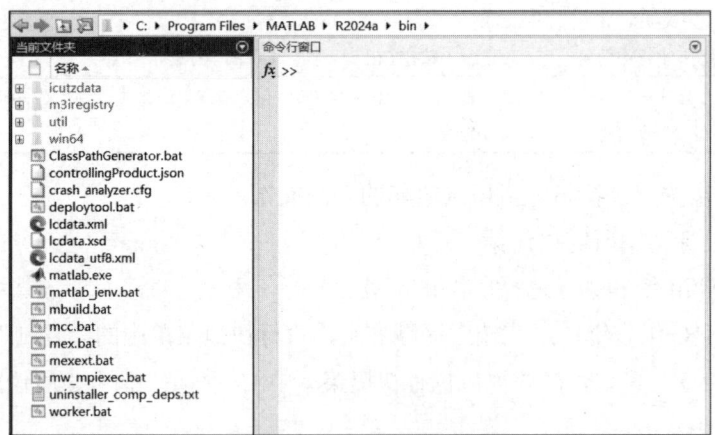

图 1-7　当前文件夹窗口

MATLAB 的当前目录即系统默认的实施打开、装载、编辑和保存文件等操作的文件夹。设置当前目录就是将此默认文件夹变成用户希望使用的用来存放文件和数据的文件夹。具体的设置方法有以下两种：

（1）在当前文件夹窗口设置。该设置同 Windows 操作，不再赘述。

（2）用目录命令设置。常用的设置当前目录的命令如表 1-6 所示。

表 1-6 常用的设置当前目录的命令

命令	含义	示例
cd	显示当前目录	cd
cd newFolder	设定当前目录为 newFolder 文件夹，该文件夹已存在	cd F:\dingfiles

用命令设置当前目录，为在程序中控制当前目录的改变提供了方便，因为编写完成的程序通常用 M 文件存放，执行这些文件时可方便地定位到所需的工作目录。

2．路径管理

MATLAB 中大量的函数和工具箱文件是存储在不同文件夹中的。用户建立的数据文件、命令和函数文件也存放在用户指定的文件夹中。当需要调用这些函数或文件时，就需要找到这些函数或文件所存放的文件夹。

路径其实就是给出存放某个待查函数和文件的文件夹名称。当然，这个文件夹名称应包括盘符和一级级嵌套的子文件夹名。

例如，现有一个文件 t04_01.m 存放在 D 盘"MATLAB 文件"文件夹下的"Char04"子文件夹中，那么，描述它的路径是：D:\MATLAB 文件\Char04。若要调用这个 M 文件，可在命令行窗口或程序中将其表达为：D:\MATLAB 文件\Char04\t04_01.m。

在实际应用中，这种路径因为过长，书写很不方便。为克服这一问题，MATLAB 引入了搜索路径机制。设置搜索路径机制就是将可能用到的函数或文件的存放路径提前告知系统，这样在调用这些函数或文件时就无须输入一长串的路径。

> 提示：在 MATLAB 中，一个符号出现在程序语句里或命令行窗口的语句中，可能有多种解读，它也许是一个变量、特殊常量、函数名、M 文件或 MEX 文件等，应该识别成什么，就涉及一个搜索顺序的问题。

如果在命令提示符">>"后输入符号 xt，或程序语句中有一个符号 xt，那么 MATLAB 将试图按下列次序去搜索和识别：

（1）MATLAB 在内存中进行搜索，判断 xt 是否为工作空间窗口的变量或特殊常量，如果是，则将其当成变量或特殊常量来处理，不再往下展开搜索；

（2）如果否，则检查 xt 是否为 MATLAB 的内部函数，如果是，则调用 xt 这个内部函数；

（3）如果否，则继续在当前目录中搜索是否有名为"xt.m"或"xt.mex"的文件，如果是，则将 xt 作为文件调用；

（4）如果否，则继续在其他目录中搜索是否有名为"xt.m"或"xt.mex"的文件，如果是，则将 xt 作为文件调用；

（5）上述 4 步全走完后，仍未发现 xt 这一符号的出处，则 MATLAB 发出错误信息。必须指出的是，这种搜索是以花费更多执行时间为代价的。

MATLAB 设置搜索路径的方法有两种：一种是用"设置路径"对话框；另一种是用命令。现将这两种方法分述如下。

1）利用"设置路径"对话框设置搜索路径

在主界面中单击"主页"→"环境"→ 设置路径（设置路径）按钮，弹出如图 1-8 所示的"设置路径"对话框。

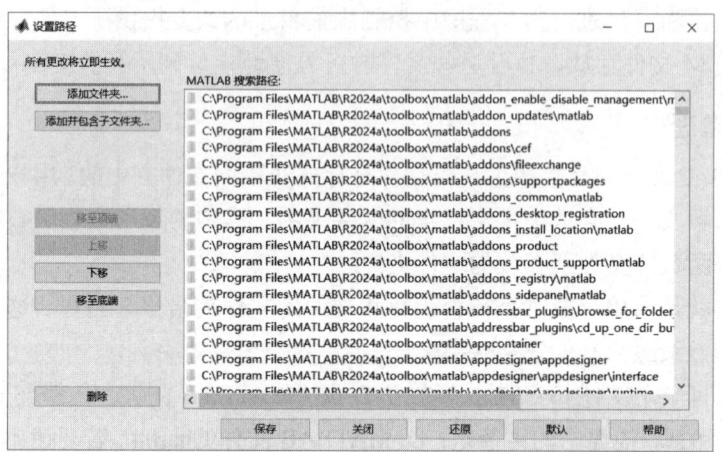

图 1-8 "设置路径"对话框

单击该对话框中的"添加文件夹"或"添加并包含子文件夹"按钮，会弹出"将文件夹添加到路径"对话框，如图 1-9 所示。利用该对话框可以从树形目录中选择欲指定为搜索路径的文件夹。

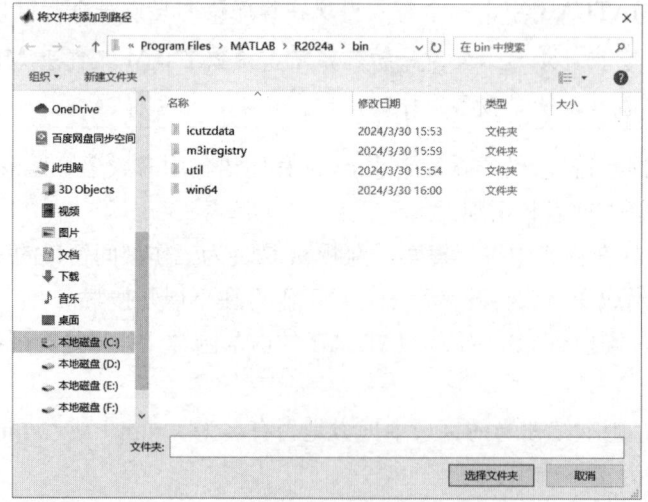

图 1-9 "将文件夹添加到路径"对话框

注意："添加文件夹"和"添加并包含子文件夹"两个按钮的不同之处在于后者设置某个文件夹成为搜索路径后，其下级子文件夹将自动被加入搜索路径中。

2）利用命令设置搜索路径

MATLAB 中将某一路径设置成搜索路径的命令有两个：path 及 addpath。其中 path 用于查看或更改搜索路径，该路径存储在 pathdef.m 中。addpath 将指定的文件夹添加到当前 MATLAB 搜索路径的顶层。

下面以将路径"F:\DingJB"设置成搜索路径为例，对这两个命令分别予以说明。

【例 1-2】用 path 和 addpath 命令设置搜索路径。

在命令行窗口中输入以下语句。

```
>> mkdir('F:\DingJB')                    % 创建新文件夹
>> path(path,'F:\DingJB')
>> addpath('F:\DingJB','-begin')         % begin 意为将路径放在路径表的前面
>> addpath('F:\DingJB','-end')           % end 意为将路径放在路径表的最后
```

1.2.5 工作区窗口和变量编辑器

在默认的情况下，工作区位于 MATLAB 操作界面的右侧，可对该窗口进行停靠、分离等操作。

【例 1-3】在 MATLAB 中输入变量，并在工作区中查看。

在命令行窗口中输入以下语句，并查看输出结果。

```
>> clear                        % 清除工作区中的变量
>> A=[7,8,9,5,6]                % 定义一维数组 A 并赋值
A =
     7     8     9     5     6
>> B=[2 3 4; 7 8 9; 6 5 4]      % 定义二维矩阵 B 并赋值
B =
     2     3     4
     7     8     9
     6     5     4
```

执行上述语句后，可以看到工作区出现变量 A、B，如图 1-10 所示

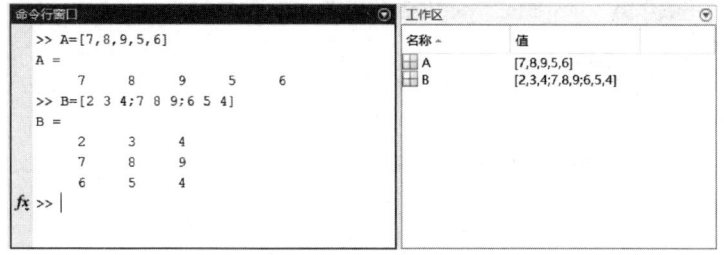

图 1-10　工作区窗口

工作区窗口拥有许多功能，如内存变量的保存、编辑和图形绘制等。这些操作都比较简单，只需要在工作区中选择相应的变量，单击鼠标右键，在弹出的快捷菜单中选择相应的命令即可，修改变量名称的操作如图 1-11 所示。

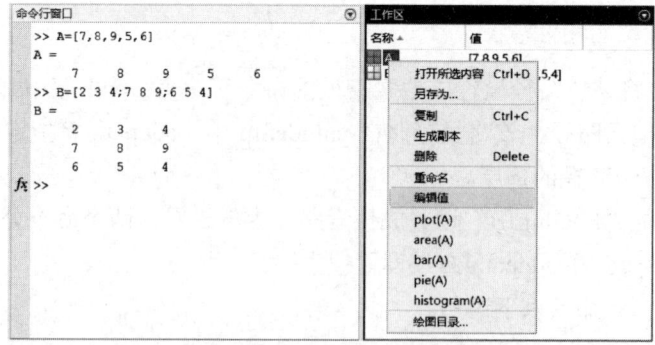

图 1-11　修改变量名称的操作

在 MATLAB 中，数组和矩阵都是十分重要的基础变量，因此 MATLAB 提供了变量编辑器来编辑它们。

双击工作区中的某个变量，则在 MATLAB 主窗口中弹出如图 1-12 所示的变量编辑器。如同命令行窗口，变量编辑器也可从主窗口中分离（取消停靠），如图 1-13 所示。

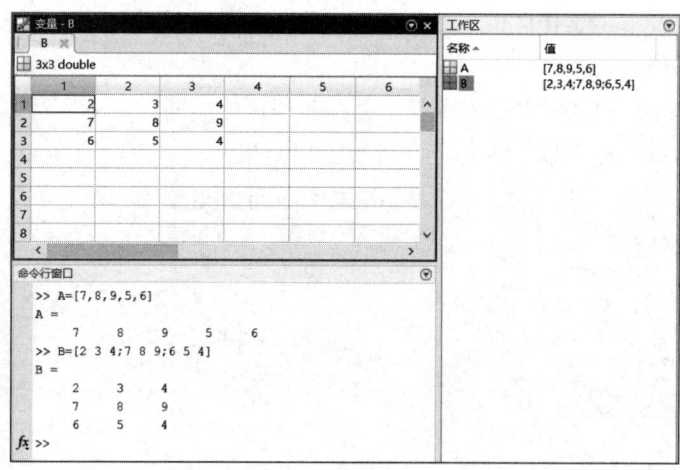

图 1-12　变量编辑器

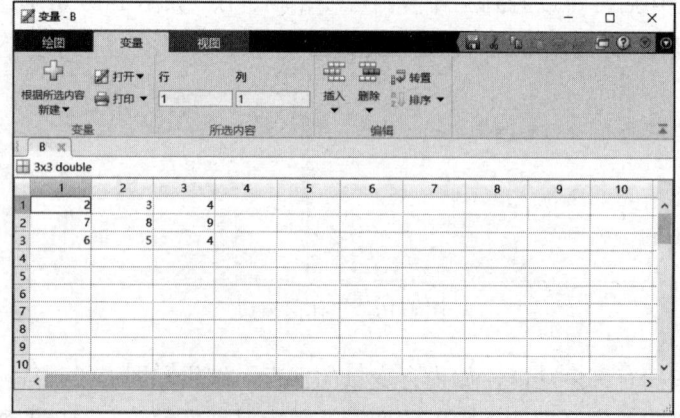

图 1-13　分离后的变量编辑器

第 1 章 初识 MATLAB

在变量编辑器中可以对变量及数组进行编辑操作，而利用"绘图"选项卡下的功能命令可以很方便地绘制各种图形。

在 MATLAB 中除了可以在工作区中编辑内存变量，还可以通过在命令行窗口输入相应的命令，查阅和删除内存变量。

【例 1-4】 在 MATLAB 命令行窗口中查阅内存变量。

在命令行窗口中输入以下命令创建 A、i、j、k 四个变量。然后输入 who 和 whos 命令，查看内存变量的信息，如图 1-14 所示。

```
>> A(2,2,2)=6;      % 创建三维数组 A，并为 A 的(2,2,2)元素赋值 6
>> i=4;             % 定义变量 i 并赋值 4
>> j=12;            % 定义变量 j 并赋值 12
>> k=18;            % 定义变量 k 并赋值 18
>> who              % 列出当前工作空间中的变量
您的变量为：
A  B  i  j  k
>> whos             % 列出工作空间中变量的详细信息
  Name      Size          Bytes    Class     Attributes

  A         2×5×2          160     double
  B         3×3             72     double
  i         1×1              8     double
  j         1×1              8     double
  k         1×1              8     double
```

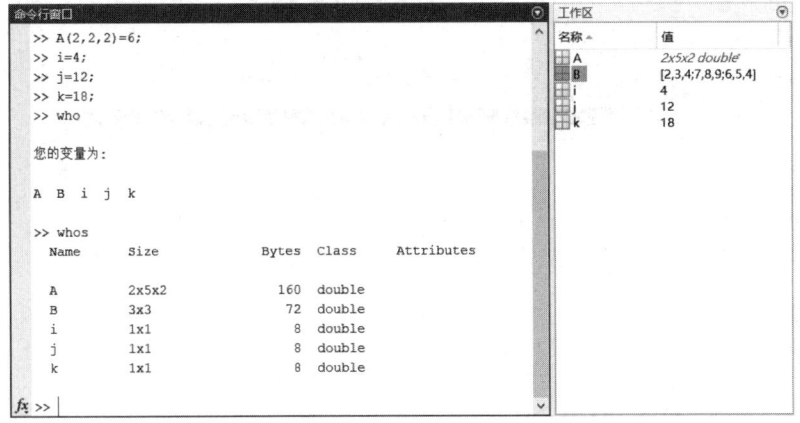

图 1-14 查看内存变量的信息

> **注意**：who 和 whos 两个命令的区别只在于内存变量信息的详细程度。内存变量 B 为例 1-3 中的变量 B。

【例 1-5】 在例 1-4 之后，在 MATLAB 命令行窗口中删除内存变量 B、k。

在命令行窗口中输入以下语句，并查看输出结果。

```
>> clear B k              % 删除内存变量B、k
>> who
您的变量为：
A   i   j
```

运行 clear 命令后，将 B、k 变量从工作空间删除，而且在工作空间浏览器中也将这两个变量删除。

> **注意**：变量之间只能用空格隔开，不能用,或;，读者可尝试输入，并查看区别。

1.2.6　M 文件编辑器

在 MATLAB 中，除了可以直接在命令行窗口中输入语句运行，还可以在编辑器窗口中编写程序段并保存为 M 文件，再运行。

1．打开M文件编辑器

通常，M 文件是文本文件，因此可使用一般的文本编辑器编辑 M 文件，存储时以文本格式存储。MATLAB 自带了 M 文件编辑器与编译器。打开 M 文件编辑器的方法如下。

（1）执行"主页"→"文件"→"新建"→"脚本"命令。

（2）单击"主页"→"文件"→🗎（新建脚本）按钮。

打开 M 文件编辑器后的 MATLAB 主界面如图 1-15 所示，此时主界面功能区出现"编辑器"选项卡，中间命令行窗口上方出现"编辑器"窗口。

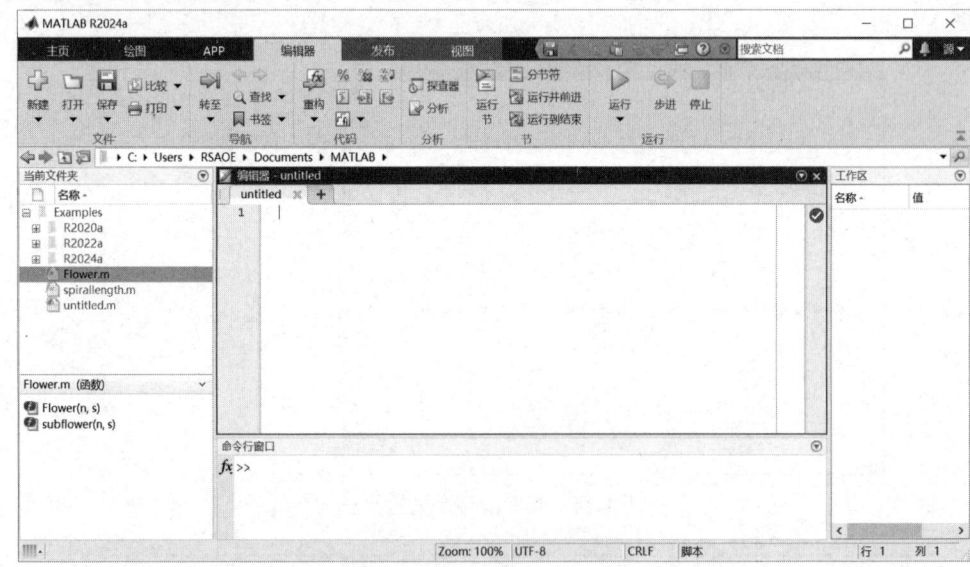

图 1-15　打开 M 文件编辑器后的 MATLAB 主界面

M 文件编辑器是一个集编辑与调试两种功能于一体的工具环境。在进行代码编辑时，通过它可以用不同的颜色来显示注解、关键词、字符串和一般程序代码。

在书写完 M 文件后，也可以像一般的程序设计语言一样，对 M 文件进行调试、运

第 1 章 初识 MATLAB

行。运行方式如下：

单击"编辑器"→"运行"→▷（运行）按钮。运行结果会显示在命令行窗口中。

2. 实时编辑器

实时编辑器的功能与 M 文件编辑器的功能类似，它们的不同之处在于在实时编辑器中书写的 M 文件的运行结果仍显示在实时编辑器中，而不显示在命令行窗口中。打开实时编辑器的方法如下。

（1）执行"主页"→"文件"→"新建"→"实时脚本"命令。

（2）单击"主页"→"文件"→ ▣（新建实时脚本）按钮。

1.3 保存数据文件

在 MATLAB 中，利用 save 和 load 函数可以实现数据文件的存取，其中 save 函数的调用格式如下：

```
save(fname)                          % 将当前工作区中的所有变量保存到名为 fname 的二进制文件中
                                     % 若 fname 已存在，则会覆盖该文件
save(fname,variables)                % 仅保存 variables 指定的结构体数组的变量或字段
save(fname,variables,fmt)            % 以 fmt 指定的文件格式保存，variables 为可选参数
save(fname,variables,"-append")      % 将新变量添加到一个现有文件中
                                     % 如果 MAT 文件中已经存在变量，则使用工作区中的值覆盖
                                     % 对于 ASCII 文件，"-append"意为将数据添加到文件末尾
save fname                           % 命令格式，使用空格（非逗号）分隔各输入项
                                     % 当有输入（如 fname）为变量时，不能使用该命令格式
```

load 函数的调用格式如下：

```
load(fname)    % 将数据从 fname 加载到工作区，若 fname 是 MAT 文件，则从文件中加载变量
               % 若是 ASCII 文件，则从该文件加载包含数据的双精度数组
load(fname,variables)            % 加载 MAT 文件 fname 中的指定变量
load(fname,"-ascii")             % 将 fname 视为 ASCII 文件，而不管文件扩展名如何
load(fname,"-mat")               % 将 fname 视为 MAT 文件，而不管文件扩展名如何
load(fname,"-mat",variables)     % 加载 fname 中的指定变量
load fname                       % 命令格式
```

> **注意**：函数格式需要使用括号，并将输入括在单引号或双引号内。而命令格式不需要使用括号及单双引号，但如果某一输入包含空格，则需要使用单引号将其引起来。

【例 1-6】保存名为 test.mat 的文件。

在命令行窗口中执行以下命令之一。

```
>> save test.mat              % 命令格式
>> save("test.mat")           % 函数格式，与命令格式等效
```

17

【例1-7】将变量 X 保存到名为 ding jb.mat 的文件中。

在命令行窗口中执行以下命令之一。

```
>> save 'ding jb.mat' X        % 命令格式，使用单引号
>> save("ding jb.mat","X")     % 函数格式，使用双引号
```

MATLAB 中除了可以在命令行窗口中输入相应的命令，还可以在工作空间右上角的下拉菜单中选择相应的命令实现数据文件的保存，如图 1-16 所示。

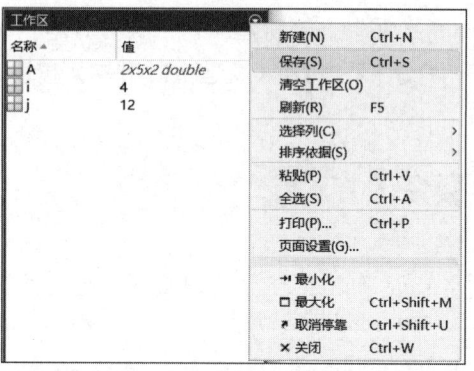

图 1-16　保存数据文件

1.4　帮助系统

MATLAB 的帮助系统，可以帮助用户更好地了解和运用 MATLAB。掌握 MATLAB 帮助系统的使用技巧，对学习 MATLAB 可以起到事半功倍的作用。

1.4.1　纯文本帮助

在 MATLAB 中，所有命令或者函数的 M 源文件都有较为详细的注释。这些注释都是用纯文本的形式来表示的，一般都包括函数的调用格式、输入参数、输出结果的含义。下面使用简单的例子来说明如何使用 MATLAB 的纯文本帮助。

【例1-8】在 MATLAB 中查阅帮助信息。

在 MATLAB 的帮助系统中，用户可以查阅不同范围的帮助信息，具体步骤如下。

（1）在 MATLAB 的命令行窗口输入 help help 命令，然后按 Enter 键，可以查阅如何在 MATLAB 中使用 help 命令，如图 1-17（a）所示。

操作界面显示了如何在 MATLAB 中使用 help 命令的帮助信息。

（2）在 MATLAB 的命令行窗口中输入 help 命令，然后按 Enter 键，查阅最近使用命令的帮助信息，如图 1-17（b）所示。

（3）在 MATLAB 的命令行窗口中输入 help topic 命令（topic 为要查找的主题信息），然后按 Enter 键，查阅关于该主题的所有帮助信息。

第 1 章 初识 MATLAB

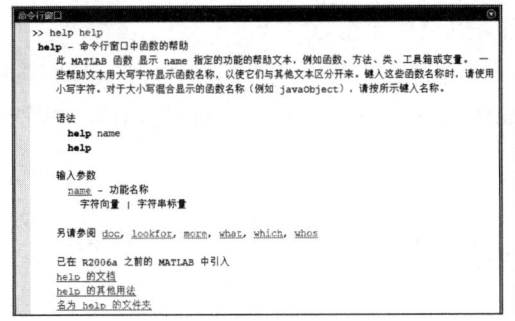

(a) help help 命令 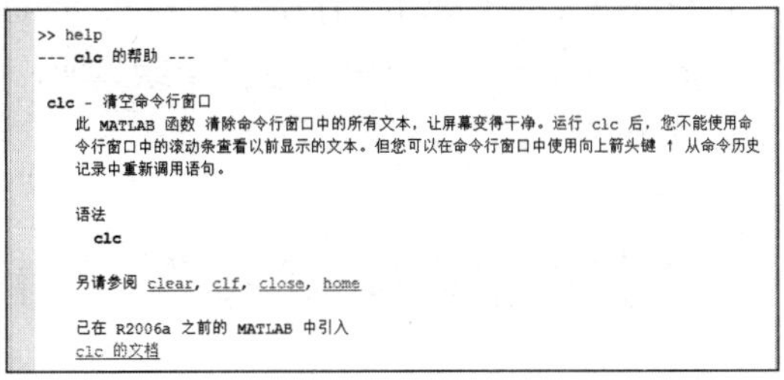　　　　　　　　(b) help 命令

图 1-17　使用 help 命令查阅帮助信息

上述操作简单演示了如何在 MATLAB 中使用 help 命令获得各种函数、命令的帮助信息。在实际应用中，用户可以灵活使用 help 命令来搜索所需的帮助信息。

1.4.2　帮助导航

在 MATLAB 中提供帮助信息的"帮助"交互界面主要由帮助导航器和帮助浏览器两个部分组成。这和 M 文件中的纯文本帮助无关，是 MATLAB 专门设置的独立帮助系统。

帮助系统对 MATLAB 功能的叙述全面、系统，而且界面友好、使用方便，是用户查找帮助信息的重要途径。用户在操作界面中单击 （帮助）按钮，即可打开"帮助"交互界面，如图 1-18 所示。

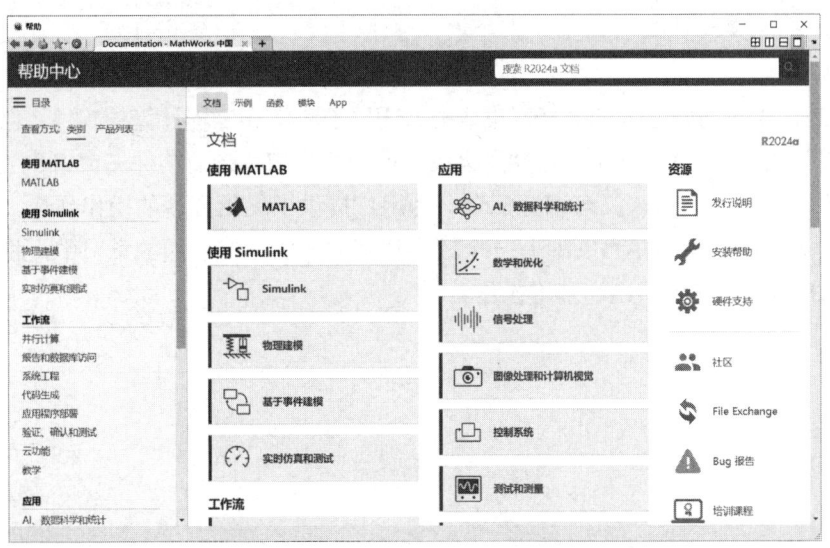

图 1-18　"帮助"交互界面

1.4.3　示例帮助

在 MATLAB 中，各个工具包都有设计好的示例程序。对于初学者而言，这些示例

19

程序在提高用户对 MATLAB 的应用能力方面有重要的作用。

在 MATLAB 的命令行窗口中输入 demo 命令，就可以进入关于示例程序的帮助对话框，单击相关主题即可进入示例帮助界面，如图 1-19 所示。根据示例可以打开实时脚本进行学习。

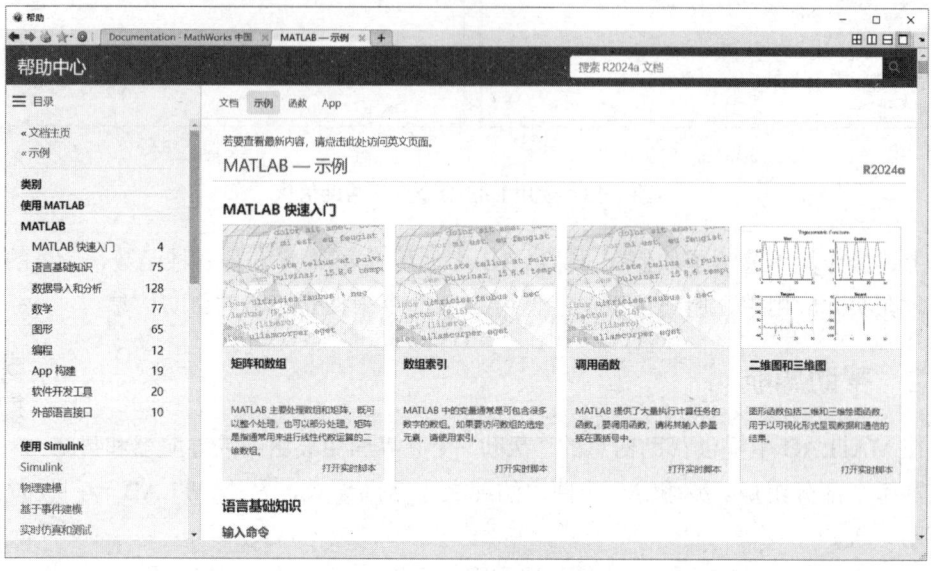

图 1-19　示例帮助界面

1.5　本章小结

MATLAB 是功能强大的、高度集成的、适用于科学和工程计算的软件，也是一种高级程序设计语言。MATLAB 的主界面集成了命令行窗口、当前文件夹窗口、工作区窗口等。它们既可单独使用，又可相互配合，为用户提供了灵活方便的操作环境。通过本章的内容，用户能够对 MATLAB 有一个较为直观的印象。在后面的章节中，将详细介绍关于 MATLAB 的基础知识和基本操作。

第 2 章

MATLAB 基础

数组是一种在高级语言中被广泛使用的构造型数据结构。与一般高级语言不同，MATLAB 中的数组可作为一个独立的运算单位，直接进行类似简单变量的多种运算而无须采用循环结构，由此决定了数组在 MATLAB 中作为基本运算量的角色定位。

数组有一维、二维和多维之分，在 MATLAB 中，它们有类似于简单变量的、统一的运算符号和运算函数。当一维数组按向量的运算规则进行运算时，可将其视为向量；当二维数组按矩阵的运算规则进行运算时，可将其视为矩阵。数组及矩阵的基本运算构成 MATLAB 的语言基础。

2.1 基本概念

数据类型、常量与变量是程序语言入门时必须学习的一些基本概念，学习 MATLAB 同样不可缺少。本节除介绍这些概念之外，还将对诸如向量、矩阵、数组、运算符、函数和表达式等概念进行描述和说明。

2.1.1 数据类型概述

数据作为计算机处理的对象，在程序设计语言中可分为多种类型。MATLAB 中的数据类型如图 2-1 所示。

MATLAB 中的数值型数据划分成整型和浮点型的用意与 C 语言有所不同。MATLAB 的整型数据主要用于图像处理等特殊的应用问题，以便节省空间或提高运行速度。对一般数值运算，大多数情况采用双精度浮点型数据。

MATLAB 中的构造型数据与 C++ 的构造型数据相似，但它的数组有更加广泛的含义和不同于一般程序设计语言的运算方法。

符号对象是 MATLAB 所特有的为符号运算而设置的数据类型。严格地说，它不是某一类型的数据，而是数组、矩阵、字符等多种形式及其组合，但它在 MATLAB 的工作空间中的确是另立的一种数据类型。

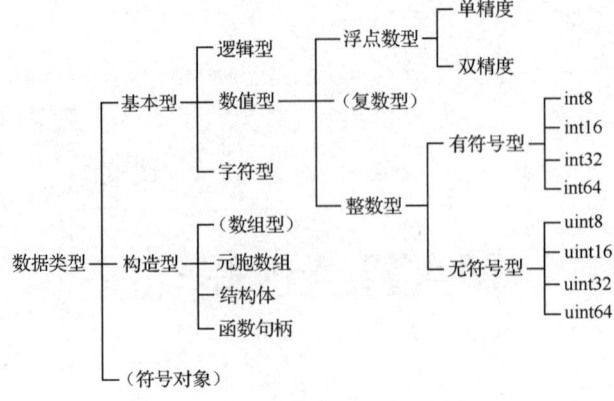

图 2-1　MATLAB 中的数据类型

MATLAB 中的数据类型在使用中有一个突出的特点，即在程序中对不同数据类型的变量进行引用时，一般不用事先对变量的数据类型进行定义或说明，系统会依据变量被赋值的类型自动进行类型识别，这在高级语言中是极有特色的。这样处理的好处是，在书写程序时可以随时引入新的变量而不用担心会出错，这的确给应用带来了很大方便。

2.1.2　整数类型（整数型）

MATLAB 提供了 8 种整数类型，表 2-1 列出了它们各自表示的数值范围和转换函数。

表 2-1　MATLAB 中的整数类型

整数类型	数值范围	转换函数	整数类型	数值范围	转换函数
有符号 8 位整数	$-2^7 \sim 2^7-1$	int8	无符号 8 位整数	$0 \sim 2^8-1$	uint8
有符号 16 位整数	$-2^{15} \sim 2^{15}-1$	int16	无符号 16 位整数	$0 \sim 2^{16}-1$	uint16
有符号 32 位整数	$-2^{31} \sim 2^{31}-1$	int32	无符号 32 位整数	$0 \sim 2^{32}-1$	uint32
有符号 64 位整数	$-2^{63} \sim 2^{63}-1$	int64	无符号 64 位整数	$0 \sim 2^{64}-1$	uint64

不同的整数类型所占用的位数不同，因此能表示的数值范围不同，在实际应用中，应该根据需要的数值范围选择合适的整数类型。有符号整数类型使用一位来表示正负号，因此表示的数值范围和相应的无符号整数类型不同。

由于 MATLAB 中数值的默认存储类型是双精度浮点类型，因此，必须通过表 2-1 中列出的转换函数将双精度浮点类型数值转换成指定的整数类型数值。

在转换中，MATLAB 默认将待转换数值转换为最近的整数，若小数部分正好为 0.5，那么 MATLAB 转换后的结果取绝对值较大的那个整数。另外，应用这些转换函数可以将其他类型数据转换成指定的整数类型数据。

【例 2-1】通过转换函数创建整数类型。

在命令行窗口中输入以下语句，并查看输出结果。

```
>> x=126;                % 分号;表示不在命令行窗口中显示结果
>> y=126.49;             % 定义 double 型（默认）变量 y
>> z=126.5;              % 定义 double 型变量 z
>> xx=int16(x)           % 把 double 型变量 x 强制转换成 int16 型
xx =
  int16
   126
>> yy=int32(y)           % 把 double 型变量 y 强制转换成 int32 型，y 的小数部分被舍去
yy =
  int32
   126
>> zz=int32(z)           % 把 double 型变量 z 强制转换成 int32 型，z 的小数部分被舍去
zz =
  int32
   127
```

MATLAB 中还有多种取整函数，可以使用不同的策略把浮点小数转换成整数，如表 2-2 所示。

表 2-2　MATLAB 中的取整函数

函数	说明	示例 1	示例 2

round(a)	向最接近的整数取整
	小数部分是 0.5 时向绝对值大的方向取整（四舍五入）
		>> round(5.3)
		ans =
		   5
			>> round(5.5)
			ans =
			   6

fix(a)	向 0 方向取整	>> fix(5.3)
		ans =
		   5
			>> fix(5.5)
			ans =
			   5

floor(a)	向不大于 a 的最接近整数取整	>> floor(5.3)
		ans =
		   5
			>> floor(5.5)
			ans =
			   5

ceil(a)	向不小于 a 的最接近整数取整	>> ceil(5.3)
		ans =
		   6
			>> ceil(5.5)
			ans =
			   6

当两个具有相同的整数类型的数值进行运算时，运算结果仍然是这种整数类型的数值；当一个整数类型数值与一个双精度浮点类型数值进行数学运算时，运算结果是这种整数类型的数值，取整默认采用四舍五入方式。

注意：不同的整数类型数值之间不能进行数学运算，除非提前进行强制转换。

【例 2-2】 整数类型数值参与的运算。

在命令行窗口中输入以下语句，并查看输出结果。

```
>> clear                           % 清除存储空间中的变量
>> x=uint32(350.2)*uint32(10.3)    % 将两个 uint32 型数值相乘，自动舍去小数部分
```

```
x =
  uint32
   3500
>> y=uint32(36.321)*320.63    % 将uint32型变量与浮点数相乘，自动舍去小数部分
y =
  uint32
   11543
>> z=uint32(50.321)*uint16(420.53)   % 不同的整数类型数值之间不能进行数学运算
错误使用  *
整数只能与同类的整数或双精度标量值组合使用
>> whos                              % 查看当前工作区中的变量信息
  Name      Size        Bytes    Class    Attributes
  x         1×1           4      uint32
  y         1×1           4      uint32
```

数学运算中，当运算结果超出相应的整数类型能够表示的范围时，就会出现溢出错误，这时运算结果被置为该整数类型能够表示的最大值或最小值。

2.1.3 浮点数类型（浮点数型）

MATLAB 提供了单精度浮点数类型和双精度浮点数类型，它们在存储位宽、各数据位的用途、表示的数值范围、转换函数等方面有所不同，如表 2-3 所示。

表 2-3　MATLAB 中单精度浮点数类型和双精度浮点数类型的比较

浮点数类型	存储位宽	各数据位的用途	数值范围	转换函数
双精度	64 位	0～51 位表示小数部分 52～62 位表示指数部分 63 位表示符号（0 为正，1 为负）	−1.79769e+308～−2.22507e−308 2.22507e−308～1.79769e+308	double
单精度	32 位	0～22 位表示小数部分 23～30 位表示指数部分 31 位表示符号（0 为正，1 为负）	−3.40282e+038～−1.17549e−038 −1.17549e−038～3.40282e+038	single

从表 2-3 中可以看出，单精度浮点数类型存储所用的位数少，因此占用内存小，但从各数据位的用途来看，单精度浮点数能够表示的数值范围和数值精度都比双精度浮点数小。

创建浮点数类型也可以通过转换函数来实现，MATLAB 中默认的数值类型是双精度浮点数类型。

【例 2-3】浮点数类型转换函数的应用。

在命令行窗口中输入以下语句，并查看输出结果。

```
>> x=3.4
x =
   3.4000
```

```
>> y=single(x)              % 把 double 型变量强制转换为 single 型
y =
  single
    3.4000
>> c=uint32(65758);         % 定义一个 uint32 型变量 c
>> cc=double(c)             % 将 uint32 型变量 c 强制转换为 double 型
cc =
    65758
>> whos
  Name      Size            Bytes  Class     Attributes
  c         1×1                 4  uint32
  cc        1×1                 8  double
  x         1×1                 8  double
  y         1×1                 4  single
```

在涉及双精度浮点数的运算中，返回值的类型依赖于参与运算的其他数据类型。双精度浮点数与逻辑型、字符型数据进行运算时，返回结果为双精度浮点数类型；与整数型数据进行运算时，返回结果为相应的整数类型；与单精度浮点型数据进行运算时，返回结果为单精度浮点数类型。

单精度浮点数与逻辑型、字符型数据及其他类型浮点数进行运算时，返回结果都为单精度浮点数类型。

注意：单精度浮点数不能和整数类型数据进行算术运算。

【例 2-4】 浮点数参与的运算。

在命令行窗口中输入以下语句，并查看输出结果。

```
>> clear                    % 清除存储空间中的变量
>> a=uint32(282);           % 定义一个 uint32 型变量 a
>> y=single(53.756);        % 定义一个 single 型变量 y
>> z=53.751;                % 定义一个 double 型变量 z
>> ay=a*y                   % 将 uint32 型变量 a 与 single 型变量 y 相乘，出错
错误使用  *
整数只能与同类的整数或双精度标量值组合使用。
>> az=a*z                   % 将 uint32 型变量 a 与 double 型变量 z 相乘
az =
  uint32
   15158
>> whos
  Name      Size            Bytes  Class     Attributes
  a         1×1                 4  uint32
  az        1×1                 4  uint32
  y         1×1                 4  single
  z         1×1                 8  double
```

从表 2-3 可以看出，浮点数只占用一定的存储位宽，其中只有有限位分别用来存储指数部分和小数部分。因此，浮点数类型能表示的实际数值是有限的，而且是离散的。

任何两个接近的浮点数之间都有一个很微小的间隙（或间隔），而所有处在这个间隙中的值都只能用这两个浮点数中的一个来表示。

MATLAB 提供了浮点相对精度 eps 函数，通过该函数可以获取一个数值和它最接近的浮点数之间的间隙大小。

2.1.4 复数

复数是对实数的扩展，每个复数包括实部和虚部两部分。MATLAB 中默认用字符 i 或者 j 作为虚部标志。创建复数的方法包括直接输入法与利用 complex 函数法。

MATLAB 中还有很多与复数操作有关的函数，如表 2-4 所示。

表 2-4　MATLAB 中与复数操作有关的函数

函数	说明	函数	说明
real(z)	返回复数 z 的实部	imag(z)	返回复数 z 的虚部
abs(z)	返回复数 z 的幅度	angle(z)	返回复数 z 的幅角
conj(z)	返回复数 z 的共轭复数	complex(a,b)	以 a 为实部、b 为虚部创建复数

【例 2-5】复数的创建和运算。

在命令行窗口中输入以下语句，并查看输出结果。

```
>> clear
>> c=6+2i                % 定义一个复数变量 c，实部为 6，虚部为 2
c =
   6.0000+2.0000i
>> x=rand(3)*8;          % 生成一个 3×3 的随机矩阵 x，值的范围为 0 到 8
>> y=rand(3)*-9;         % 生成一个 3×3 的随机矩阵 y，值的范围为 0 到-9
>> z=complex(x,y)        % 用 complex 函数创建以 x 为实部、y 为虚部的复数
z =
   6.5178-8.6840i   7.3070-8.6145i   2.2280-1.2770i
   7.2463-1.4185i   5.0589-4.3684i   4.3751-3.7959i
   1.0159-8.7353i   0.7803-7.2025i   7.6601-8.2416i
>> whos
  Name      Size            Bytes  Class     Attributes
  c         1×1                16  double    complex
  x         3×3                72  double
  y         3×3                72  double
  z         3×3               144  double    complex
```

2.1.5 无穷量和非数值量（NaN）

在 MATLAB 中用 Inf 和-Inf 分别代表正无穷量和负无穷量，用 NaN 表示

非数值量。正无穷量、负无穷量的出现一般是由于 0 做了分母或者运算溢出，产生了超出双精度浮点数范围的结果；分数值出现则是因为 0/0 或者 Inf/Inf 型的非正常运算。

> **注意**：两个 NaN 彼此是不相等的。

除了运算造成这些异常结果，MATLAB 提供了专门的函数来创建这两种特殊的量，可以用 Inf 函数和 NaN 函数创建指定数值类型的无穷量和非数值量，默认是双精度浮点数类型。

【例 2-6】无穷量和非数值量。

在命令行窗口中输入以下语句，并查看输出结果。

```
>> a=2/0              % 尝试进行 2 除以 0 的操作，结果为正无穷大（Inf）
a =
   Inf
>> b=log(0)           % 计算 0 的自然对数，结果为负无穷大（-Inf）
b =
   -Inf
>> c=0.0/0.0          % 尝试进行 0.0 除以 0.0 的操作，结果为 NaN，表示未定义或不可计算
c =
   NaN
```

2.1.6 确定数值类型的函数

除了前面各节中介绍的数值相关函数，MATLAB 中还有很多用于确定数值类型的函数，如表 2-5 所示。

表 2-5 MATLAB 中用于确定数值类型的函数

函数	用法	说明
class	class(A)	返回变量 A 的类型名称
isa	isa(A, 'dataType')	确定变量 A 是否为 dataType 表示的数据类型
isnumeric	isnumeric(A)	确定 A 是否为数值类型。是则返回 1（true），否则，返回 0（false）
isinteger	isinteger(A)	确定 A 是否为整数类型。是则返回 1（true），否则，返回 0（false）
isfloat	isfloat(A)	确定 A 是否为浮点数类型。是则返回 1（true），否则，返回 0（false）
isreal	isreal(A)	确定 A 是否为实数。是则返回 1（true），否则，返回 0（false）
isnan	isnan(A)	确定 A 是否为非数值量。是则返回 1（true），否则，返回 0（false）
isinf	isinf(A)	确定 A 是否为无穷量。是则返回 1（true），否则，返回 0（false）
isfinite	isfinite(A)	确定 A 是否为有限数值。是则返回 1（true），否则，返回 0（false）

【例 2-7】确定数值类型。

在命令行窗口中输入以下语句，并查看输出结果。

```
>> clear
>> A=int32([3 2 7 6 8])          % 定义一个 int32 型向量 A
A =
```

```
  1×5 int32 行向量
   3  2  7  6  8
>> B=[1/0 log(0) 1e1000]      % 定义一个含有正无穷大（Inf）和负无穷大（-Inf）的数组B
B =
   Inf -Inf  Inf
>> h=class(A)                 % 获取变量A的类型
h =
   'int32'
>> tf1=isa(A,'int32')         % 判断A是否为'int32'型
tf1 =
  logical
   1
>> tf2=isa(A,'float')         % 判断A是否为'float'型
tf2 =
  logical
   0
>> tf3=isfloat(A)             % 判断A是否为浮点数型
tf3 =
  logical
   0
>> TF1=isnumeric(B)           % 判断B是否为数值类型
TF1 =
  logical
   1
```

2.1.7 常量与变量

常量是程序语句中值不变的量，如表达式 y=0.618*x 中包含 0.618 这样的数值常数，它便是一个数值常量。而另一个表达式 s='Tomorrow and Tomorrow'中，单引号内的英文字符串"Tomorrow and Tomorrow"则是一个字符串常量。

在 MATLAB 中，有一类常量是由系统给定的一个符号来表示的，如 pi，它代表圆周率 π 这个常数，即 3.1415926…。这类常量（特殊常量）类似于 C 语言中的符号常量，如表 2-6 所示，又称为系统预定义的变量。

表 2-6 MATLAB 中的特殊常量表

常量符号	常量含义
i 或 j	虚数单位（虚部标志），定义为 $i^2=j^2=-1$
Inf 或 inf	正无穷大，由 0 作除数引入此常量
NaN	表示非数值量，产生于 0/0、∞/∞、0×∞ 等运算
pi	圆周率 π 的双精度表示
eps	容差，当某量的绝对值小于 eps 时，可认为此量为零，即为浮点数的最小分辨率，2^{-52}
realmin	最小浮点数，2^{-1022}
realmax	最大浮点数，2^{1023}

变量是在程序运行中的值可以改变的量，变量由变量名来表示。在 MATLAB 中变量的命名有自己的规则，可以归纳成如下几条：

- 变量名必须以字母开头，且只能由字母、数字或者下画线 3 类符号组成，不能含有空格和标点符号（如()、，、。、%）等。
- 变量名区分字母的大小写。例如，"a"和"A"是不同的变量。
- 变量名不能超过 63 个字符，第 63 个字符后的字符被忽略。
- 关键字（如 if、while 等）不能作为变量名。
- 最好不要用表 2-1 中的特殊常量符号作变量名。

2.1.8 标量、向量、矩阵与数组

标量、向量、矩阵和数组是 MATLAB 运算中涉及的一组基本运算量。它们各自的特点及相互间的关系描述如下：

（1）数组不是一个数学量，而是一个用于高级语言程序设计的概念。如果数组的元素按一维线性方式组织在一起，那么称其为一维数组，一维数组的数学原型是向量。

如果数组的元素分行、列排成一个二维平面表格，那么称其为二维数组。二维数组的数学原型是矩阵。

如果元素在排成二维数组的基础上，再将多个行、列数分别相同的二维数组叠成一本立体表格，便形成三维数组。以此类推，便有了多维数组的概念。

> 说明：MATLAB 中数组的用法与一般高级语言中的不同，它不借助循环，而是直接采用运算符，有自己独立的运算符和运算法则。

（2）矩阵是一个数学概念，一般高级语言是不认可将两个矩阵视为两个简单变量而直接进行加减乘除的，要完成矩阵的四则运算必须借助循环结构。

当 MATLAB 将矩阵作为基本运算量后，MATLAB 不仅实现了矩阵的简单加减乘除运算，而且许多与矩阵相关的其他运算也因此大大简化了。

（3）向量是一个数学量，它可视为矩阵的特例。一个 n 维的行向量可视为一个 $1 \times n$ 阶的矩阵，而列向量可视为 $n \times 1$ 阶的矩阵。

（4）标量也是一个数学概念，但在 MATLAB 中，一方面可将其视为一般高级语言的简单变量来处理，另一方面可把它当成 1×1 阶的矩阵，这一看法与矩阵作为 MATLAB 的基本运算量是一致的。

（5）在 MATLAB 中，二维数组和矩阵其实是数据结构形式相同的两种运算量。二维数组和矩阵的表示、建立、存储根本没有区别，区别只在于它们的运算符和运算法则不同。

例如，向命令行窗口中输入 a=[1 2; 3 4]这个量，实际上它有两种可能的角色：矩阵 a 或二维数组 a。这就是说，单从形式上是不能完全区分矩阵和数组的，必须再看它使用什么运算符与其他量进行运算。

（6）数组的维和向量的维是两个完全不同的概念。数组的维是从数组元素排列后所形成的空间结构去定义的：线性结构是一维，平面结构是二维，立体结构是三维，当然还有四维以至多维。向量的维相当于一维数组中的元素个数。

2.1.9　字符串

字符串是 MATLAB 中另外一种形式的运算量，在 MATLAB 中字符串是用单引号来标示的，例如，S='hello.'。

赋值号之后在单引号内的字符即为一个字符串，而 S 是一个字符串变量，整个语句完成将一个字符串常量赋值给一个字符串变量的操作。

在 MATLAB 中，字符串的存储是对其中字符按顺序逐个存放的，且存放的是它们各自的 ASCII 码。由此看来，字符串实际上可视为一个字符数组，字符串中每个字符则是这个数组的一个元素。

2.1.10　命令、函数、表达式和语句

有了常量、变量、数组和矩阵，再加上各种运算符即可编写出多种 MATLAB 的表达式和语句。但在 MATLAB 的表达式或语句中，还有一类对象会时常出现，那便是命令和函数。

1）命令

命令通常就是一个动词，在第 1 章中已经有过介绍，例如 clear 命令，用于清除工作空间。有的命令动词后可带参数。

【例 2-8】创建名为 mydata 的 double 型的数组。

在命令行窗口中输入以下语句，并查看输出结果。

```
>> clear
>> a=magic(4);                     % 生成一个 4×4 的幻方矩阵 a
>> b=-5.7*ones(2,4);               % 生成一个 2×4 的矩阵 b,其中所有元素为-5.7
>> c=[8 6 4 2];
>> save mydata.dat a b c -ascii    % 创建一个 ASCII 文件,命令动词后带参数

>> clear a b c
>> load mydata.dat -ascii          % 重新加载 ASCII 文件中的数据
```

在 MATLAB 中，命令与函数都组织在函数库里。函数库 general 就是用来存放通用命令的，一个命令也是一条语句。

2）函数

函数对 MATLAB 而言，有相当特殊的意义，这不仅因为函数在 MATLAB 中应用面广，更在于其多。仅就 MATLAB 的基本部分而言，其所包括的函数类别就达 20 多种，

而每一类中又有少则几个，多则几十个函数。

MATLAB 还有各种工具箱，而工具箱实际上由一组用于解决专门问题的函数构成。从某种意义上说，函数就代表了 MATLAB，MATLAB 全靠函数来解决问题。

函数的一般引用格式如下：

```
函数名(参数1,参数2,…)
```

例如，引用正弦函数就书写 sin(A)，A 是一个参数，它可以是一个标量，也可以是一个数组，而对数组求其正弦值就是针对其中各元素求正弦值，这是由数组的特征决定的。

3）表达式

用多种运算符将常量、变量（含标量、向量、矩阵和数组等）、函数等多种运算对象连接起来构成的运算式就是 MATLAB 的表达式。例如

```
A+B&C-sin(A*pi)
```

就是一个表达式。请分析它与表达式(A+B)&C-sin(A*pi)有无区别。

4）语句

在 MATLAB 中，表达式可视为一条语句。赋值语句是典型的 MATLAB 语句，其一般结构是：

```
变量名=表达式
```

例如：

```
F=(A+B)&C-sin(A*pi)              % 赋值语句
```

除赋值语句外，MATLAB 还有函数调用语句、循环控制语句、条件分支语句等。这些语句将会在后面章节逐步介绍。

2.2 运算符

MATLAB 运算符可分为三大类，即算术运算符、关系运算符和逻辑运算符。

2.2.1 算术运算符

算术运算按所处理的对象不同，分为矩阵算术运算和数组算术运算两类。矩阵算术运算符如表 2-7 所示。数组算术运算符如表 2-8 所示。

表 2-7 矩阵算术运算符

运算符	名称	示例	使用说明（法则）	对应函数
+	加	C=A+B	矩阵加法法则，即 C(i,j)=A(i,j)+B(i,j)	plus
−	减	C=A−B	矩阵减法法则，即 C(i,j)=A(i,j)−B(i,j)	minus

续表

运算符	名称	示例	使用说明（法则）	对应函数
*	乘	C=A*B	矩阵乘法法则	mtime
/	右除	C=A/B	定义为线性方程组 X*B=A 的解，即 C=A/B=A*B^{-1}	mrdivide
\	左除	C=A\B	定义为线性方程组 A*X=B 的解，即 C=A\B=A^{-1}*B	mldivide
^	乘幂	C=A^B	A、B 中一个为标量时有定义	mpower
'	共轭转置	B=A'	B 是 A 的共轭转置矩阵	ctranspose

表 2-8 数组算术运算符

运算符	名称	示例	使用说明（法则）	对应函数
.*	数组乘	C=A.*B	C(i,j)=A(i,j)*B(i,j)	time
./	数组右除	C=A./B	C(i,j)=A(i,j)/B(i,j)	rdivide
.\	数组左除	C=A.\B	C(i,j)=B(i,j)\A(i,j)	ldivide
.^	数组乘幂	C=A.^B	C(i,j)=A(i,j)^B(i,j)	power
.'	共轭转置	A.'	将数组的行摆放成列，复数元素不做共轭	transpose

说明：

（1）矩阵的加、减、乘法运算是严格按矩阵运算法则定义的，而矩阵的除法虽和矩阵求逆有关系，但分为左、右除，因此不是完全等价的。乘幂运算更是将标量的幂运算扩展到矩阵，并且支持将矩阵作为幂指数进行运算。

（2）表 2-8 中并未定义数组的加减法，因为数组的加减法与矩阵的加减法相同。

（3）不论是加减乘除，还是乘幂，数组的运算都是元素间的运算，即对应下标元素一对一的运算。

（4）多维数组的运算，即元素按下标一一对应参与运算。

2.2.2 关系运算符

在程序中经常需要比较两个量的大小关系，以决定程序下一步的工作。比较两个量的运算符称为关系运算符。MATLAB 关系运算符如表 2-9 所示。

表 2-9 MATLAB 关系运算符

运算符	名称	示例	使用说明（法则）
<	小于	A<B	1. A、B 都是标量，结果是或为 1（真）或为 0（假）的标量
<=	小于或等于	A<=B	2. A、B 中若一个为标量，另一个为数组，则标量将与数组各元素逐一比较，结果为与运算数组行、列数相同的数组，其中各元素取值或为 1 或为 0
>	大于	A>B	
>=	大于或等于	A>=B	3. A、B 均为数组时，行、列数必须分别相同。A 与 B 各对应元素相比较，结果为与 A 或 B 行、列数相同的数组，其中各元素取值或为 1 或为 0
==	恒等于	A==B	
~=	不等于	A~=B	4. ==和~=运算对参与比较的量同时比较实部和虚部，其他运算只比较实部

说明：关系运算定义在数组基础之上更合适。因为从运算法则不难发现，关系运算是元素一对一的运算。

当操作数是数组时,关系运算符总是对被比较的两个数组的各个对应元素进行比较,因此要求被比较的数组必须具有相同的尺寸。

【例2-9】MATLAB 中的关系运算。

在命令行窗口中输入以下语句,并查看输出结果。

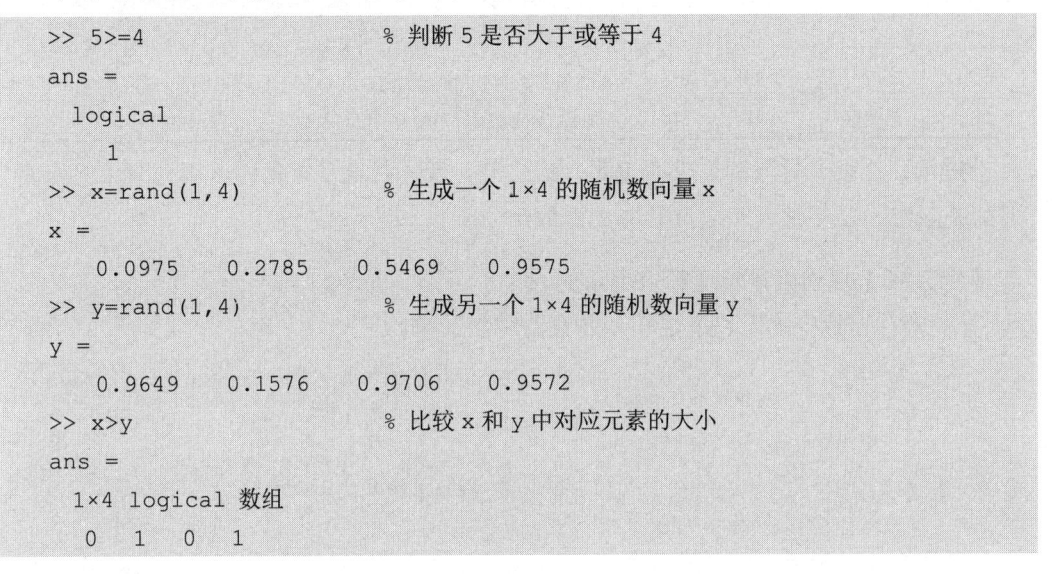

```
>> 5>=4                  % 判断5是否大于或等于4
ans =
  logical
    1
>> x=rand(1,4)           % 生成一个1×4的随机数向量x
x =
    0.0975    0.2785    0.5469    0.9575
>> y=rand(1,4)           % 生成另一个1×4的随机数向量y
y =
    0.9649    0.1576    0.9706    0.9572
>> x>y                   % 比较x和y中对应元素的大小
ans =
  1×4 logical 数组
    0   1   0   1
```

提示:

(1)比较两个数是否相等的关系运算符是两个等号"= =",而单个等号"="在 MATLAB 中是给变量赋值的符号。

(2)比较两个浮点数是否相等时需要注意,由于浮点数的存储形式决定了相对误差是否存在,在程序设计中最好不要直接比较两个浮点数是否相等,而是应采用大于、小于的比较运算将待确定值限制在一个满足需要的区间之内。

2.2.3 逻辑运算符

关系运算返回的结果是逻辑类型数据(逻辑真或逻辑假),这些简单的逻辑类型数据可以通过逻辑运算符组成复杂的逻辑表达式,这在程序设计中经常用于进行分支选择或者确定循环终止条件。逻辑运算符如表 2-10 所示。

MATLAB 的逻辑运算定义在数组的基础之上,向下可兼容一般高级语言中所定义的标量逻辑运算。为提高运算速度,MATLAB 还定义了针对标量的先决与和先决或运算。

先决与运算在该运算符的左边为1(真)时,才继续与该符号右边的量做逻辑运算。先决或运算在运算符的左边为1(真)时,就不需要继续与该符号右边的量做逻辑运算,而立即得出该逻辑运算结果为 1(真);否则,就要继续与该符号右边的量做逻辑运算。

表 2-10 逻辑运算符

运算符	名称	示例	使用说明（法则）
&	与	A&B	1. A、B 都为标量，结果是或为 1（真）或为 0（假）的标量；
|	或	A|B	2. A、B 中若一个为标量，另一个为数组，则标量将与数组各元素逐一做逻辑运算，结果为与运算数组行、列数相同的数组，其中各元素取值或为 1 或为 0；
~	非	~A	
&&	先决与	A&&B	3. A、B 均为数组时，行、列数必须分别相同，A 与 B 各对应元素做逻辑运算，结果为与 A 或 B 行、列数相同的数组，其中各元素取值或为 1 或为 0；
||	先决或	A||B	4. 先决与、先决或是只针对标量的运算

提示：这里逻辑与和逻辑非运算，都是逐元素进行双目运算的，因此如果参与运算的是数组，就要求两个数组具有相同的尺寸。

【例 2-10】逐元素逻辑运算应用示例。

在命令行窗口中输入以下语句，并查看输出结果。

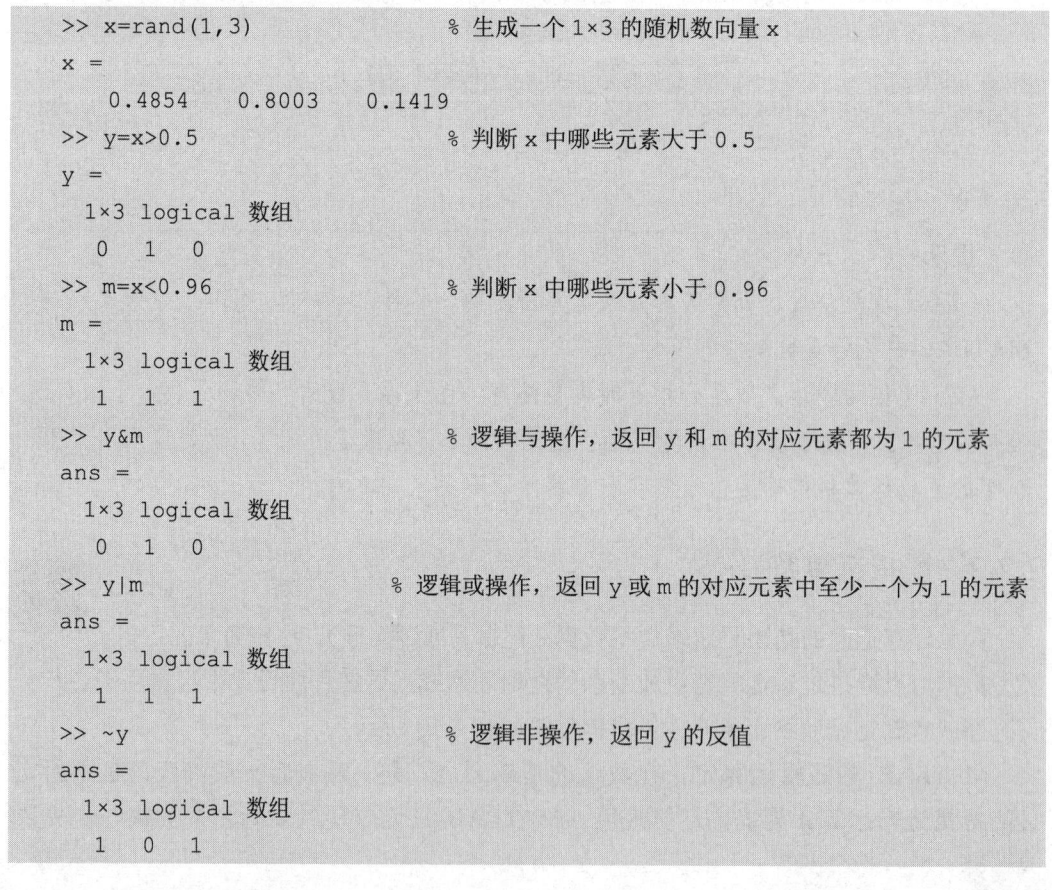

```
>> x=rand(1,3)              % 生成一个 1×3 的随机数向量 x
x =
    0.4854    0.8003    0.1419
>> y=x>0.5                  % 判断 x 中哪些元素大于 0.5
y =
  1×3 logical 数组
   0   1   0
>> m=x<0.96                 % 判断 x 中哪些元素小于 0.96
m =
  1×3 logical 数组
   1   1   1
>> y&m                      % 逻辑与操作，返回 y 和 m 的对应元素都为 1 的元素
ans =
  1×3 logical 数组
   0   1   0
>> y|m                      % 逻辑或操作，返回 y 或 m 的对应元素中至少一个为 1 的元素
ans =
  1×3 logical 数组
   1   1   1
>> ~y                       % 逻辑非操作，返回 y 的反值
ans =
  1×3 logical 数组
   1   0   1
```

2.2.4 运算符优先级

当用多个运算符和运算量写出一个 MATLAB 表达式时，运算符的优先次序必须明确。表 2-11 列出了 MATLAB 运算符的优先次序。

表 2-11 MATLAB 运算符的优先次序

优先次序	运算符
最高	'（转置共轭）、^（矩阵乘幂）、.'（转置）、.^（数组乘幂）
↓	~（逻辑非）
↓	*、/（右除）、\（左除）、.*（数组乘）、./（数组右除）、.\（数组左除）
↓	+、−、:（冒号运算）
↓	<、<=、>、>=、==（恒等于）、~=（不等于）
↓	&（逻辑与）
↓	|（逻辑或）
↓	&&（先决与）
最低	||（先决或）

表 2-11 中同一行的各运算符具有相同的优先级，而在同一优先级别中又遵循有括号先括号运算的原则。

> 提示：在实际的表达式书写中，建议采用括号分隔的方式明确各步运算的次序，以减少优先级的混乱。比如，x./y.^a 最好写成 x./(y.^a)。

2.3 向量运算

向量是一个有方向的量。在平面解析几何中，用坐标表示成(a,b)，数据对(a,b)称为一个二维向量。立体解析几何中，用坐标表示成(a,b,c)，数据组(a,b,c)称为三维向量。线性代数推广了这一概念，提出了 n 维向量，在线性代数中，n 维向量用 n 个元素的数据组表示。

MATLAB 讨论的向量以线性代数的向量为起点，能够扩展到 n 维抽象空间，也可用来解决平面和空间的向量运算问题。

2.3.1 生成向量

在 MATLAB 中，生成向量的方法主要有直接输入法、冒号表达式法和函数法 3 种。

1．直接输入法

在命令提示符之后直接输入一个向量，其格式如下：

向量名=[a1,a2,a3,…]

【例 2-11】直接输入法输入向量。

在命令行窗口中输入以下语句，并查看输出结果。

```
>> A=[7, 8, 9, 5, 6]              % 定义一个行向量 A
A =
     7     8     9     5     6
```

```
>> B=[3; 1; 2; 6; 9]              % 定义一个列向量 B
B =
    3
    1
    2
    6
    9
>> C=[6 2 8 4 5 9]                % 定义一个行向量 C
C =
    6    2    8    4    5    9
```

2. 冒号表达式法

利用冒号表达式 a1:step:an 也能生成向量,式中 a1 为向量的第一个元素,an 为向量最后一个元素的限定值,step 是变化步长,省略 step 时系统默认为 1。

【例 2-12】用冒号表达式生成向量。

在命令行窗口中输入以下语句,并查看输出结果。

```
>> A=2:2:10
A =
    2    4    6    8    10
>> B=2:10
B =
    2    3    4    5    6    7    8    9    10
>> C=10:-1:1
C =
    10   9    8    7    6    5    4    3    2    1
>> D=10:2:4
D =
  空的 1×0 double 行向量
>> E=3:-1:10
E =
  空的 1×0 double 行向量
```

试分析 D、E 不能生成的原因。

3. 函数法

MATLAB 中有两个函数可用来直接生成向量。函数 linspace 用于创建线性等分向量,函数 logspace 用于创建对数等分向量。函数 linspace 的通用格式为:

```
A=linspace(a1,an,n)
```

其中,a1 是向量的首元素,an 是向量的尾元素,n 把 a1 至 an 之间的区间分成向量的首尾之外的其他 n-2 个元素,间距为(an-a1)/(n-1)。省略 n 则默认生成具有 100 个元素的向量。

【例 2-13】 利用函数 linspace 生成向量。

在命令行窗口中输入以下语句,并查看输出结果。

```
>> A=linspace(1,20,6)
A =
    1.0000    4.8000    8.6000   12.4000   16.2000   20.0000
```

尽管用冒号表达式和 linspace 函数都能生成线性等分向量,但在使用时需要注意:

(1) 在冒号表达式中,an 不一定恰好是向量的最后一个元素,只有当向量的倒数第二个元素加 step 等于 an 时,an 才是尾元素。要构成一个以 an 为末尾元素的向量,最可靠的生成方法是用 linspace 函数。

(2) 在使用 linspace 函数前,必须先确定生成向量的元素个数,但使用冒号表达式将依 step 和 an 的限制去生成向量,不必考虑元素个数。

logspace 函数的通用格式为:

```
A=logspace(a,b,n)        % 在 10 的幂 10^a 和 10^b 之间生成 n 个点
A=logspace(a,pi,n)       % 在 10^a 和 pi 之间生成 n 个点
```

其中,a 是向量首元素的幂,即 $A(1)=10^a$；b 是向量尾元素的幂,即 $A(n)=10^b$。n 是向量的维数。省略 n 则默认生成具有 50 个元素的对数等分向量。

【例 2-14】 利用 logspace 函数生成向量。

在命令行窗口中输入以下语句,并查看输出结果。

```
>> A=logspace(0,2,5)% 生成一个对数均匀分布的行向量A,范围为10^0到10^2,共5个元素
A =
    1.0000    3.1623   10.0000   31.6228  100.0000
```

注意: 实际应用时,同时限定尾元素 an 和步长 step 去生成向量,有时可能会出现矛盾,此时必须做出取舍。要么坚持步长优先,调整尾元素限制；要么坚持尾元素限制,去修改步长。

2.3.2 向量加减和数乘

在 MATLAB 中,维数相同的行向量之间可以相加减,维数相同的列向量之间也可相加减,标量数值可以与向量直接相乘除。

【例 2-15】 向量的加、减和数乘运算。

在命令行窗口中输入以下语句,并查看输出结果。

```
>> A=[2 4 6 8 10]
A =
    2    4    6    8   10
>> B=3:7
B =
    3    4    5    6    7
```

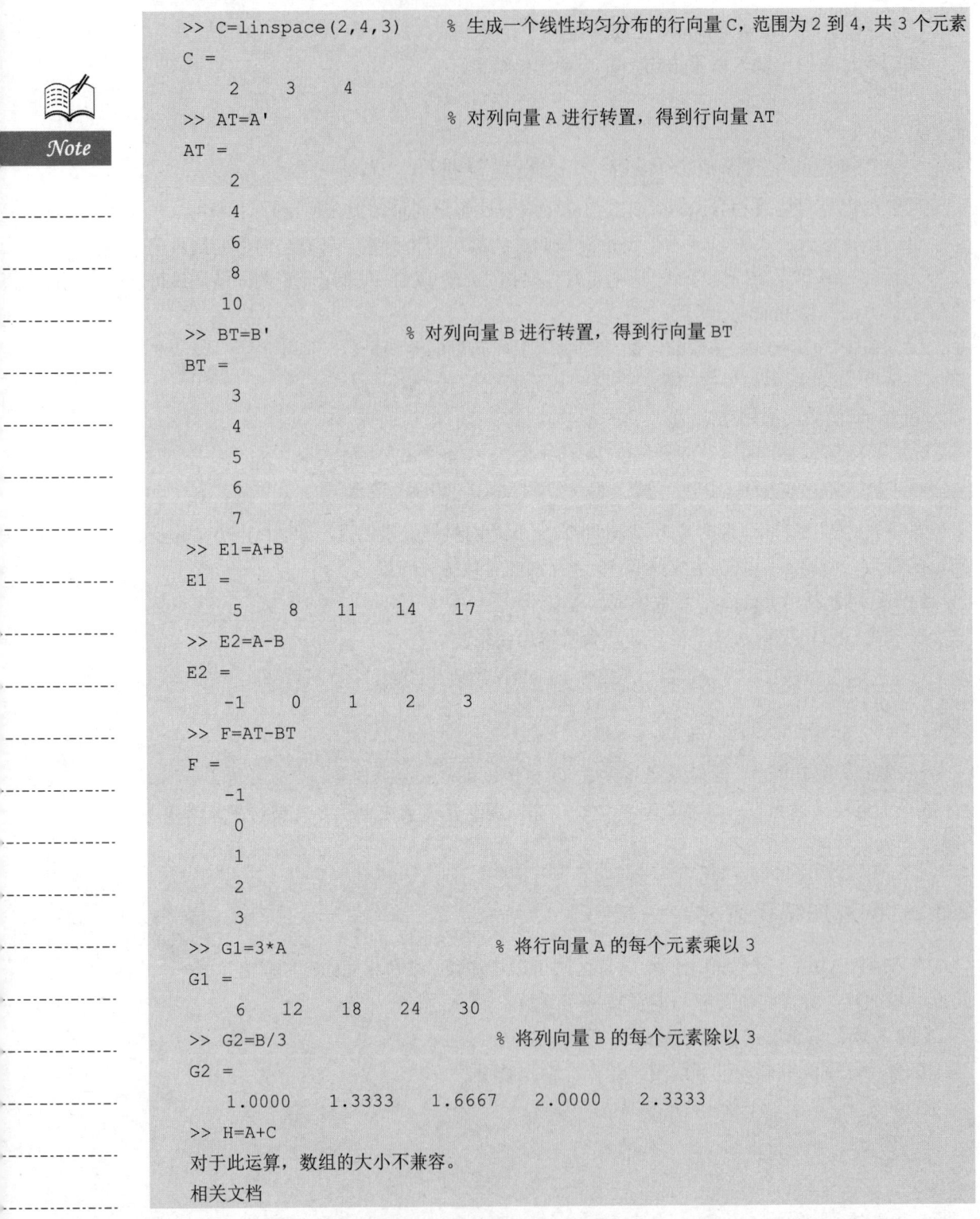

```
>> C=linspace(2,4,3)         % 生成一个线性均匀分布的行向量C，范围为2到4，共3个元素
C =
     2     3     4
>> AT=A'                     % 对列向量A进行转置，得到行向量AT
AT =
     2
     4
     6
     8
    10
>> BT=B'                     % 对列向量B进行转置，得到行向量BT
BT =
     3
     4
     5
     6
     7
>> E1=A+B
E1 =
     5     8    11    14    17
>> E2=A-B
E2 =
    -1     0     1     2     3
>> F=AT-BT
F =
    -1
     0
     1
     2
     3
>> G1=3*A                    % 将行向量A的每个元素乘以3
G1 =
     6    12    18    24    30
>> G2=B/3                    % 将列向量B的每个元素除以3
G2 =
    1.0000    1.3333    1.6667    2.0000    2.3333
>> H=A+C
对于此运算，数组的大小不兼容。
相关文档
```

例2-15中，H=A+C 显示出错信息，表明维数不同的向量之间的加减法运算是非法的。

2.3.3 向量的点积与叉积

向量的点积即数量积,向量的叉积又称向量积或矢量积。点积、叉积甚至两者的混合积在场论中是极其基本的运算。

1. 点积运算

点积运算（***A·B***）的定义是参与运算的两向量各对应位置上元素相乘后,再将各乘积相加。所以向量点积的结果是标量而非向量。点积运算函数为 dot,其调用格式如下。

```
C=dot(A,B)          % 返回A和B的点积, A、B是维数相同的两向量
                    % 若A和B是向量, 则长度维数必须相同; 若为矩阵或多维数组, 则必须具有相同的大小
C=dot(A,B,dim)      % 计算A和B沿维度dim的点积, dim是一个正整数标量
```

【例 2-16】向量的点积运算。

续上例,在命令行窗口中输入以下语句,并查看输出结果。

```
>> ABdot=dot(A,B)           % 计算行向量A和列向量B的点积（内积）
ABdot =
   170
>> ABTdot=dot(AT,BT)        % 计算AT和BT的点积
ABTdot =
   170
```

2. 叉积运算

在数学描述中,向量 ***A***、***B*** 的叉积是一个新向量 ***C***,***C*** 的方向垂直于 ***A*** 与 ***B*** 所确定的平面。叉积运算函数为 cross,其调用格式如下。

```
C=cross(A,B)        % 返回A和B的叉积, 计算的是A、B叉积后各分量的元素值
                    % 若A和B为向量, 则只能是三维向量; 若为矩阵或多维数组, 则必须具有相同大小
                    % 此时将A、B视为三元素向量集合, 计算对应向量沿大小等于3的第一个数组维度的叉积
C=cross(A,B,dim)    % 计算数组A和B沿维度dim的叉积, dim是一个正整数标量
                    % A和B必须具有相同的大小, 且size(A,dim)和size(B,dim)必须为3
```

【例 2-17】合法向量的叉积运算。

在命令行窗口中输入以下语句,并查看输出结果。

```
>> A=2:4
A =
     2     3     4
>> B=5:2:9
B =
     5     7     9
>> C=cross(A,B)             % 计算行向量A和列向量B的叉积
C =
    -1     2    -1
```

【例 2-18】非法向量的叉积运算[维度不等于3的向量（非三维向量）之间做叉积运算]。

在命令行窗口中输入以下语句,并查看输出结果。

```
>> A=2:5
A =
     2     3     4     5
>> B=4:7
B =
     4     5     6     7
>> C=[2 3]
C =
     2     3
>> D=[4 5]
D =
     4     5
>> F=cross(C,D)
错误使用 cross
在获取交叉乘积的维度中,A 和 B 的长度必须为 3。
```

3. 混合积运算

综合运用上述两个函数就可以实现点积和叉积的混合运算,该运算也只能发生在三维向量之间。

【例 2-19】向量混合积运算。

在命令行窗口中输入以下语句,并查看输出结果。

```
>> A=[2 3 4]
A =
     2     3     4
>> B=[4 5 6]
B =
     4     5     6
>> C=[3 4 5]
C =
     3     4     5
>> D=dot(C,cross(A,B))          % 计算C和A、B的叉积的点积
D =
     0
```

2.4 矩阵运算

一般高级语言中只定义了标量(通常分为常量和变量)的各种运算,MATLAB 把标量换成矩阵,而标量则成为矩阵的元素或被视为矩阵的特例。这样,MATLAB 既可用简单的方法解决原本复杂的矩阵运算问题,又可向下兼容处理标量运算。本节在讨论矩阵

运算之前先对矩阵元素的存储次序和表示方法进行说明。

2.4.1 矩阵元素的存储次序

假设有一个 m×n 阶的矩阵 A，如果用符号 i 表示它的行下标，用符号 j 表示它的列下标，那么这个矩阵中第 i 行、第 j 列的元素就可表示为 A(i,j)。

如果要将一个矩阵存储在计算机中，MATLAB 规定矩阵元素在存储器中是按列、行的先后顺序存放的，即存完第 1 列后，再存第 2 列，以此类推。

例如，一个 3×4 阶的矩阵 B 中各元素的存储次序如表 2-12 所示。

表 2-12 矩阵 B 中各元素的存储次序

次序	元素	次序	元素	次序	元素	次序	元素
1	B(1,1)	4	B(1,2)	7	B(1,3)	10	B(1,4)
2	B(2,1)	5	B(2,2)	8	B(2,3)	11	B(2,4)
3	B(3,1)	6	B(3,2)	9	B(3,3)	12	B(3,4)

说明：一维数组（或向量）元素作为矩阵的特例是依其元素本身的先后次序进行存储的。

2.4.2 矩阵元素的表示及操作

弄清矩阵元素的存储次序后，现在来讨论矩阵元素的表示方法和应用。在 MATLAB 中，除可以整体引用矩阵（通过矩阵名）外，还可能涉及对矩阵元素的引用操作，所以矩阵元素的表示方法也是一个必须说明的问题。

1. 矩阵元素的下标表示法

矩阵元素的表示采用下标法。在 MATLAB 中有全下标方法和单下标方法两种方案。

① 全下标方法：用行下标和列下标来标示矩阵中的一个元素，这是一个被普遍接受和采用的方法。对一个 m×n 阶的矩阵 A，其第 i 行、第 j 列的元素用全下标方法表示成 A(i,j)。

② 单下标方法：将矩阵元素按存储次序的先后用单个数码顺序地连续编号。仍以 m×n 阶的矩阵 A 为例，全下标元素 A(i,j) 对应的单下标表示便是 A(s)，其中 s=(j-1)×m+i。

提示：对于下标符号 i、j、s，不能只将其视为单数值下标，也可理解为用向量表示的一组下标。

【例 2-20】元素的下标表示。

在命令行窗口中输入以下语句，并查看输出结果。

```
>> A=[2 3 4; 7 8 9; 6 5 1]
A =
     2     3     4
```

```
            7     8     9
            6     5     1
>> A(2,3)                % 显示矩阵中全下标元素 A(2,3) 的值
>> A(2)                  % 显示矩阵中单下标元素 A(2) 的值
ans =
    9
ans =
    7
>> A(2:3,2)              % 显示矩阵 A 中第 2、3 两行的第 2 列的元素值
ans =
    8
    5
>> A(5:7)                % 显示矩阵 A 单下标第 5～7 号元素的值，此处用一向量表示一下标区间
ans =
    8     5     4
```

2. 矩阵元素的赋值

矩阵元素的赋值方式有 3 种：全下标方式、单下标方式和全元素方式。其中，采用后两种方式赋值的矩阵必须是被引用过的矩阵，否则，系统会提示出错。

（1）全下标方式：在给矩阵的单个或多个元素赋值时，采用全下标方式接收。

【例 2-21】全下标方式赋值。

在命令行窗口中输入以下语句，并查看输出结果。

```
>> clear                         % 清除工作区的内容
>> A(1:2,1:3)=[2 2 2; 2 2 2]     % 用一个矩阵给矩阵 A 的 1～2 行 1～3 列的全部元素赋值 2
A =
    2     2     2
    2     2     2
>> A(3,3)=3                      % 给原矩阵第三行第三列的元素赋值，第三行其余位置自动补 0
A =
    2     2     2
    2     2     2
    0     0     3
```

（2）单下标方式：在给矩阵的单个或多个元素赋值时，采用单下标方式接收。

【例 2-22】单下标方式赋值。

续上例，在命令行窗口中输入以下语句，并查看输出结果。

```
>> A(2:5)=[-1 4 1 -4]            % 将向量 A 中的第 2～5 个元素用等号右边的数值替换
A =
    2     1     2
   -1    -4     2
    4     0     3
```

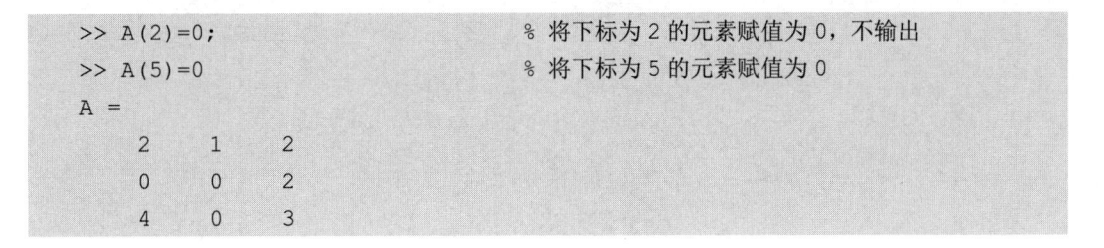

```
>> A(2)=0;                    % 将下标为 2 的元素赋值为 0，不输出
>> A(5)=0                     % 将下标为 5 的元素赋值为 0
A =
     2     1     2
     0     0     2
     4     0     3
```

（3）全元素方式：将矩阵 *B* 的所有元素全部赋值给矩阵 *A*，即 A(:)=B，不要求 *A*、*B* 同阶，只要求元素个数相等。

【例 2-23】全元素方式赋值。

在命令行窗口中输入以下语句，并查看输出结果。

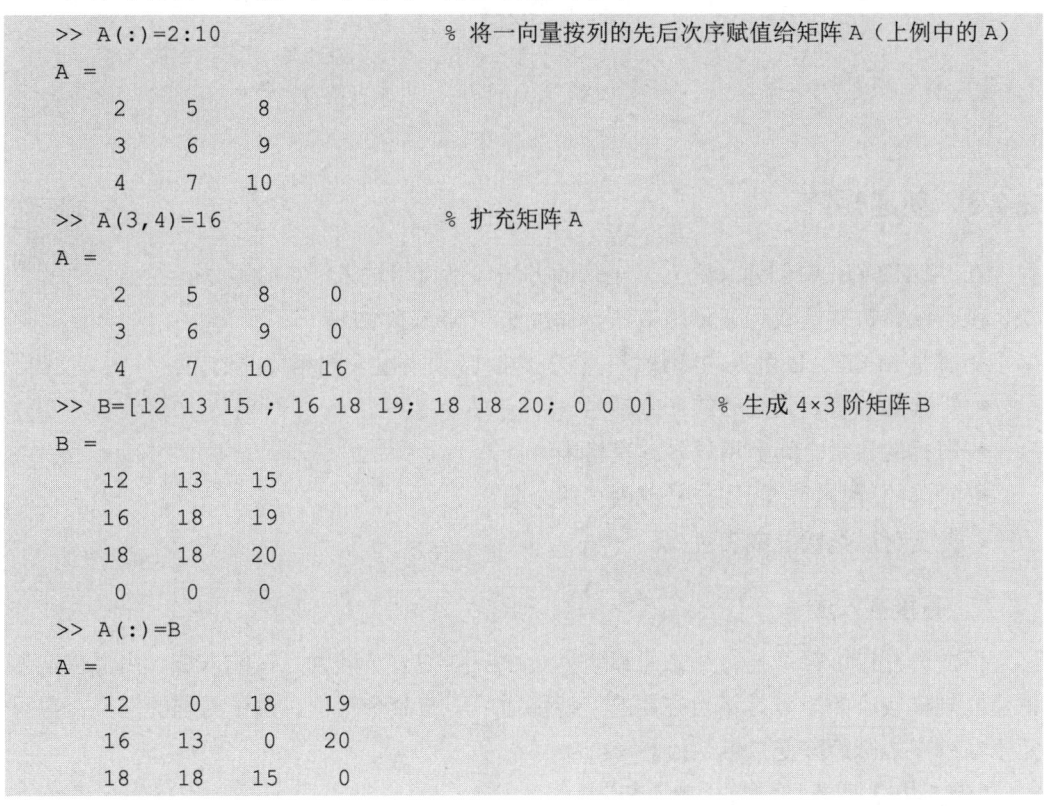

```
>> A(:)=2:10                  % 将一向量按列的先后次序赋值给矩阵 A（上例中的 A）
A =
     2     5     8
     3     6     9
     4     7    10
>> A(3,4)=16                  % 扩充矩阵 A
A =
     2     5     8     0
     3     6     9     0
     4     7    10    16
>> B=[12 13 15 ; 16 18 19; 18 18 20; 0 0 0]    % 生成 4×3 阶矩阵 B
B =
    12    13    15
    16    18    19
    18    18    20
     0     0     0
>> A(:)=B
A =
    12     0    18    19
    16    13     0    20
    18    18    15     0
```

3．矩阵元素的删除

在 MATLAB 中，可以用空矩阵（用[]表示）将矩阵中的单个元素、某行、某列、某矩阵子块及整个矩阵中的元素删除。

【例 2-24】删除元素。

在命令行窗口中输入以下语句，并查看输出结果。

```
>> clear
A(3:4,4:5)=[1 1; 2 2]         % 生成一个新矩阵 A
A =
```

```
         0    0    0    0    0
         0    0    0    0    0
         0    0    0    1    1
         0    0    0    2    2
>> A(2,:)=[]                    % 删除矩阵A的第2行
A =
         0    0    0    0    0
         0    0    0    1    1
         0    0    0    2    2
>> A(1:2)=[]                    % 删除单下标为1～2的元素
A =
         0    0    0    0    0    0    0    0    1    2    0    1    2
>> A=[]                         % 将矩阵A清空，A变为空矩阵
A =
         []
```

2.4.3 创建矩阵

在 MATLAB 中创建（建立）矩阵的方法包括直接输入法、抽取法、拼接法、函数法、拼接函数和变形函数法、加载法和 M 文件法等。

矩阵是 MATLAB 引入的特殊量，在表达时必须给出一些相关的约定：
- 矩阵的所有元素必须放在方括号（[]）内；
- 每行的元素之间需用逗号或空格隔开；
- 矩阵的行与行之间用分号或回车符分隔；
- 元素可以是数值或表达式。

1. 直接输入法

在命令行提示符">>"后，直接输入一个矩阵的方法即为直接输入法。用直接输入法建立规模较小的矩阵是相当方便的，特别适用于在命令行窗口讨论问题的场合，也可用于在程序中给矩阵变量赋初值。

【例 2-25】用直接输入法建立矩阵。

在命令行窗口中输入以下语句，并查看输出结果。

```
>> x=30;
>> y=2;
>> A=[2 1 3; 4 7 6]
A =
     2    1    3
     4    7    6
>> B=[2,3,4; 7,8,9; 12,2*x+1,14]      % 定义矩阵B，其中包含变量x的运算
B =
```

```
     2     3     4
     7     8     9
    12    61    14
>> C=[3 6 5; 7 8 x/y; 10 15 12]      % 定义矩阵C,其中包含变量x和y的运算
C =
     3     6     5
     7     8    15
    10    15    12
```

2. 抽取法

抽取法是指从大矩阵中抽取出需要的小矩阵（或子矩阵）。矩阵的抽取实质是元素的抽取，即用元素下标的向量来指定从大矩阵中抽取哪些元素，进而完成抽取过程。

1）用全下标方式

【例2-26】 用全下标抽取法建立子矩阵。

在命令行窗口中输入以下语句，并查看输出结果。

```
>> clear
>> A=[1 7 3 4; 5 6 9 8; 2 10 13 12; 15 14 20 16]
A =
     1     7     3     4
     5     6     9     8
     2    10    13    12
    15    14    20    16
>> B=A(1:3,2:3)            % 取矩阵A行数为1~3,列数为2~3的元素构成子矩阵B
B =
     7     3
     6     9
    10    13
>> C=A([1 3],[2 4])        % 取矩阵A行数为1、3,列数为2、4的元素构成子矩阵C
C =
     7     4
    10    12
>> D=A(4,:)                % 取矩阵A第4行,所有列构成向量D,":"可表示所有行或列
D =
    15    14    20    16
>> E=A([2 4],end)          % 从矩阵A中提取第2、4行的最后一个元素,并存储在变量E中
E =
     8
    16
```

2）用单下标方式

【例2-27】 用单下标抽取法建立子矩阵。

在命令行窗口中输入以下语句，并查看输出结果。

```
>> clear
>> A=[1 3 3 4; 5 6 7 8; 9 13 11 12; 13 14 19 16]
A =
     1     3     3     4
     5     6     7     8
     9    13    11    12
    13    14    19    16
>> B=A([4:6; 3 5 7; 12:14])         % 使用线性索引抽取矩阵 A 中的元素
B =
    13     3     6
     9     3    13
    19     4     8
```

本例从矩阵 *A* 中取出单下标为 4~6 的元素做第 1 行，单下标为 3、5、7 的 3 个元素做第 2 行，单下标为 12~14 的元素做第 3 行，生成一个 3×3 阶新矩阵 ***B***。

采用以下格式抽取也是正确的，关键在于若要抽取出矩阵，就必须在单下标引用中的最外层加上一对方括号，以满足 MATLAB 对矩阵的约定。

```
>> B=A([4:6; [3 5 7]; 12:14])
```

其中的分号也不能少，若将分号改写成逗号，矩阵将变成向量，如

```
>> C=A([4:5,7,10:13])
C =
    13     3    13     7    11    19     4
```

3．拼接法

两个行数相同的小矩阵可在列方向上扩展拼接成更大的矩阵。同理，两个列数相同的小矩阵可在行方向上扩展拼接成更大的矩阵。

【例 2-28】小矩阵拼成大矩阵。

在命令行窗口中输入以下语句，并查看输出结果。

```
>> A=[1 3 3; 4 5 6; 7 6 9]
A =
     1     3     3
     4     5     6
     7     6     9
>> B=[9 8; 8 6; 5 4]
B =
     9     8
     8     6
     5     4
>> C=[4 9 6; 7 8 9]
C =
```

```
         4     9     6
         7     8     9
>> E=[A B; B A]              % 行、列两个方向同时拼接，需要注意行、列数的匹配情况
E =
     1     3     3     9     8
     4     5     6     8     6
     7     6     9     5     4
     9     8     1     3     3
     8     6     4     5     6
     5     4     7     6     9
>> F=[A; C]                  % A、C 列数相同，沿行向扩展拼接
F =
     1     3     3
     4     5     6
     7     6     9
     4     9     6
     7     8     9
```

4．函数法

MATLAB 中有许多可以生成矩阵的函数，大致可分为基本函数和特殊函数两类。基本函数主要用于生成一些常用的工具矩阵，如表 2-13 所示。

表 2-13 常用工具矩阵生成函数

函数	功能	示例

zeros(m,n)	生成 m×n 的全 0 矩阵	`>> zeros(2,4)`
		`ans =`
		`    0    0    0    0`
		`    0    0    0    0`

ones(m,n)	生成 m×n 的全 1 矩阵	`>> ones(2,4)`
		`ans =`
		`    1    1    1    1`
		`    1    1    1    1`

rand(m,n)	生成取值在 0~1 之间满足均匀分布的随机矩阵	`>> rand(2,3)`
		`ans =`
		`    0.0971    0.6948    0.9502`
		`    0.8235    0.3171    0.0344`

randn(m,n)	生成满足正态分布的随机矩阵	`>> randn(2,3)`
		`ans =`
		`   -0.1022    0.3192   -0.8649`
		`   -0.2414    0.3129   -0.0301`

eye(m,n)	生成 m×n 的单位矩阵	`>> eye(3,4)`
		`ans =`
		`    1    0    0    0`
		`    0    1    0    0`
		`    0    0    1    0`

特殊函数则生成一些特殊矩阵，如希尔伯特矩阵、幻方矩阵、帕斯卡矩阵、范德蒙矩阵等。特殊矩阵生成函数如表 2-14 所示。

表 2-14　特殊矩阵生成函数

函数语法	功能
A=compan(u)	返回第一行为-u(2:n)/u(1)的对应伴随矩阵，其中 u 是多项式系数向量。compan(u)的特征值是多项式的根
H=hadamard(n)	返回阶次为 n 的哈达玛（Hadamard）矩阵
H=hankel(c)	返回正方形汉克尔（Hankel）矩阵，其中 c 定义矩阵的第一列，主副对角线以下的元素为零
H=hankel(c,r)	返回汉克尔矩阵，第一列为 c，最后一行为 r。如果 c 的最后一个元素不同于 r 的第一个元素，则会发出警告，并对副对角线使用 c 的最后一个元素
H=hilb(n)	返回阶数为 n 的希尔伯特（Hilbert）矩阵。元素由 H(i,j)=1/(i+j-1)指定。希尔伯特矩阵是典型的病态矩阵
H=invhilb(n)	对于小于 15 的 n，生成确切希尔伯特（Hilbert）矩阵的确切逆矩阵。对于较大的 n，生成逆希尔伯特矩阵的近似值
M=magic(n)	返回由 1 到 n^2 的整数构成且总行数和总列数相等的 n×n 矩阵（幻方矩阵）。只有 n≥3 才能创建有效的幻方矩阵
P=pascal(n)	返回 n 阶帕斯卡矩阵。P 是一个对称正定矩阵，其整数项来自帕斯卡三角形。P 的逆矩阵具有整数项
P=pascal(n,1)	返回帕斯卡矩阵的下三角乔列斯基因子（最高到列符号）。P 是对合矩阵，即该矩阵是它自身的逆矩阵
P=pascal(n,2)	返回 pascal(n,1)的转置和置换矩阵，此时，P 是单位矩阵的立方根
A=rosser	返回双精度类型的罗瑟矩阵（经典对称特征值测试矩阵）
T=toeplitz(c,r)	返回非对称托普利茨（Toeplitz）矩阵，其中 c 作为第一列，r 作为第一行。如果 c 和 r 的首个元素不同，将发出警告并使用列元素作为对角线
T=toeplitz(r)	返回对称的托普利茨矩阵，其中： 如果 r 是实数向量，则 r 定义矩阵的第一行； 如果 r 是第一个元素为实数的复数向量，则 r 定义第一行，r'定义第一列； 如果 r 的第一个元素是复数，则托普利茨矩阵是抽取了主对角线的埃尔米特矩阵，这意味着对于 i≠j 的情况，Ti,j=conj(Tj,i)。主对角线的元素会被设置为 r(1)
A=vander(v)	返回范德蒙矩阵以使其列是向量 v 的幂
W=wilkinson(n)	Wilkinson's 特征值测试矩阵。返回约翰威尔金森的 n×n 特征值测试矩阵之一。W 是一个对称的三对角矩阵，具有几乎相等的特征值对
[A1,A2,...,Am]=gallery(ma,P1,P2,...,Pn)	生成由 ma 指定的一系列测试矩阵。P1,P2,...,Pn 是单个矩阵系列要求的输入参数，其数目因矩阵而异。ma 决定生成的测试矩阵类型
A=gallery(3)	生成一个对扰动敏感的病态 3×3 矩阵
A=gallery(5)	生成一个 5×5 矩阵，它具有一个对舍入误差很敏感的特征值

在表 2-13 所示的常用工具矩阵生成函数中，除 eye 函数外，其他函数都能生成三维以上的多维数组，而 eye(m,n)可生成非方阵的单位阵。

【例 2-29】用函数生成矩阵。

在命令行窗口中输入以下语句，并查看输出结果。

```
>> u=[1 0 -7 6];                    % 多项式(x-1)(x-2)(x+3)=x³-7x+6 的系数向量
>> A=compan(u)                      % 生成多项式对应的伴随矩阵
A =
     0     7    -6
     1     0     0
     0     1     0
>> eig(A)                           % 验证 A 的特征值是多项式的根
ans =
    -3.0000
     2.0000
     1.0000
>> B=magic(4)                       % 生成 4 阶幻方矩阵
B =
    16     2     3    13
     5    11    10     8
     9     7     6    12
     4    14    15     1
>> C=vander(u)                      % 生成 u 的范德蒙矩阵
C =
     1     1     1     1
     0     0     0     1
  -343    49    -7     1
   216    36     6     1
>> C1=fliplr(vander(u))             % 使用 fliplr 求替代格式的范德蒙矩阵
C1 =
     1     1     1     1
     1     0     0     0
     1    -7    49  -343
     1     6    36   216
>> D=hilb(3)                        % 生成 3 阶希尔伯特矩阵
D =
    1.0000    0.5000    0.3333
    0.5000    0.3333    0.2500
    0.3333    0.2500    0.2000
>> E=pascal(4)                      % 生成 4 阶帕斯卡矩阵
E =
     1     1     1     1
     1     2     3     4
     1     3     6    10
     1     4    10    20
```

n 阶幻方矩阵的特点是每行、每列和两对角线上的元素之和均等于$(n^3+n)/2$。例如，上例 4 阶幻方矩阵每行、每列和两对角线元素之和为 34。

希尔伯特矩阵的元素在行、列方向和对角线上的分布规律是显而易见的,而帕斯卡矩阵在其副对角线及其平行线上的变化规律实际上就是中国人称杨辉三角,而西方人称帕斯卡三角的变化规律。

5. 拼接函数法和变形函数法

拼接函数法是指利用 cat 和 repmat 函数将多个小矩阵或沿行、或沿列方向拼接成一个大矩阵。其中,cat 函数的调用格式如下。

```
C=cat(dim,A,B)              % 沿维度 dim 将 B 串联到 A 的末尾,A、B 具有兼容的大小
C=cat(dim,A1,A2,…,An)       % 沿维度 dim 串联 A1、A2、…、An
```

说明:使用方括号运算符[]也可以对数组进行串联或追加。例如,[A,B]和[A B]将水平串联数组 A 和 B,而[A;B]将垂直串联数组 A 和 B。

当 dim=1 时,沿行方向拼接;当 dim=2 时,沿列方向拼接;当 dim>2 时,拼接出的是多维数组。

【例 2-30】利用 cat 函数实现矩阵 A1 和 A2 分别沿行方向和沿列方向的拼接。

在命令行窗口中输入以下语句,并查看输出结果。

```
>> A1=[1 3 5; 6 8 7; 4 3 6]
A1 =
     1     3     5
     6     8     7
     4     3     6
>> A2=A1.'
A2 =
     1     6     4
     3     8     3
     5     7     6
>> cat(2,A1,A2)
ans =
     1     3     5     1     6     4
     6     8     7     3     8     3
     4     3     6     5     7     6
```

在 MATLAB 中,repmat 函数的调用格式如下。

```
B=repmat(A,n)              % 返回一个在行维度和列维度包含 A 的 n 个副本的数组
                           % A 为矩阵时,B 大小为 size(A)*n
B=repmat(A,r1,…,rN)        % 指定标量列表 r1,…,rN 描述 A 的副本在每个维度中的排列方式
                           % 当 A 具有 N 维时,B 的大小为 size(A).*[r1…rN]
B=repmat(A,r)              % 使用行向量 r 指定重复方案,repmat(A,[2 3])与 repmat(A,2,3)相同
```

【例 2-31】用 repmat 函数对矩阵 A1 实现沿行方向和沿列方向的拼接(续上例)。

在命令行窗口中输入以下语句,并查看输出结果。

```
>> repmat(A1,2,2)
ans =
     1     3     5     1     3     5
     6     8     7     6     8     7
     4     3     6     4     3     6
     1     3     5     1     3     5
     6     8     7     6     8     7
     4     3     6     4     3     6
>> repmat(A1,2,1)
ans =
     1     3     5
     6     8     7
     4     3     6
     1     3     5
     6     8     7
     4     3     6
>> repmat(A1,1,3)
ans =
     1     3     5     1     3     5     1     3     5
     6     8     7     6     8     7     6     8     7
     4     3     6     4     3     6     4     3     6
```

变形函数法主要是指把一个向量通过变形函数 reshape 变换成矩阵，也可将一个矩阵变换成一个新的、与之阶数不同的矩阵。reshape 函数的调用格式如下。

```
B=reshape(A,sz)         % 使用大小向量 sz 重构 A 以定义 size(B)，sz 至少包含 2 个元素
                        % prod(sz) 必须与 numel(A) 相同
B=reshape(A,sz1,…,szN)  % 将 A 重构为一个 sz1×…×szN 的数组
                        % sz1,…,szN 为每个维度的大小，将某个维度指定为[]，可使 B 中的元素数与 A 匹配
```

【例 2-32】 用 reshape 函数生成矩阵。

在命令行窗口中输入以下语句，并查看输出结果。

```
>> A=linspace(2,18,9)
A =
     2     4     6     8    10    12    14    16    18
>> B=reshape(A,3,3)      % 注意新矩阵的排列方式，从中体会矩阵元素的存储次序
B =
     2     8    14
     4    10    16
     6    12    18
>> a=20:2:24;
>> b=a.';
>> C=[B b]
C =
```

```
         2         8        14        20
         4        10        16        22
         6        12        18        24
>> D=reshape(C,4,3)
D =
         2        10        18
         4        12        20
         6        14        22
         8        16        24
```

6. 加载法

加载法是指将已经存放的.mat 文件读入 MATLAB 工作空间中。加载前必须事先已保存了该.mat 文件且该文件中的内容是所需的矩阵。

在用 MATLAB 程序解决实际问题时，可能需要将程序运行的中间结果用.mat 文件保存以备后面的程序调用。这一调用过程实质上就是将数据（包括矩阵）加载到 MATLAB 内存工作空间以备当前程序使用。加载方法如下：

（1）单击"主页"选项卡"变量"面板中的 ![] （导入数据）按钮。

（2）在命令行窗口中输入 load 命令。

【例 2-33】 利用外存中的数据文件加载矩阵。

在命令行窗口中输入以下语句，并查看输出结果。

```
>> A=[1 2 4];
>> save('matlab.mat','A')        % 保存为数据文件
>> clear all
>> load matlab                    % 从外存中加载事先保存在可搜索路径中的数据文件 matlab.mat
>> who                            % 询问加载的矩阵名称
您的变量为：
A
>> A                              % 显示加载的矩阵内容
A =
     1     2     4
```

7. M文件法

M 文件法和加载法十分相似，都是将事先保存在外存中的矩阵读入内存工作空间中，不同点在于加载法读入的是数据文件（.mat），而 M 文件法读入的是内容仅为矩阵的.m 文件。

M 文件一般是程序文件，其内容通常为命令或语句，但也可存放矩阵，因为给一个矩阵赋值本身就是一条语句。

在程序设计中，当矩阵的规模较大，而这些矩阵又要经常被引用时，可以用直接输入法将某个矩阵准确无误地赋值给程序中会被反复引用的变量，并用 M 文件将其保存。每当用到该矩阵时，就只需在程序中引用该 M 文件即可。

2.4.4 矩阵的代数运算

矩阵的代数运算包括线性代数中讨论的诸多方面，限于篇幅，本节仅就一些常用的代数运算在 MATLAB 中的实现给予描述。

本节所描述的代数运算包括求矩阵行列式的值、矩阵的加减乘除、矩阵的求逆、求矩阵的秩、求矩阵的特征值与特征向量、矩阵的乘方与开方等。这些运算在 MATLAB 中有些是由运算符完成的，但更多的运算是由函数实现的。

1. 求矩阵行列式的值

在 MATLAB 中，求矩阵行列式的值由 det 函数实现，其调用格式如下。

```
d=det(A)        % 返回矩阵 A 行列式的值
```

【例 2-34】求给定矩阵行列式的值。

在命令行窗口中输入以下语句，并查看输出结果。

```
>> A=[3 6 5; 1 -1 10; 2 -1 6]
A =
     3     6     5
     1    -1    10
     2    -1     6
>> d1=det(A)
d1 =
  101.0000
>> B=pascal(4)
B =
     1     1     1     1
     1     2     3     4
     1     3     6    10
     1     4    10    20
>> d2=det(B)
d2 =
    1.0000
```

2. 矩阵的加减、数乘与乘法

矩阵的加减、数乘和乘法可用表 2-7 中的运算符来实现。

【例 2-35】已知矩阵 $A = \begin{pmatrix} 1 & 3 \\ 2 & -1 \end{pmatrix}$、$B = \begin{pmatrix} 3 & 0 \\ 1 & 2 \end{pmatrix}$，求 $A+B$、$2A$、$2A-3B$、AB。

在命令行窗口中输入以下语句，并查看输出结果。

```
>> A=[1 3; 2 -1];
>> B=[3 0; 1 2];
>> A+B
ans =
```

```
              4     3
              3     1
>> 2*A
ans =
              2     6
              4    -2
>> 2*A-3*B
ans =
             -7     6
              1    -8
>> A*B                          % 矩阵乘法
ans =
              6     6
              5    -2
>> A.*B
ans =                           % 数组乘法，注意与矩阵乘法对比
              3     0
              2    -2
```

因为矩阵加减运算的规则是对应元素相加减，所以参与加减运算的矩阵必须是同阶（同型）矩阵。而数与矩阵的加减乘除运算的规则一目了然，但矩阵相乘有定义的前提是左矩阵的列数等于右矩阵的行数。

3．求矩阵的逆矩阵

在 MATLAB 中，求一个 n 阶方阵的逆矩阵远比手动使用线性代数中的方法简单，只需调用函数 inv 即可实现，其调用格式如下。

| Y=inv(X) | % 计算方阵 X 的逆矩阵，X^(-1)等效于 inv(X) |

> **注意**：x=A\b 的计算方式与 x=inv(A)*b 的计算方式不同，多用于求解线性方程组。

【例 2-36】求矩阵 *A* 的逆矩阵。

在命令行窗口中输入以下语句，并查看输出结果。

```
>> A=[2 0 1; 2 1 2; 0 4 6]
A =
              2     0     1
              2     1     2
              0     4     6
>> format rat;
>> A1=inv(A)
A1 =
           -1/2     1    -1/4
             -3     3    -1/2
              2    -2     1/2
```

```
>> format short
```

4．矩阵的除法

有了矩阵求逆运算后，线性代数中不再需要定义矩阵的除法运算。但为与其他高级语言中的标量运算保持一致，MATLAB 保留了除法运算，并规定了矩阵的除法运算法则，又因照顾到解不同线性代数方程组的需要，提出了左除和右除的概念。

左除即 A\B=inv(A)*B，右除即 A/B=A*inv(B)，相关运算符的定义参见表 2-7。

【例 2-37】求线性方程组 $\begin{cases} x_1 + 4x_2 - 7x_3 + 6x_4 = 0 \\ 2x_2 + x_3 + x_4 = -8 \\ x_2 + x_3 + 3x_4 = -2 \\ x_1 + x_3 - x_4 = 1 \end{cases}$ 的解。

提示：该方程组可列成两个不同的矩阵方程形式。

（1）设 X=[x1; x2; x3; x4]为列向量，矩阵 A=[1 4 -7 6; 0 2 1 1; 0 1 1 3; 1 0 1 -1]，B=[0; -8; -2; 1]为列向量，则方程形式为 AX=B，其求解过程用左除。

在命令行窗口中输入以下语句，并查看输出结果。

```
>> A=[1 4 -7 6; 0 2 1 1; 0 1 1 3; 1 0 1 -1]
A =
     1     4    -7     6
     0     2     1     1
     0     1     1     3
     1     0     1    -1
>> B=[0; -8; -2; 1]
B =
     0
    -8
    -2
     1
>> x=A\B
x =
     3
    -4
    -1
     1
>> inv(A)*B
ans =
    3.0000
   -4.0000
   -1.0000
    1.0000
```

由此可见，A\B 的确与 inv(A)*B 相等。

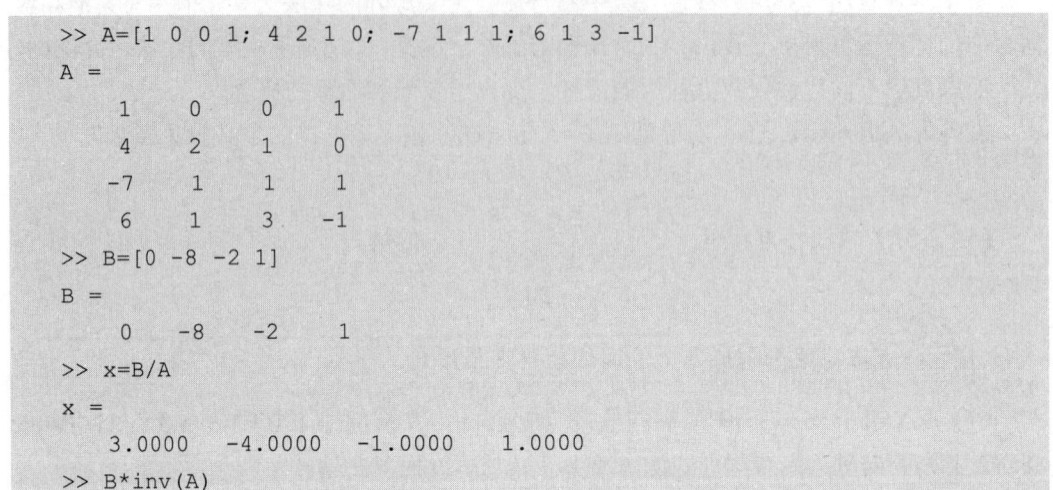

（2）设 X=[x1 x2 x3 x4]为行向量，矩阵 A=[1 0 0 1; 4 2 1 0; -7 1 1 1; 6 1 3 -1]，矩阵 B=[0 -8 -2 1]为行向量，则方程形式为 XA=B，其求解过程用右除。

在命令行窗口中输入以下语句，并查看输出结果。

```
>> A=[1 0 0 1; 4 2 1 0; -7 1 1 1; 6 1 3 -1]
A =
    1    0    0    1
    4    2    1    0
   -7    1    1    1
    6    1    3   -1
>> B=[0 -8 -2 1]
B =
    0   -8   -2    1
>> x=B/A
x =
    3.0000   -4.0000   -1.0000    1.0000
>> B*inv(A)
ans =
    3.0000   -4.0000   -1.0000    1.0000
```

由此可见，B/A 与 B*inv(A)相等。

本例用左除、右除两种方案求解同一线性方程组的解，计算结果证明两种除法都是准确可用的，区别只在于方程的书写形式不同。

说明：本例所求的是一个恰定方程组的解，对超定和欠定方程，MATLAB 矩阵除法同样能给出其解，限于篇幅，在此不做讨论。

5．求矩阵的秩

矩阵的秩是线性代数中一个重要的概念，它描述了矩阵的一个数值特征。在 MATLAB 中求矩阵的秩的运算（简称求秩运算）由函数 rank 完成，其调用格式如下。

```
k=rank(A)         % 返回矩阵 A 的秩
k=rank(A,tol)     % 指定在求秩运算中使用另一个容差，即计算A中大于tol的奇异值的个数
```

另外，在 MATLAB 中可以利用 sprank 函数计算稀疏矩阵的结构秩，其调用格式如下。

```
r=sprank(A)       % 计算稀疏矩阵 A 的结构秩
```

【例 2-38】求矩阵的秩。

在命令行窗口中输入以下语句，并查看输出结果。

```
>> B=[1 6 -9 3; 0 1 -9 4; -2 -3 9 6]
B =
    1    6   -9    3
    0    1   -9    4
```

```
    -2   -3    9    6
>> rb=rank(B)
rb =
     3
```

6. 求矩阵的特征值与特征向量

在 MATLAB 中,利用 eig 函数与 eigs 函数可以求矩阵的特征值和特征向量的数值解。其中 eig 函数的调用格式如下。

```
e=eig(A)          % 返回一个列向量,其中包含方阵 A 的特征值
[V,D]=eig(A)      % 返回特征值的对角矩阵 D 和矩阵 V,其列是对应的右特征向量,使得 A*V=V*D
[V,D,W]=eig(A)    % 额外返回满矩阵 W,其列是对应的左特征向量,使得 W'*A=D*W'

e=eig(A,B)        % 返回一个列向量,其中包含方阵 A 和 B 的广义特征值
[V,D]=eig(A,B)    % 返回广义特征值的对角矩阵 D 和矩阵 V,其列是对应的右特征向量
                  % 使得 A*V=B*V*D
[V,D,W]=eig(A,B)  % 额外返回满矩阵 W,其列是对应的左特征向量,使得 W'*A=D*W'*B
```

利用 eigs 函数可以求特征值和特征向量的子集,由于 eigs 函数采用迭代法求解,因此在规模上最多只给出 6 个特征值和特征向量。该函数的调用格式如下。

```
d=eigs(A)         % 返回一个向量,其中包含矩阵 A 的 6 个模最大的特征值
d=eigs(A,k)       % 返回 k 个模最大的特征值
[V,D]=eigs(___)   % 返回对角矩阵 D 和矩阵 V
                  % 前者包含主对角线上的特征值,后者的各列中包含对应的特征向量
```

【例 2-39】求矩阵 A 的特征值和特征向量。

在命令行窗口中输入以下语句,并查看输出结果。

```
>> A=[1 -3 3; 3 -5 3; 6 -6 4]
A =
     1   -3    3
     3   -5    3
     6   -6    4
>> e=eig(A)
e =
    4.0000
   -2.0000
   -2.0000
>> [V,D]=eig(A)
V =
   -0.4082   -0.8103    0.1933
   -0.4082   -0.3185   -0.5904
   -0.8165    0.4918   -0.7836
D =
```

```
     4.0000         0         0
          0   -2.0000         0
          0         0   -2.0000
```

矩阵 D 用对角线方式给出了矩阵 A 的特征值：$\lambda_1=4$，$\lambda_2=\lambda_3=-2$。而与这些特征值相应的特征向量则由 X 的各列来代表，X 的第 1 列是 λ_1 的特征向量，第 2 列是 λ_2 的特征向量，其余类推。

> **说明**：矩阵 A 的某个特征值对应的特征向量不是有限的，更不是唯一的，而是无穷的。所以，上例中结果只是一个代表而已。

7. 矩阵的乘幂与开方

在 MATLAB 中，矩阵的乘幂运算与线性代数相比做了扩充，在线性代数中，一个矩阵 A 连乘自己数遍，就构成矩阵的乘方，例如 A^3。但 3^A 这种形式在线性代数中就没有明确定义，而 MATLAB 承认其合法性并可进行运算。矩阵的乘方有自己的运算符(^)。

同样地，矩阵的开方运算也是 MATLAB 自己定义的，它的依据在于开方所得矩阵与自身相乘正好等于被开方的矩阵。矩阵的开方运算由函数 sqrtm 实现，调用格式如下：

```
X=sqrtm(A)         % 返回矩阵 A 的主要平方根（X*X=A）
```

【例 2-40】矩阵的乘幂与开方运算。

在命令行窗口中输入以下语句，并查看输出结果。

```
>> A=[1 -5 3; 3 -5 6; 6 -6 4];
>> A^3
ans =
   -80    60   -36
   -36    -8   -72
   -72    72  -116
>> A^1.5
ans =
    3.2031-3.0283i   -5.4605-2.3574i   -1.0899+3.2604i
   11.2493-1.9565i  -13.6005-1.5231i    8.2612+2.1065i
   11.1087+0.9026i  -14.9053+0.7026i    4.9608-0.9718i
>> 3^A
ans =
   -2.2132+0.0000i    3.5081-0.0000i    0.0704+0.0000i
   -6.0771+0.0000i    7.1037+0.0000i   -5.0609+0.0000i
   -6.4796+0.0000i    8.3711-0.0000i   -3.5615+0.0000i

>> X=sqrtm(A)
X =
    1.3659+0.9692i   -1.6031+0.7545i    1.1078-1.0435i
    0.6954+0.6262i   -0.2153+0.4874i    1.8666-0.6742i
```

```
    1.7715-0.2889i  -1.6446-0.2249i   2.3785+0.3110i
>> X^2
ans =
    1.0000-0.0000i  -5.0000+0.0000i   3.0000-0.0000i
    3.0000+0.0000i  -5.0000+0.0000i   6.0000-0.0000i
    6.0000+0.0000i  -6.0000+0.0000i   4.0000-0.0000i
```

本例中，矩阵 *A* 的非整数次幂是依据其特征值和特征向量进行运算的，如果用 X 表示特征向量，Lamda 表示特征值，则具体计算式为：

```
A^p=Lamda*X.^p/Lamda
```

注意：矩阵的乘方和开方运算是以矩阵作为一个整体的运算，而不是针对矩阵每个元素进行的，应与数组的乘幂和开方运算相区别。

8. 矩阵的指数与对数

矩阵的指数与对数运算也是以矩阵为整体而非针对元素的运算。和标量运算一样，矩阵的指数与对数运算也是一对互逆的运算。也就是说，矩阵 *A* 的指数运算可以用对数运算去验证，反之亦然。

矩阵指数运算函数有多个，其中常用的是 expm(A)；而矩阵对数运算函数为 logm(A)。expm 函数的调用格式如下。

```
Y=expm(X)            % 计算矩阵 X 的指数
```

若 X 包含一组完整的特征向量 V 和对应特征值 D，则

```
[V,D]=eig(X)
```

且

```
expm(X)=V*diag(exp(diag(D)))/V
```

说明：对于逐元素的指数运算，使用 exp(x)。

logm 函数的调用格式如下。

```
L=logm(A)                  % 计算矩阵 A 的主对数，即 expm(A) 的倒数
[L,exitflag]=logm(A)% 额外返回退出条件的标量 exitflag：若 exitflag=0，则计算完成
                   % 若 exitflag=1，则必须计算的矩阵平方根太多，L 的计算值可能仍然正确
```

提示：如果 A 是奇异矩阵或在负实轴上具有特征值，则未定义主对数，此时 logm(A) 计算非主对数并返回警告消息。

【例 2-41】矩阵的指数与对数运算。

在命令行窗口中输入以下语句，并查看输出结果。

```
>> A=[2 -1 5; 2 -4 7; 1 -3 6];
>> Ae=expm(A)
Ae =
   18.0889  -42.8535  111.1848
```

```
      11.6162   -32.8665    84.1449
       7.4188   -25.4777    63.8707
>> Ael=logm(Ae)
Ael =
       2.0000    -1.0000     5.0000
       2.0000    -4.0000     7.0000
       1.0000    -3.0000     6.0000
```

9. 矩阵的转置

在 MATLAB 中，矩阵的转置分为共轭转置和非共轭转置两大类。但就一般实矩阵而言，共轭转置与非共轭转置的效果没有区别，复矩阵的共轭转置则在转置的同时实现共轭。

单纯的转置运算可以用函数 transpose(A)实现，它是执行 A.'的另一种方式，不论是实矩阵还是复矩阵，该函数都只实现转置而不做共轭变换。

【例 2-42】矩阵的转置运算。

在命令行窗口中输入以下语句，并查看输出结果。

```
>> A=[2 -1 5; 2 -4 7; 1 -3 6];
>> transpose(A)
ans =
       2     2     1
      -1    -4    -3
       5     7     6
>> B=A'
B =
       2     2     1
      -1    -4    -3
       5     7     6
>> Z=A+i*B
Z =
   2.0000+2.0000i  -1.0000+2.0000i   5.0000+1.0000i
   2.0000-1.0000i  -4.0000-4.0000i   7.0000-3.0000i
   1.0000+5.0000i  -3.0000+7.0000i   6.0000+6.0000i
>> transpose(Z)
ans =
   2.0000+2.0000i   2.0000-1.0000i   1.0000+5.0000i
  -1.0000+2.0000i  -4.0000-4.0000i  -3.0000+7.0000i
   5.0000+1.0000i   7.0000-3.0000i   6.0000+6.0000i
```

10. 矩阵的提取与翻转

矩阵的提取与翻转是针对矩阵的常见操作。在 MATLAB 中，这些操作都可以由函数实现，矩阵的提取与翻转函数如表 2-15 所示。

表 2-15 矩阵的提取与翻转函数

函数	语法格式	功能	应用示例

triu	triu(A)	提取矩阵 A 的右上三角元素，其余元素补 0	```>> A=[2 -1 5; 2 -4 7; 1 -3 6];```
			```>> triu(A)```
			```ans =```
			`   2   -1    5`
			`   0   -4    7`
			`   0    0    6`

	triu(A,k)	返回矩阵 A 的第 k 条对角线上及该对角线上方的元素	

tril	tril(A)	提取矩阵 A 的左下三角元素，其余元素补 0	```>> tril(A)```
			```ans =```
			`   2    0    0`
			`   2   -4    0`
			`   1   -3    6`

	tril(A,k)	返回矩阵 A 的第 k 条对角线上及该对角线下方的元素	

diag	diag(A)	提取矩阵 A 的对角线元素	```>> diag(A)```
			```ans =```
			`   2`
			`  -4`
			`   6`

	diag(A,k)	返回矩阵 A 的第 k 条对角线上元素的列向量	

flipud	flipud(A)	矩阵 A 沿水平轴上下翻转	```>> flipud(A)```
			```ans =```
			`   1   -3    6`
			`   2   -4    7`
			`   2   -1    5`

fliplr	fliplr(A)	矩阵 A 沿垂直轴左右翻转	```>> fliplr(A)```
			```ans =```
			`   5   -1    2`
			`   7   -4    2`
			`   6   -3    1`

flipdim	flipdim(A,dim)	矩阵 A 沿特定轴翻转。dim=1，按行翻转；dim=2，按列翻转	```>> flipdim(A,2)```
			```ans =```
			`   5   -1    2`
			`   7   -4    2`
			`   6   -3    1`

rot90	rot90(A)	矩阵 A 整体逆时针旋转 90°	```>> rot90(A)```
			```ans =```
			`   5    7    6`
			`  -1   -4   -3`
			`   2    2    1`

	rot90(A,k)	将矩阵 A 逆时针旋转 k×90°，其中 k 为整数	

【例 2-43】矩阵的提取与翻转。

在命令行窗口中输入以下语句，并查看输出结果（见表 2-15）。

```
>> A=[2 -1 5; 2 -4 7; 1 -3 6];
>> triu(A)
>> tril(A)
>> diag(A)
```

```
>> flipud(A)
>> fliplr(A)
>> flipdim(A,2)
>> rot90(A)
```

2.5 字符串运算

MATLAB 中虽有字符串的概念，但是将其视为一维字符数组对待。因此，本节针对字符串的运算或操作，对一维字符数组也有效。

2.5.1 字符串变量与一维字符数组

当把某个字符串赋值给一个变量后，这个变量便因取得这一字符串而被 MATLAB 识别为字符串变量。

当从 MATLAB 的工作空间窗口去观察一个一维字符数组时，可以发现它具有与字符串变量相同的数据类型。由此推知，字符串变量与一维字符数组在运算处理和操作过程中是等价的。

1. 给字符串变量赋值

用一个赋值语句即可完成字符串变量的赋值操作，现举例如下。

【例 2-44】将 3 个字符串分别赋值给 S1、S2、S3 这 3 个变量。

在命令行窗口中输入以下语句，并查看输出结果。

```
>> S1='Go to the zoo.'
S1 =
    'Go to the zoo.'
>> S2='Go to school.'
S2 =
    'Go to school.'
>> S3='Go home after school.'
S3 =
    'Go home after school.'
```

2. 一维字符数组的生成

向量的生成方法就是一维数组的生成方法，而一维字符数组也是数组，与数值数组不同的是，字符数组中的元素是字符而非数值。因此，同样可以利用生成向量的方法生成字符数组，当然常用的还是直接输入法。

【例 2-45】用 3 种方法生成字符数组。

在命令行窗口中输入以下语句，并查看输出结果。

```
>> Sa=['I love my friends, ' 'I' ' love truths ' 'more profoundly.']
```

```
Sa =
    'I love my friends, I love truths more profoundly.'
>> Sb=char('a':2:'t')              % 函数 char 用于将数值转换成字符串
Sb =
    'acegikmoqs'
>> Sc=char(linspace('e','t',10))
Sc =
    'efhjkmoprt'
```

注意：观察 Sa 在工作区中的各项数据，尤其是 size 的大小（后文介绍），不要以为它只有 4 个元素，从中体会 Sa 作为一个字符数组的真正含义。

2.5.2 对字符串的多项操作

对字符串的操作主要由一组函数实现，包括：length 函数，用于求字符串长度；size 函数，用于求矩阵阶数；double 和 char 函数，用于字符串和一维数值数组的相互转换等。

1．求字符串长度

length 函数和 size 函数虽然都能求字符串、数组或矩阵的大小，但用法上有所区别。length 函数只给出最大维的数值大小，而 size 函数则以一个向量的形式给出各维的数值大小。两者的关系为：length()=max(size())。

【例 2-46】 length 函数和 size 函数的用法。

在命令行窗口中输入以下语句，并查看输出结果。

```
>> Sa=['I love my friends, ' 'I' ' love truths ' 'more profoundly.']
>> length(Sa)
ans =
    49
>> size(Sa)
ans =
    1    49
```

2．字符串与一维数值数组的相互转换

字符串是由若干字符组成的，在 ASCII 码中，每个字符又对应一个数值编码，例如，字符 A 对应 65。如此一来，可在字符串与一维数值数组之间找到某种对应关系。这就构成字符串与数值数组相互转换的基础。

【例 2-47】 用 abs、double 函数和 char、setstr 函数实现字符串与一维数值数组的相互转换。

在命令行窗口中输入以下语句，并查看输出结果。

```
>> S1='I am human.';
>> As1=abs(S1)
As1 =
```

```
         73    32    97   109    32   104   117   109    97   110    46
>> char(As1)
ans =
    'I am human.'
>> As2=double(S1)
As2 =
         73    32    97   109    32   104   117   109    97   110    46
>> setstr(As2)
ans =
    'I am human'
```

3. 比较字符串

在 MATLAB 中，利用 strcmp 函数可以对字符串进行比较，该函数的调用格式如下。

```
tf=strcmp(s1,s2)       % 比较 s1 和 s2,若完全相同,则返回 1(true),否则返回 0(false)
                       % 返回结果 tf 的数据类型为 logical
```

【例 2-48】 比较两个字符串。

在命令行窗口中输入以下语句，并查看输出结果。

```
>> S1= 'I am human';
>> S2= 'I am human.';
>> strcmp(S1,S2)
ans =
  logical
   0
>> strcmp(S2,S2)
ans =
  logical
   1
```

4. 查找字符串

在 MATLAB 中，利用 findstr 函数可以从某个长字符串 S 中查找子字符串 s。返回结果是子字符串在长字符串中的起始位置。该函数的调用格式如下。

```
k=findstr(str1,str2)    % 在 str1、str2 中较长的参数中搜索较短的参数
                        % 返回找到的每个参数的起始索引,找不到则返回空数组[]
```

说明：findstr 函数区分大小写，输入参数中的前导和尾随空格都显式包含在比较操作中。

【例 2-49】 查找字符串。

在命令行窗口中输入以下语句，并查看输出结果。

```
>> S='I believe that food is the greatest thing in the world.';
>> findstr(S,'food')
ans =
```

```
            16
>> findstr('food',S)
ans =
    16
>> findstr(S,'th')
ans =
    11    24    37    46
```

5．显示字符串

在 MATLAB 中，利用 disp 函数可以将一个字符串的内容原样输出，多用于在程序中做提示说明。

```
disp(X)         % 当 X 为变量时，显示变量 X 的值
                % 当 X 为字符串时，直接显示字符串的内容
```

【例 2-50】 显示字符串与变量值。

在命令行窗口中输入以下语句，并查看输出结果。

```
>> A=[15 150];
>> S='Hello World.';
>> disp(A)                  % 显示每个变量的值
    15   150
>> disp(S)                  % 原样显示字符串
Hello World.

>> S1= 'I am human';
>> S2= 'I am human.';
>> disp('比较结果：'),Result=strcmp(S1,S1),disp('若为1则完全相同，为0则不同。')
比较结果：
Result =
  logical
   1
若为1则完全相同，为0则不同。
```

除上面介绍的这些字符串操作函数外，相关的函数还有很多，限于篇幅，不再一一介绍，有需要时可通过 MATLAB 帮助获得相关主题的信息。

2.5.3 二维字符数组

二维字符数组就是由字符串纵向排列构成的数组。参照数值数组的构造，二维字符数组可以用直接输入法生成或用连接函数法获得。

【例 2-51】 将 S1、S2、S3、S4 分别视为数组的 4 行，用直接输入法沿纵向构造二维字符数组。

在命令行窗口中输入以下语句，并查看输出结果。

```
>> S1='我';
>> S2='是';
>> S3='中国';
>> S4='人';
>> S=[S1; S2; S3; S4]            % 每行字符数不同时,系统提示出错
错误使用 vertcat
要串联的数组的维度不一致。
```

在 MATLAB 中,利用 char、strvcat 和 str2mat 这 3 个函数可以将字符串连接成二维字符数组,具体方法参照下面的示例。

【例 2-52】利用函数生成二维字符数组。

在命令行窗口中输入以下语句,并查看输出结果。

```
>> S1a='I''m Ding,';              % 注意字符串中有单引号的处理方法
>> S1b=' who are you?';
>> S2=' Are you Yuan?';
>> S3=' Let''s go together.';
>> S=strcat(S1a,S1b,S2,S3)
S =
    'I'm Ding, who are you? Are you Yuan? Let's go together.'
>> SS1=char([S1a,S1b],S2,S3)
SS1 =
  3×22 char 数组
    'I'm Ding, who are you?'
    ' Are you Yuan?        '
    ' Let's go together.   '
>> SS2=strvcat(strcat(S1a,S1b),S2,S3)
SS2 =
  3×22 char 数组
    'I'm Ding, who are you?'
    ' Are you Yuan?        '
    ' Let's go together.   '
>> SS3=str2mat(strcat(S1a,S1b),S2,S3)
SS3 =
  3×22 char 数组
    'I'm Ding, who are you?'
    ' Are you Yuan?        '
    ' Let's go together.   '
```

strcat 和 strvcat 两个函数的区别在于,前者将字符串沿横向连接成更长的字符串,而后者将字符串沿纵向连接成二维字符数组。

2.6 本章小结

常量、变量、函数、运算符和表达式是所有程序设计语言中必不可少的要件，MATLAB 也不例外。但是，MATLAB 的特殊性在于它对上述这些要件做了多方面的扩充或拓展。MATLAB 把向量、矩阵、数组当成基本的运算量，给它们定义了具有针对性的运算符和运算函数，使其在 MATLAB 中的运算方法与数学上的处理方法更趋一致。从字符串的许多运算或操作中不难看出，MATLAB 在许多方面与 C 语言非常相近。

第 3 章 程序设计

本章介绍 MATLAB 中的程序流程控制语句,包括分支控制语句(if 语句和 switch 语句)、循环控制语句(for 语句、continue 语句和 break 语句)、错误控制语句和程序终止语句。除此之外,在本章中还将介绍 MATLAB 编程的各种基础知识,以及面向对象编程和程序调试等内容。

3.1 程序结构

MATLAB 程序结构一般可分为顺序结构、循环结构、分支结构 3 种。顺序结构是指按顺序逐条执行语句的结构。循环结构与分支结构都有其特定的语句,这样可以增强程序的可读性。

3.1.1 顺序结构

顺序结构如图 3-1 所示,批处理文件就是典型的顺序结构文件,这种结构不需要任何特殊的流控制。

【例 3-1】顺序结构示例。

(1)在 MATLAB 主界面中,单击"主页"→"文件"→ ![] (新建脚本)按钮,打开编辑器窗口。

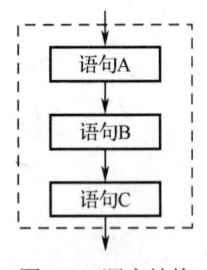

图 3-1 顺序结构

(2)在编辑器窗口中编写如下程序(M 文件)。

```
clc
a=9          % 定义变量 a
b=6          % 定义变量 b
c=a*b        % 求变量 a、b 的乘积,并赋给 c
```

(3)单击"编辑器"→"文件"→ ![] (保存)按钮,将编写的文件保存为 seqding.m。

(4)单击"编辑器"→"运行"→ ▷ (运行)按钮(或按 F5 快捷键),执行程序,此时在命令行窗口中输出运行结果。

> 说明：在当前目录保存文件后，直接在命令行窗口中输入文件名运行，同样可以得到运行结果，如下。

```
>> seqding
a =
    9
b =
    6
c =
    54
```

3.1.2　if 分支结构

如果在程序中需要根据一定条件来执行不同的操作，则可以使用条件语句。MATLAB 提供 if 分支结构，或者称为 if-else-end 语句。

根据不同的条件，if 分支结构有多种形式，其中最简单的用法是：如果条件表达式为真，则执行语句组，否则跳过语句组。if 分支结构的语法格式如下：

```
if  表达式1
    语句1
elseif 表达式2.1          % 可选
    语句2.1
elseif 表达式2.2          % 可选
    语句2.2
...
else                      % 可选
    语句3
end
```

> 说明：if 分支结构是一个条件分支语句，若满足条件，则往下执行；若不满足条件，则跳出 if 分支结构。elseif 与 else 为可选项，这两条语句可依据具体情况取舍。if 分支结构可以包含多个 elseif 块。if 分支结构流程图如图 3-2 所示。

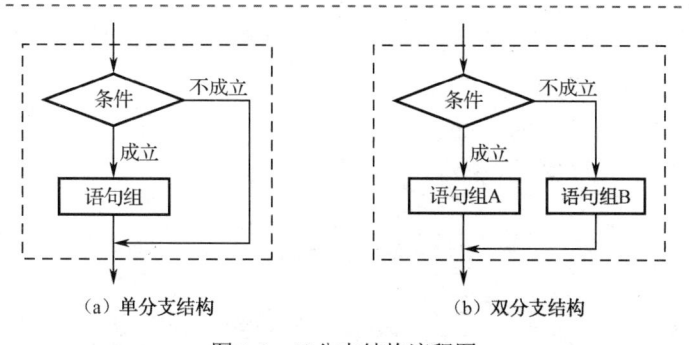

图 3-2　if 分支结构流程图

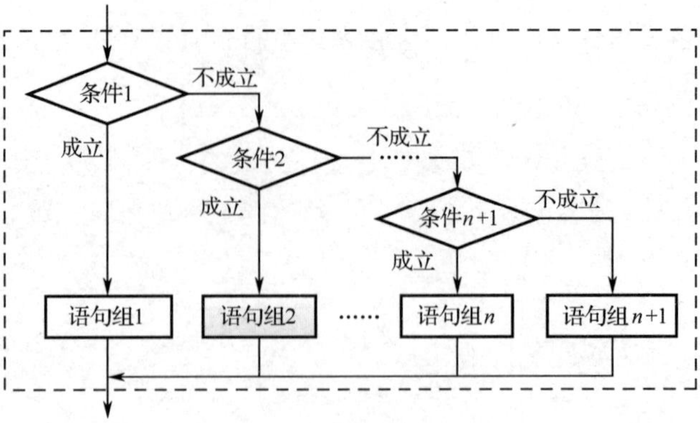

```
           条件1  不成立
           ╱ ╲
         成立  条件2  不成立
              ╱ ╲     ……
            成立  条件n+1 不成立
                  ╱ ╲
                成立
   语句组1  语句组2 …… 语句组n  语句组n+1
```

(c) 多分支结构

图 3-2 if 分支结构流程图（续）

> **注意**：在 MATLAB 中 elseif 也可以写成 else if，此时每个 if 都对应一个 end，即有几个 if，就应有几个 end。

【例 3-2】if 分支结构用法示例一。

在编辑器中创建一个名为 ifding1.m 的 M 文件，其内容如下。

```
clear
a=600;
b=20;
if a<b
    fprintf ('b>a')         % 在 Word 中输入'b>a'，单引号不可用，要在编辑器中输入
else
    fprintf ('a>b')
end
```

单击 ▷（运行）按钮，执行程序。在命令行窗口中输出如下运行结果。

```
>> ifding1
a>b
```

程序中用到了 if…else…end 结构，如果 a<b，则输出 b>a，反之输出 a>b。由于 a=600，b=20，比较可得 a>b。

在分支结构中，多条语句可以放在同一行，但语句间要用","或";"分开。

【例 3-3】if 分支结构用法示例二。

在编辑器中创建一个名为 ifding2.m 的 M 文件，其内容如下。

```
clear
a=20; b=20;
if a<b                       % if 分支结构
    fprintf('b>a')
elseif a==b                  % 关系运算符恒等于不能写成=，一定要写成==
    fprintf('a=b')
```

```
else
    fprintf('a>b')
end
```

单击 ▷（运行）按钮执行程序。在命令行窗口中输出如下运行结果。

```
>> ifding2
a=b
```

在使用 if 分支结构时，需要注意以下问题：
- if 分支结构很灵活，可以有任意多个 elseif 语句，但是只能有一个 if 语句和一个 end 语句。
- if 语句支持相互嵌套，以便根据实际需要构建复杂的逻辑结构，从而解决比较复杂的实际问题。

上面的程序使用的是 elseif 语句，也可以使用 else if 语句，此时的程序如下，请读者注意区别。

```
clear
a=20; b=20;
if a<b                         % if 分支结构
    fprintf('b>a')
else
    if a==b                    % 关系运算符恒等于不能写成=，一定要写成==
        fprintf('a=b')
    else
        fprintf('a>b')
    end
end
```

3.1.3 switch 分支结构

在 MATLAB 中 switch 分支结构适用于条件多且比较单一的情况，类似于一个具有多个开关的数控系统。其一般的语法格式如下。

```
switch 表达式
case 常量表达式 1
    语句组 1
    case 常量表达式 2
        语句组 2
    ...
    otherwise
        语句组 n
end
```

switch 分支结构流程图如图 3-3 所示。

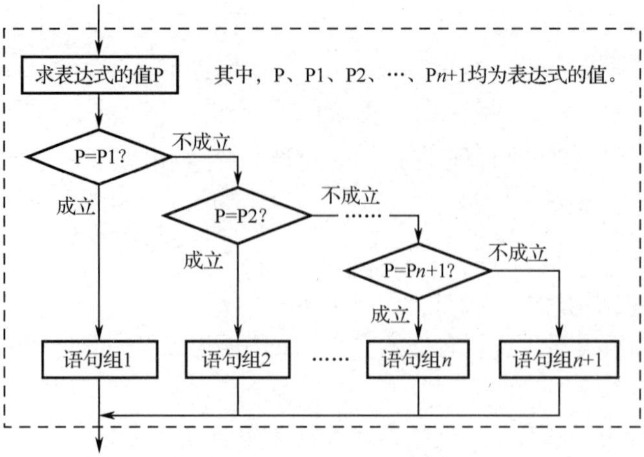

图 3-3 switch 分支结构流程图

> **说明**：switch 后面的表达式可以为任何类型，如算术表达式、字符串表达式等。当表达式的值与 case 后面常量表达式的值相等时，就执行这个 case 后面的语句组，如果所有的常量表达式的值都与这个表达式的值不相等，则执行 otherwise 后的语句组。

常量表达式的值可以重复，在语法上并不算错误，但是在执行时，后面符合条件的 case 语句将被忽略。各个 case 和 otherwise 语句的顺序可以互换。

【例 3-4】输入一个数，判断它能否被 5 整除。

在编辑器中创建一个名为 switchding.m 的 M 文件，其内容如下。

```
clear
n=input('输入 n=');              % 输入 n 值
switch mod(n,5)                   % mod 是求余函数，余数为 0，得 0，余数不为 0，得 1
case 0
   fprintf ('% d 是 5 的倍数',n)
otherwise
   fprintf('输入值% d 不是 5 的倍数。',n)
end
```

单击 ▶（运行）按钮，执行程序。然后在命令行窗口中提示符下依次输入：

```
>> switchding
输入 n=16                         % 输入 16
输入值 16 不是 5 的倍数。
```

在 switch 分支结构中，case 后的常量表达式不仅可以为一个标量或者字符串，还可以为一个数组。如果常量表达式是一个数组，MATLAB 将把表达式的值和该数组中的所有元素进行比较；如果数组中某个元素和表达式的值相等，则执行这个 case 后面的语句组。

3.1.4　for 循环结构

除分支结构外，MATLAB 还提供多个循环结构。循环结构一般用于重复计算。被重复执行的语句称为循环体，控制循环结构走向的语句称为循环条件。

MATLAB 提供两种循环结构：for 循环结构和 while 循环结构。其中 for 循环结构常用于知道循环次数的情况，其语法格式如下：

```
for index=初值(initVal):增量(step):终值(endVal)
    语句1
    ……
    语句n
end
```

> 说明：index=初值:终值，则增量（step）为 1。初值、增量、终值可正可负，可以是整数，也可以是小数，只要符合数学逻辑即可。for 循环结构流程图如图 3-4 所示。

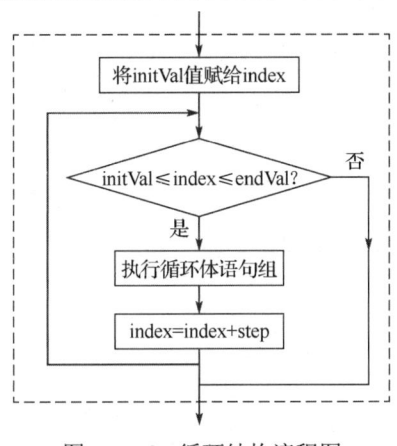

图 3-4　for 循环结构流程图

【例 3-5】 设计一段计算 1+2+…+100 结果的程序。

在编辑器窗口中编写如下程序，并保存为 forloop1.m。

```
clear
sum=0;                          % 设置初值(必须有)
for ii=1:100;                   % for 循环，增量为 1
    sum=sum+ii;
end
sum
```

单击 ▷（运行）按钮，执行程序。在命令行窗口中输出如下运行结果。

```
>> forloop1
sum =
    5050
```

【例 3-6】 请说明下列程序运行后得不到正确结果的原因。

在编辑器窗口中编写如下程序，并保存为 forloop2.m。

```
for ii=1:100;                   % for 循环，增量为 1
```

```
        sum=sum+ii;
    end
    sum
```

单击 ▶（运行）按钮，执行程序。在命令行窗口中输出如下运行结果。

```
>> forloop2
sum =
      10100
```

在编辑器窗口中编写如下程序，并保存为 forloop3.m。

```
clear
for ii=1:100;                  % for 循环，增量为 1
sum=sum+ii;
end
sum
```

单击 ▶（运行）按钮，执行程序。在命令行窗口中输出如下运行结果。

```
>> forloop3
错误使用 sum
输入参数的数目不足。
```

在一般的高级语言中，若没有为变量设置初值，则程序会以 0 作为其初值，但这在 MATLAB 中是不允许的，此处需要给出变量的初值。

与例 3-5 中的程序相比，程序 forloop2 中没有 clear，则程序可能会调用内存中已经存在的 sum 值，其结果就成了 sum =10100；程序 forloop3 中少了 sum=0，因为程序中有 clear 语句，但未对 sum 赋初值，故出现错误信息。

【例 3-7】请说明下列程序运行后得不到正确结果的原因。

在编辑器窗口中编写如下程序，并保存为 forloop4.m。

```
clear
for ii=1:10;
    x(ii)=ii.^2;
end
x
```

单击 ▶（运行）按钮，执行程序。在命令行窗口中输出如下运行结果。

```
>> forloop4
x =
     1    4    9   16   25   36   49   64   81   100
```

与其他程序设计语言不同，MATLAB 的变量是以矩阵为基本运算元素的。x 代表一个 1×10 的矩阵，所以结果是行矩阵，而不是 x=100。

3.1.5 while 循环结构

在 MATLAB 中，while 循环结构依据表达式的值判断是否执行循环体语句（见图 3-5）。若表达式的值为真，则执行循环体语句一次，在反复执行时，每次都要进行判断。若表达式的值为假，则执行 end 之后的语句。while 循环结构的语法格式如下：

```
while 逻辑表达式
    循环体语句
end
```

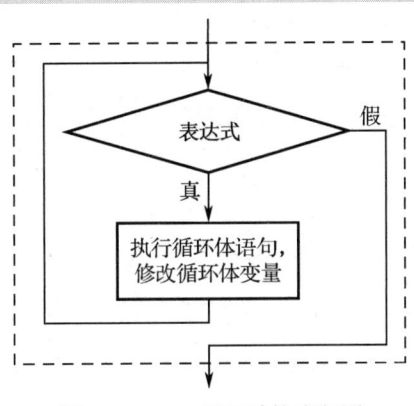

图 3-5　while 循环结构流程图

while 循环结构也可以嵌套，其格式如下：

```
while 表达式 1
    循环体语句 1
    while 表达式 2
        循环体语句 2
    end
    循环体语句 3
end
```

> 提示：为避免因逻辑上的失误陷入死循环，建议在循环体语句的适当位置添加 break 语句，以便程序能正常执行。

【例 3-8】设计一段求 1~100 偶数和的程序。

在编辑器窗口中编写如下程序，并保存为 whileloop1.m。

```
clear
x=0;                    % 初始化变量 x
sum=0;                  % 初始化 sum 变量
while x<101             % 当 x<101 时执行循环体语句
    sum=sum+x;          % 进行累加
    x=x+2;
end                     % while 循环结构的终点
```

```
    sum                            % 显示 sum
```

单击 ▷（运行）按钮，执行程序。在命令行窗口中输出如下运行结果。

```
>> whileloop1
sum =
    2550
```

【例 3-9】设计一段求 1～100 奇数和的程序。

在编辑器窗口中编写如下程序，并保存为 whileloop2.m。

```
clear
x=1;                           % 初始化变量 x
sum=0;                         % 初始化 sum 变量
    while x<101                % 当 x<101 时执行循环体语句
        sum=sum+x;             % 进行累加
        x=x+2;
    end                        % while 循环结构的终点
sum                            % 显示 sum
```

单击 ▷（运行）按钮，执行程序。在命令行窗口中输出如下运行结果。

```
>> whileloop2
sum =
    2500
```

while 循环结构和 for 循环结构都是比较常见的循环结构，它们的区别在于，while 循环结构的执行次数是不确定的，而 for 循环结构的执行次数是确定的。

3.2 控制语句或函数

在设计程序时，经常遇到提前终止循环、跳出子程序、显示错误等情况，为了处理这些情况，MATLAB 提供了多种控制语句，如 continue、break、return 等。

3.2.1 continue 语句

continue 语句通常用于 for 循环体或 while 循环体中，其作用是终止一次执行，也就是说，它可以跳过本次循环中未被执行的语句，去执行下一次的循环。

【例 3-10】continue 语句使用示例。

在编辑器窗口中编写如下程序，并保存为 continue1.m。

```
clear
a=5;
b=2;
for ii=1:3
```

```
        b=b+1
        if ii<2
            continue
        end                    % if 分支结构的终点
        a=a+2
    end                        % for 循环结束
```

单击 ▷（运行）按钮，执行程序。在命令行窗口中输出如下运行结果。

```
>> continue1
b =
    3
b =
    4
a =
    7
b =
    5
a =
    9
```

说明：当 if 条件满足时，程序将不再执行 continue 后面的语句，而是开始下一次循环。continue 语句常用于循环体中，与 if 语句一同使用。

3.2.2 break 语句

break 语句也通常用于 for 循环体或 while 循环体中，与 if 语句一同使用。当 if 后的表达式为真时就调用 break 语句，跳出当前循环。break 语句只终止最内层的循环。

【例 3-11】break 语句使用示例。

在编辑器窗口中编写如下程序，并保存为 break1.m。

```
clear
a=7;
b=8;
for ii=1:3
    b=b+1
    if ii>2
        break
    end
    a=a+2
end
```

单击 ▷（运行）按钮，执行程序。在命令行窗口中输出如下运行结果。

```
>> break1
b =
```

```
        9
a =
        9
b =
       10
a =
       11
b =
       11
```

> 说明：当 if 后表达式的值为假时，程序执行 a=a+2。当 if 后表达式的值为真时，程序执行 break 语句，跳出循环。

3.2.3 return 语句

通常，当被调函数执行完毕后，MATLAB 会自动地把控制权转回主调函数或指定窗口。如果在被调函数中插入 return 语句，则可以强制 MATLAB 结束执行该函数并把控制权转出。

return 语句用于终止当前命令的执行，并且立即返回到上一级调用函数或等待键盘输入命令。也就是说，return 语句可以提前结束程序的运行。

在 MATLAB 的内置函数中，很多函数的代码中引入了 return 语句，下面给出简要的 det 函数代码：

```
function d=det(A)
if isempty(A)
    a=1;
    return
else
    ...
end
```

> 说明：上述代码首先通过 if 语句来判断 A 的类型，当 A 是空数组时，直接返回 a=1，然后结束代码的执行。

3.2.4 input 语句

在 MATLAB 中，input 语句的功能是将 MATLAB 的控制权暂时交给用户，用户通过键盘输入数值、字符串或者表达式，按 Enter 键将输入的内容传递到工作空间中，同时将控制权交还给 MATLAB，其常用的调用格式如下：

```
user_entry=input('prompt')         % 将用户输入的内容赋给变量 user_entry
user_entry=input('prompt','s')     % 将用户输入的内容作为字符串赋给 user_entry
```

【例 3-12】在 MATLAB 中演示如何使用 input 语句。

在命令行窗口中输入以下语句，并查看输出结果。

```
>> a=input('Input a number:')          % 输入数值，赋给 a
Input a number:20
a =
    20
>> b=input('Input a strings:','s')     % 输入字符串，赋给 b
input a number:My name is Ding.
b =
    'My name is Ding.'
>> c=input('Input an expression:')     % 对输入值进行运算
Input an expression:2+9
c =
    11
```

3.2.5 disp 语句

屏幕输出最简单的方法是直接写出欲输出的变量或数组名，后面不加分号。在程序设计中，经常需要在屏幕上显示信息，此时可以采用 disp 语句，其调用格式如下。

```
disp(X)        % 显示变量 X 的值，而不显示变量名称
```

【例 3-13】 在 MATLAB 中演示如何使用 disp 语句。

在命令行窗口中输入以下语句，并查看输出结果。

```
>> A=[36 139];
>> S='Hello DingJB.';
>> disp(A)                  % 显示变量的值
    36   139
>> disp(S)
Hello DingJB.
>> X=rand(3,5);
>> disp('    Corn      Oats      Hay       Beans     Rice')% 显示矩阵的列标签
    Corn      Oats      Hay       Beans     Rice
>> disp(X)                                           % 显示矩阵
    0.8147    0.9134    0.2785    0.9649    0.9572
    0.9058    0.6324    0.5469    0.1576    0.4854
    0.1270    0.0975    0.9575    0.9706    0.8003
```

3.2.6 keyboard 语句

在 MATLAB 中，将 keyboard 语句放置到 M 文件中，将使程序暂停运行，并显示"K>>"提示符，等待键盘输入命令。"K>>"提示符表明 MATLAB 处于一种特殊状态。

当需要退出 keyboard 模式并继续执行时，可使用 dbcont 语句，将控制权交还给程序。当需要退出 keyboard 模式并退出文件时，可使用 dbquit 语句。

在 M 文件中使用 keyboard 语句，对程序的调试和在程序运行中修改变量都会非常有帮助。

【例 3-14】 在 MATLAB 中演示如何使用 keyboard 语句。

在命令行窗口中输入以下语句，并查看输出结果。

```
>> keyboard                          % 将控制权交给键盘
K>> for i=1:9
     if i==3
        continue
     end
     fprintf('i=% d\n',i)
     if i==5
        break
     end
   end
K>> i=1
K>> i=2
K>> i=4
K>> i=5
K>> dbcont                           % 将控制权交还给程序
>>
```

从上面的程序中可以看出，当输入"keyboard"后，屏幕上会显示"K>>"提示符，而当用户输入"dbcont"后，提示符恢复正常状态。

在 MATLAB 中，keyboard 语句和 input 语句的不同在于，keyboard 语句允许用户输入任意多个 MATLAB 命令，而 input 语句则只能接收用户输入。

3.2.7 error 函数和 warning 函数

在 MATLAB 中编写 M 文件时，经常需要显示一些警告信息。为此，MATLAB 提供了下面几个常见的函数。

```
error('msg')                         % 显示出错信息 msg，并终止程序
errordlg('msg','dlgname')            % 显示出错信息的对话框，对话框的标题为 dlgname
warning('msg')                       % 显示出错信息 msg，程序继续进行
```

【例 3-15】 查看 MATLAB 的不同错误提示模式。

在编辑器窗口中输入以下程序，并将其保存为 error1 文件。

```
n=input('Enter:');
if n<2
    error('message');
else
    n=2;
end
```

在命令行窗口中输入 error1，然后分别输入数值 1 和 2，运行结果如下。

```
>> error1
Enter:1
错误使用 error1 (line 3)
message
>> error1
Enter:2
```

将编辑器中的上述程序修改为如下程序，并将其保存为 error2 文件。

```
n=input('Enter:');
if n<2
    % errordlg('Not enough input data','Data Error');
    warning('message');
else
    n=2;
end
```

在命令行窗口中输入 error2，然后分别输入数值 1 和 2，运行结果如下。

```
>> error2
Enter:1
警告: message
>> error2
Enter:2
```

上述程序演示了 MATLAB 中不同的错误提示方式。其中 error 函数和 warning 函数的主要区别在于 warning 函数显示警告信息后继续运行程序。

3.3 程序调试

对于编程者来说，程序运行时出现错误在所难免，因此，掌握程序调试的方法和技巧对提高工作效率是很重要的。程序调试有直接调试法和工具调试法两种。

3.3.1 直接调试法

通常情况下，MATLAB 编程常见的错误可分为语法错误和逻辑错误两种。

（1）语法错误一般是指变量名和函数名的误写、标点符号的缺漏、end 的漏写等。对于这类错误，MATLAB 一般在运行时都能检测出来，随后系统会终止执行并报错，这样用户就很容易发现并改正这些错误。

（2）逻辑错误可能是程序本身的算法问题，也可能是用户对 MATLAB 的指令使用不当导致最终获得的结果与预期值偏离。这种错误发生在运行过程中，影响因素比较多，而这时函数的工作空间已被删除，因此调试起来比较困难。

MATLAB 本身的运算能力较强，指令系统比较简单，因此，程序一般都显得比较简洁。对于简单的程序，采用直接调试法往往是很有效的。通常采取的措施如下。

（1）通过分析，将重点怀疑语句后的分号删掉，将结果显示出来，然后与预期值进行比较。

（2）当单独调试一个函数时，将第一行的函数声明注释掉，并定义输入变量的值，然后以脚本方式执行此 M 文件，这样就可保存原来的中间变量，并对这些结果进行分析，从而找出错误。

（3）可以在适当的位置添加输出变量值的语句。

（4）在程序的适当位置添加 keyboard 语句。当 MATLAB 执行至此处时将暂停，并显示"K>>"提示符，用户可以查看或改变各个工作空间中存放的变量，在该提示符后输入 return 语句，可以继续执行程序。

> 提示：对于文件规模大、相互调用关系复杂的程序，采用直接调试法是很困难的，这时可以借助 MATLAB 的专门程序调试工具进行调试，即工具调试法。

3.3.2 工具调试法

MATLAB 提供的程序调试工具可以提高编程效率，这些工具包括一些命令行形式的调试函数和图形界面命令（图形化工具）。

1. 以命令行为主的程序调试

以命令行为主的程序调试手段具有通用性，适用于各种不同的平台，它主要使用 MATLAB 提供的调试命令。在命令行窗口中输入 help debug，可以看到对这些命令的简单描述，下面分别进行介绍。

在打开的 M 文件窗口中设置断点的情况如图 3-6 所示。例如，在第 9、13、19 行分别设置一个断点。执行 M 文件时，运行至断点处将出现一个绿色箭头，表示程序运行到此处停止，如图 3-7 所示。

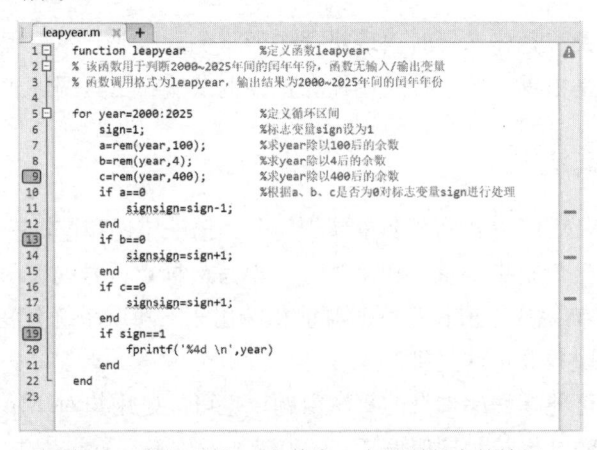

图 3-6 在打开的 M 文件窗口中设置断点的情况

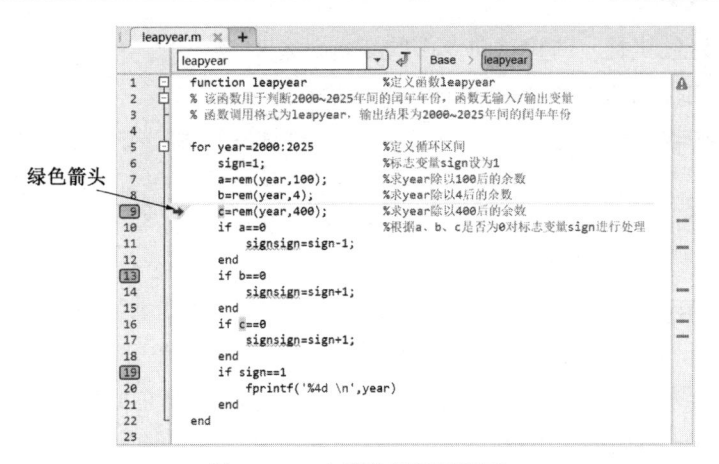

图 3-7 M 文件执行情况图示

程序停止执行后，MATLAB 进入调试模式，命令行中出现"K>>"提示符，表明此时可以接收键盘输入。

说明：设置断点是程序调试中最重要的部分，可用来检查各个局部变量的值。

2．以图形界面为主的程序调试

MATLAB 自带的 M 文件编辑器也是程序的编译器，用户在 M 文件编辑器中编写完程序后可直接对其进行调试，非常方便。新建一个 M 文件后，即可打开 M 文件编辑器，在"编辑器"选项卡的"运行"面板及"节"面板中可以看到各种调试命令，如图 3-8 所示。

图 3-8 "编辑器"选项卡

程序停止执行后，MATLAB 进入调试模式，命令行中出现"K>>"提示符，此时的"编辑器"选项卡如图 3-9 所示。

图 3-9 调试模式下的"编辑器"选项卡

调试模式下"运行"面板中命令的含义如下。
- 步进：单步执行当前行，与调试命令中的 dbstep 相对应。
- 步入：进入被调函数，与调试命令中的 dbstep in 相对应。
- 步出：跳出被调函数，与调试命令中的 dbstep out 相对应。

- 继续：连续执行，与调试命令中的 dbcont 相对应。
- 停止：退出调试模式，与 dbquit 命令相对应。

单击"编辑器"→"运行"→▷（运行）下拉按钮，弹出的下拉菜单中的命令含义如下。

- 全部清除：清除所有断点，与 dbclear all 命令相对应。
- 设置/清除：设置或清除断点，与 dbstop 和 dbclear 命令相对应。
- 启用/禁用：允许或禁止断点的使用。
- 设置条件：设置或修改条件断点，选择此命令时，会打开"MATLAB 编辑器"对话框，要求在该对话框中对断点的条件进行设置，设置前光标在哪一行，设置的断点就在这一行前面。

只有在调试模式下，上述命令才会全部处于激活状态。在调试过程中，可以通过改变函数的内容来观察和操作不同工作空间中的变量，类似于调试命令中的 dbdown 和 dbup。

3.3.3 程序调试命令

MATLAB 提供了一系列程序调试命令，利用这些命令，可以在调试过程中设置、清除和列出断点，逐行运行 M 文件，在不同的工作区检查变量，跟踪和控制程序的运行，帮助寻找和发现错误。所有的程序调试命令都是以字母 db 开头的，如表 3-1 所示。

表 3-1 程序调试命令

命令	调用格式	功能
dbstop	dbstop in file	在 M 文件 file 的第一可执行代码行上设置断点
	dbstop in file at location	在 M 文件 file 的 location 指定代码行上设置断点
	dbstop in file if exp	当满足条件 exp 时，暂停运行程序。当发生错误时，条件 exp 可以是 error；发生 NaN 或 inf 时，条件 exp 也可以是 naninf 或 infnan
	dstop if condition	在满足指定的 condition（如 error 或 naninf）的代码行暂停执行
	dbstop(b)	用于恢复之前保存到 b 的断点。文件必须位于搜索路径中或当前文件夹中
dbclear	dbclear all	清除 M 文件中的所有断点
	dbclear in file	清除文件 file 第一可执行程序中的所有断点
	dbclear in file at location	删除在指定文件中指定位置设置的断点，关键字 at 和 in 为可选参数
	dbclear if condition	删除指定 condition（如 dbstop if error 或 dbstop if naninf）设置的所有断点
dbstatus	dbstatus	列出所有有效断点，包括错误、捕获的错误、警告和 naninfs
	dbstatus file	列出指定文件 file 中有效的断点
	dbstatus file -completenames	为指定文件中的每个断点显示包含该断点的函数或文件的完全限定名称
dbstep	dbstep	执行下一可执行代码行，跳过当前行所调用的函数中设置的任何断点
	dbstep in	在下一个调用函数的第一可执行代码行停止运行
	dbstep out	运行当前函数的其余代码并在退出函数后立即暂停
	dbstep nlines	执行 nlines 指定的可执行代码行数，然后停止
dbcont	dbcont	执行所有程序，直至遇到下一个断点、满足暂停条件或到达文件尾为止
dbquit	dbquit	退出调试模式

在进行程序调试时，要调用带有断点的函数。当 MATLAB 进入调试模式时，提示符为"K>>"。此时当前程序能访问函数的局部变量，但不能访问 MATLAB 工作区中的变量。

3.3.4 程序剖析

对于简单的 MATLAB 程序中出现的语法错误，可以采用直接调试法，即直接运行该 M 文件，MATLAB 将直接识别语法错误的类型和出现的位置，用户根据 MATLAB 的反馈信息对语法错误进行修改。

【例 3-16】 编写判断 2000—2025 年间的闰年年份的程序并调试。

闰年分为普通闰年和世纪闰年，其判断方法为：公历年份是 4 的倍数，且不是 100 的倍数时为普通闰年；公历年份是 400 的倍数时为世纪闰年。简言之：四年一闰，百年不闰，四百年再闰。

（1）创建一个名为 leapyear.m 的 M 文件，并输入以下程序。

```matlab
function leapyear              % 定义函数 leapyear
% 该函数用于判断 2000—2025 年间的闰年年份，函数无输入/输出变量
% 函数调用格式为 leapyear，输出结果为 2000—2025 年间的闰年年份

for year=2000:2025             % 定义循环区间
    sign=1;                    % 标志变量 sign 设为 1
    a=rem(year,100);           % 求 year 除以 100 后的余数
    b=rem(year,4);             % 求 year 除以 4 后的余数
    c=rem(year,400);           % 求 year 除以 400 后的余数
    if a=0                     % 根据 a、b、c 是否为 0 对标志变量 sign 进行处理
        signsign=sign-1;
    end
    if b=0
        signsign=sign+1;
    end
    if c=0
        signsign=sign+1;
    end
    if sign=1
        fprintf('% 4d \n',year)
    end
end
```

（2）运行以上程序，MATLAB 命令行窗口会给出如下错误提示：

```
>> leapyear
文件: leapyear.m 行: 10 列: 9
'=' 运算符使用不正确。 '=' 用于为变量赋值，'==' 用于比较值的相等性。
```

由错误提示可知，在程序的第 10 行存在语法错误，经检测可知，在 if 分支语句中，用户将 "==" 写成 "="。于是，将 "=" 改成 "=="，同时更改第 13、16、19 行中的 "=" 为 "=="。

> **注意**：在编辑器窗口右侧会以深红色标志标识语法错误。读者在运行前首先需要将此类错误屏蔽掉。对于程序中存在问题的位置，MATLAB 会在其下显示波浪线，以方便查找，如图 3-10 所示。

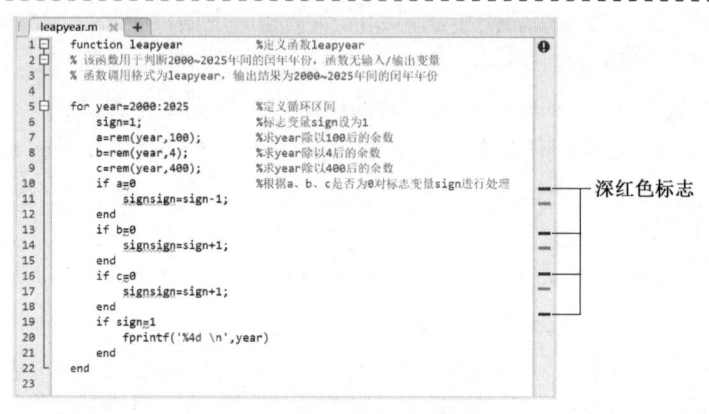

图 3-10 编辑器窗口错误提示

（3）对程序修改并保存后，可直接运行修正后的程序，程序运行结果为：

```
leapyear
2000
2001
2002
                    % 中间略
2025
```

显然，2000—2025 年不可能每年都是闰年，由此判断程序存在运行错误。

（4）分析原因。可能由于在处理年号是否为 100 的倍数时，标志变量 sign 存在逻辑错误。

（5）断点设置。断点为 MATLAB 程序执行时人为设置的中断点，程序运行至断点时便自动停止运行，等待下一步操作。要设置断点，只需单击程序左侧的行号，使得行号出现暗红框，如图 3-11 所示。

应该在可能存在逻辑错误或需要显示相关代码执行数据的附近设置断点，如本例中的第 10、13、16、19 行。如果用户需要去除断点，则可以再次单击行号上的暗红框，也可以单击运行下拉菜单中的命令去除所有断点。

（6）运行程序。单击 "编辑器" → "运行" → ▶（运行）按钮，执行程序，这时其他调试按钮将被激活。当程序运行至第一个断点时，会暂停，在断点右侧会出现向右指向的绿色箭头，如图 3-12 所示。

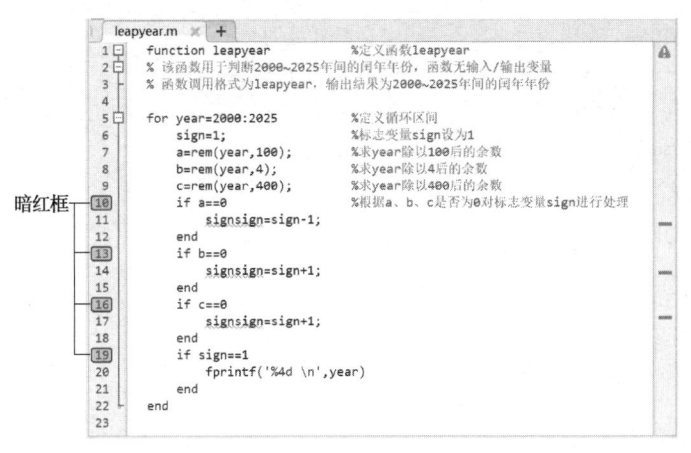

图 3-11　断点标记

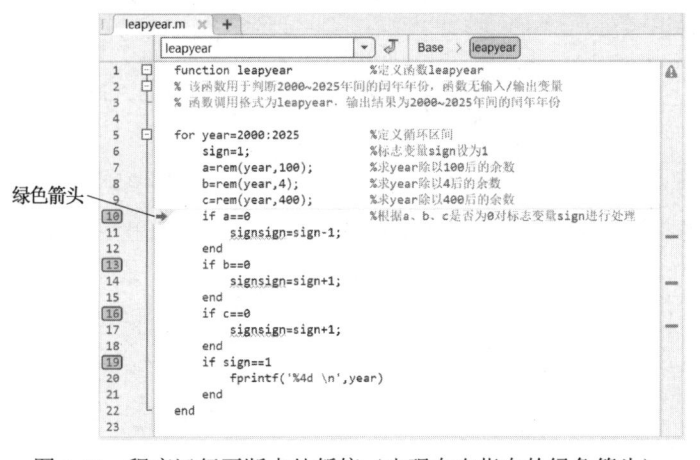

图 3-12　程序运行至断点处暂停（出现向右指向的绿色箭头）

当进行程序调试时，在 MATLAB 的命令行窗口中将显示如下内容：

```
>> leapyear
K>>
```

此时可以输入一些调试指令，从而方便地查看程序调试的相关中间变量。

（7）单步调试。通过单击"编辑器"→"运行"→ ⇨（步进）按钮，进行单步执行，此时程序将一步一步按照需求向下执行。

（8）查看中间变量。将鼠标指针停留在某个变量上，MATLAB 会自动显示该变量的当前值；也可以在 MATLAB 的工作区中直接查看所有中间变量的当前值。

（9）修正代码。通过查看中间变量可知，在任何情况下，sign 的值都是 1。修正后的程序如下。

```
function leapyear              % 定义函数 leapyear
% 该函数用于判断 2000—2025 年间的闰年年份，函数无输入/输出变量
% 函数调用格式为 leapyear，输出结果为 2000—2025 年间的闰年年份
```

```
for year=2000:2025              % 定义循环区间
    sign=0;                     % 标志变量 sign 设为 0
    a=rem(year,100);            % 求 year 除以 100 后的余数
    b=rem(year,4);              % 求 year 除以 4 后的余数
    c=rem(year,400);            % 求 year 除以 400 后的余数
    if a==0                     % 根据 a、b、c 是否为 0 对标志变量 sign 进行处理
        sign=sign-1;
    end
    if b==0
        sign=sign+1;
    end
    if c==0
        sign=sign+1;
    end
    if sign==1
        fprintf('% 4d \n',year)
    end
end
```

单击"编辑器"选项卡"断点"面板中的"断点"下拉菜单中的 按钮，设置断点。单击 （运行）按钮，得到的运行结果如下。

```
>> leapyear
2000
2004
2008
2012
2016
2020
2024
```

对运行结果进行分析，发现结果正确，故程序调试结束。

3.4 程序优化

MATLAB 提供的程序调试工具只能对 M 文件中的语法错误和逻辑错误进行定位，但是无法评价该程序的性能。程序的性能包括程序的执行效率、内存使用效率，程序的稳定性、准确性及适应性。

3.4.1 程序分析工具

对 M 文件进行调试就是对文件中的语法或逻辑错误进行纠正，调试完成后 M 文件

就可以正确运行了，但运行效率可能还不是最优，这就需要通过 MATLAB 提供的分析工具对程序进行分析，然后有针对性地进行优化。

MATLAB 提供的 M 文件分析工具包括代码分析器工具和探查器工具，它们都有图形操作界面，是 MATLAB 程序分析的必用工具。

1. 代码分析器工具

代码分析器工具可以分析用户 M 文件中的错误或性能问题。使用下列方法可以打开代码分析器。

（1）在命令行窗口中输入 codeAnalyzer 命令。

（2）单击"APP"→MATLAB→ ▦（代码分析器）工具。

（3）单击"编辑器"→"分析"→ ▦（分析）按钮。

执行上述操作后，会弹出代码分析器窗口，同时弹出一个"选择要打开的文件夹"窗口，单击"选择文件夹窗口"按钮后，即可对该文件夹中的程序文件进行分析。分析完成后，会给出代码分析报告。

代码分析报告显示在 MATLAB Web 浏览器中，显示存在潜在问题或改进机会的文件，如图 3-13 所示。

图 3-13　代码分析报告

从图 3-13 中可以看出，代码分析报告包括被分析的 M 文件的路径，以及若干分析结果。分析结果的格式是"错误类型　错误或问题报告（行号）"。

实际上代码分析报告中的错误并不一定要消除，应具体问题具体分析。当用户认可某一条分析结果时，单击分析结果中的行号，就可以快速打开相应的 M 文件并定位到该行，从而方便地修改代码了。

2．探查器工具

探查器工具是 MATLAB 提供的另一个功能强大的代码分析工具。探查器会自动对当前编辑器窗口中的代码进行探查。使用下列方法可以打开探查器：

（1）在命令行窗口中输入 profile viewer 命令。

（2）单击"APP"→MATLAB→ ![] （探查器）工具。

（3）单击"编辑器"→"分析"→ ![] （探查器）按钮。

运行探查器工具后，会弹出探查器窗口。单击探查器窗口中的 ![] （运行并计时）按钮，就可以分析该 M 文件，探查器分析结果如图 3-14 所示。

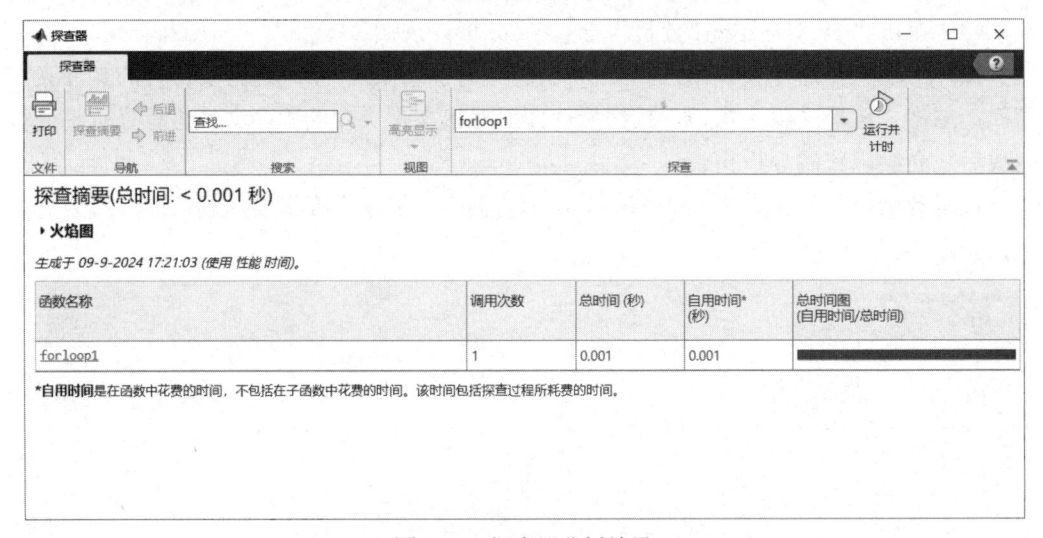

图 3-14　探查器分析结果

从图 3-14 中可见，探查器分析结果给出了调用函数名称、调用次数、消耗总时间等信息。

> 提示：一般来说，避免不必要的变量输出，循环赋值前预定义数组尺寸，多采用向量化的 MATLAB 函数，少采用数组，这些都能够提高 MATLAB 程序的运行性能。

3.4.2　效率优化（时间优化）

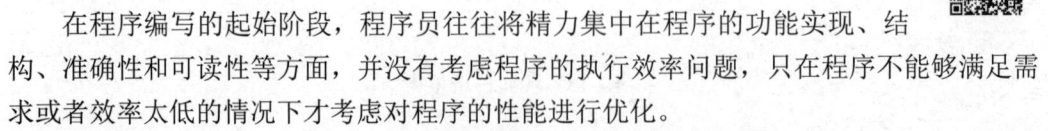

在程序编写的起始阶段，程序员往往将精力集中在程序的功能实现、结构、准确性和可读性等方面，并没有考虑程序的执行效率问题，只在程序不能够满足需求或者效率太低的情况下才考虑对程序的性能进行优化。

由于程序所解决的问题不同，程序的效率优化方法存在差异，这对编程人员的经验及对函数的编写和调用有一定的要求，一些通用的程序效率优化建议如下。

依据所处理问题的需要，尽量预分配足够大的数组空间，避免在出现循环结构时增加数组空间，但是分配的数组空间也不能太大，否则会影响内存的使用效率。

例如，预先声明一个 8 位整型数组 A 时，语句 A＝repmat(int8(0),5000,5000)要比 A=int8zeros (5000,5000)快 25 倍左右，且更节省内存。因为前者中的双精度 0 仅需执行一次类型转换，然后直接申请 8 位整型内存空间；而后者不但需要为 zeros(5000,5000)申请 double 型内存空间，还需要对每个元素都执行一次类型转换。需要注意的是：

- 尽量采用函数文件而不是脚本文件，通常运行函数文件的效率比运行脚本文件的效率更高。
- 尽量避免更改已经定义的变量的数据类型和维数。
- 合理使用逻辑运算，避免陷入死循环。
- 尽量避免不同类型变量间的相互赋值，必要时可以使用中间变量。
- 尽量采用实数运算，复数运算可以通过实数运算来实现。
- 尽量使用 MATLAB 的 load、save 命令而避免使用文件的 I/O 操作函数进行文件的相关操作。

以上建议仅供参考，针对不同的应用场合，用户可以有所取舍。有时为了实现复杂的功能，不可能将这些要求全部考虑进去。

由于在 MATLAB 中处理矩阵运算的效率要比处理简单四则运算的效率更高，因此应尽量将其他数值运算转化为矩阵的运算，以提高程序的执行效率。

3.4.3 内存优化（空间优化）

内存优化对一些普通的用户而言可以不用顾及，因为随着计算机的发展，内存容量已经能够满足大多数数学运算的要求，而且 MATLAB 本身对计算机内存优化提供的支持较少，只有遇到超大规模运算时，内存优化才能起到作用。

下面给出几个常见的内存操作函数，可以在需要时使用。

```
whos              % 查看当前内存使用状况函数
clear             % 删除变量及其内存空间，可以减少程序的中间变量
save(filename)    % 将某个变量以.mat 文件的形式存储到磁盘中
load(filename)    % 载入.mat 文件到内存空间
```

由于内存操作函数在程序运行时使用较少，优化内存操作的合理性往往由用户编写程序时养成的习惯和经验决定，一些好的做法如下。

- 尽量保证变量创建的集中性，最好在函数开始时创建。
- 对于含零元素多的大型矩阵，尽量将其转化为稀疏矩阵。
- 及时清除占用内存空间很大的临时中间变量。
- 尽量少开辟新的内存空间，而是重用内存空间。

程序的优化本质上是算法的优化，如果一种算法描述得比较详细，几乎就指定了程序的每一步。若算法本身描述得不够详细，在编程时就会给某些步骤的实现方式留有较大空间，这样就需要找到尽量好的实现方式以达到优化程序的目的。

算法优化的一般要求是：不仅在形式上做到步骤简化、简单易懂，更重要的是能用

最小的时间复杂度和空间复杂度来完成所需计算。算法优化的具体手段包括巧妙地设计程序流程、灵活地控制循环过程（如及时跳出循环或结束本次循环）、选用较好的搜索方式及正确地搜索对象等，以避免不必要的计算过程。

例如，在判断一个整数是否为素数时，可以看它能否被 $m/2$ 以前的整数整除，而更快捷的方法是，看它能否被 $\sqrt{m}$ 以前的整数整除。又如，在求 a 与 b 之间的所有素数时可以跳过偶数直接对奇数进行判断，这都体现了算法优化的思想。

下面介绍几个具体的例子，请体会其中所包含的优化思想。

【例 3-17】冒泡排序算法示例。

冒泡排序是一种简单的交换排序，其基本思想是两两比较待排序记录，如果是逆序，则进行交换，直到这个记录中没有逆序的元素。

该算法的基本操作是逐趟进行比较和交换，第一趟比较将最大记录放在 $x[n]$ 的位置。一般地，第 i 趟从 $x[1]$ 到 $x[n-i+1]$ 依次比较相邻的两个记录，将这 $n-i+1$ 个记录中的最大者放在第 $n-i+1$ 的位置上。其算法程序如下：

```
function s=BubbleSort(x)        % 冒泡排序，x 为待排序数组
n=length(x);
for i=1:n-1                     % 最多做 n-1 趟排序
    flag=0;                     % flag 为交换标志，本趟排序开始前，交换标志应为 0
    for j=1:n-i                 % 每次从前向后扫描，j 从 1 到 n-i
        if x(j)>x(j+1)          % 如果前项大于后项，则进行交换
            t=x(j+1);
            x(j+1)=x(j);
            x(j)=t;
            flag=1;             % 发生交换后，将交换标志置为 1
        end
    end
    if (~flag)                  % 若本趟排序未发生交换，则提前终止程序
        break;
    end
end
s=x;
```

说明：本程序通过使用标志变量 flag 来标识在每趟排序中是否发生了交换，若某趟排序中一次交换都没有发生，则说明此时数组已经是有序（正序）的，应提前终止算法（跳出循环）。若不使用这样的标志变量来控制循环，则往往会增加不必要的计算量。

【例 3-18】公交线路查询问题：设计一个查询算法，给出一个公交线路网中从起始站 s1 到终点站 s2 之间的最佳线路，其中一个最简单的情形就是查找直达线路，假设相邻公交车站的平均行驶时间（包括停站时间）为 3min，若以用时最少为择优标准，请完成查找直达线路的算法，并根据数据（见 **BusRoutes.txt** 文件），利用此算法求出以下起

始站到终点站之间的最佳路线。

(1) 242→105 (2) 117→53 (3) 179→201 (4) 16→162

为了便于用 MATLAB 程序计算，应先将线路信息转化为矩阵形式，导入 MATLAB（可先将原始数据导入 Excel）。每条线路可用一个一维数组来表示，且将该线路终点站以后的节点用 0 来表示，每条线路从上往下顺序排列构成矩阵 A。

此算法的核心是线路选择问题，要找到最佳线路，应先找到所有的可行线路，再以所用的时间为关键字选出用时最少的线路。在寻找可行线路时，可先在每条线路中搜索 s1，当找到 s1 后，接着在该线路中搜索 s2，若又找到 s2，则该线路为一条可行线路，记录该线路及所需时间，并结束对该线路的搜索。

另外，在搜索 s1 与 s2 时若遇到 0 节点，则停止对该数组的遍历。

```
% A 为线路信息矩阵，s1、s2 分别为起始站和终点站，返回值 L 为最佳线路，t 为所需时间
[m,n]=size(A);
L1=[];t1=[];                    % L1 记录可行线路，t1 记录对应线路所需时间
for i=1:m
    for j=1:n
        if A(i,j)==s1           % 若找到 s1，则从下一站点开始寻找 s2
            for k=j+1:n
                if A(i,k)==0    % 若此节点为 0，则跳出循环
                    break;
                elseif A(i,k)==s2 % 若找到 s2，记录该线路及所需时间，然后跳出循环
                    L1=[L1,i];
                    t1=[t1,(k-j)*3];
                    break;
                end
            end
        end
    end
end
m1=length(L1);                  % 测可行线路的个数
if m1==0                        % 若没有可行线路，则返回相应信息
    L='No direct line';
    t='Null';
elseif m1==1
    L=L1;t=t1;                  % 若存在可行线路，则用 L 存放最优线路，用 t 存放最小的时间
else
    L=L1(1);t=t1(1);            % 分别给 L 和 t 赋初值为第一条可行线路和所需时间
    for i=2:m1
        if t1(i)< t             % 若第 i 条可行线路所需时间小于 t
            L=i;                % 则给 L 和 t 重新赋值
            t=t1(i);
```

```
            elseif t1(i)==t       % 若第 i 条可行线路所需时间等于 t
                L=[L,L1(i)];     % 则将此线路并入 L
            end
        end
end
```

首先说明，该程序能正常运行并得到正确结果，但仔细观察之后就会发现它的不足之处：一个是在对 j 的循环中应先判断节点是否为 0，若为 0 则停止向后访问，转向下一条线路的搜索；另一个是，对于一个二维数组矩阵，用两层（不是两个）循环进行嵌套就可以遍历整个矩阵，得到所有需要的信息，而上面的程序中却出现了三层循环嵌套。

其实，在这种情况下，倘若找到了 s2，本该停止对此线路节点的访问，但这里的 break 只能跳出对 k 的循环，而对该线路节点的访问（对 j 的循环）将一直进行到 n，做了大量的"无用功"。

为了消除第三层循环，能否对第二层循环内的判断语句做如下修改？

```
if A(i,j)==s1
    continue;
    if A(i,k)==s2
        L1=[L1,i];
        t1=[t1,(k-j)*3];
        break;
    end
end
```

这种做法企图控制流程在搜索到 s1 时继续向下走，搜索 s2，而不用再嵌套循环。但这样做是行不通的，因为即使 s1 的后面有 s2，也会先被 if A(i,j)==s1 拦截，continue 后的语句将不被执行。所以，经过这番修改后得到的其实是一个错误的程序。

事实上，若想消除第三层循环，可将第三层循环提出来放在第二层，成为与 j 并列的循环，若在对 j 的循环中找到了 s1，可用一个标志变量对其进行标识，再对 s1 后的节点进行访问，查找 s2。综上，可将第一个 for 循环内的语句修改为以下语句：

```
flag=0;                    % 用 flag 标识是否找到 s1，为其赋初值 0
for j=1:n
    if A(i,j)==0           % 若该节点为 0，则停止对该线路的搜索，转向下一条线路
        break;
    elseif A(i,j)==s1      % 若找到 s1，置 flag 为 1，并跳出循环
        flag=1;
        break;
    end
end
if flag                    % 若 flag 为 1，则找到 s1，从 s1 的下一个节点开始搜索 s2
    for k=j+1:n
        if A(i,k)==0
```

```
            break;
        elseif A(i,k)==s2          % 若找到s2，记录该线路及所需时间，然后跳出循环
            L1=[L1,i];
            t1=[t1,(k-j)*3];
            break;
        end
    end
end
```

若将程序中重叠的部分合并，还可以得到一种形式上更简洁的方案：

```
q=s1;                       % 用q保存s1的原始值
for i=1:m
    s1=q;                   % 给s1赋初值
    p=0;                    % 用p标记是否搜到s1或s2
    k=0;                    % 用k记录站点差
    for j=1:n
        if ~A(i,j)
            break;
        elseif A(i,j)==s1   % 若搜到s1，则在该线路上继续搜索s2，并记p为1
            p=p+1;
            if p==1
                k=j-k;
                s1=s2;
            elseif p==2     % p为2，说明已搜到s2，记录相关信息
                L1=[L1,i];
                t1=[t1,3*k]; % 同时s1恢复至原始值，进行下一条线路的搜索
                break;
            end
        end
    end
end
```

程序运行结果如下：

```
>> [L,t]=DirectLineSearch(242,105,A)
L=
    8
t=
    24
>> [L,t]=DirectLineSearch(117,53,A)
L=
    10
t=
    15
```

```
>> [L,t]=DirectLineSearch(179,201,A)
L=
    7 14
t=
    27
>> [L,t]=DirectLineSearch(16,162,A)
L=
    No direct line
t=
    Null
```

> **注意**：在设计算法或循环控制时，应注意信息获取的途径，避免引入冗余操作。如果上面这个程序不够优化，则可以产生一系列不良影响。

事实上，对于编程能力的训练，往往先从解决一些较为简单的问题入手，再通过对这些问题修改某些条件、增加难度等不断地进行摸索，从而在不知不觉中使自己的编程能力提升到新的高度。

3.4.4 编程注意事项

1. 程序的拆分与组合

在编写一个包含多个程序模块的较大程序时，通常需要将各个程序模块（子程序）分开来写，以便其他函数调用。

对于一些较为典型的算法，或者某个独立的计算过程会在以后的计算中多次被用到，最好将这样的计算过程封装成独立的函数，以便被其他函数调用，或者被后续的计算过程使用。

若在被其他函数调用时需要对某些参数进行修改，最好将这些参数设置为从函数输入的形式，这就要求在编写函数或函数模块时尽量考虑其通用性。

另外，在编程过程中能用矩阵操作完成的尽量不用循环，因为在 MATLAB 中，矩阵语句被直接翻译成逻辑变量（0,1 变量）执行，而循环语句则采用逐行翻译的方式首先翻译成 MATLAB 的母语句，故执行速度较前者大大降低。

2. 其他注意事项

对于一个较复杂的程序，应先写出较详细的算法步骤，再在算法的指导下进行编程，以免直接进行编程时有很多地方考虑不周，造成后续修改困难。

若某个变量值只在程序运行时被显示，而并非作为函数输出值，则这个变量值不能作为其他函数的输入被直接使用。若想使用它，需将其包含至函数的输出项中。

要养成写注释的习惯，以增强程序的可读性。

3. Excel与MATLAB的连接

当要处理的数据在 Excel 表中（或这些数据可以导入 Excel）且数据量较大时，将 Excel

表导入 MATLAB 就显得较为必要。其导入方法如下：

在 Excel 中执行加载宏命令，将 MATLAB 安装路径中的\toolbox\excllink.xla 加载到 Excel 中。建立连接后可利用 putmatrix 与 getmatrix 实现 Excel 与 MATLAB 之间的数据交换。将文本数据导入 Excel 的方法如下：

在 Excel 中执行"导入外部数据"→"从文本/CSV"命令，在弹出的选择数据源对话框中找到文本数据文件。

3.5 本章小结

MATLAB 程序简洁、可读性强且调试十分容易，是 MATLAB 的重要组成部分。MATLAB 为用户提供了非常方便易懂的程序设计方法，类似于其他的高级语言编程。本章介绍 MATLAB 中的程序设计，主要包括程序结构、控制语句、程序调试、程序优化等内容。

第 4 章

数据可视化

用图表和图形来表示数据的技术称为数据可视化。MATLAB 提供的强大的图形绘制功能，使用户能方便地绘制图形，更直观地解决问题。通常用户只需要利用 MATLAB 提供的丰富的二维、三维图形函数，就可以绘制出所需要的图形。本章介绍了图窗、二维图形绘制、三维图形绘制、函数绘制、图像、图形对象及其属性等内容。

4.1 图窗

MATLAB 提供了丰富的绘图函数和绘图工具，它们的输出都显示在 MATLAB 命令行窗口外的一个图窗中。

4.1.1 创建图窗

在 MATLAB 中，绘制的图形被直接输出到一个新的窗口中，这个窗口和命令行窗口是相互独立的，称为图窗。

如果当前不存在图窗，MATLAB 的绘图函数就会自动建立一个新的图窗；如果已存在一个图窗，MATLAB 的绘图函数就会在这个图窗中进行绘图操作；如果已存在多个图窗，MATLAB 的绘图函数就会在当前图窗中进行绘图操作。

在 MATLAB 中可以使用函数 figure 来建立图窗。在命令行窗口中输入：

```
figure
```

可以建立如图 4-1 所示的图窗。

在 MATLAB 命令行窗口中输入 figure(x)（x 为正整数），就会创建一个编号为 x 的图窗，直接输入 Figure（不带参数）会默认创建编号为 1 的图窗。

使用"绘图编辑工具栏"可以对图形进行编辑和修改，也可以右击图形中的对象，在弹出的快捷菜单中选择相应的菜单项实现对图形的操作。

第 4 章
数据可视化

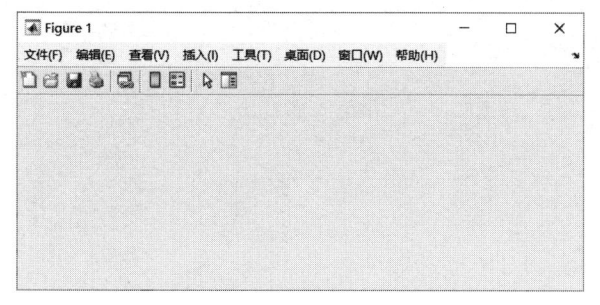

图 4-1　MATLAB 的图窗

4.1.2　关闭与清除图窗

在 MATLAB 中，利用 close 函数可以关闭图窗，该函数的调用格式如下。

```
close                 % 关闭当前图窗，等效于 close(gcf)
close(h)              % 关闭图形句柄 h 指定的图窗
close all             % 关闭除隐含图形句柄的所有图窗
close all hidden      % 关闭包括隐含图形句柄在内的所有图窗
```

清除当前图窗使用如下命令。

```
clf                   % 清除当前图窗中所有可见的图形对象
clf(fig)              % 删除指定图窗中具有可见句柄的所有图形对象
clf('reset')          % 清除当前图窗中所有可见的图形对象，并将窗口的属性设置为默认值
clf(fig,'reset')      % 删除指定图窗的所有图形对象并重置其属性
```

4.1.3　图形可视编辑

图窗中包含一个绘图编辑工具栏，允许用户在图上标记字符、直线和箭头等。该工具栏默认处于隐藏状态，执行菜单栏中的"查看"→"绘图编辑工具栏"命令，可以使其显示在界面中。

利用图窗界面中的属性检查器可以设置图形对象的属性。在图窗中执行菜单栏中的"查看"→"属性编辑器"命令，即可打开属性编辑界面，如图 4-2 所示。

在该编辑界面下，单击右下方的"更多属性"按钮可以打开"属性检查器"对话框，该对话框中包含更多的属性参数设置选项，如图 4-3 所示。根据需要，读者可以查看各个属性参数，并自行修改。

> **提示**：单击图窗中工具栏上的 ▭（打开属性检查器）按钮，也会弹出"属性检查器"对话框。

图窗中的相机工具栏提供了三维图形的视角变化功能。图窗中默认不显示该工具栏，执行菜单栏中的"查看"→"相机工具栏"命令，即可显示相机工具栏。单击相机工具栏中的 ⟲（旋转相机）按钮就可以对三维图形进行视角变换，从而得到不同视角的三维图形。

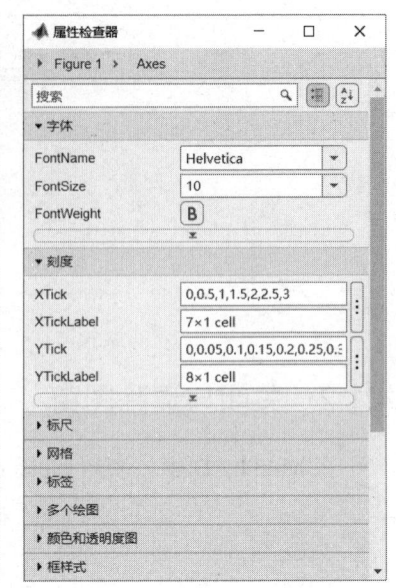

图 4-2　属性编辑界面　　　　　　　　　图 4-3　"属性检查器"对话框

【例 4-1】 利用 MATLAB 中的图窗功能改变三维图形的视角。在编辑器中输入以下命令并按 Enter 键：

```
sphere
```

即可得到一个球体图形，如图 4-4 所示。

在图窗中执行菜单栏中的"工具"→"三维旋转"命令，就可以旋转视角，分别从正上方、正下方、正侧面和斜上方看这个球体图形，具体效果如图 4-5 所示。

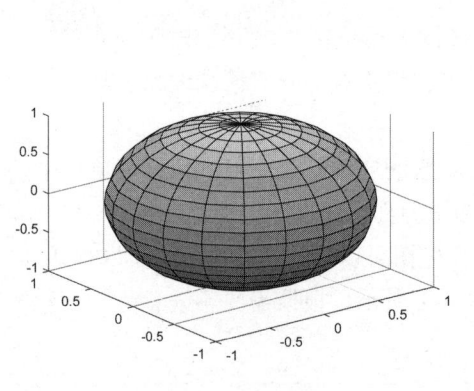

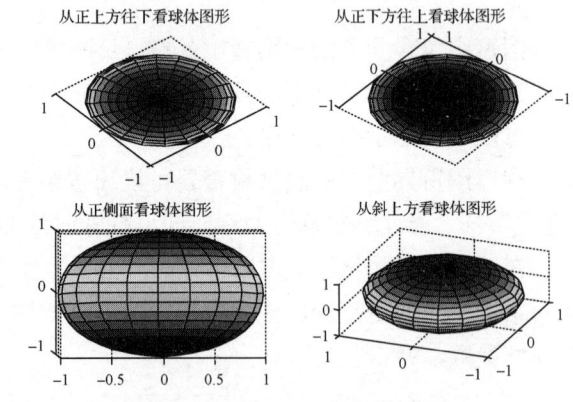

图 4-4　球体图形　　　　　　　　图 4-5　从不同视角观看球体图形

4.2　二维图形绘制

MATLAB 不但擅长与矩阵相关的数值运算，而且提供了许多在二维和三维空间内显示可视信息的函数，用户利用这些函数可以绘制出所需的图形。MATLAB 还提供了各种修饰图形的方法，使图形更加美观、精确。

4.2.1 二维曲线

在 MATLAB 中，plot 是常用的绘图函数，通过使用不同的参数，可以在平面上绘制不同的曲线。plot 函数通过将各个数据点连折线的方式来绘制二维图形，若对曲线细分，则曲线可以被看作由直线连接而成。该函数的调用格式如下。

```
plot(y)              % 当y为一个向量时,以y的序号作为X轴,按照向量y的值绘制图形
plot(x,y)            % x,y均为向量,以向量x作为X轴,以向量y作为Y轴绘制曲线
plot(x,y1,'option',x,y2,'option',…)
     % 以公共的x向量作为X轴,分别以向量y1,y2,…的数据绘制多条曲线
plot(x1,y1,'option',x2,y2,'option',…)
     % 分别以向量x1,x2,…作为X轴,以y1,y2,…的数据绘制多条曲线
```

每条曲线的属性由选项 option 决定，option 选项可以是表示曲线颜色的字符、表示线型的符号、表示数据点的标记，如表 4-1 所示，各个选项中有的可以连在一起使用。

表 4-1 option 选项的取值

符号	颜色	符号	颜色	符号	线型	符号	标记	符号	标记
'w'	白色	'y'	黄色	'-'	实线	'v'	▽	'*'	星号
'm'	洋红色	'r'	红色	'--'	虚线	'^'	△	'.'	圆圈
'g'	绿色	'k'	黑色	':'	点线	'x'	叉号	'square'	□
'b'	蓝色	'c'	青色	'-.'	点画线	'+'	加号	'diamond'	◇

【例 4-2】绘制向量的图形。在编辑器中编写以下程序并运行。

```
clf
y=[-1,1,-1,1,-1,1];
plot(y);
```

以上程序运行后，在图窗中显示如图 4-6 所示的折线。

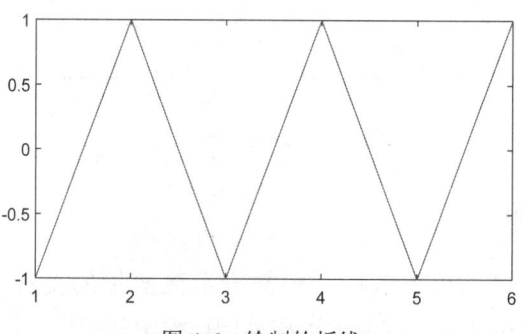

图 4-6 绘制的折线

【例 4-3】绘制一条以向量 *x* 作为 *X* 轴，以向量 *y* 作为 *Y* 轴的曲线。在编辑器中编写

以下程序并运行。

```
clf
x=[0,1,3,4,7,19,23,24,35,40,54];        % x 坐标
y=[0,0,1,1,0,0,2,2,0,0,3];              % y 坐标
plot(x,y);                              % 绘制图形
```

运行程序后，输出如图 4-7 所示的图形。

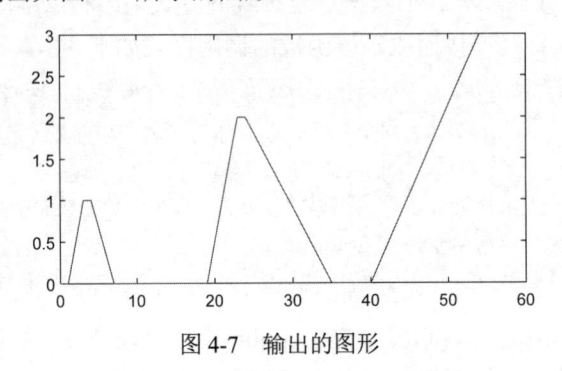

图 4-7　输出的图形

【例 4-4】绘制一条虚线正弦波，一条线型为星号的余弦波。在编辑器中编写以下程序并运行。

```
clf
x=0:pi/30:4*pi;                         % 取 x 坐标
y1=sin(x);                              % y1 坐标
y2=cos(x);                              % y2 坐标
plot(x,y1,'--',x,y2,'*');               % 绘制图形
```

运行程序后，输出如图 4-8 所示的图形。

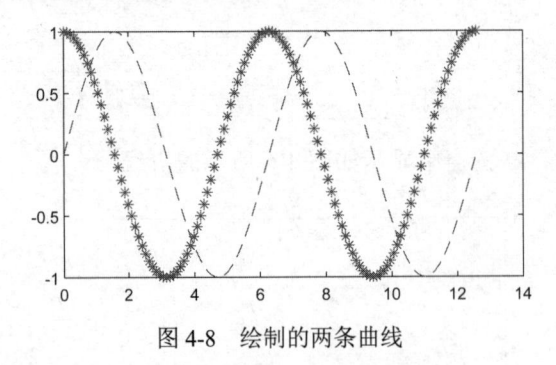

图 4-8　绘制的两条曲线

4.2.2　离散序列图

在科学研究中，可以用离散序列图来表示离散量的变化情况。在 MATLAB 中，利用 stem 函数可绘制离散序列图，该函数的调用格式如下。

```
stem(y)        % 以 x=1,2,3,…作为各个数据点的 x 坐标，以向量 y 的值为 y 坐标
               % 在（x,y）坐标点画一个空心小圆圈，并连接一条线段到 x 轴
```

```
stem(x,y,'option')      % 以 x 向量的各个元素为 x 坐标,以 y 向量的各个对应元素为 y 坐标
                        % 在(x,y)坐标点画一个空心小圆圈,并连接一条线段到 X 轴
                        % option 选项表示绘图时的线型、颜色等设置
stem(x,y,'filled')      % 以 x 向量的各个元素为 x 坐标,以 y 向量的各个对应元素为 y 坐标
                        % 在(x,y)坐标点画一个空心小圆圈,并连接一条线段到 X 轴
```

【例 4-5】 绘制一幅离散序列图。在编辑器中编写以下程序并运行。

```
figure
t=linspace(-2*pi,2*pi,10);
h=stem(t);
set(h(1),'MarkerFaceColor','blue')
```

运行程序后,输出如图 4-9 所示的图形。

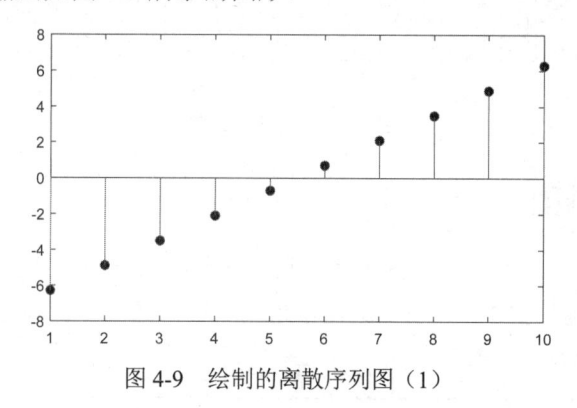

图 4-9 绘制的离散序列图(1)

【例 4-6】 绘制一个线型为圆圈的离散序列图。在编辑器中编写以下程序并运行。

```
clf
x=0:25;
y=[exp(-.07*x).*cos(x); exp(.05*x).*cos(x)]';
h=stem(x,y);
set(h(1),'MarkerFaceColor','blue')
set(h(2),'MarkerFaceColor','red','Marker','square')
```

运行程序后,输出如图 4-10 所示的图形。

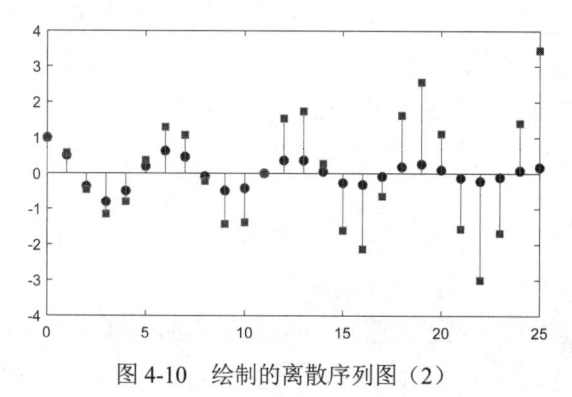

图 4-10 绘制的离散序列图(2)

【例4-7】绘制一幅离散序列图。在编辑器中编写以下程序并运行。

```
x=0:0.05:3;
y=(x.^0.4).*exp(-x);
stem(x,y)
```

运行程序后，输出如图4-11所示的图形。

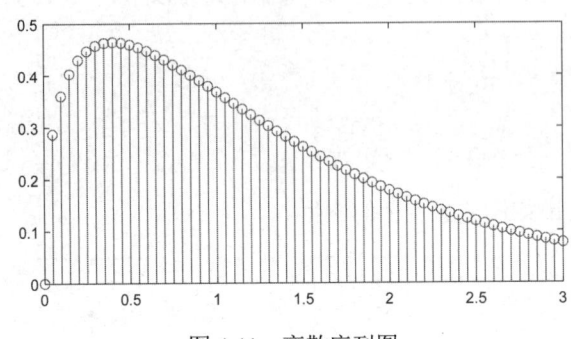

图 4-11　离散序列图

4.2.3　其他二维图

在 MATLAB 中，还有其他绘图函数，利用它们可以绘制不同类型的二维图形，以满足不同的要求，表4-2列出了这些绘图函数。

表 4-2　其他绘图函数

二维图	函数	说明
条形图	bar(x,y)	x是横坐标，y是纵坐标
精确绘图	fplot(y,[ab])	y代表某个函数，[ab]表示需要精确绘图的范围
极坐标图	polar(θ,r)	θ是角度，r代表以θ为变量的函数
阶梯图	stairs(x,y)	x是横坐标，y是纵坐标
折线图	line([x1,y1],[x2,y2],…)	[x1, y1]表示折线上的点
填充图	fill(x,y,'b')	x是横坐标，y是纵坐标，'b'代表颜色
散点图	scatter(x,y,sz,c)	sz是圆圈标记点的面积，c是标记点的颜色
饼图	pie(x)	x为向量
向量图	quiver(X,Y,U,V)	在由X、Y指定的笛卡儿坐标系上绘制具有定向分量U、V的箭头
等高线图	contour(X,Y,Z)	创建一个等高线图，指定Z中各值的X和Y坐标

【例4-8】绘制条形图。在编辑器中编写以下程序并运行。

```
clf
x=-5:0.5:5;
bar(x,exp(-x.*x));
```

运行程序后，输出如图4-12所示的图形。

【例4-9】绘制函数图（精确绘图）。在编辑器中编写以下程序并运行。

```
clf
```

```
xt=@(t) cos(3*t);
yt=@(t) sin(2*t);
fplot(xt,yt)
```

运行程序后,输出如图 4-13 所示的图形。

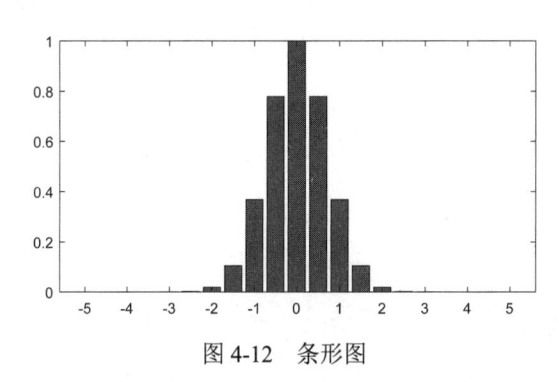

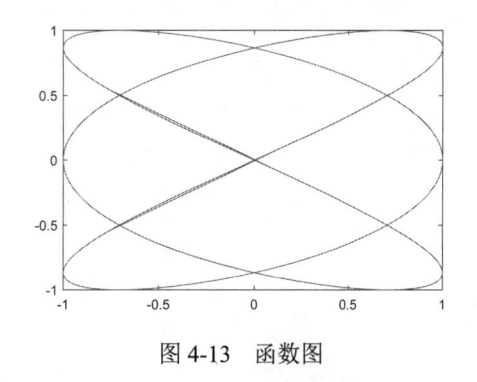

图 4-12　条形图　　　　　　　　　图 4-13　函数图

【例 4-10】绘制极坐标图。在编辑器中编写以下程序并运行。

```
clf
t=0:0.1:3*pi;                    % 极坐标的角度
polar(t,abs(cos(5*t)));
```

运行程序后,输出如图 4-14 所示的图形。

【例 4-11】绘制阶梯图。在编辑器中编写以下程序并运行。

```
clf
x=0:0.5:10;
stairs(x,sin(2*x)+sin(x));
```

运行程序后,输出如图 4-15 所示的图形。

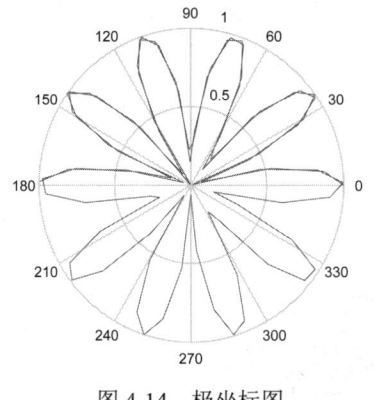

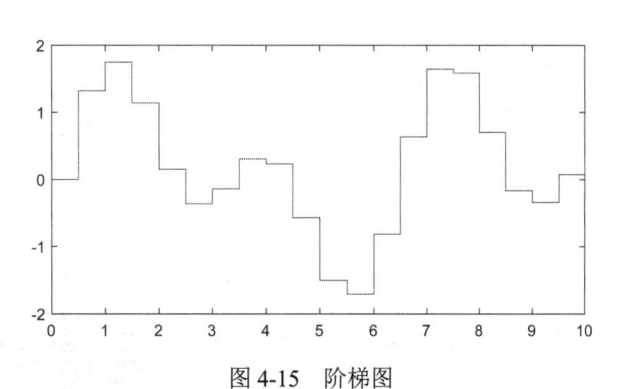

图 4-14　极坐标图　　　　　　　　　图 4-15　阶梯图

【例 4-12】绘制饼图。在编辑器中编写以下程序并运行。

```
clf
x=[13,28,23,43,22];
```

```
pie(x)
```

运行程序后,输出如图 4-16 所示的图形。

【例 4-13】 绘制散点图。在编辑器中编写以下程序并运行。

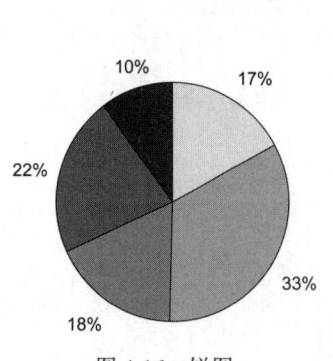

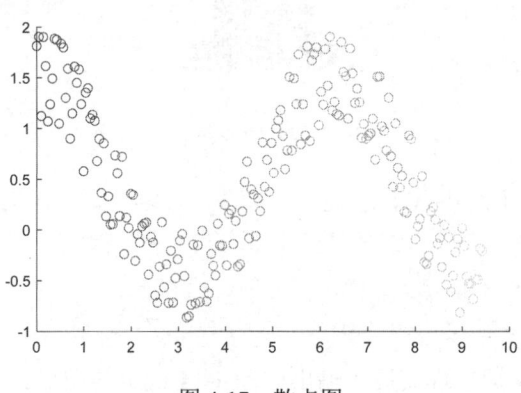

```
clf
x=linspace(0,3*pi,200);
y=cos(x)+rand(1,200);
c=linspace(1,10,length(x));
scatter(x,y,[],c)
```

运行程序后,输出如图 4-17 所示的图形。

图 4-16　饼图　　　　　　　　图 4-17　散点图

【例 4-14】 绘制填充图。在编辑器中编写以下程序并运行。

```
clf
x=[1 3 4 3 1 0];
y=[0 0 2 4 4 2];
hold on
fill(x,y,'cyan','FaceAlpha',0.3)
fill(x+2,y,'magenta','FaceAlpha',0.3)
fill(x+1,y+2,'yellow','FaceAlpha',0.3)
```

运行程序后,输出如图 4-18 所示的图形。

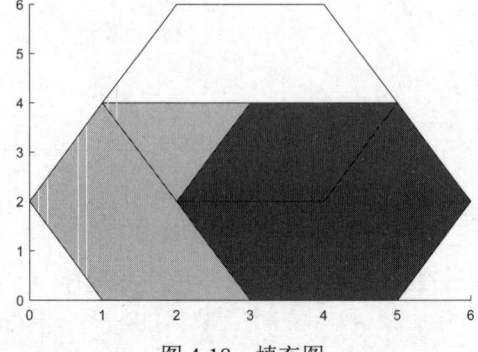

图 4-18　填充图

4.2.4 二维图形修饰

在利用 plot 等函数绘图时，MATLAB 按照用户指定的数据，根据默认设置绘制图形。此外，MATLAB 还提供了一些图形函数，专门用于对 plot 函数画出的图形进行修饰，表 4-3 所示为常用图形标注命令。

表 4-3 常用图形标注命令

命令	功能	命令	功能
xlabel('option')	为 x 轴加标注，option 为任意选项	axis on/off	显示/取消坐标轴
ylabel('option')	为 y 轴加标注	grid on/off	显示/取消网格线
title('option')	为图形加标题	box on/off	给坐标加/不加边框线
legend('option')	为图形加标注		

1. 坐标轴的调整

在一般情况下不必选择坐标系，MATLAB 可以自动根据曲线数据的范围选择合适的坐标系，从而使曲线尽可能清晰地显示出来。但是，如果用户对 MATLAB 自动产生的坐标轴不满意，则可以利用 axis 命令对坐标轴进行调整。

```
axis(xmin xmax ymin ymax)     % 将图形 X 轴的大小范围限定在 xmin 和 xmax 之间
                              % 将图形 Y 轴的大小范围限定在 ymin 和 ymax 之间
```

【例 4-15】将一个正弦函数图的坐标轴由默认值修改为指定值。在编辑器中编写以下程序并运行。

```
x=0:0.01:2*pi;
y=sin(x);
plot(x,y)              % 画出振幅为 1 的正弦波
axis([0 2*pi -2 2])    % 将先前绘制的图形坐标范围修改为所设置的大小
```

运行程序后，输出如图 4-19 所示的图形。

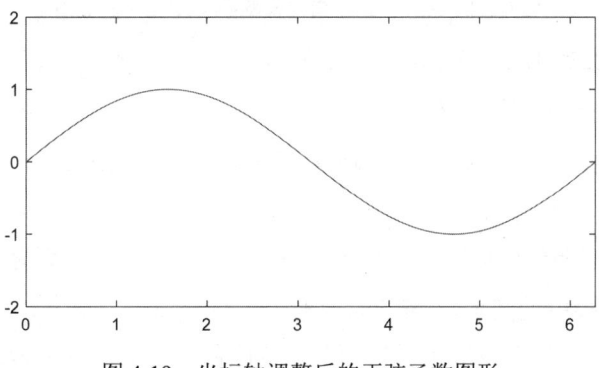

图 4-19 坐标轴调整后的正弦函数图形

2. 标识坐标轴名称

使用 title('string')命令给绘制的图形加上标题。使用 xlabel ('string')命令和 ylabel ('string')命令分别给 X 轴和 Y 轴加上名称。使用 grid on 或 grid off 命令在所画出的图形中添加或去掉网络线。

【例 4-16】标识坐标轴名称与图标题。在编辑器中编写以下程序并运行。

```
x=0:0.01:2*pi;
y1=sin(x);
y2=cos(x);
plot(x,y1,x,y2,'--')
grid on;
xlabel('弧度值')
ylabel('函数值')
title('正弦与余弦曲线')
```

运行程序后,输出如图 4-20 所示的图形。

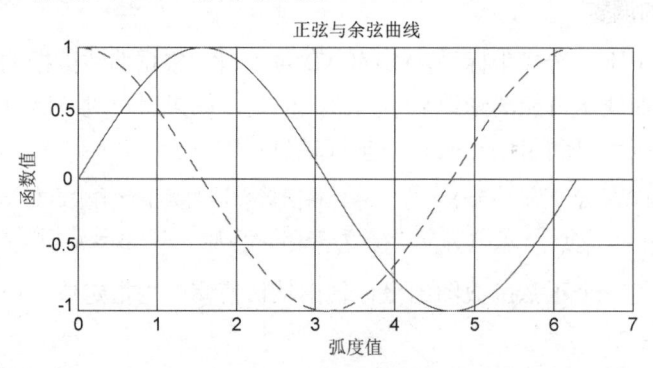

图 4-20　标识坐标轴名称与图标题

3. 添加文本注释

在 MATLAB 中,用户可以在图形的任意位置加注一串文本作为注释。在任意位置加注文本可以使用通过坐标确定文字位置的 text 函数。

```
text(x,y,'string','option')    % 在指定坐标(x,y)处,添加由 string 给出的字符串
```

说明:x、y 坐标的单位由 option 决定。若不加 option,则 x、y 的坐标单位和图中的一致;若为'sc',表示 x、y 坐标是相对于左下角(0,0)、右上角(1,1)的坐标。

【例 4-17】在画出图 4-20 所示的图形后,继续在编辑器中编写以下程序并运行。

```
text(0.4,0.8,'正弦曲线','sc')
text(0.8,0.8,'余弦曲线','sc')
```

运行程序后,输出如图 4-21 所示的图形。

在 MATLAB 中,还可以使用鼠标确定文字位置,实现该功能的函数为 gtext。

```
gtext('str')                    % 在使用鼠标选择的位置插入文本 str
gtext(str,Name,Value)           % 使用一个或多个名称-值对指定文本属性
```

运行程序后在图中将会出现一个十字形指针,将指针拖动到需要添加文字的地方,

单击，即可将 gtext 函数中的文本添加到图形中。

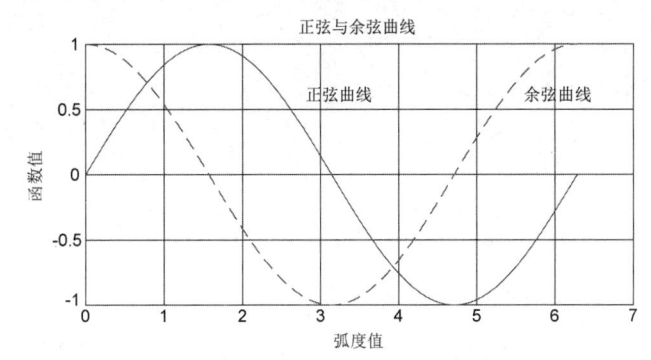

图 4-21 为曲线加注名称

4.2.5 子图

在一个图窗中利用 subplot 函数可以同时绘制多个子图，该函数的调用格式如下。

```
subplot(m,n,p)              % 在当前图窗中创建 m×n 幅子图
                            % 子图按从左到右、从上到下的顺序编号
                            % 若 p 为向量，则以向量表示的位置建立当前子图的坐标平面
subplot(m,n,p,'replace')    % 删除位置 p 处的现有坐标区并创建新坐标区
subplot(m,n,p,'align')      % 创建新坐标区，以便对齐子图框，为默认行为
subplot(m,n,p,ax)           % 将现有坐标区 ax 转换为同一图窗中的子图
subplot(h)                  % 指定当前子图坐标平面的句柄 h，h 为按 m、n、p 排列的整数
                            % 例如 h=232，表示第 2 个子图坐标平面的句柄
subplot('Position', pos)    % 在 pos 指定的位置创建新坐标区
h=subplot(…)                % 创建当前子图坐标平面时，同时返回其句柄
```

其中，pos 为[left bottom width height]形式的四元素向量，它把当前图窗看作 1.0×1.0 的平面，所以 left、bottom、width、height 分别在(0.0,1.0)的范围内取值，分别表示所创建当前子图坐标平面距离图窗左边、底边的长度，以及所建子图坐标平面的宽度和高度。

注意：函数 subplot 只用来创建子图坐标平面，在该坐标平面内绘制子图，仍然需要使用 plot 函数或其他绘图函数。

【例 4-18】创建一个包含三个子图的图窗。在图窗的上半部分创建两个子图，在图窗的下半部分创建第三个子图。

在编辑器中编写以下程序并运行。

```
subplot(2,2,1);
x=linspace(-3.8,3.8);
y_cos=cos(x);
plot(x,y_cos);
title('Subplot 1: Cosine')
```

```
subplot(2,2,2);
y_poly=1-x.^2./2+x.^4./24;
plot(x,y_poly,'g');
title('Subplot 2: Polynomial')

subplot(2,2,[3,4]);
plot(x,y_cos,'b',x,y_poly,'g');
title('Subplot 3&4: Cosine & Polynomial')
```

运行程序后，输出如图 4-22 所示的图形。

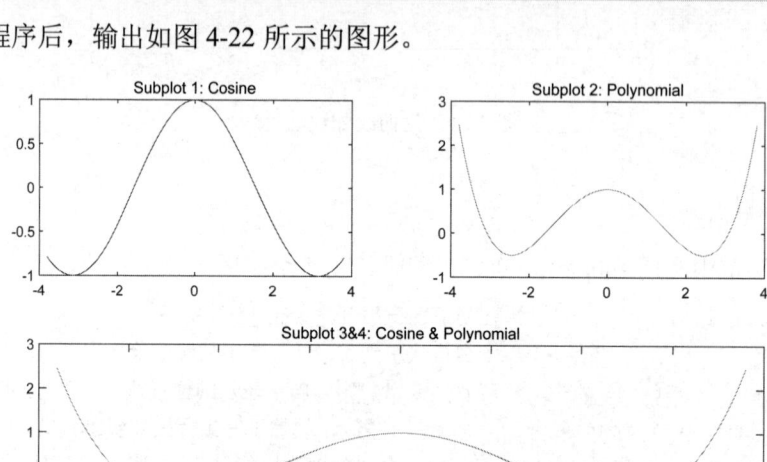

图 4-22　创建的包含三个子图的图窗

【例 4-19】用函数画一个子图。在编辑器中编写以下程序并运行。

```
x=linspace(0,2*pi,100);          % x 轴从 0～2π 取 100 点
subplot(2,2,1)
plot(x,sin(x))                   % 在视窗的第一行第一列画 sin(x)
xlabel('x')                      % x 轴加注解 x
ylabel('y')                      % y 轴加注解 y
title('sin(x)')                  % 加标题 sin(x)
subplot(2,2,2)
plot(x,cos(x))
xlabel('x'); ylabel('y'); title('cos(x)')
subplot(2,2,3)
plot(x,exp(x))
xlabel('x'); ylabel('y'); title('exp(x)')
subplot(2,2,4)
plot(x,exp(-x))
xlabel('x'); ylabel('y'); title('exp(-x)')
```

运行程序后，输出如图 4-23 所示的图形。

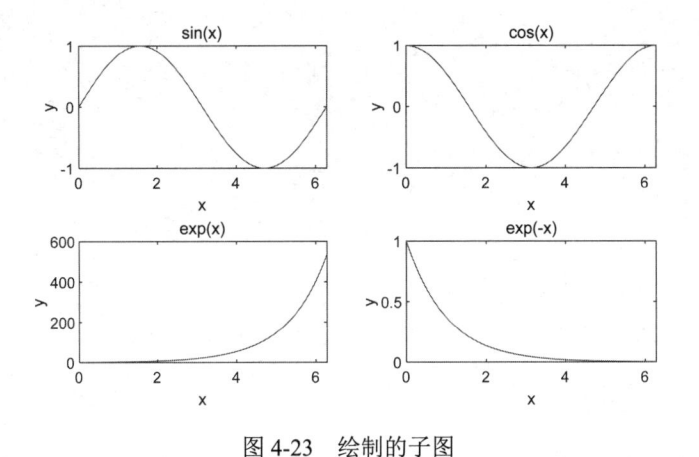

图 4-23 绘制的子图

4.3 三维图形绘制

MATLAB 提供了多种在三维空间中绘制曲线或曲面的函数，MATLAB 还用颜色来代表第四维，即伪色彩。通过改变视角，可以观察三维图形的不同侧面。

4.3.1 基本绘图命令

在 MATLAB 中，利用函数 plot3 可以绘制三维图形。该函数以逐点连线的方式绘制三维折线，当各个数据点的间距较小时，绘制的就是三维曲线。其调用格式主要有以下几种。

```
plot3(X1,Y1,Z1,…)                % X1、Y1、Z1 为向量或矩阵，表示图形的三维坐标
plot3(X1,Y1,Z1,…,Xn,Yn,Zn)       % 同一图窗中可以一次绘制多条三维曲线
plot3(X1,Y1,Z1,LineSpec,…)       % 以 LineSpec 指定的属性绘制三维图形
plot3(…,'Name',Value,…)          % 使用一个或多个名称-值对指定 Line 属性
h=plot3(…)                       % 调用函数 plot3 绘制图形，同时返回图形句柄
```

【例 4-20】绘制三维曲线。

在编辑器中编写以下程序并运行。

```
t=0:0.1:10;
figure
subplot(2,2,1);
plot3(sin(t),cos(t),t);          % 绘制三维曲线
grid,
text(0,0,0,'0');                 % 在三维坐标 x=0,y=0,z=0 处标记字符串 0
title('三维图形');
xlabel('sin(t)'),ylabel('cos(t)'),zlabel('t');
subplot(2,2,2); plot(sin(t),t);
```

```
grid
title('x-z面投影');              % 三维曲线在 x-z 平面的投影
xlabel('sin(t)'),ylabel('t');
subplot(2,2,3); plot(cos(t),t);
grid
title('y-z面投影');              % 三维曲线在 y-z 平面的投影
xlabel('cos(t)'),ylabel('t');
subplot(2,2,4); plot(sin(t),cos(t));
title('x-y面投影');              % 三维曲线在 x-y 平面的投影
xlabel('sin(t)'),ylabel('cos(t)');
grid
```

运行程序后，输出如图 4-24 所示的图形。可以看出，二维图形的基本特性在三维图形中同样存在；函数 subplot、title、xlabel、grid 等都可以在三维图形中使用。

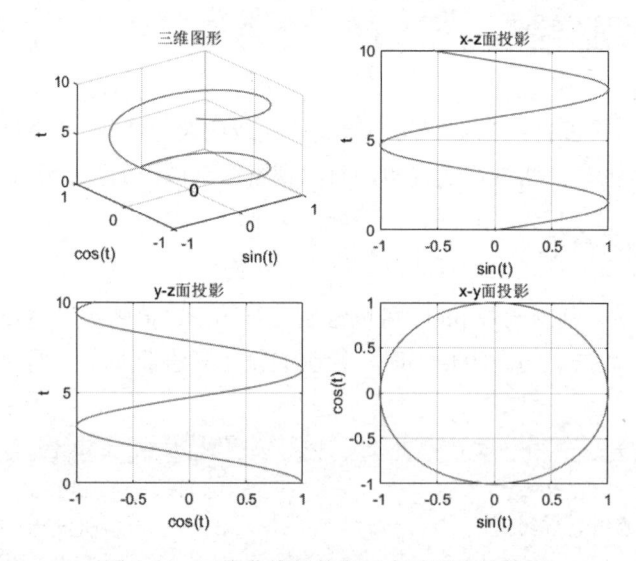

图 4-24 三维曲线及其在三个平面上的投影

4.3.2 三维曲面图

在 MATLAB 中，利用 surf 函数可以绘制三维曲面图，其调用格式如下。

```
surf(X,Y,Z)              % 创建一个三维曲面图，即一个具有实色边和实色面的三维曲面
surf(X,Y,Z,C)            % 指定曲面的颜色
% 函数将矩阵 Z 中的值绘制为由 X 和 Y 决定的 x-y 平面中的网格上方的高度。曲面的颜色根据 Z
指定的高度而变化
surf(Z)                  % 创建一个曲面图，并将 Z 中元素的列索引和行索引用作 x 坐标和 y 坐标
surf(Z,C)                % 指定曲面的颜色
surf(___,Name,Value)     % 使用一个或多个名称-值对指定曲面属性
```

在 MATLAB 中，还可以利用 surfc、surfl 等函数绘制三维曲面图，利用 mesh 等函数

绘制网格曲面图，曲面绘图函数如表 4-4 所示。这些函数的调用格式与 surf 函数的基本相同。

表 4-4 曲面绘图函数

函数	功能	函数	功能
surfc	绘制曲面图及其下方的等高线图	mesh	绘制网格曲面图
surfl	绘制具有基于颜色图的光照效果的曲面图	meshc	绘制网格曲面图及其下方的等高线图
surface	绘制基本曲面图	meshz	绘制带帷幕的网格曲面图
surfnorm	创建一个三维曲面图并显示其法线		

【例 4-21】绘制球体的三维图形。在编辑器中编写以下程序并运行。

```
figure
[X,Y,Z]=sphere(30);        % 计算球体的三维坐标
surf(X,Y,Z);               % 绘制球体的三维图形
xlabel('x'),
ylabel('y'),
zlabel('z');
title('sphere');
```

运行程序后，输出如图 4-25 所示的图形。

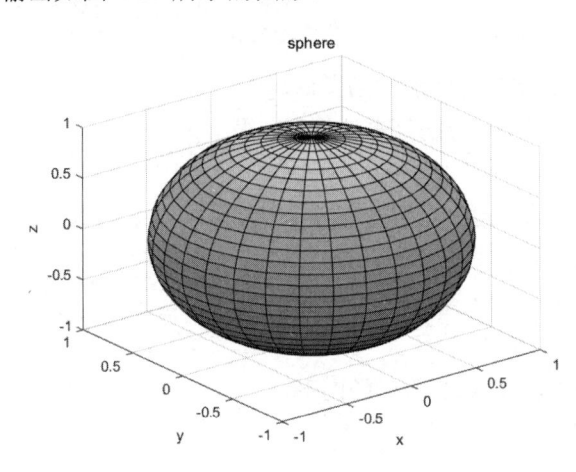

图 4-25 球体的三维图形

由图 4-25 可以看到，球面被网格线分割成小块；每一小块可看作一块补片，嵌在线条之间。这些线条和渐变颜色可以由 shading 命令指定，其格式如下。

```
shading faceted    % 在绘制曲面时采用分层网格线，为默认值
shading flat       % 表示平滑式颜色分布方式；去掉黑色线条，补片保持单一颜色
shading interp     % 表示插补式颜色分布方式；同样去掉线条，但补片以插值加色，计算量大
```

对刚绘制的曲面分别执行 shading flat 和 shading interp 命令，显示效果如图 4-26 所示。

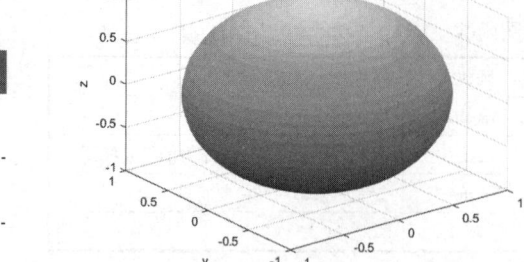

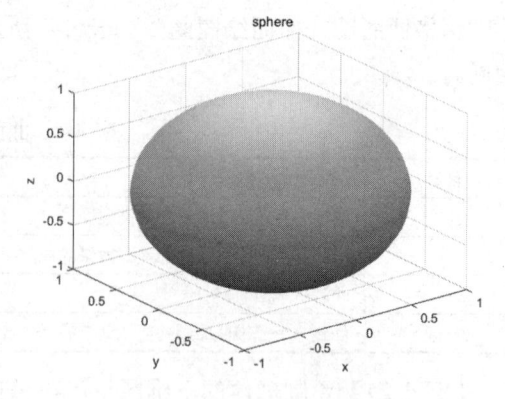

（a）shading flat 命令效果图   （b）shading interp 命令效果图

图 4-26 不同颜色分布方式下球体的三维图形

【例 4-22】绘制具有亮度（光照效果）的曲面图。在编辑器中编写以下程序并运行。

```
[x,y]=meshgrid(-3:0.1:3);        % 以 0.1 的间隔形成格点矩阵
z=peaks(x,y);
surfl(x,y,z);
shading interp
colormap(sky)
axis([-4 4 -4 4 -8 10]);
```

运行程序后，输出如图 4-27 所示的图形。

【例 4-23】显示曲面图下方的等高线图。

在编辑器中编写以下程序并运行。

```
[X,Y]=meshgrid(1:0.2:10,1:0.2:20);
Z=sin(X)+cos(Y);
colormap(sky)
surfc(X,Y,Z)
```

运行程序后，输出如图 4-28 所示的图形。

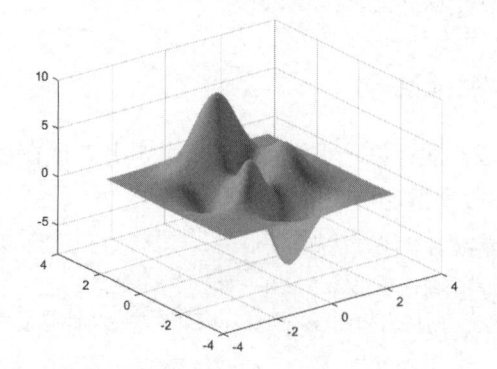

图 4-27 具有亮度（光照效果）的曲面图 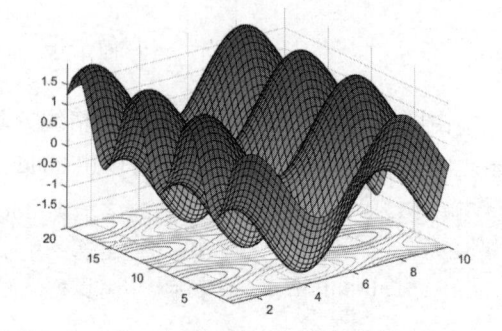   图 4-28 曲面图下方的等高线图

【例 4-24】 绘制网格曲面图。在编辑器中编写以下程序并运行。

```
colormap('default')
[X,Y]=meshgrid(-8:.5:8);
R=sqrt(X.^2+Y.^2)+eps;
Z=sin(R)./R;
C=X.*Y;
mesh(X,Y,Z,C)
colorbar
```

运行程序后,输出如图 4-29 所示的图形。

【例 4-25】 绘制带帷幕的网格曲面图。在编辑器中编写以下程序并运行。

```
[X,Y]=meshgrid(-3:.125:3);
Z=peaks(X,Y);
C=gradient(Z);
meshz(X,Y,Z,C)
colorbar
```

运行程序后,输出如图 4-30 所示的图形。

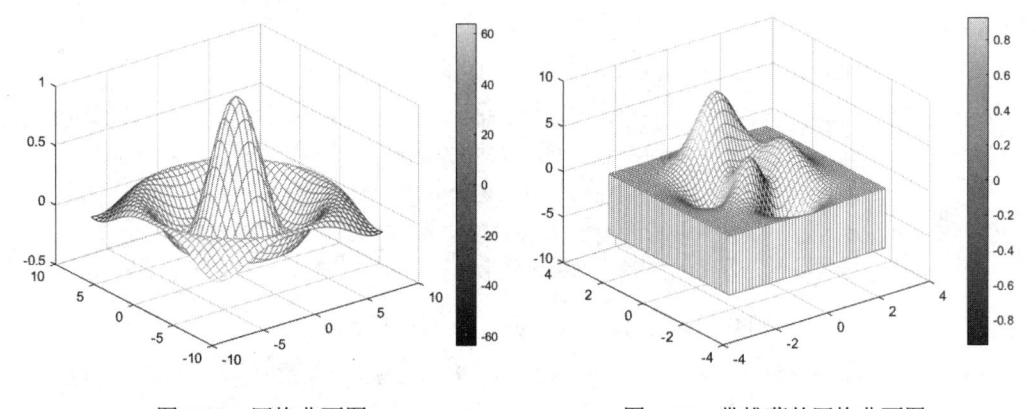

图 4-29　网格曲面图　　　　图 4-30　带帷幕的网格曲面图

【例 4-26】 绘制网格曲面图示例。在编辑器中编写以下程序并运行。

```
[X,Y,Z]=peaks(20);
figure
subplot(2,2,1); mesh(X,Y,Z); title('(a) mesh of peaks')
subplot(2,2,2); surf(X,Y,Z); title('(b) surf of peaks')
subplot(2,2,3); meshc(X,Y,Z); title('(c) meshc of peaks')
subplot(2,2,4); meshz(X,Y,Z); title('(d) meshz of peaks')
```

运行程序后,输出如图 4-31 所示图形。

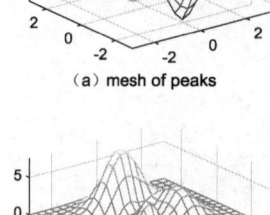

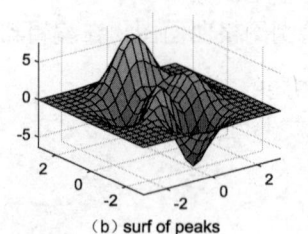

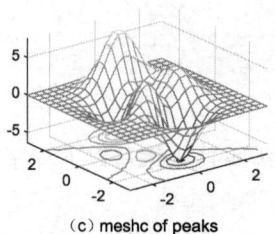

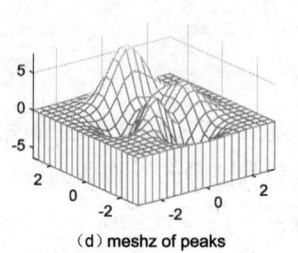

图 4-31　不同类型的网格曲面图

4.3.3　标准三维曲面

在前文的讲解过程中，我们已利用 sphere 函数创建网格数据。利用该函数还可以直接绘制标准三维曲面。除 sphere 函数外，标准三维曲面函数还包括 cylinder、peaks、ellipsoid 等。

（1）利用 sphere 函数可以绘制三维球面，其调用格式如下。

```
[X,Y,Z]=sphere      % 返回半径为1的球面x、y和z坐标而不绘图，由20×20个面组成
                    % 以三个21×21矩阵形式返回x、y和z坐标
[X,Y,Z]=sphere(n)   % 返回半径为1且包含n×n个面的球面的x、y和z坐标
                    % 以三个(n+1)×(n+1)矩阵形式返回x、y和z坐标
sphere(___)         % 绘制球面而不返回坐标
```

（2）利用 cylinder 函数可以绘制三维柱面，其调用格式如下。

```
[X,Y,Z]=cylinder    % 返回半径为1的圆柱x、y和z坐标而不绘图
                    % 圆柱圆周上有20个等间距点，底面平行于x-y平面
[X,Y,Z]=cylinder(r) % 返回具有指定剖面曲线r和圆周上20个等间距点的圆柱的x、y和z坐标
                    % 将r中的每个元素视为沿圆柱高度方向（Z轴方向）不同高度上的半径
                    % 每个坐标矩阵的大小为m×21，m=numel(r)。如果r是标量，则m=2
[X,Y,Z]=cylinder(r,n)% 返回具有指定剖面曲线r和圆周上n个等间距点的圆柱的x、y和z坐标
                    % 每个坐标矩阵的大小为m×(n+1)，m=numel(r)。如果r是标量，则m=2
cylinder(___)       % 绘制圆柱而不返回坐标
```

（3）利用 peaks 函数可以绘制多峰函数（Peaks）图形，它常用于三维函数的演示。其调用格式如下。

```
Z=peaks            % 返回在一个 49×49 网格上计算的多峰函数图形的 z 坐标值
Z=peaks(n)         % 返回在一个 n×n 网格上计算的多峰函数图形的 Z 坐标值，n 的默认值为 48
                   % 如果将 n 指定为长度为 k 的向量，则将在一个 k×k 网格上计算多峰函数图形的 Z 坐标值
Z=peaks(Xm,Ym)     % 返回在 Xm 和 Ym 指定的点上计算的多峰函数图形的 Z 坐标值。Xm、Ym
大小必须相同或兼容
[X,Y,Z]=peaks(___) % 返回多峰函数图形的 x、y 和 z 坐标值
```

说明：多峰函数的形式为

$$f(x,y) = 3(1-x^2)e^{-x^2-(y+1)^2} - 10\left(\frac{x}{5} - x^3 - y^5\right)e^{-x^2-y^2} - \frac{1}{3}e^{-(x+1)^2-y^2} \quad x \leqslant -3, y \leqslant 3$$

（4）利用 ellipsoid 函数可以绘制椭球体，其调用格式如下。

```
[X,Y,Z]=ellipsoid(xc,yc,zc,xr,yr,zr)      % 返回椭球体的 x、y 和 z 坐标，但不绘制
                                          % 返回椭圆体的中心坐标为(xc,yc,zc)，半轴长度为(xr,yr,zr)，由 20×20 个面组成
                                          % 以三个 21×21 矩阵形式返回 x、y 和 z 坐标
[X,Y,Z]=ellipsoid(xc,yc,zc,xr,yr,zr,n)    % 返回具有 n×n 个面的椭圆体的 x、y 和 z
坐标
                                          % 以三个(n+1)×(n+1)矩阵形式返回 x、y 和 z 坐标
ellipsoid(___)                            % 绘制椭圆体，但不返回坐标
```

【例 4-27】绘制标准三维曲面。在编辑器中编写以下程序并运行。

```
t=0:pi/20:2*pi;
[x,y,z]=sphere;
subplot(1,4,1);
surf(x,y,z)
xlabel('x'),ylabel('y'),zlabel('z')
title('Sphere')

[x,y,z]=cylinder(2+sin(2*t),30);
subplot(1,4,2);
surf(x,y,z)
xlabel('x'),ylabel('y'),zlabel('z')
title('Cylinder')

[x,y,z]=peaks(20);
subplot(1,4,3);
surf(x,y,z)
xlabel('x'),ylabel('y'),zlabel('z')
title('Peaks');

subplot(1,4,4);
ellipsoid(0,0,0,1.5,1.5,3)
xlabel('x'),ylabel('y'),zlabel('z')
title('Ellipsoid');
```

运行程序后，输出如图 4-32 所示的图形。因为柱面函数的半径 R 定义为 2+sin(2*t)，所以绘制的柱面呈现正弦波形。

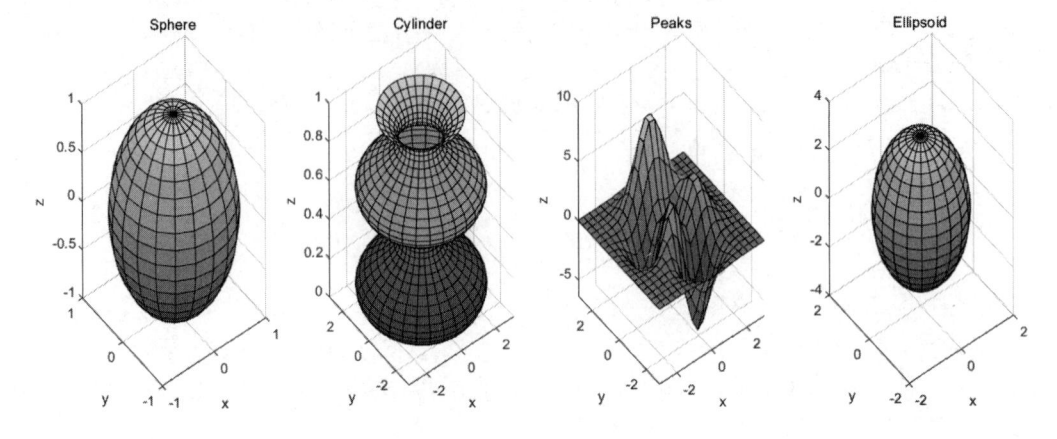

图 4-32　标准三维曲面

4.3.4　三维图形视角变换

观察前面绘制的三维图形，其视角为仰角 30°和方位角 −37.5°。其中，仰角表示视角与水平面（xy 平面）之间的夹角，而方位角表示视角在水平面上绕 z 轴旋转的角度，如图 4-33 所示。因此默认的三维视角为仰角 30°，方位角 −37.5°。默认的二维视角为仰角 90°，方位角 0°。

在 MATLAB 中，用函数 view 可以改变所有类型的图形视角，以方便观察，其调用格式如下。

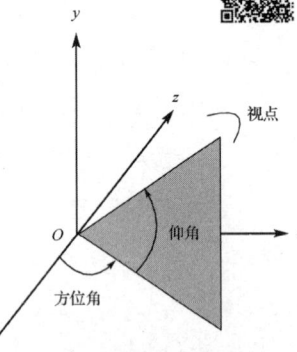

图 4-33　定义视角

```
view(az,el)      % 为当前坐标区设置视线的方位角和仰角
view(v)          % 根据 v 设置视线，当 v 为二元素数组时，其值分别是方位角和仰角
                 % 当 v 为三元素数组时，其值是从图框中心点到相机位置所形成向量的 x、y 和 z 坐标
view(dim)        % 对二维或三维绘图使用默认视线
% dim 为 2 表示默认二维视图（az=0，el=90），为 3 表示默认三维视图（az=-37.5，el=30）
[caz,cel]=view(___)      % 分别将方位角和仰角返回为 caz 和 cel
```

【例 4-28】从不同的视角观察曲面。在编辑器中编写以下程序并运行。

```
x=-4:4; y=-4:4;
[X,Y]=meshgrid(x,y);
Z=X.^2+Y.^2;

subplot(2,2,1)
surf(X,Y,Z);                    % 画三维曲面
ylabel('y'),xlabel('x'),zlabel('z');title('(a) 默认视角 ')
```

118

```
subplot(2,2,2)
surf(X,Y,Z);                    % 画三维曲面
ylabel('y'),xlabel('x'),zlabel('z');title('(b) 仰角75°，方位角-45°')
view(-45,75)                    % 将视角设为仰角75°，方位角-45°

subplot(2,2,3)
surf(X,Y,Z);                    % 画三维曲面
ylabel('y'),xlabel('x'),zlabel('z');title('(c) 视点为(2,1,1)')
view([2,1,1])                   % 将视点设为(2,1,1)，指向原点

subplot(2,2,4)
surf(X,Y,Z);                    % 画三维曲面
ylabel('y'),xlabel('x'),zlabel('z');title('(d) 仰角120°，方位角 0°')
view(30,0)                      % 将视角设为仰角120°，方位角 0°
```

运行程序后，输出如图 4-34 所示的图形。

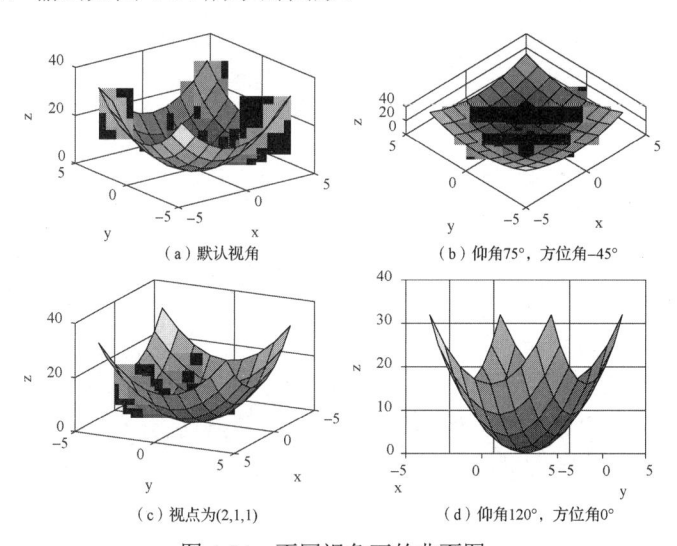

图 4-34　不同视角下的曲面图

4.3.5　其他图形函数

除了上面讨论的函数，MATLAB 还提供了其他图形函数，如表 4-5 所示。

表 4-5　其他图形函数

三维图	函数	说明
瀑布图	waterfall (X,Y,Z)	沿 Y 方向出现网线的曲面图
向量图	quiver3(X,Y,Z,U,V,W)	在等值线上画出方向或速度箭头
高程标签	clabel(C,h)	为当前等高线图添加标签（高度值），将旋转文本插入每条等高线
条带图	ribbon(Z)	将 Z 的列绘制为等宽度的三维条带图
等高线图	contour3(Z)	包含矩阵 Z 的等值线的三维等高线图，Z 包含 x-y 平面上的高度值

续表

三维图	函数	说明
条形图	bar3(x,y)	在 x 指定的位置绘制 y 中元素的条形图；x 可省略，则 y 中的每个元素对应一个条形
针状图	stem3(x,y,z)	在 x、y 指定的位置绘制 z 的针状图，x、y、z 的维数必须相同；x、y 可省略
饼图	pie3(x)	x 为向量，用 x 中的数据绘制一个三维饼图
填充图	fill3(x,y,z,c)	x、y、z 为多边形的节点，c 指定填充颜色

【例 4-29】函数 clabel 的应用示例。在编辑器中编写以下程序并运行。

```
[X,Y,Z]=peaks(30);
[C,h]=contour(X,Y,Z);
clabel(C,h);
```

运行程序后，输出如图 4-35 所示的图形。

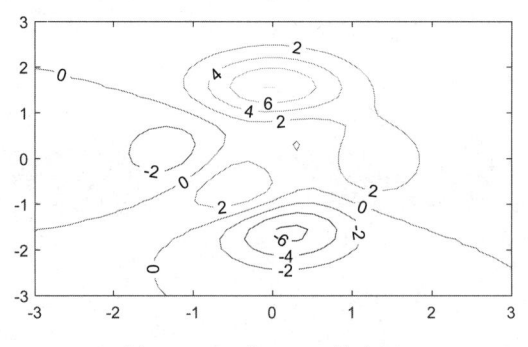

图 4-35　函数 clabel 的应用

【例 4-30】按要求绘制三维图形。绘制幻方矩阵的条形图；用函数 z=cos(x) 绘制针状图；已知 x={45,76,89,222,97}，绘制饼图；用随机节点绘制一个黑色的六边形。

在编辑器中编写以下程序并运行。

```
subplot(2,2,1);
bar3(magic(3));

x=0:pi/10:2*pi; y=x; z=cos(x);
subplot(2,2,2)
stem3(x,y,z,'b')
view([2,1,1])                      % 改变视角

subplot(2,2,3)
pie3([45,76,89,222])

subplot(2,2,4)
fill3(rand(3,1),rand(3,1),rand(3,1),'k')
```

运行程序后，输出如图 4-36 所示图形。

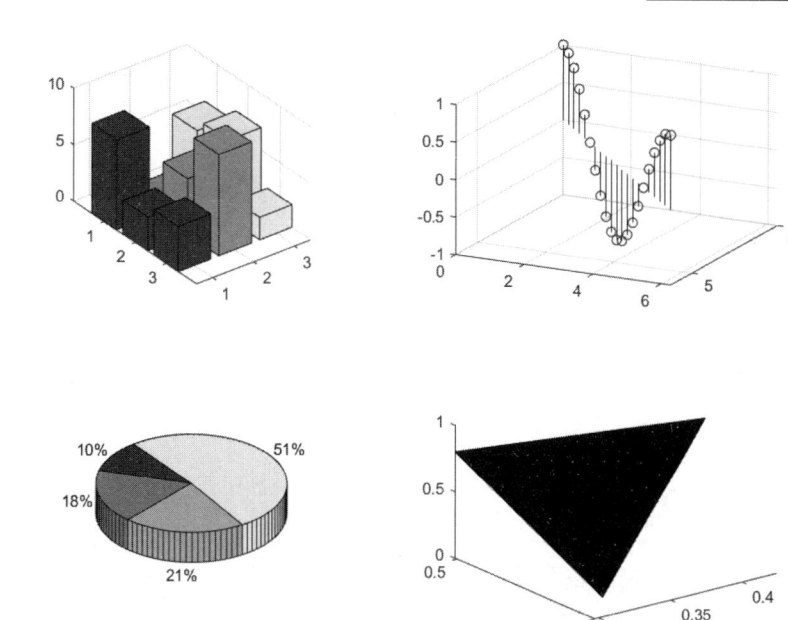

图 4-36　各种三维图形

4.4　函数绘制

利用 MATLAB 提供的一些特殊函数可以绘制任意函数图形，即实现函数可视化。利用函数绘图大大提高了绘图效率。

4.4.1　一元函数绘图

在 MATLAB 中，通过函数 ezplot 可绘制任意一元函数图形，其调用格式如下。

```
ezplot(f)            % 按 x 的默认取值范围（-2*pi<x<2*pi）绘制 f=f(x)的图形
                     % 对于 f=f(x,y)，按-2*pi<x<2*pi、-2*pi<y<2*pi（默认）绘制 f(x,y)=0 的图形
ezplot(f,[min,max])        % 按 x 的指定取值范围(min<x<max)绘制函数 f=f(x)的图形
ezplot(f,[xmin,xmax,ymin,ymax]) % 按 x、y 的指定取值范围绘制 f(x,y)=0 的图形
ezplot(f,[xmin,xmax,ymin,ymax]) % 在指定的图窗内绘制函数 f=f(x,y)的图形
ezplot(x,y)          % 按 t 的默认取值范围（0<t<2*pi）绘制函数 x=x(t)、y=y(t)的图形
ezplot(x,y,[tmin,tmax])      % 按 t 的指定取值范围绘制函数 x=x(t)、y=y(t)的图形
```

【例 4-31】一元函数绘图示例。在编辑器中编写以下程序并运行。

```
f='x.^3+y.^2-3';
ezplot(f)
```

运行程序后，输出如图 4-37 所示的图形。

$x^3+y^2-3 = 0$

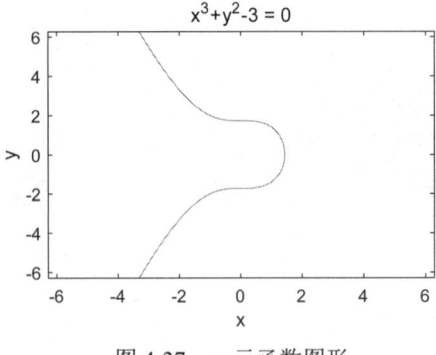

图 4-37　一元函数图形

4.4.2　二元函数绘图

对于二元函数 $z = f(x, y)$，可以利用 ezmesh 函数绘制其图形；也可以用 meshgrid 函数获得矩阵 z，或利用循环语句 for（或 while）计算矩阵 z 的元素，然后绘制二元函数图形。

1. 函数ezmesh

该函数的调用格式如下。

```
ezmesh(f)          % 按x、y的默认取值范围 (-2*pi<x<2*pi, -2*pi<y<2*pi)
                   % 绘制函数 z=f(x,y) 的图形
ezmesh(f,domain)   % 按照domain指定的取值范围绘制函数 z=f(x,y) 的图形
    % domain可以是4×1的向量[xmin,xmax,ymin,ymax]
    % 也可以是2×1的向量[min,max]，此时 min<x<max, min<y<max
ezmesh(x,y,z)      % 按s、t的默认取值范围 (-2*pi<s<2*pi, -2*pi<t<2*pi)
                   % 绘制函数 x=x(s,t)、y=y(s,t) 和 z=z(s,t) 的图形
ezmesh(x,y,z,[smin,smax,tmin,tmax])  % 按指定的取值范围绘制函数 z=f(x,y) 的图形
ezmesh(x,y,z,[min,max])   % 按指定的取值范围绘制函数 z=f(x,y) 的图形
ezmesh(…,n)        % 绘制图形时，同时绘制n×n的网格，n=60（默认值）
ezmesh(…,'circ')   % 绘制图形时，以指定区域的中心绘制图形
```

【例4-32】二元函数绘图示例。在编辑器中编写以下程序并运行。

```
syms x,y;
f='sqrt(1-x^2-y)';
ezmesh(f)
```

运行程序后，输出如图 4-38 所示的图形。

2. 利用函数meshgrid获得矩阵z

对于二元函数 $z = f(x, y)$，每对 x 和 y 的值都会产生一个 z 的值，该二元函数图形是三维空间的一个曲面。MATLAB 将 z 存放在一个矩阵中，z 的行和列分别表示为

```
z(i,: )=f(x,y(i))
```

```
z(:,j )=f(x(j),y)
```

当 $z = f(x, y)$ 能用简单的表达式表示时,利用 meshgrid 函数可以方便地获得所有 z 的数据,然后用前面讲过的画三维图形的命令就可以绘制二元函数 $z = f(x, y)$。

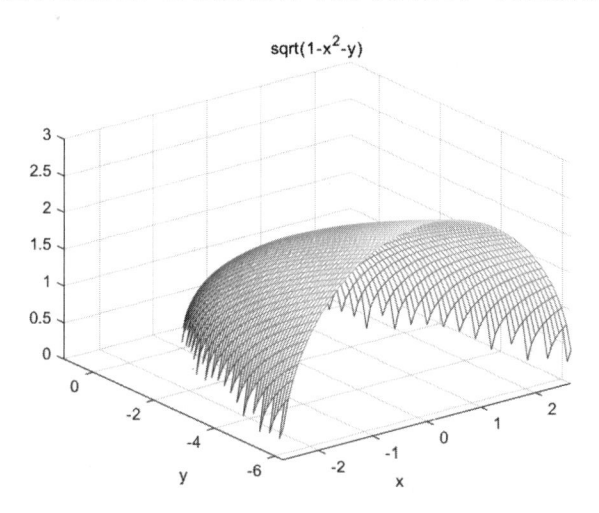

图 4-38 二元函数图形(1)

【例 4-33】绘制二元函数 $z = f(x, y) = x^3 + y^3$ 的图形。在编辑器中编写以下程序并运行。

```
x=0:0.1:2;              % 给出 x 数据
y=-2:0.1:2;             % 给出 y 数据
[X,Y]=meshgrid(x,y);    % 形成三维图形的 x 和 y 数组
Z=X.^3+Y.^3;
surf(X,Y,Z)
xlabel('x'),ylabel('y'),zlabel('z')
title('z=x^3+y^3')
```

运行程序后,输出如图 4-39 所示的图形。

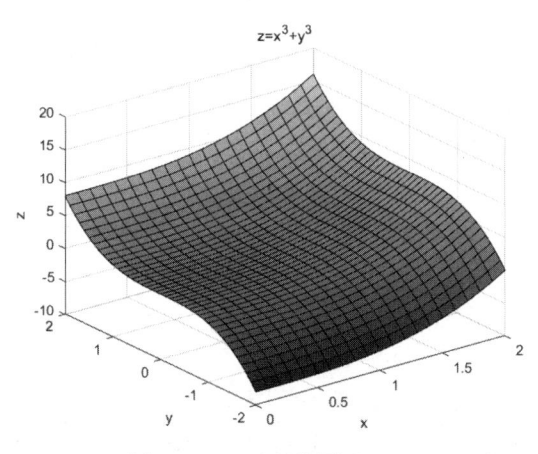

图 4-39 二元函数图形(2)

3. 用循环语句获得矩阵数据

【例 4-34】用循环语句获得矩阵数据并绘图。在编辑器中编写以下程序并运行。输出的图形如图 4-39 所示。

```
x=0:0.1:2;              % 给出 x 数据
y=-2:0.1:2;             % 给出 y 数据
z1=y.^3;
z2=x.^3;
nz1=length(z1);
nz2=length(z2);
Z=zeros(nz1,nz2);
for r=1:nz1
    for c=1:nz2
        Z(r,c)=z1(r)+z2(c);
    end
end
surf(x,y,Z);
xlabel('x'),ylabel('y'),zlabel('z')
title('z=x^3+y^3')
```

4.5 图像

图像本身是一种二维函数图形，图像的亮度是其位置的函数。MATLAB 中的图像是由一个或多个矩阵表示的，因此 MATLAB 的许多矩阵运算功能均可以用于图像矩阵运算和操作。

MATLAB 中图像数据的存储类型默认为双精度（double），即 64 位浮点数类型。这种存储类型的优点是运算时不需要进行数据类型转换，但是会导致存储量巨大。

MATLAB 还支持无符号整型（unit8），图像矩阵中的每个无符号整型数据占用一个字节。但 MATLAB 的大多数操作不支持 unit8 型，在涉及运算时要将其转换成 double 型。

4.5.1 图像的类别和显示

1. 图像的类别

MATLAB 支持索引图像、灰度图像、二进制图像和真色彩（RGB）图像 4 种基本图像类型。

1）索引图像

索引图像包括图像矩阵和色图。其中色图是按图像中颜色值排序后的数组。图像中每个像素对应图像矩阵中的一个值，这个值就是色图中的索引。

色图为 $m\times 3$ 的双精度值矩阵,各行分别指定红、绿、蓝(R、G、B)的单色值,R、G、B 为值域是[0,1]的实数值,0 代表最暗,1 代表最亮。

2)灰度图像

灰度图像保存在一个矩阵中,矩阵的每个元素代表一个像素点。矩阵可以是双精度型,值域为[0,1];也可以为 unit8 型,值域为[0,255]。矩阵的每个元素值代表不同的亮度或灰度级,0 代表黑色,1(或 unit8 的 255)代表白色。

3)二进制图像

表示二进制图像的二维矩阵仅由 0 和 1 构成。二进制图像可以被看作一个仅包括黑与白的特殊灰度图像,也可以被看作具有两种颜色的索引图像。二进制图像可以保存为双精度或 unit8 型的数组,显然,用 unit8 型可以节省空间。在 MATLAB 图像处理工具箱中,任何一个返回二进制图像的函数都返回 unit8 型逻辑数组。

4)真彩色(RGB)图像

在真彩色图像中,用 R、G、B 这 3 个亮度值表示一个像素的颜色。真彩色(RGB)图像中各像素的亮度值直接保存在图像数组中,图像数组为 $m\times n\times 3$,m、n 分别表示图像像素的行数和列数。

2. 图像的显示

在 MATLAB 中,函数 imshow 用于显示图像。其调用格式如下。

```
imshow(I)          % 在图窗中显示灰度图像 I
imshow(I,n)        % 用 n 个灰度级显示灰度图像,n 默认使用 256 级灰度或 64 级灰度显示图像
imshow(I,[low,high])    % 将 I 显示为灰度图像,并指定灰度级范围[low,high]
imshow(BW)         % 显示二进制图像
imshow(X,map)      % 使用色图 map 显示索引图像 X
imshow(RGB)        % 显示真彩色(RGB)图像
imshow(…,display_option)    % 显示图像时,指定相应的显示参数
    % 指定'ImshowBorder'控制是否给显示的图形加边框
    % 指定'ImshowAxesVisible'控制是否显示坐标轴和标注
    % 指定'ImshowTruesize'控制是否调用函数 truesize
imshow(filename)   % 显示 filename 指定的图像文件
```

另外,MATLAB 还提供了函数 subimage,它支持在一个图窗内使用多个色图,联合使用函数 subimage 与 subplot 可以在一个图窗中显示多幅图像。其调用格式如下。

```
subimage(X,map)    % 在当前坐标平面上使用色图 map 显示索引图像 X
subimage(RGB)      % 在当前坐标平面上显示真彩色(RGB)图像
subimage(I)        % 在当前坐标平面上显示灰度图像 I
subimage(BW)       % 在当前坐标平面上显示二进制(BW)图像
```

【例 4-35】设在当前目录下有一个 RGB 图像文件 peppers.png,试以不同方式显示该

图像。在编辑器中编写以下程序并运行。

```
I=imread('peppers.png');                % 读入图像文件
subplot(2,2,1)
subimage(I);title('(a) RGB 图像')        % 在子图窗 1

[X,map]=rgb2ind(I,1000);                % 将该图像转换为索引图像
subplot(2,2,2)
subimage(X,map);title('(b) 索引图像')    % 在子图窗 2

X=rgb2gray(I);                          % 将该图像转换为灰度图像
subplot(2,2,3)
subimage(X);title('(c) 灰度图像')        % 在子图窗 3

X=im2bw(I,0.6);                         % 将该图像转换为黑白图像
subplot(2,2,4)
subimage(X);title('(d) 黑白图像')        % 在子图窗 4
```

运行程序后，输出如图 4-40 所示的图形。印刷原因，可能看不出显示的最终效果，读者可以自行运行以上程序，在屏幕上进行观察。

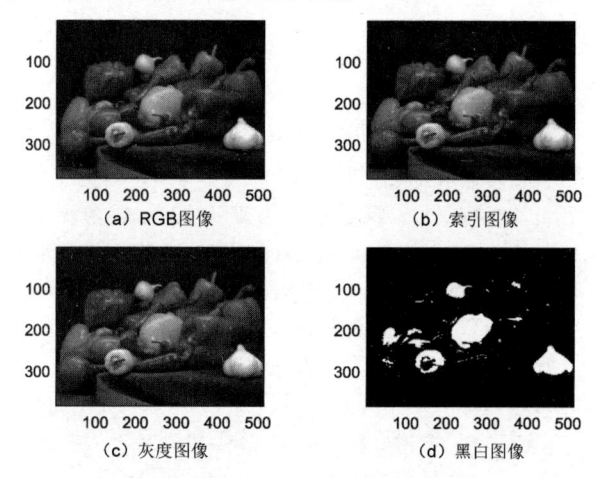

图 4-40 不同显示方式的图像

4.5.2 图像的读写

数字图像文件的常用格式包括 BMP（位图文件）、HDF（层次数据格式图像文件）、JPEG（联合图像专家组压缩图像文件）、PCX（画笔图像文件）、TIF（标签图像文件）、XWD（X Windows Dump 图像文件）等。

在 MATLAB 中，利用函数 imread 可以从图像文件中读取图像数据，其调用格式如下。

```
A=imread(fname,fmt)       % 将指定的图像文件读入 A
                          % 若读入灰度图像，则返回 M×N 的矩阵；若读入彩色图像，则返回 M×N×3 的矩阵
```

```
[X,map]=imread(fname,fmt)    % 将文件名指定的索引图像读入矩阵 X，返回色图到 map
```

在 MATLAB 中，利用函数 imwrite 可以将图像写入文件，其调用格式如下。

```
imwrite(A,fname,fmt)          % 将 A 中的图像按 fmt 指定的格式写入文件 fname
imwrite(X,map,fname,fmt)      % 将矩阵 X 中的索引图像及色图按 fmt 指定的格式写入文件
imwrite(…,fname)              % 根据 fname 的扩展名推断图像文件格式，并写入文件
```

说明：fmt 为代表图像格式的字符串，MATLAB 支持的图像格式如表 4-6 所示。

表 4-6 图像格式

格式	说明	格式	说明
'bmp'	Windows 位图	'pgm'	可导出灰度位图
'cur'	Windows 光标文件格式	'png'	可导出网络图形位图
'gif'	图形交换格式	'pnm'	可导出任意映射位图
'hdf'	分层数据格式	'ppm'	可导出像素映射位图
'ico'	Windows 图标	'ras'	光栅位图
'jpg' & 'jpeg'	联合图像专家组格式	'tif' & 'tiff'	标签图像格式
'pbm'	可导出位图	'xwd'	Windows 转储格式
'pcx'	P 画笔位图		

4.6 图形对象及其属性

MATLAB 的图形系统是面向对象的，也就是说，图形的输出（如曲线）是以图形对象的形式存在的。通常，用户不必关心这些高级 MATLAB 命令所使用的图形对象。

4.6.1 图形对象

MATLAB 中的对象包括父对象与子对象，父对象影响它所有的子对象，这些子对象又影响它们的子对象，以此类推。例如，axes 对象会影响 figure 对象，但不会影响用户界面控制。

父对象与子对象之间的对应关系如表 4-7 所示。

表 4-7 父对象与子对象之间的对应关系

子对象	父对象	描述
root	—	屏幕是一个 root 对象。所有其他的图形对象都是根对象的子对象
figure	root	屏幕上的窗口是一个 figure 对象，句柄值在窗口的标题中给出
axes	figure	axes 对象在窗口中定义一个图形区域。可以用来描述子对象的位置和方向
uicontrol	figure	用户界面控制。当用户用鼠标在控制对象上单击时，会完成一个指定的任务
uimenu	figure	创建一个窗口菜单，用户用这些菜单能够控制程序
uicontextmenu	figure	创建一个图形对象的快捷菜单。也就是当用户单击图形对象时会显示出菜单
image	axes	用当前的色图矩阵定义一个图像。图像可以有自己的色图

续表

子对象	父对象	描述
line	axes	用 plot、plot3、contour 和 contour3 创建一些简单的图形
patch	axes	创建补片对象
surface	axes	定义一个有四个角的曲面，可以用实线或内插颜色来绘制
text	axes	字符串，它的位置由它的父对象——axes 对象指定
light	axes	定义多边形或者曲面的光照

可以使用和对象名字相同的低级函数绘制一个对象，如可以用 line 函数绘制一条线。对象的属性通常包括以下两类。

- 属性：用来决定对象的显示和保存的数据。
- 方法：用来决定在对对象操作时调用什么样的函数，例如当创建或者删除对象时，或当用户单击它们时。

一些属性有默认值，如果没有特殊说明，就用这些默认值。有一些属性是用来规定对象色彩的，它们以<R,G,B>三元组的形式给出，也就是说，用一个有三个元素的向量[r g b]（0≤r,g,b≤1）来表示颜色中的红、绿和蓝色，例如，用[1,0,0]表示红色。当然，也可以用预定义在 MATLAB 中表示颜色的字符串来代替<R,G,B>三元组，如'black'和'blue'。

利用 doc 命令可以获取各种不同类型对象的详细说明，其调用格式如下。

```
doc name    % 为 name 指定的功能（如函数、类或块、图形对象句柄）显示帮助文档
```

MATLAB 中这些图形对象从根对象开始，构成一种层次关系。在图 4-41 中，位于左边的是父对象，位于右边的是左边父对象的子对象。

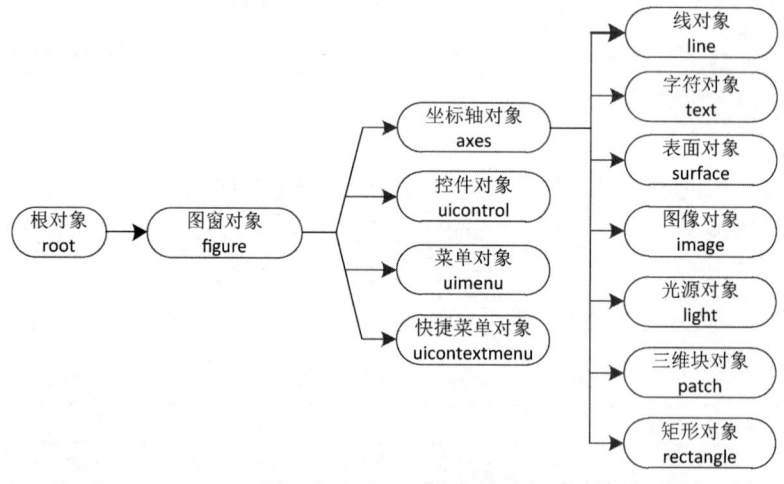

图 4-41 图形对象的关系

绘图时，MATLAB 会按照图形对象关系进行绘制，例如在调用 plot 函数绘制二维曲线时，MATLAB 的执行过程大致如下。

（1）使用 figure 函数在屏幕上生成图窗（figure 对象）；
（2）使用 axes 函数在图窗内生成一个绘图区域（axes 对象）；

（3）使用 line 函数在 axes 指定的区域内绘制线条（line 对象）。

因此，MATLAB 所绘制的图形由基本的图形对象组合而成，通过改变图形对象的属性可以设置所绘制的图形的外观。

4.6.2 句柄

句柄就是某个图形对象的标记，MATLAB 给图形中的各个图形对象指定一个句柄，由句柄唯一地标识要操作的图形对象。对于 root 对象，其句柄就是屏幕，这是 MATLAB 的规定，不用重新生成。root 对象的句柄值是 0，而 figure 对象的句柄值是整数，其他对象则用浮点值作为句柄值。

对于 figure 对象（图窗），其句柄的生成函数为 figure，该函数的调用格式如下。

```
figure                % 使用默认属性值创建一个新的图窗。生成的图窗为当前图窗
figure(Name,Value)    % 使用一个或多个名称-值对修改图窗的属性
f=figure(___)         % 返回 figure 对象，在创建图窗后使用 f 可以查询或修改其属性

figure(f)             % 将 f 指定的图窗作为当前图窗，并将其显示在其他图窗之上
figure(n)             % 查找 Number 属性等于 n 的图窗，并将其作为当前图窗
```

在创建新图窗后，可直接通过其句柄对其属性进行设置。

在 MATLAB 中，允许打开多个图窗，每个图窗均有一个对应的句柄。对于 figure 对象，MATLAB 还提供 gcf 命令，用于获取当前图窗的句柄，其调用格式如下。

```
handle=gcf            % 获取当前图窗的句柄，并返回给 handle 变量
```

在 MATLAB 中，axes 对象是指在图窗中设置的一个坐标轴，利用 axes 函数可以获取 axes 对象的句柄，其调用格式如下。

```
axes                           % 在当前图窗中创建默认的笛卡儿坐标区，并将其设置为当前坐标区
axes(Name,Value)               % 使用一个或多个名称-值对修改坐标区外观，或控制数据显示方式
axes(parent,Name,Value)        % 在由 parent 指定的图窗、面板或选项卡中创建坐标区

ax=axes(___)                   % 返回创建的 axes 对象，随后使用 ax 查询和修改对象属性
axes(cax)                      % 将父图窗的 CurrentAxes 属性设置为 cax
```

> **说明**：通常，不需要在绘图之前创建坐标区，因为如果不存在坐标区，图形函数会在绘图时自动创建坐标区。

此外，利用 plot、plot3 等函数绘图时，这些函数都会自动生成 axes 对象。由于 axes 对象是一个经常要用到的图形对象，MATLAB 提供 gca、gco 函数获取当前坐标区句柄。

```
handle=gca            % 返回当前坐标轴的句柄给 handle 变量
handle=gco            % 返回当前对象的句柄给 handle 变量
```

在 MATLAB 中，text 对象是指图形中的一串文字，利用 text 函数可以生成 text 对象，

另外，利用 xlabel、ylabel、title 等设置字符串的函数都可以自动生成 text 对象。

4.6.3 属性获取与设定

图形对象的属性可以控制对象外观和行为等。MATLAB 为不同的图形对象提供了很多控制其特性的属性。

例如，figure 对象的 Color 属性可控制图窗的背景颜色；axes 对象的 Xlabel 属性可设置 X 轴坐标的标签；Xgrid 属性可设置是否在 X 轴的每一个刻度线画格线等。不同的图形对象有不同的属性，通过 get 和 set 函数可以获取或设置其属性值。

1. 获取属性

在 MATLAB 中，利用 get 函数可以获取图形对象的属性值，其调用格式如下。

```
get(h)              % 在命令行窗口中显示指定图形对象 h 的属性和属性值。h 必须为单个对象
s=get(h)            % 返回一个结构体，该结构体包含指定图形对象 h 的所有属性和属性值
v=get(h,propertyNames)   % 返回指定图形对象 h 的指定属性值
s=get(h,"default")  % 返回的结构体包含为指定对象定义的所有默认属性值
s=get(groot,"factory")   % 返回的结构体包含图形根对象 groot 的所有可设置属性的出厂值
v=get(h,defaultTypeProperty)  % 返回指定图形对象 h 的指定属性和对象类型的默认值
v=get(groot,factoryTypeProperty)
                    % 返回图形根对象 groot 的指定属性和对象类型的出厂值
```

2. 设置属性

在 MATLAB 中，利用 set 函数可以设置图形对象的属性，其调用格式如下。

```
set(h,Name,Value)   % 使用一个或多个名称-值对设置指定图形对象 h 的属性
set(h,defaultTypeProperty,defaultValue)
        % 使用一个或多个属性名称-值对更改图形对象 h 的指定属性和对象类型的默认值
set(h,NameArray,ValueArray)  % 为指定图形对象 h 设置多个属性
set(h,a)            % 使用 a 设置多个属性
        % a 是一个字段名称为对象属性名称，字段值为对应的属性值的结构体
s=set(h)            % 返回指定图形对象 h 的用户可设置属性和可能的值，h 必须为单个对象
v=set(h,propertyName)        % 返回指定属性的可能值
```

【例 4-36】通过句柄修改图形对象的属性。首先在编辑器中编写以下程序并运行。

```
x=0:0.2:4*pi;
y=cos(x);
hp=plot(x,y,'r-diamond');
ht=gtext('y=cos(x)-Origin');
```

运行程序后，输出如图 4-42 所示的图形。

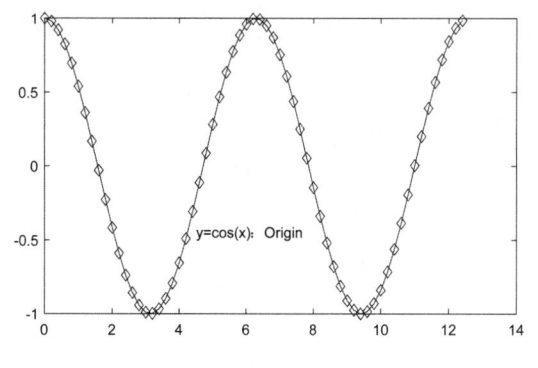

图 4-42　原来的图形

此处返回曲线句柄 hp 和字符句柄 ht，然后通过下面的语句修改曲线和标注，得到如图 4-43 所示的图形。

```
set(hp,'linestyle','-.','color','b');
set(ht,'string','y=cos(x): New','FontSize',12,'Rotation',20);
```

在上述两个语句中，首先改变曲线的线型和颜色，然后更新字符串的内容和字号，并将其旋转 10°。

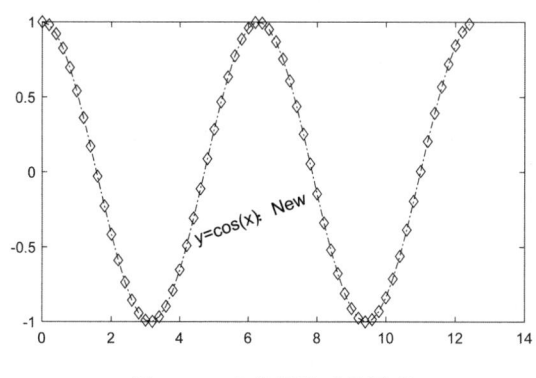

图 4-43　改变属性后的图形

4.6.4　常用属性

前面提到的 MATLAB 的图形对象都具有很多属性，在 MATLAB 中 axes 对象的常用属性如表 4-8 所示。

表 4-8　axes 对象的常用属性

属性	描述
Box	是否需要坐标轴上的方框，可以为 on 和 off，默认值是 on
ColorOrder	设置多条曲线的颜色顺序，设置值为 $n×3$ 矩阵，也可由 colormap 函数来设置
GridlineStyle	网格线类型，如实线、虚线等，其设置类似 plot 命令的选项
NextPlot	表示坐标轴图形的更新方式，默认值是 replace，表示重新绘制图形

续表

属性	描述
Title	本坐标轴标题的句柄。具体内容由 title 函数设定，由此句柄可以访问原来的标题
Xlabel	X 轴标注的句柄，其内容由 xlabel 函数设定。类似的有 Ylabel 属性和 Zlabel 属性等
Xgrid	表示 X 轴是否加网格线，可以为 on 和 off。类似的有 Ygrid 属性和 Zgrid 属性等
Xdir	X 轴方向，可以选择 nomal 和 rev。类似的有 Ydir 属性和 Zdir 属性等
Color	设置坐标轴对象的背景颜色，属性是一个 1×3 的颜色向量。默认为[1 1 1]，即白色
FontAngle	坐标轴标记文字的倾斜方式，可以为 nomal、italic 等
FontName	坐标轴标记文字的字体名称
FontSize	坐标轴标记文字的大小，默认是 10pt
FontWeight	坐标轴标记文字的字体是否加黑

text 对象的常用属性包括 Color 属性、FontAngle 属性、FontName 属性、FontSize 属性等，其含义同 axes 对象的属性含义。

【例 4-37】修改图形属性。在编辑器中编写以下程序并运行。

```
x=0:0.1:3;
y=sin(x).*exp(-x);
hl=plot(x,y);
hc=text(1.2,0.3,'The current curve.');
```

运行程序后，输出如图 4-44 所示的图形。下面通过 set 函数设置 axes 对象和 text 对象的属性。

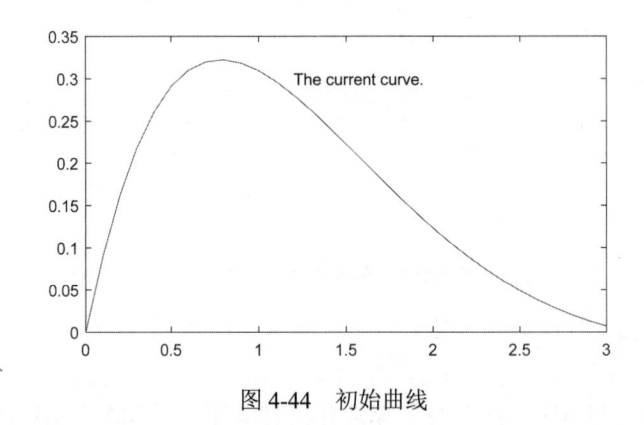

图 4-44 初始曲线

在编辑器中继续编写以下程序并运行。

```
set(gca,'Xgrid','on','Ygrid','on');
set(hl,'linestyle','--');
set(hl,'Color','red');
set(hc,'fontsize',10,'rotation',-18);
```

运行程序后，输出如图 4-45 所示的图形。

图 4-45　修改属性后的图形

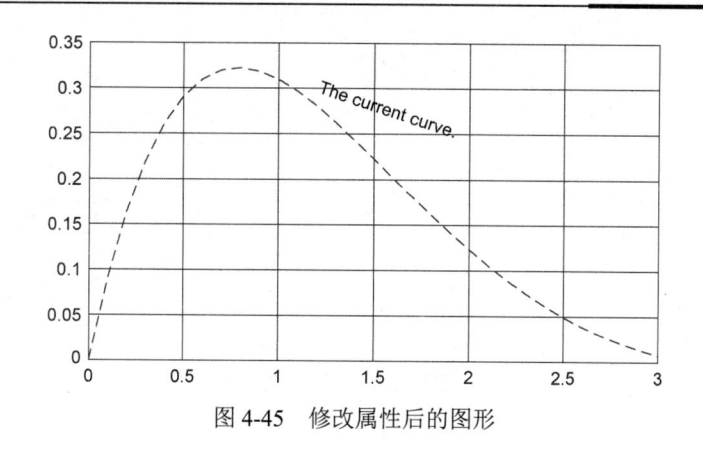

4.7　本章小结

　　MATLAB 提供了丰富的绘图函数和绘图工具，这些函数或者工具的输出都显示在 MATLAB 命令行窗口外的一个图窗中。本章系统地阐述了 MATLAB 图窗、二维图形和三维图形绘制的常用函数，使用线型、色彩、标记、坐标、子图、视角等手段表示可视化数据的特征，同时介绍了一元函数和二元函数的绘制及有关图像的基本内容。

第 5 章 专业绘图

MATLAB 提供了丰富多彩的绘图工具,旨在满足专业用户对于可视化数据和函数的较高需求。除前面的章节中介绍的基础图形绘制函数外,MATLAB 还提供了众多的专业绘图函数,为读者呈现一个广泛且强大的图形绘制工具箱。本章就基于这些专业绘图函数进行详细的讲解。

5.1 线图

线图是数据可视化领域中基本且常用的表达形式之一,用户通过 MATLAB 提供的多样化函数,可以轻松创建符合自己需求的图形。前面的章节中已经介绍了利用 plot 函数绘制线图,下面介绍其他专业线图的绘制函数。

5.1.1 阶梯图

在 MATLAB 中,利用函数 stairs 可以创建阶梯图,其调用格式如下。

```
stairs(Y)           % 绘制 Y 中元素的阶梯
                    % 若 Y 为向量,则绘制一个线条;若 Y 为矩阵,则为每个矩阵列绘制一个线条
stairs(X,Y)         % 在 Y 中由 X 指定的位置绘制元素,X 和 Y 必须是相同大小的向量或矩阵
                    % X 可以是行或列向量,Y 必须是包含 length(X)行的矩阵
stairs(___,LineSpec)       % 指定线型、标记符号和颜色
stairs(___,Name,Value)     % 使用一个或多个名称-值对修改阶梯图
[xb,yb]=stairs(___)        % 不绘图,返回矩阵 xb 和 yb,利用 plot(xb,yb)绘制阶梯图
```

【例 5-1】创建阶梯图。在编辑器中编写以下程序并运行。

```
X1=linspace(0,4*pi,50)';
Y1=[0.5*cos(X1), 2*cos(X1)];
subplot(1,2,1)
stairs(Y1)      % 在 0~4π 区间内的 50 个均匀分布的点处计算两个余弦波的值,并绘制阶梯图
```

```
X2=linspace(0,4*pi,20);
Y2=sin(X2);
subplot(1,2,2)
stairs(Y2, '-.or')    % 将线型设置为点画线,将标记符号设置为圆,将颜色设置为红色
```

运行程序后,输出如图 5-1 所示的图形。

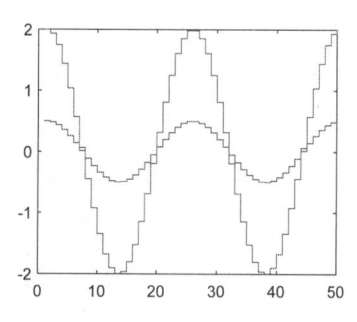

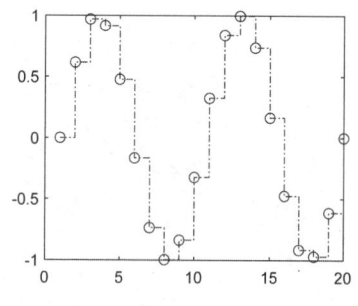

图 5-1 阶梯图

继续在编辑器中输入以下语句。运行程序,观察输出图形,结果略。

```
stairs(X1,Y1)                % 绘制多个数据序列,输出略
[xb,yb]=stairs(X1,Y1);       % 返回两个大小相等的矩阵 xb 和 yb,不绘图
plot(xb,yb)                  % 使用 plot 函数通过 xb 和 yb 创建阶梯图,输出略
```

5.1.2 含误差条的线图

在 MATLAB 中,利用函数 errorbar 可以创建含误差条的线图,其调用格式如下。

```
errorbar(y,err)              % 创建 y 中数据的线图,并在每个数据点处绘制一个垂直误差条
                             % err 中的值确定数据点上方和下方的每个垂直误差条的长度
errorbar(x,y,err)            % 绘制 y 对 x 的图,并在每个数据点处绘制一个垂直误差条
errorbar(x,y,neg,pos)        % 在每个数据点处绘制一个垂直误差条
        % neg 确定数据点下方垂直误差条的长度,pos 确定数据点上方垂直误差条的长度
errorbar(___,ornt) % 设置误差条的方向,为'horizontal'、'both'、'vertical'(默认)
errorbar(x,y,yneg,ypos,xneg,xpos)% 绘制 y 对 x 的图,并同时绘制水平和垂直误差条
        % yneg 和 ypos 输入分别设置垂直误差条下部和上部的长度
        % xneg 和 xpos 输入分别设置水平误差条左侧和右侧的长度
errorbar(___,LineSpec)    % 设置线型、标记符号和颜色
```

【例 5-2】含误差条的线图绘制。在编辑器中编写以下程序并运行。

```
x=1:10:100;
y=[20 30 45 40 60 65 80 75 95 90];
err=[5 8 2 9 3 3 8 3 9 3];

subplot(2,2,1)
```

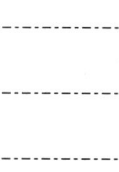

```
errorbar(x,y,err)

subplot(2,2,2)
errorbar(x,y,err,'both','o')

subplot(2,2,3)
x=linspace(0,10,15);
y=sin(x/2);
err=0.3*ones(size(y));
errorbar(x,y,err,'-s','MarkerSize',5,…        % 在每个数据点处显示标记
    'MarkerEdgeColor','red', …               % 指定标记轮廓的颜色
    'MarkerFaceColor','red')                 % 指定标记内部的颜色

subplot(2,2,4)
x=1:10:100;
y=[20 30 45 40 60 65 80 75 95 90];
yneg=[1 3 5 3 5 3 6 4 3 3];
ypos=[2 5 3 5 2 5 2 2 5 5];
xneg=[1 3 5 3 5 3 6 4 3 3];
xpos=[2 5 3 5 2 5 2 2 5 5];
errorbar(x,y,yneg,ypos,xneg,xpos,'o')
```

运行程序后，输出如图 5-2 所示的图形。

图 5-2 含误差条的线图

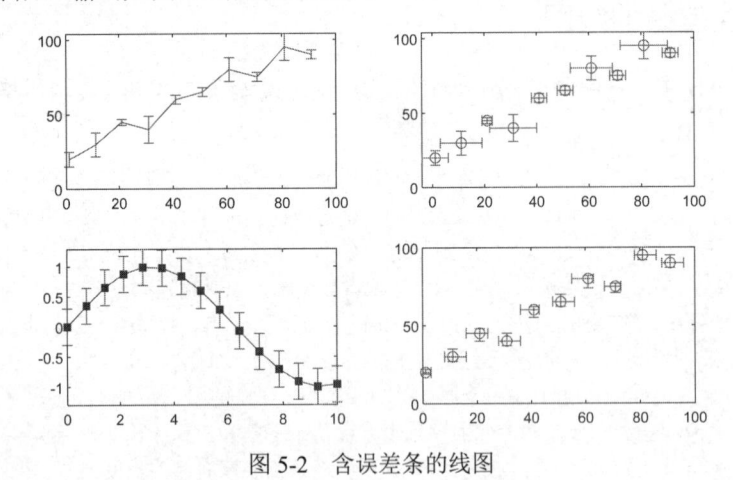

5.1.3 面积图

在 MATLAB 中，利用函数 area 可以创建面积图，其调用格式如下。

```
area(X,Y)    % 绘制 Y 中的值对 X 坐标的图，并根据 Y 的形状填充曲线之间的区域
             % 若 Y 是向量，则包含一条曲线，并填充该曲线和水平轴之间的区域
             % 若 Y 是矩阵，则对 Y 中的每列都包含一条曲线，填充曲线之间的区域并将其堆叠
```

```
area(Y)               % 绘制 Y 对一组隐式 X 坐标的图，并填充曲线之间的区域
                      % 若 Y 是向量，则 X 坐标范围为从 1 到 length(Y)
                      % 若 Y 是矩阵，则 X 坐标的范围为从 1 到 Y 中的行数
area(___,basevalue)   % 指定区域图的基准值（水平基线），并填充曲线和基线间的区域
```

【例 5-3】 面积图绘制。在编辑器中编写以下程序并运行。

```
Y=[1 5 3; 3 2 7; 1 5 3; 2 6 1; 4 3 3];
subplot(1,3,1)
area(Y)                          % 创建包含多条曲线的面积图（堆叠）

subplot(1,3,2)
basevalue=-2;
area(Y,basevalue)                % 在基准值为-2 的区域图中显示 Y 的值

subplot(1,3,3)
area(Y,'LineStyle','--')         % 指定区域图基线的线型
```

运行程序后，输出如图 5-3 所示的图形。

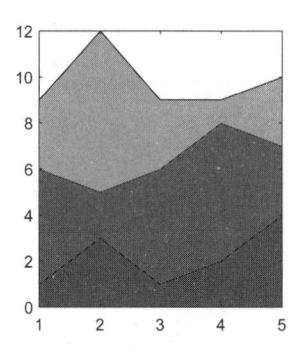

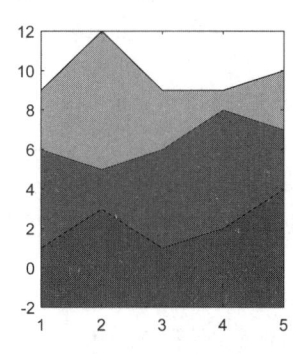

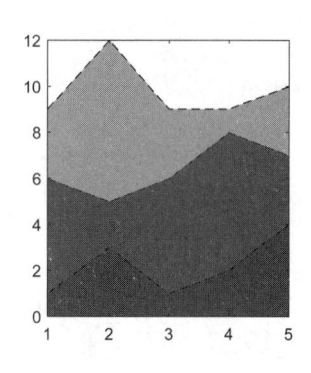

图 5-3　面积图

5.1.4　堆叠线图

在 MATLAB 中，利用函数 stackedplot 可以绘制具有公共 X 轴的几个变量的堆叠线图，其调用格式如下。

```
stackedplot(tbl)      % 在堆叠线图中绘制表或时间表的变量，最多 25 个变量
                      % 在垂直层叠的单独 Y 轴中绘制变量，这些变量共享一个公共 X 轴
                      % 若 tbl 为表，则绘制变量对行号的图；若为时间表，则绘制变量对行时间的图
stackedplot           % 绘制 tbl 的所有数值、逻辑、分类、日期时间和持续时间变量
                      % 忽略任何其他数据类型的表变量
stackedplot(tbl,vars)                    % 仅绘制 vars 指定的表或时间表变量
stackedplot(___,'XVariable',xvar)        % 指定为堆叠线图提供 x 值的表变量，仅支持表
stackedplot(X,Y)      % 绘制 Y 的列对向量 X 的图，最多 25 列
stackedplot(Y)        % 绘制 Y 的列对其行号的图。X 轴的刻度范围为从 1 到 Y 的行数
```

【例 5-4】 绘制时间表变量堆叠线图。在编辑器中编写以下程序并运行。

```matlab
tbl=readtimetable('outages.csv','TextType','string');
                            % 将电子表格中的数据读取到一个时间表中
head(tbl,5)                 % 查看前五行,输出略
tbl=sortrows(tbl);          % 对时间表进行排序,使其行时间按顺序排列
head(tbl,5)                 % 查看排序后的前五行,输出略
stackedplot(tbl)
```

运行程序后,输出如图 5-4 所示的图形。

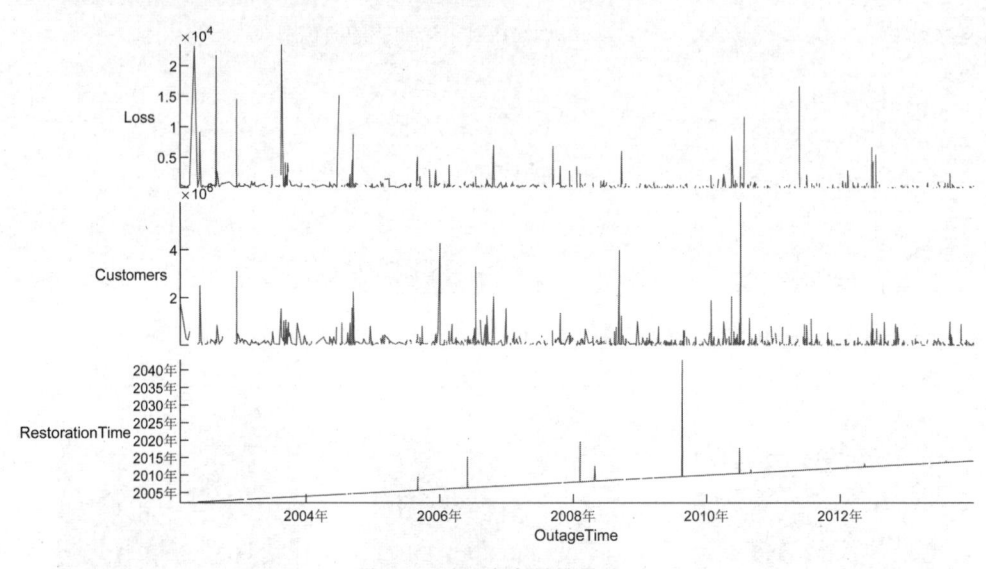

图 5-4 时间表变量堆叠线图

【例 5-5】绘制表变量堆叠线图。在编辑器中编写以下程序并运行。

```matlab
tbl=readtable("patients.xls","TextType","string");  % 根据患者数据创建表
head(tbl,3)
stackedplot(tbl,["Height","Weight","Systolic"])     % 绘制表中的 3 个变量
```

运行程序后,输出如图 5-5 所示的图形。

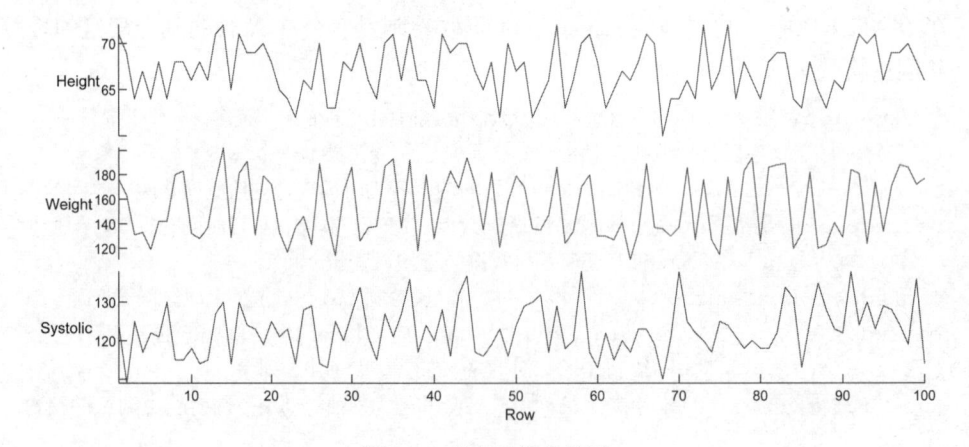

图 5-5 表变量堆叠线图

5.1.5 等高线图

在 MATLAB 中，利用函数 contour3 可以绘制三维等高线图，其调用格式如下。

```
contour3(Z)              % 创建包含矩阵 Z 的等值线的三维等高线图，Z 包含 x-y 平面上的高度值
                         % Z 的列和行索引分别是平面中的 x 和 y 坐标
contour3(X,Y,Z)          % 指定 Z 中各值的 x 和 y 坐标
contour3(___,levels)     % 在 n 个高度层级上显示等高线（n 条等高线）
                         % 若 levels 为单调递增值的向量，则表示在某些特定高度绘制等高线
                         % 若 levels 为二元素行向量[k k]，则表示在一个高度(k)绘制等高线
contour3(___,LineSpec)   % 指定等高线的线型和颜色
```

利用函数 clabel 可以为等高线图添加高程标签，其调用格式如下。

```
clabel(C,h)              % 为当前等高线图添加标签，将旋转文本插入每条等高线
clabel(C,h,v)            % 为由向量 v 指定的等高线层级添加标签
clabel(C,h,'manual')     % 通过鼠标选择位置添加标签，图窗中按 Return 键终止
                         % 单击鼠标或按空格键可标记最接近十字准线中心的等高线
clabel(C)                % 使用'+'符号和垂直向上的文本为等高线添加标签
clabel(C,v)              % 将垂直向上的标签添加到由向量 v 指定的等高线层级
```

注意：参数 C,h 必须为等高线图函数族函数的返回值。

【例 5-6】利用函数 peaks 绘制曲面及其对应的三维等高线。在编辑器中编写以下程序并运行。

```
clear, clf
x=-3:0.1:3;
y=x;
[X,Y]=meshgrid(x,y);
Z=peaks(X,Y)
subplot(1,2,1),mesh(X,Y,Z)
xlabel('x'),ylabel('y'),zlabel('z')
title('Peaks 函数图形')
axis('square')

subplot(1,2,2),[c,h]=contour3(x,y,Z);
clabel(c,h)
xlabel('x'),ylabel('y'),zlabel('z')
title('Peaks 函数等高线图')
axis('square')
```

输出如图 5-6 所示的图形。

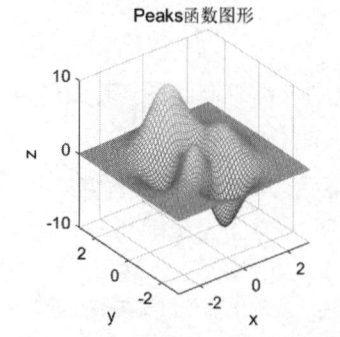

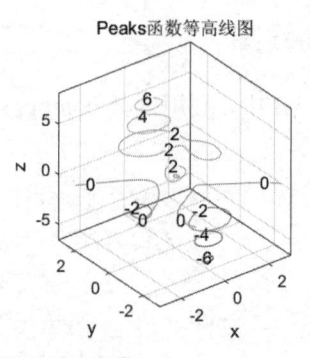

图 5-6 Peaks 函数图形及其等高线图

【例 5-7】 在特殊坐标系中绘制等高线图。在编辑器中编写以下程序并运行。

```
clear, clf
[th,r]=meshgrid((0:5:360)*pi/180,0:.05:1);
[X,Y]=pol2cart(th,r);                   % 将极坐标转换为笛卡儿坐标
Z=X+1i*Y;
f=(Z.^4-1).^(1/4);
subplot(1,2,1);contour(X,Y,abs(f),30)   % 在笛卡儿坐标系中创建等高线图
axis([-1 1 -1 1 ])

subplot(1,2,2);polar([0 2*pi],[0 1])
hold on
contour(X,Y,abs(f),30)                  % 在极坐标系中绘制等高线图
```

运行程序后，输出如图 5-7 所示的图形。

（a）在笛卡儿坐标系中绘制　　　　（b）在极坐标系中绘制

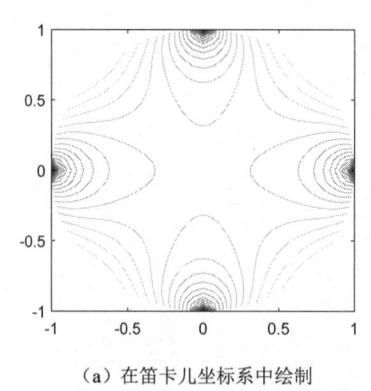

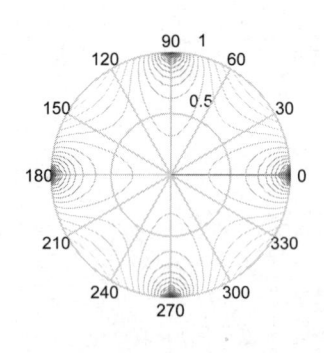

图 5-7 等高线图

5.2 散点图和平行坐标图

　　散点图是研究两个变量之间关系的工具，而平行坐标图则扩展了这个概念，使我们能够更好地理解多维数据的结构。

5.2.1 散点图

在 MATLAB 中，利用函数 scatter 可以创建散点图，其调用格式如下。

1. 向量和矩阵数据

```
scatter(x,y)          % 在向量 x 和 y 指定的位置创建一个包含圆形标记的散点图
                      % 要绘制一组坐标点，请将 x 和 y 指定为等长向量
                      % 要在同一组坐标区上绘制多组坐标点，请将 x 或 y 中的至少一个指定为矩阵
scatter(x,y,sz)       % 指定点（圆）的大小。若 sz 为标量，则所有点（圆）具有相同的大小
                      % 若 sz 为向量或矩阵，则绘制不同大小的点
scatter(x,y,sz,c)     % 指定圆的颜色
scatter(___,'filled') % 填充圆
scatter(___,mkr)      % 指定标记类型
```

2. 表数据

```
scatter(tbl,xvar,yvar)          % 绘制表 tbl 中的变量 xvar 和 yvar
                                % 要绘制一个数据集，请为 xvar、yvar 各指定一个变量
                                % 要绘制多个数据集，请为 xvar、yvar 或两者指定多个变量
scatter(tbl,xvar,yvar,'filled') % 用实心圆绘制表中的指定变量
```

【例 5-8】创建散点图（向量数据）。在编辑器中编写以下程序并运行。

```
subplot(2,2,1)
x=linspace(0,4*pi,200);        % 创建 0~4π 之间的 200 个等间距值 x
y=cos(x)+rand(1,200);          % 创建带随机干扰的余弦值 y
c=linspace(1,10,length(x));    % 指定圆圈的颜色
sz=25;                         % 指定圆圈标记的大小
scatter(x,y,[],c)

subplot(2,2,2)
scatter(x,y,sz,c,'filled')

subplot(2,2,3)
theta=linspace(0,2*pi,100);
x=sin(theta)+0.75*rand(1,100);
y=cos(theta)+0.75*rand(1,100);
sz=40;
scatter(x,y,sz, 'd', …                          % 指定标记符号
        'MarkerEdgeColor',[0 .5 .5],…           % 设置标记边颜色
        'MarkerFaceColor',[0 .7 .7],…           % 设置标记面颜色
        'LineWidth',1.5)                        % 设置线条宽度

subplot(2,2,4)
x=randn(500,1);
y=randn(500,1);
```

```
s=scatter(x,y,'filled');              % 用填充的标记创建散点图
distfromzero=sqrt(x.^2+y.^2);
s.AlphaData=distfromzero;             % 根据数据与零的距离设置每个点的不透明度
s.MarkerFaceAlpha='flat';
```

运行程序后,输出如图 5-8 所示图形。

图 5-8 散点图(向量数据)

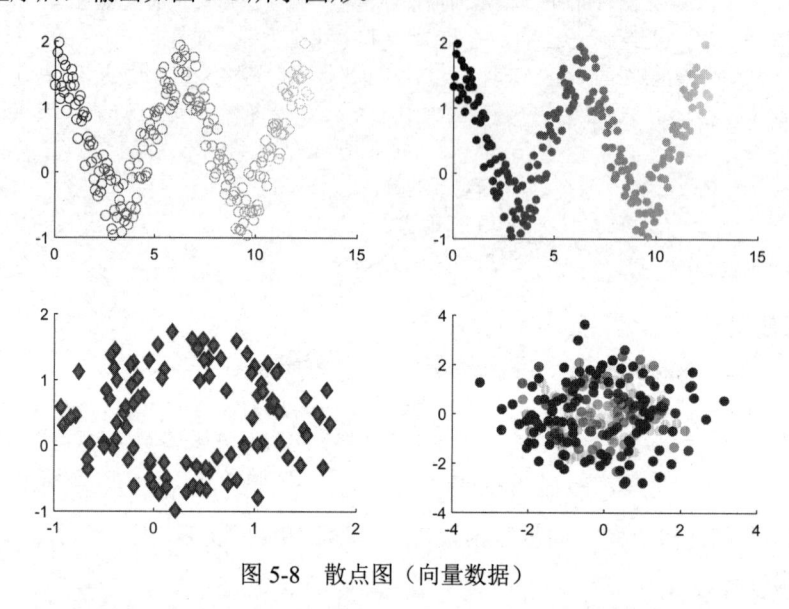

【例 5-9】创建散点图(表数据)。在编辑器中编写以下程序并运行。

```
tbl=readtable('patients.xls');        % 以表 tbl 的形式读取 patients.xls
subplot(1,2,1)
scatter(tbl,'Systolic','Diastolic');  % 绘制变量

subplot(1,2,2)
scatter(tbl,'Weight',{'Systolic','Diastolic'});% 同时绘制多个变量
legend
```

运行程序后,输出如图 5-9 所示的图形。

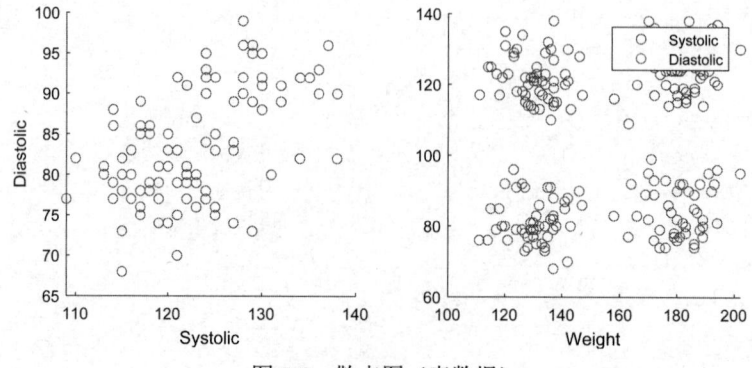

图 5-9 散点图(表数据)

5.2.2 三维散点图

在 MATLAB 中，利用函数 scatter3 可以绘制三维散点图，其调用格式如下。

1. 向量和矩阵数据

```
scatter3(X,Y,Z)          % 在向量 X、Y 和 Z 指定的位置显示圆圈
scatter3(X,Y,Z,S)        % 按 S 指定的大小绘制圆。若 S 为标量，则绘制大小相等的圆
                         % 若 S 为向量，则绘制特定大小的圆
scatter3(X,Y,Z,S,C)      % 使用 C 指定的颜色绘制圆
          % 若 C 是 RGB 三元组、包含颜色名称的字符向量或字符串，则使用指定的颜色
          % 若 C 是一个三列矩阵，则 C 的每行指定相应圆的 RGB 颜色值
          % 若 C 是向量，则 C 中的值线性映射到当前颜色图中的颜色
scatter3(___,'filled')   % 使用前面语法中的任何输入参数组合填充这些圆
scatter3(___,markertype) % 指定标记类型
```

2. 表数据

```
scatter3(tbl,xvar,yvar,zvar)    % 绘制表 tbl 中的变量 xvar、yvar 和 zvar
          % 要绘制一个数据集，请为 xvar、yvar 和 zvar 各指定一个变量
          % 要绘制多个数据集，请为上述 3 个参数中至少一个参数指定多个变量
scatter3(tbl,xvar,yvar,zvar,'filled')   % 用实心圆绘制表中指定变量
```

【例 5-10】绘制三维散点图（向量和矩阵数据）。在编辑器中编写以下程序并运行。

```
[X,Y,Z]=sphere(16);            % 使用 sphere 定义向量 x、y 和 z
x=[0.5*X(:); 0.75*X(:); X(:)];
y=[0.5*Y(:); 0.75*Y(:); Y(:)];
z=[0.5*Z(:); 0.75*Z(:); Z(:)];
subplot(1,2,1)
scatter3(x,y,z)


subplot(1,2,2)
S=repmat([50,25,5],numel(X),1);
C=repmat([1,2,3],numel(X),1);
s=S(:);                        % 定义向量 s 指定每个标记的大小
c=C(:);                        % 定义向量 c 指定每个标记的颜色
scatter3(x,y,z,s,c)
view(40,35)                    % 使用 view 更改图窗中坐标区的角度
```

运行程序后，输出如图 5-10 所示的图形。

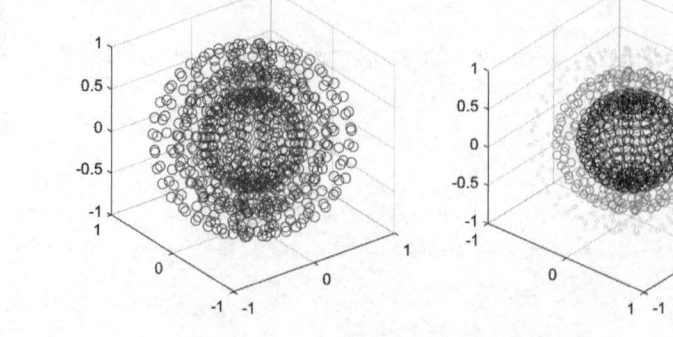

图 5-10　三维散点图（向量和矩阵数据）

【例 5-11】绘制三维散点图（表数据）。在编辑器中编写以下程序并运行。

```
tbl=readtable('patients.xls');
subplot(1,2,1)
scatter3(tbl,'Systolic','Diastolic','Weight');

subplot(1,2,2)
scatter3(tbl,{'Systolic','Diastolic'},'Age','Weight');
legend
```

运行程序后，输出如图 5-11 所示图形。

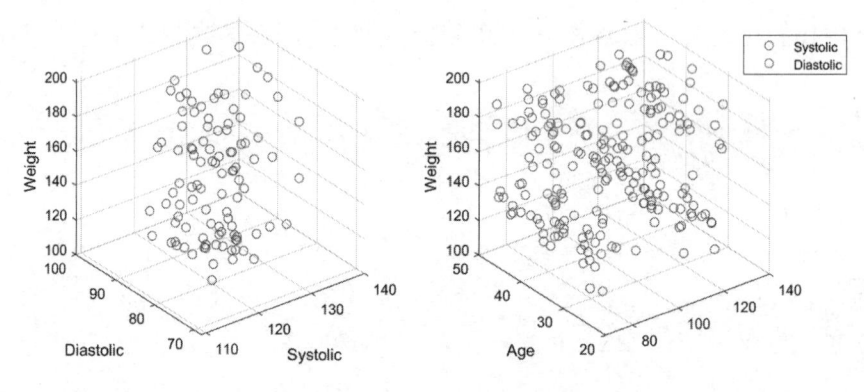

图 5-11　三维散点图（表数据）

5.2.3　分 bin 散点图

在 MATLAB 中，利用函数 binscatter 可以创建分 bin 散点图，其调用格式如下。

```
binscatter(x,y)         % 显示向量 x 和 y 的分 bin 散点图，将数据空间分成多个矩形 bin
                        % 用不同颜色显示每个 bin 中的数据点
binscatter(x,y,N)       % 指定要使用的 bin 数，N 可以是标量或二维向量[Nx Ny]
                        % 如果 N 是标量，则 Nx 和 Ny 都设置为标量值，每个维度中的最大 bin 数为 250
```

【例 5-12】创建分 bin 散点图。在编辑器中编写以下程序并运行。

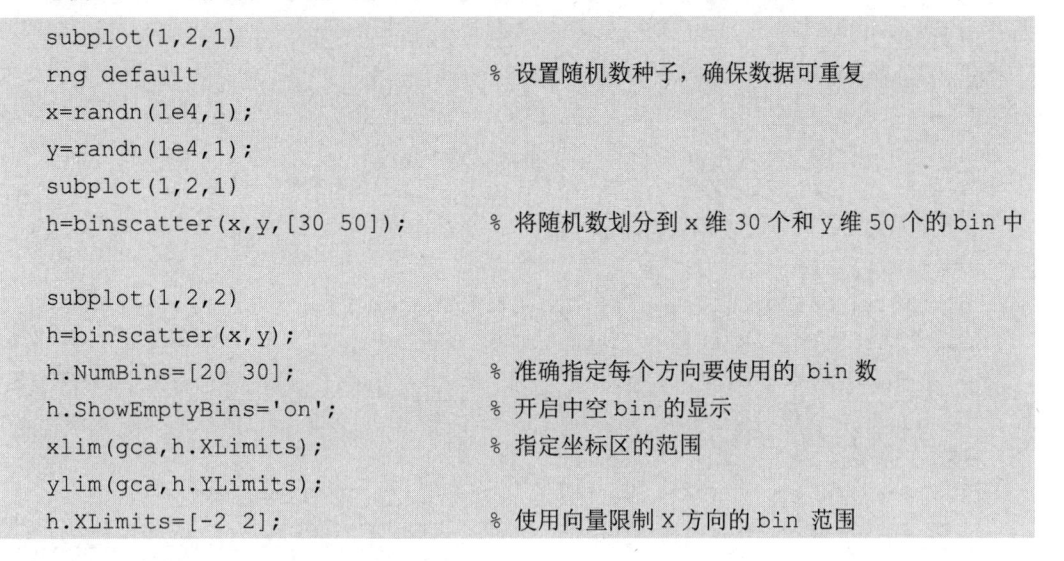

```
subplot(1,2,1)
rng default                          % 设置随机数种子，确保数据可重复
x=randn(1e4,1);
y=randn(1e4,1);
subplot(1,2,1)
h=binscatter(x,y,[30 50]);           % 将随机数划分到 x 维 30 个和 y 维 50 个的 bin 中

subplot(1,2,2)
h=binscatter(x,y);
h.NumBins=[20 30];                   % 准确指定每个方向要使用的 bin 数
h.ShowEmptyBins='on';                % 开启中空 bin 的显示
xlim(gca,h.XLimits);                 % 指定坐标区的范围
ylim(gca,h.YLimits);
h.XLimits=[-2 2];                    % 使用向量限制 X 方向的 bin 范围
```

运行程序后，输出如图 5-12 所示的图形。

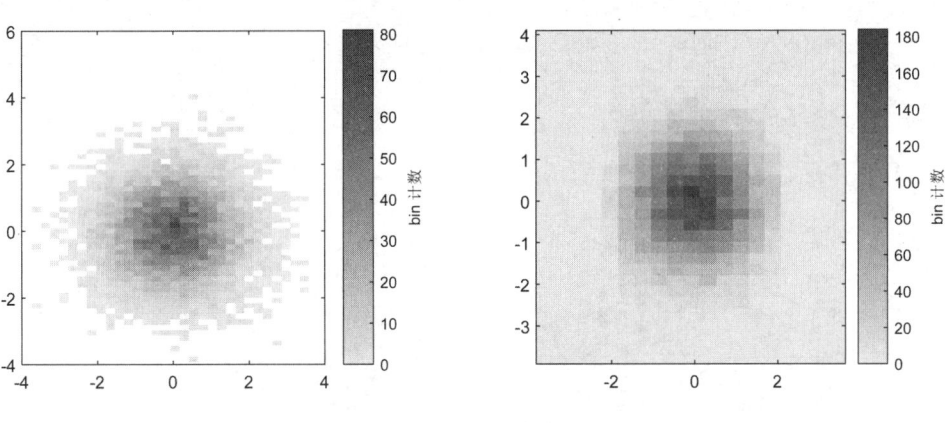

图 5-12　分 bin 散点图

5.2.4　带直方图的散点图

在 MATLAB 中，利用函数 scatterhistogram 可以创建带直方图的散点图，其调用格式如下。

```
scatterhistogram(tbl,xvar,yvar)    % 基于表 tbl 创建一个边缘带直方图的散点图
         % xvar 为沿 x 轴显示的表变量，yvar 为沿 y 轴显示的表变量
scatterhistogram(tbl,xvar,yvar,'GroupVariable',grpvar)
         % 使用 grpvar 指定的表变量对 xvar 和 yvar 指定的观测值进行分组
scatterhistogram(xvalues,yvalues)      % 创建 xvalues 和 yvalues 数据的散点图
         % 沿 x 轴和 y 轴的边缘分别显示 xvalues 和 yvalues 数据的直方图
scatterhistogram(xvalues,yvalues,'GroupData',grpvalues)
         % 使用 grpvalues 中的数据对 xvalues 和 yvalues 中的数据进行分组
```

【例 5-13】基于医疗患者数据表创建边缘带直方图的散点图。在编辑器中编写以下程序并运行。

```
load patients
subplot(2,2,1)
tbl=table(LastName,Age,Gender,Height,Weight);
s=scatterhistogram(tbl,'Height','Weight');

subplot(2,2,2)
tbl=table(LastName,Diastolic,Systolic,Smoker);
s=scatterhistogram(tbl,'Diastolic','Systolic',…    % 比较患者
    'GroupVariable','Smoker');                     % 指定用于对数据分组的表变量

subplot(2,2,[3 4])
[idx,genderStatus,smokerStatus]=findgroups(string(Gender),…
    string(Smoker));
SmokerGender=strcat(genderStatus(idx),"-",smokerStatus(idx));
s=scatterhistogram(Diastolic,Systolic,…
    'GroupData',SmokerGender,'LegendVisible','on');
xlabel('Diastolic')
ylabel('Systolic')
```

运行程序后，输出如图 5-13 所示的图形。

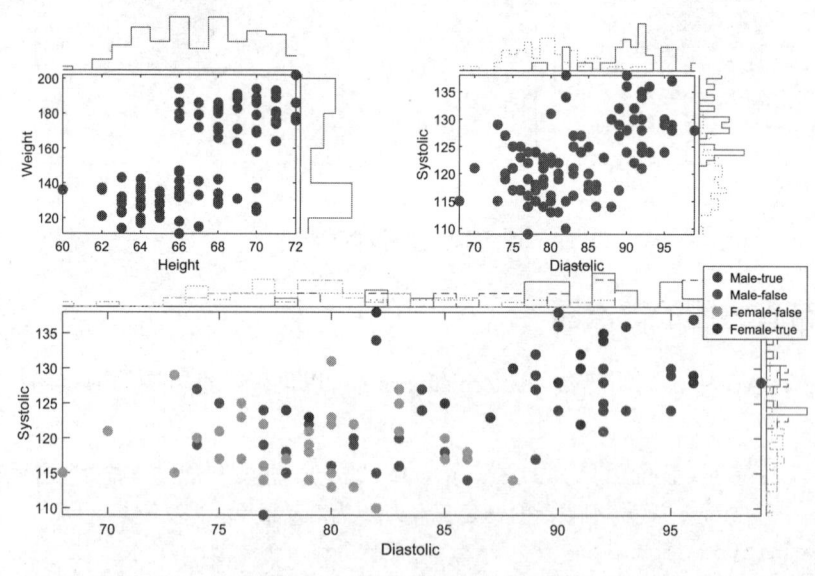

图 5-13　边缘带直方图的散点图

【例 5-14】创建一个具有核密度边缘直方图的散点图。在编辑器中编写以下程序并运行。

```
load carsmall
```

```
tbl=table(Horsepower,MPG,Cylinders);
s=scatterhistogram(tbl,'Horsepower','MPG',…
    'GroupVariable','Cylinders','HistogramDisplayStyle','smooth',…
    'LineStyle','-');
```

运行程序后,输出如图 5-14 所示的图形。

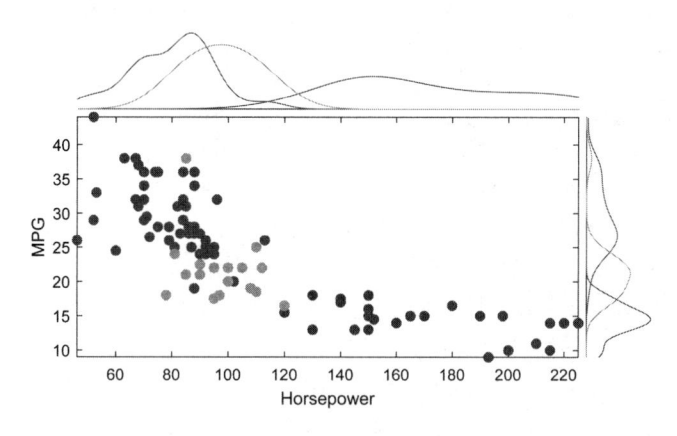

图 5-14　具有核密度边缘直方图的散点图

5.2.5　散点图矩阵

在 MATLAB 中,利用函数 plotmatrix 可以创建散点图矩阵,其调用格式如下。

```
plotmatrix(X,Y)     % 创建一个子坐标区矩阵,包含由 X 的各列相对 Y 的各列数据组成的散
点图
                    % 若 X 是 p×n 矩阵且 Y 是 p×m 矩阵,则生成一个 n×m 子坐标区矩阵
plotmatrix(X)       % 与 plotmatrix(X,X) 相同
                    % 用 X 对应列中数据的直方图替换对角线上的子坐标区
plotmatrix(___,LineSpec)        % 指定散点图的线型、标记符号和颜色
[S,AX,BigAx,H,HAx]=plotmatrix(___)   % 返回创建的图形对象
                    % S 为散点图的图形线条对象,AX 为每个子坐标区的坐标区对象
                    % BigAx 为容纳子坐标区的主坐标区的坐标区对象,H 为直方图的直方图对象
                    % HAx 为不可见的直方图坐标区的坐标区对象
```

【例 5-15】创建散点图矩阵。在编辑器中编写以下程序并运行。

```
X=randn(50,3);              % 创建一个由随机数据组成的矩阵 X
Y=reshape(1:150,50,3);      % 创建一个由整数值组成的矩阵 Y
subplot(1,2,1)
plotmatrix(X,Y)             % 创建 X 的各列相对 Y 的各列的散点图矩阵

subplot(1,2,2)
plotmatrix(X,'or')          % 指定散点图的标记类型和颜色
```

运行程序后,输出如图 5-15 所示的图形。

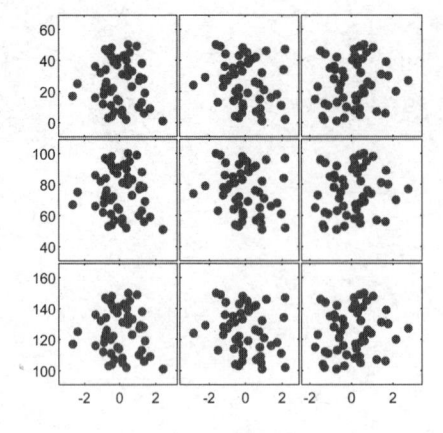

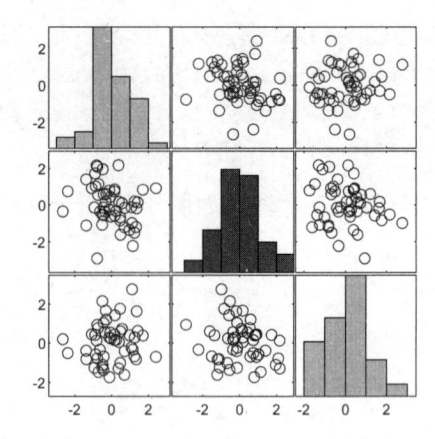

图 5-15　散点图矩阵（1）

【例 5-16】创建并修改散点图矩阵。

在编辑器中编写以下程序并运行。

```
rng default
X=randn(50,3);
subplot(1,2,1)
plotmatrix(X);

subplot(1,2,2)
[S,AX,BigAx,H,HAx]=plotmatrix(X);
S(3).Color='g';              % 使用 S 设置散点图的属性
S(3).Marker='+';
S(7).Color='r';              % 使用 S 设置散点图的属性
S(7).Marker='x';
H(3).EdgeColor='r';          % 使用 H 设置直方图的属性
H(3).FaceColor='g';
title(BigAx,'A Comparison of Data Sets')
```

运行程序后，输出如图 5-16 所示的图形。

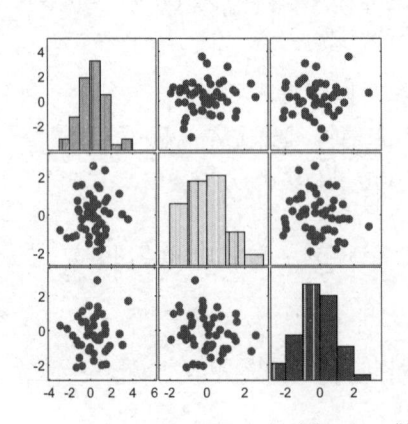

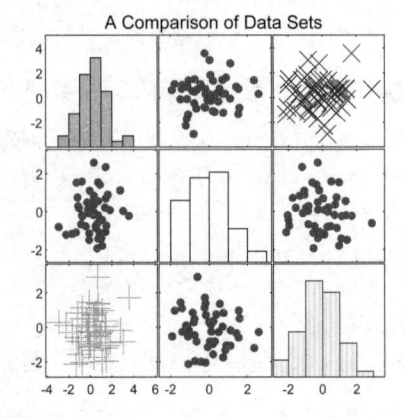

图 5-16　散点图矩阵（2）

5.2.6 平行坐标图

在 MATLAB 中，利用函数 parallelplot 可以创建平行坐标图，其调用格式如下。

```
parallelplot(tbl)          % 根据表 tbl 创建一个平行坐标图。默认绘制所有表列
                           % 图中的每个线条代表表中的一行，图中的每个坐标变量对应表中的一列
parallelplot(tbl,'CoordinateVariables',coordvars)
                           % 根据表 tbl 中的 coordvars 变量创建一个平行坐标图
parallelplot(___,'GroupVariable',grpvar)
                           % 使用 grpvar 指定的表变量对图中的线条进行分组
parallelplot(data)         % 根据数值矩阵 data 创建一个平行坐标图
parallelplot(data,'CoordinateData',coorddata)
                           % 根据矩阵 data 中的 coorddata 列创建一个平行坐标图
parallelplot(___,'GroupData',grpdata)
                           % 使用 grpdata 中的数据对图中的线条进行分组
```

【例 5-17】 使用分 bin 数据创建平行坐标图。在编辑器中编写以下程序并运行。

```
load patients             % 加载 patients 数据集
X=[Age Height Weight];    % 根据 Age、Height 和 Weight 值创建一个矩阵
p=parallelplot(X);        % 使用矩阵数据创建一个平行坐标图
p.CoordinateTickLabels={'Age(years)','Height(inches)',…
                        'Weight(pounds)'};
min(Height)               % 获取最小值，输出略
max(Height)               % 获取最大值，输出略
binEdges=[60 64 68 72];
bins={'short','average','tall'};
% 创建一个新分类变量，将每个患者分别归入 short、average 或 tall
groupHeight=discretize(Height,binEdges,'categorical',bins);
p.GroupData=groupHeight;  % 使用 groupHeight 值对平行坐标图中的线条分组
```

运行程序后，输出如图 5-17 所示的图形。

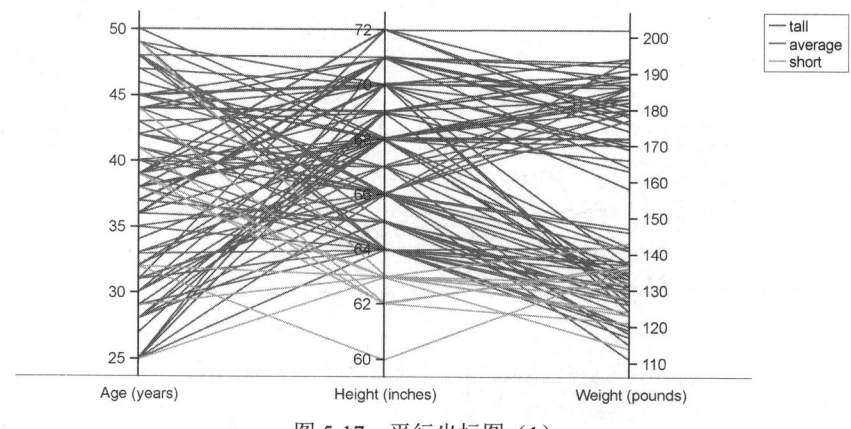

图 5-17　平行坐标图（1）

【例 5-18】 对图中代表类别的坐标变量重新排序。在编辑器中编写以下程序并运行。

```
outages=readtable('outages.csv');        % 将数据以表形式读入工作区中
coordvars=[1 3 4 6];                     % 选中表中的列构成子集
p=parallelplot(outages,'CoordinateVariables',coordvars,…
    'GroupVariable','Cause');            % 创建平行坐标图，根据导致停电的事件对线条分组
```

运行程序后，输出如图 5-18 所示图形。

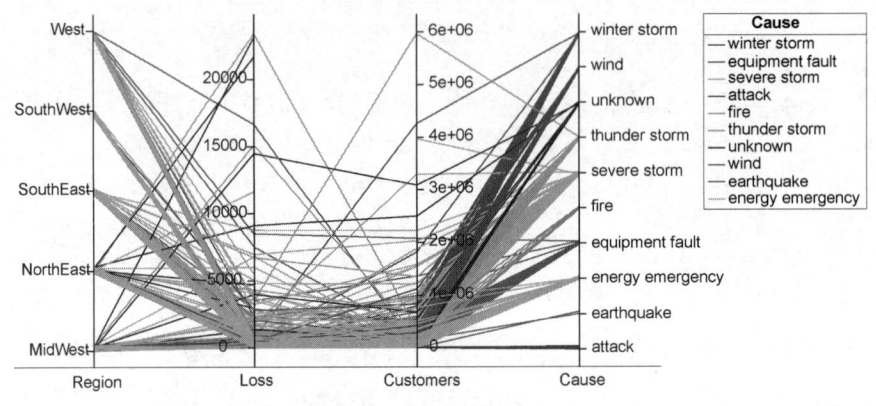

图 5-18　平行坐标图（2）

继续在编辑器中编写以下程序并运行。

```
categoricalCause=categorical(p.SourceTable.Cause);% 将 Cause 转换为分类变量
newOrder={'attack','earthquake','energy emergency',…
    'equipment fault', 'fire','severe storm','thunder storm',…
    'wind','winter storm','unknown'};             % 指定事件的新顺序
orderCause=reordercats(categoricalCause,newOrder); % 创建新变量
p.SourceTable.Cause=orderCause;          % 在绘图源表中用新变量替换 Cause 变量
```

运行程序后，输出如图 5-19 所示图形。

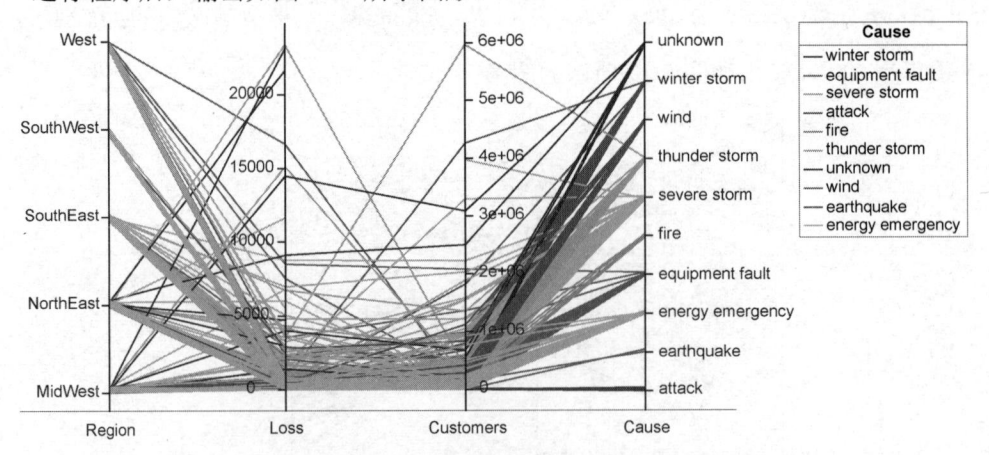

图 5-19　更改 Cause 中事件的顺序得到的平行坐标图

继续在编辑器中编写以下程序并运行。

```
p.Color=parula(10);           % 通过更改 p 的 Color 属性,为每个组分配不同的颜色
```

运行程序后,输出如图 5-20 所示图形。

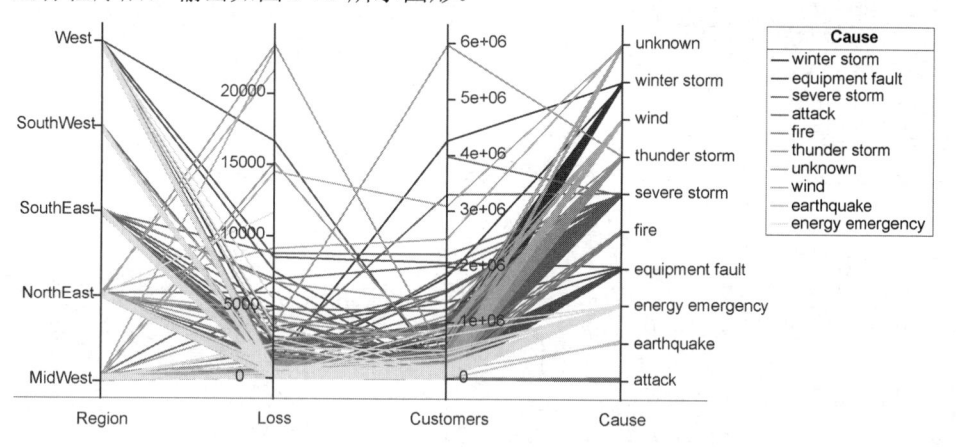

图 5-20 为每个组分配不同的颜色得到的平行坐标图

5.3 总体部分图及热图

总体部分图和热图可以直观展示数据的整体结构,帮助观察者更好地理解数据的模式和关联性。下面介绍总体部分图和热图在 MATLAB 中的绘制方法。

5.3.1 气泡云图

气泡云图有助于说明数据集中的元素与整个数据集之间的关系。例如,可视化从不同城市收集的数据,并将每个城市表示为气泡,且气泡大小与该城市的值成比例。在 MATLAB 中,利用函数 bubblecloud 可以创建气泡云图,其调用格式如下。

1. 表数据

```
bubblecloud(tbl,szvar)                    % 使用表 tbl 中的数据创建气泡云图
        % szvar 为包含气泡大小的表变量。指定变量的名称或变量的索引
bubblecloud(tbl,szvar,labelvar)           % 在气泡上显示标签
bubblecloud(tbl,szvar,labelvar,groupvar)  % 指定气泡的分组数据
```

2. 向量数据

```
bubblecloud(sz)                   % 创建一个气泡云图,将气泡大小指定为向量
bubblecloud(sz,labels)            % 在气泡上显示标签
bubblecloud(sz,labels,groups)     % 指定气泡的分组数据,以不同颜色显示多个云
```

【例 5-19】创建气泡云图。在编辑器中编写以下程序并运行。

```
subplot(1,2,1)
n=[58 115 81 252 180 124 40 80 50 20]';
loc=["NJ" "NY" "MA" "OH" "NH" "ME" "CT" "PA" "RI" "VT"]';
plant=["PlantA" "PlantA" "PlantA" "PlantA" "PlantA" "PlantA"…
    "PlantA" "PlantB" "PlantB" "PlantB"]';
tbl=table(n,loc,plant,'VariableNames',["Mislabeled" "State" "Manufacture"])
% bubblecloud(tbl,"Mislabeled","State")                    % 输出略
bubblecloud(tbl,"Mislabeled","State","Manufacture") % 气泡分组

subplot(1,2,2)
n=[58 115 81 252 200 224 70 120 140];                      % 定义气泡大小的向量
flavs=["Rum" "Pumpkin" "Mint" "Vanilla" "Chocolate"…
    "Strawberry" "Twist" "Coffee" "Cookie"];               % 定义字符串向量
% bubblecloud(n,flavs)
ages=categorical(["40-90+" "5-15" "16-39" "40-90+" …
    "5-15" "16-39" "5-15" "16-39" "40-90+"]);              % 定义年龄组的分类向量
ages=reordercats(ages,["5-15" "16-39" "40-90+"] );         % 指定类别的顺序
b=bubblecloud(n,flavs,ages);
b.LegendTitle='Age Range';
```

运行程序后，输出如图 5-21 所示图形。

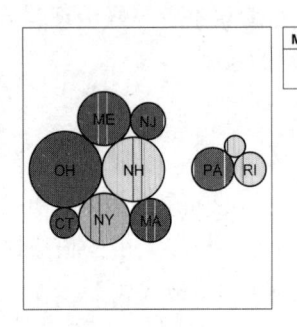

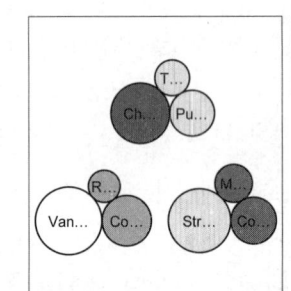

图 5-21　气泡云图

5.3.2　词云图

在 MATLAB 中，利用函数 wordcloud 可以创建词云图，其调用格式如下。

```
wordcloud(tbl,wordVar,sizeVar)        % 根据表 tbl 创建词云图
wordcloud(words,sizeData)             % 使用 words 中的元素创建词云图
wordcloud(C)  % 根据分类数组 C 中的唯一元素创建词云图，词的大小与元素的频率计数对应
```

【例 5-20】创建词云图。在编辑器中编写以下程序并运行。

```
subplot(1,2,1)
load sonnetsTable              % 加载示例数据
```

```
                       % 将单词列表包含在变量 Word 中，相应的频率计数包含在变量 Count 中
head(tbl)              % 查看表，输出略
wordcloud(tbl,'Word','Count');
title("Sonnets Word Cloud")

subplot(1,2,2)
numWords=size(tbl,1);
colors=rand(numWords,3);      % 将单词颜色设置为随机值
wordcloud(tbl,'Word','Count','Color',colors);
title("Sonnets Word Cloud")
```

运行程序后，输出如图 5-22 所示图形。

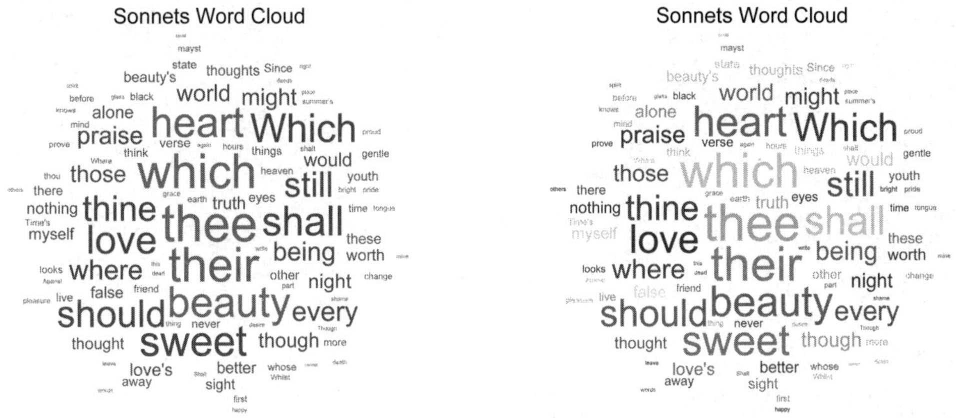

图 5-22　词云图

说明：若要直接使用字符串数组创建词云图，建议安装 Text Analytics Toolbox 插件，以避免手动预处理文本数据，具体操作这里不再赘述。

5.3.3　饼图

在 MATLAB 中，利用函数 pie 可以创建饼图，其调用格式如下。

```
pie(X)          % 使用 X 中的数据绘制饼图。饼图的每个扇区代表 X 中的一个元素
      % sum(X)≤1，用 X 中的值直接指定饼图扇区的面积；sum(X)<1，仅绘制部分饼图
      % sum(X)>1，通过 X/sum(X) 对值进行归一化，以确定饼图的每个扇区的面积
      % 若 X 为类别数据类型，则扇区对应于类别，面积是类别中元素数除以 X 中元素数得到的值
pie(X,explode)  % 将扇区偏移一定位置。若 X 为类别数据类型，则 explode 可以是
      % 由对应于类别的零值和非零值组成的向量，或是由要偏移的类别名称组成的元胞数组
pie(X,labels)              % 指定用于标注饼图扇区的选项，X 必须为数值
pie(X,explode,labels)      % 偏移扇区并指定文本标签，X 可以为数值或分类数据
```

【例 5-21】创建饼图。在编辑器中编写以下程序并运行。

```
subplot(2,3,1)
```

```
X=[1 3 0.5 2.5 2];
pie(X)                          % 创建常规饼图

subplot(2,3,2)
explode=[1 0 1 0 0];            % 偏移第二和第四块饼图扇区
pie(X,explode)                  % 创建带偏移扇区的饼图

subplot(2,3,3)
labels={'Taxes','Expenses','Profit','Cashflow','Loss'};   % 指定文本标签
pie(X,labels)                   % 创建带标签的饼图

subplot(2,3,4)
pie(X,'% .2f%% ')               % 指定格式表达式以使每个标签显示小数点后 2 位数

subplot(2,3,5)
X=[0.19 0.22 0.41 0.10];        % 创建各个元素之和小于 1 的向量 X
pie(X)                          % 绘制部分饼图

subplot(2,3,6)
X=categorical({'North','South','North','East','South','West'});
explode ='East';
pie(X,explode)                  % 绘制带偏移扇区的分类饼图
```

运行程序后，输出如图 5-23 所示图形。

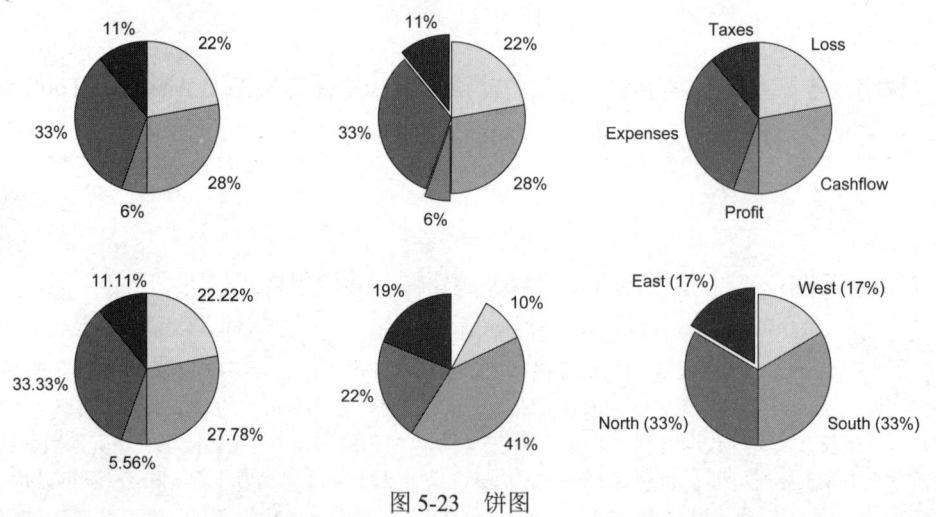

图 5-23 饼图

5.3.4 三维饼图

在 MATLAB 中，利用函数 pie3 可以绘制三维饼图，其用法和 pie 函数的用法类似，其功能是以三维饼图形式显示各组分所占比例。

```
pie3(X)             % 使用 X 中的数据绘制三维饼图。X 中的每个元素表示饼图中的一个扇区
                    % sum(X)≤1,则 X 中的值直接指定饼图切片的面积；sum(X)>1,则绘制部分饼图
                    % 若 X 中元素的总和大于 1,则通过 X/sum(X)将值归一化来确定每个扇区的面积
pie3(X,explode)     % 指定是否从饼图中心将扇区偏移一定位置
                    % 若 explode(i,j)非零,则从饼图中心偏移 X(i,j)
pie3(…,labels)      % 添加扇区的文本标签,标签数必须等于 X 中的元素数
```

【例 5-22】 三维饼图绘制示例。在编辑器中编写以下程序并运行。

```
clear, clf
x=[32 45 11 76 56];
explode=[0 0 1 0 1];
labels={'A','B','C','D','E'};
subplot(1,3,1);pie3(x)
title('默认饼图')
subplot(1,3,2);pie3(x,explode)
title('扇区偏移')
subplot(1,3,3);pie3(x,labels)
title('添加扇区标签')
```

运行程序后,输出如图 5-24 所示图形。

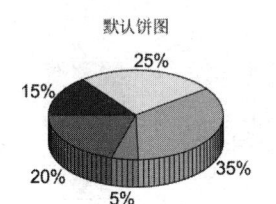

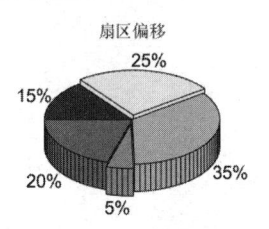

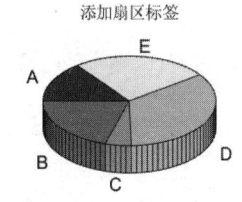

图 5-24 三维饼图

5.3.5 热图

在 MATLAB 中,利用函数 heatmap 可以创建热图,其调用格式如下。

```
heatmap(tbl,xvar,yvar)      % 基于表 tbl 创建热图。默认颜色基于计数聚合
                            % xvar、yvar 分别为沿 x 轴、y 轴显示的表变量
heatmap(tbl,xvar,yvar,'ColorVariable',cvar)
                % 使用 cvar 指定的表变量来计算颜色数据,默认计算方法为均值聚合
heatmap(cdata)   % 基于矩阵 cdata 创建热图,每个单元格对应 cdata 中的一个值
heatmap(xvalues,yvalues,cdata)       % 指定沿 x 轴和 y 轴显示的值的标签
```

另外,在 MATLAB 中,利用函数 sortx 可以对热图行中的元素进行排序,其调用格式如下。

```
sortx(h,row)                % 按升序(从左到右)显示 row 中的元素
sortx(h,row,direction)      % 若 direction 为'descend',则对值按降序排序
                % 将 direction 指定为元素为'ascend'或'descend'的数组
```

```
                % 以实现对 row 中的每一行按不同的方式排序
sortx(___,'MissingPlacement',lcn)   % 指定将 NaN 放在开头还是末尾
                % lcn 指定为'first'、'last'或'auto'（默认）
sortx(h)                            % 按升序显示顶行中的元素
```

在 MATLAB 中，利用函数 sorty 可以对热图列中的元素进行排序，该函数的调用格式与函数 sortx 相同，这里不再赘述。

【例 5-23】创建热图。示例文件 outages.csv 中包含有关美国电力中断事故的数据。在编辑器中编写以下程序并运行。

```
T=readtable('outages.csv');          % 将示例文件读入表中
T(1:5,:)                             % 查看前五行数据，输出略
subplot(1,2,1)
h=heatmap(T,'Region','Cause');       % 创建热图，x、y 轴分别显示区域和停电原因

subplot(1,2,2)
h=heatmap(T,'Region','Cause');
h.ColorScaling='scaledcolumns';      % 归一化每列的颜色
h.ColorScaling='scaledrows';         % 归一化每行的颜色
```

运行程序后，输出如图 5-25 所示图形。

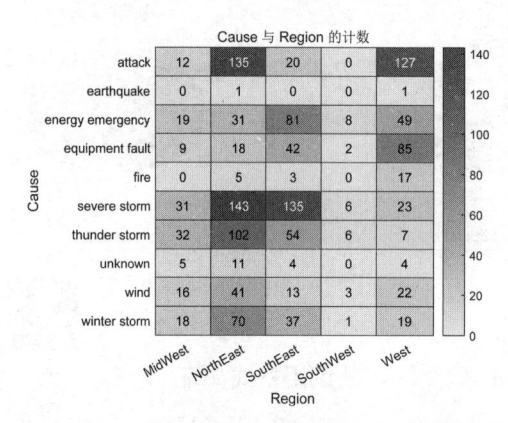

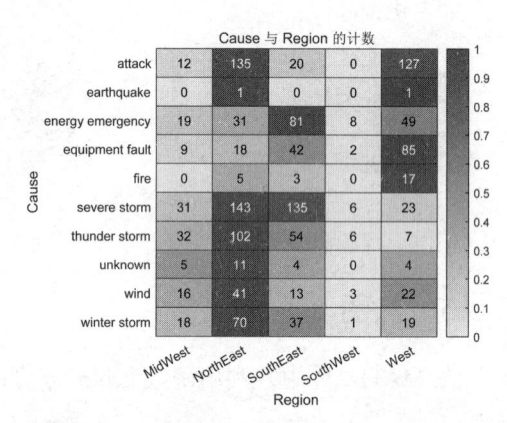

图 5-25　热图

归一化每列的颜色时，每列中的最小值映射到颜色图中的第一种颜色，最大值映射到最后一种颜色。最后一种颜色表示导致每个区域停电的最大原因。

归一化每行的颜色时，每行中的最小值映射到颜色图中的第一种颜色，最大值映射到最后一种颜色。最后一种颜色表示各原因造成停电次数最多的区域。

【例 5-24】热图行排序。在编辑器中编写以下程序并运行。

```
T=readtable('outages.csv');
subplot(1,2,1)
h=heatmap(T,'Region','Cause');
sortx(h,'winter storm','descend')    % 按降序显示'winter storm'行中的值
```

```
subplot(1,2,2)
sortx(h,{'unknown','earthquake'})           % 基于多行重新排列热图的列

sortx(h)                                     % 还原原始热图列顺序，输出略
```

运行程序后，输出如图 5-26 所示图形。

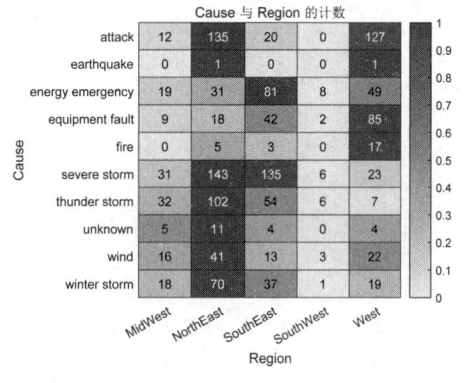

图 5-26　热图行排序

5.4　离散数据图

离散数据是指具有有限值或离散取值的数据，通常是计数数据或类别型数据。下面介绍几种常见的离散数据图在 MATLAB 中的绘制方法。

5.4.1　条形图

在 MATLAB 中，利用函数 bar 可以创建条形图，其调用格式如下。

```
bar(y)              % 创建条形图，y 中的每个元素对应一个条形
                    % 如果 y 是 m×n 矩阵，则 bar 创建 m 个条形组，每组包含 n 个条形
bar(x,y)            % 在 x 指定的位置绘制条形
bar(___,width)      % 设置条形的相对宽度以控制组中各个条形的间隔
bar(___,style)      % 指定条形组的样式
bar(___,color)      % 设置所有条形的颜色
```

在 MATLAB 中，利用函数 barh 可以绘制水平条形图，该函数的调用格式与函数 bar 的相同，这里不再赘述。

【例 5-25】绘制不同类型的条形图。在编辑器中编写以下程序并运行。

```
subplot(2,2,1)
x=1900:20:2000;
y=[75 91 105 123.5 131 150];
```

```
bar(x,y)

subplot(2,2,2)
y=[2 2 3; 2 5 6; 2 8 9; 2 11 12];
bar(y)                        % 显示 4 个条形组,每组包含 3 个条形

subplot(2,2,3)
bar(y,'stacked')              % 显示堆叠条形图,每个条形的高度是行中各元素之和

subplot(2,2,4)
x=[1 2 3 4];
vals=[2 3 6 5; 11 23 26 12];  % 定义包含两个数据集中值的矩阵
b=bar(x,vals);
% 在第一个条形序列的末端显示值
xtips1=b(1).XEndPoints;       % 获取条形末端的 x 坐标
ytips1=b(1).YEndPoints;       % 获取条形末端的 y 坐标
labels1=string(b(1).YData);
text(xtips1,ytips1,labels1,'HorizontalAlignment','center',…
     'VerticalAlignment','bottom')
% 在第二个条形序列的末端显示值
xtips2=b(2).XEndPoints;
ytips2=b(2).YEndPoints;
labels2=string(b(2).YData);
text(xtips2,ytips2,labels2,'HorizontalAlignment','center',…
     'VerticalAlignment','bottom')
```

运行程序后,输出如图 5-27 所示图形。

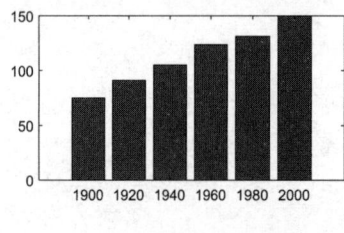

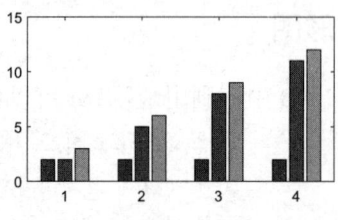

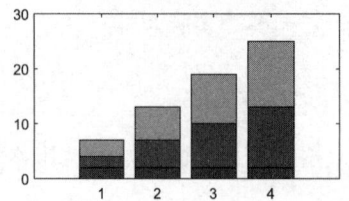

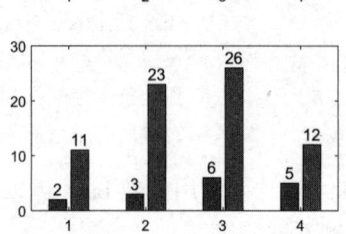

图 5-27 不同类型的条形图

5.4.2 三维条形图

在 MATLAB 中,利用函数 bar3 可以绘制垂直三维条形图(柱状图),其调用格式

如下。

```
bar3(Z)        % 绘制三维条形图，Z 中的每个元素对应一个条形，[n,m]=size(Z)
               % 矩阵 Z 中的各元素为 z 坐标，X=1:n 的各元素为 x 坐标，Y=1:m 的各元素为 y 坐标
bar3(Y,Z)      % 在 Y 指定的位置绘制 Z 中各元素的条形图
               % 矩阵 Z 的各元素为 z 坐标，Y 向量中的各元素为 y 坐标，X=1:n 的各元素为 x 坐标
bar3(…,width)  % 设置条形宽度并控制组中各条形的间隔。
               % 默认为 0.8，条形之间有细小间隔；若为 1，组内条形紧挨在一起
bar3(…,style)  % 指定条形的样式，style 为'detached'、'grouped'或'stacked'
               % 'detached'（分离式）在 x 方向将 Z 中每行元素显示为一个接一个的块（默认）
               % 'grouped'（分组式）显示 n 组的 m 个垂直条，n 是行数，m 是列数
               % 'stacked'（堆叠式）意为 Z 中的每行显示一个条形，条形高度是行中元素的总和
bar3(…,color)  % 使用 color 指定的颜色（'r'、'g'、'b'等）显示所有条形
```

在 MATLAB 中，利用函数 bar3h 可以绘制水平放置的三维条形图，其调用格式与函数 bar3 的相同。

【例 5-26】绘制不同类型的三维条形图。在编辑器中编写以下程序并运行。

```
clear, clf
Z=rand(4);
subplot(1,4,1);h1=bar3(Z,'detached');
% set(h1,'FaceColor','W')                % 根据需要对图形句柄进行参数设置
title('分离式条形图')

subplot(1,4,2);h2=bar3(Z,'grouped');
title('分组式条形图')
subplot(1,4,3);h3=bar3(Z,'stacked');
title('叠加式条形图')
subplot(1,4,4);h4=bar3h(Z);
title('无参式条形图')
```

运行程序后，输出图形如图 5-28 所示。

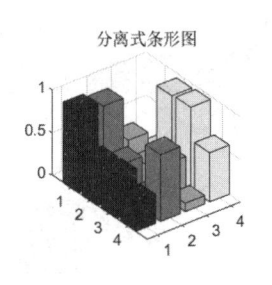

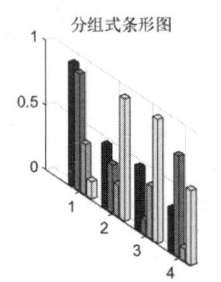

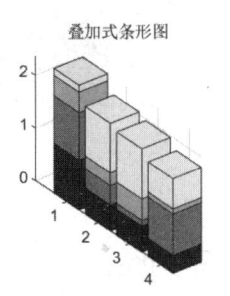

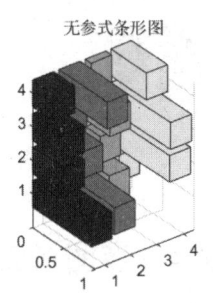

图 5-28　不同类型的三维条形图

5.4.3　帕累托图

帕累托图是按降序排列各条形的条形图，它包括一条显示累积分布的线。在 MATLAB

中，利用函数 pareto 可以创建帕累托图，其调用格式如下。

```
pareto(y)         % 创建 y 的帕累托图，显示累积分布 95% 的最高的若干条形，最多 10 个
                  % n 个条形加起来正好占累积分布的 95%，并且 n 小于 10，图将显示 n+1 个条形
                  % 沿 x 轴的条形标签是 y 向量中条形值的索引
pareto(y,x)       % 指定条形的 x 坐标（或标签），y 和 x 的长度必须相同
pareto(___,threshold)   % 指定一个介于 0 和 1 之间的阈值
                  % 阈值 threshold 是要包含在图中的累积分布的比例
charts=pareto(___)      % 以数组形式返回 Bar 和 Line 对象
```

【例 5-27】 创建帕累托图。在编辑器中编写以下程序并运行。

```
subplot(1,3,1)
y=[2 3 35 15 40 4 1];      % 定义一个由 7 个数字组成的向量 y（数字之和为 100）
pareto(y)

subplot(1,3,2)
y=[4 1 35 45 15];
pareto(y)                  % 最高的 n 个条形正好占累积分布的 95% 时，图中包含 n+1 个条形

subplot(1,3,3)
x=["Chocolate" "Apple" "Pecan" "Cherry" "Pumpkin"];
y=[35 50 30 5 80];
pareto(y,x,1)              % 将 threshold 参数设置为 1，包括累积分布中的所有值
ylabel('Votes')
```

运行程序后，输出如图 5-29 所示图形。

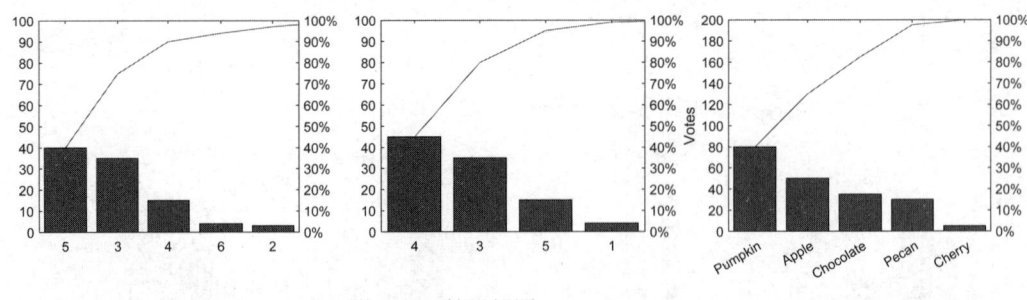

图 5-29　帕累托图

5.4.4　茎图（离散序列图）

在科学研究中，可以用离散序列图表示离散量的变化情况。在 MATLAB 中，利用函数 stem 可以实现离散数据的可视化（茎图），其调用格式如下。

```
stem(Y)           % 将数据序列 Y 绘制为从沿 X 轴的基线延伸的茎图，数据值显示为空心圆
                  % 若 Y 为向量，X 范围为 1～length(Y)
```

```
                    % 若 Y 为矩阵,则根据相同的 X 值绘制行中的所有元素,X 的范围为 1~Y 的行数
stem(X,Y)           % 在 X 指定的位置绘制数据序列 Y,X 和 Y 是大小相同的向量或矩阵
                    % 若 X 和 Y 均为向量,则根据 X 中对应项绘制 Y 中的各项
                    % 若 X 为向量、Y 为矩阵,则根据 X 指定的值集绘制 Y 的每列
                    % 若 X 和 Y 均为矩阵,则根据 X 的对应列绘制 Y 的列
stem(___,'filled')      % 填充圆
stem(___,LineSpec)      % 指定线型、标记符号和颜色
```

【例 5-28】 绘制离散序列图(茎图)。在编辑器中编写以下程序并运行。

```
clear, clf                              % clf 用于清空当前图窗
y=linspace(-2*pi,2*pi,10);              % 在-2π~2π 之间获取等间距的 10 个数据值
subplot(1,2,1); h=stem(y);
set(h,'MarkerFaceColor','blue')         % 设置填充颜色为蓝色

x=0:20;
y=[exp(-.05*x).*cos(x); exp(.06*x).*cos(x)]';
subplot(1,2,2);h=stem(x,y);             % 数据值显示为空心圆
set(h(1),'MarkerFaceColor','blue')      % 数据值显示为蓝色实心圆
set(h(2),'MarkerFaceColor','red','Marker','square')
                    % 数据值显示为红色方形
```

运行程序后,输出如图 5-30 所示图形。

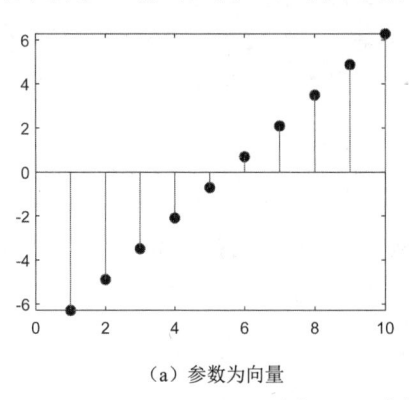

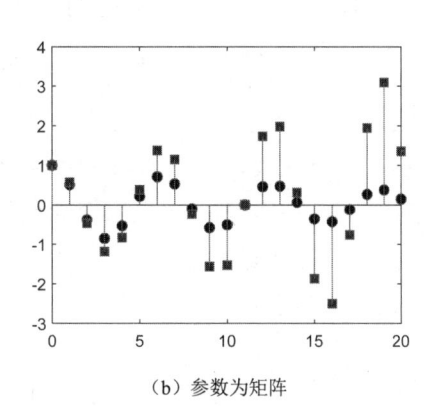

(a)参数为向量　　　　　　　　　(b)参数为矩阵

图 5-30　离散序列图(茎图)

除使用函数 stem 外,还可以使用函数 plot 绘制离散数据图(散点图),函数 plot 在下一节讲解。

【例 5-29】 绘制函数 $y = e^{-\alpha t}\cos\beta t$ 的离散序列图。在编辑器中编写以下程序并运行。

```
clear, clf
a=0.02; b=0.5;
t=0:1:100;
y=exp(-a*t).*sin(b*t);
subplot(1,2,1);plot(t,y,'r.')           % 利用函数 plot 绘制散点图
```

```
xlabel('Time');ylabel('stem')

subplot(1,2,2); stem(t,y)                    % 利用函数 stem 绘制二维茎图
xlabel('Time');ylabel('stem')
```

运行程序后，输出如图 5-31 所示图形。

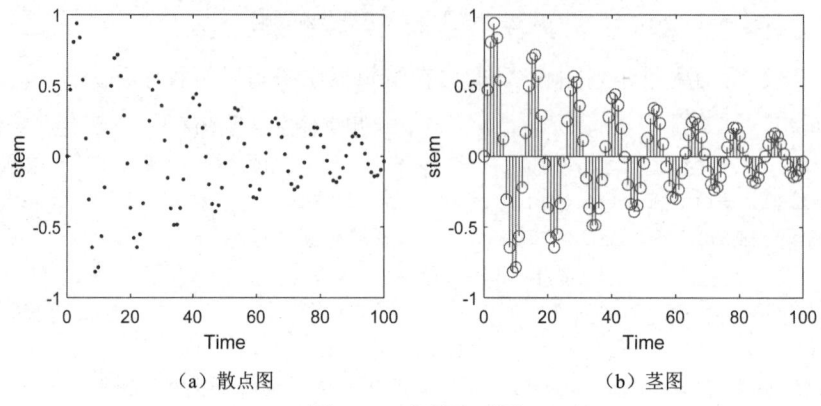

（a）散点图　　　　　　　　　　（b）茎图

图 5-31　离散序列图

5.4.5　三维离散序列图

在 MATLAB 中，利用函数 stem3 可以绘制三维离散序列图，其调用格式如下。

```
stem3(Z)         % 绘制三维离散序列图，从 x-y 平面开始延伸并在各项值处以圆圈终止
stem3(X,Y,Z)% 绘制三维离散序列图，从 x-y 平面开始延伸，X 和 Y 指定 x-y 平面中的针状
图位置
stem3(___,'filled')       % 填充圆（实心小圆圈）
stem3(___,LineSpec)       % 指定线型、标记符号和颜色
```

【例 5-30】利用函数 stem3 绘制三维离散序列图。在编辑器中编写以下程序并运行。

```
clear,clf
t=0:pi/11:5*pi;
x=exp(-t/11).*cos(t);
y=3*exp(-t/11).*sin(t);
subplot(1,2,1);stem3(x,y,t,'filled')
hold on
plot3(x,y,t)
axis('square')
xlabel('X'),ylabel('Y'),zlabel('Z')

X=linspace(0,2);
Y=X.^3;
Z=exp(X).*cos(Y);
subplot(1,2,2);stem3(X,Y,Z,'filled')
```

```
axis('square')
```

运行程序后，输出如图 5-32 所示图形。

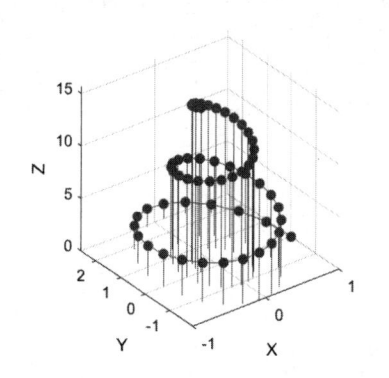

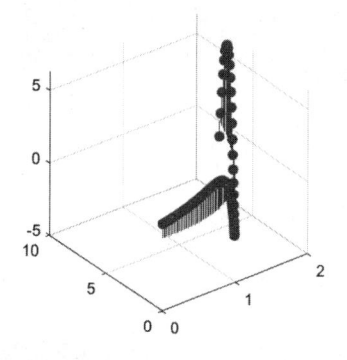

图 5-32　三维离散序列图

5.5　分布图

分布图是一种用于展示数据分布情况的图表。它可以帮助读者了解数据集的中心趋势、离散度及异常值等信息。

5.5.1　直方图

在 MATLAB 中，利用函数 histogram 可以创建直方图，其调用格式如下。

```
histogram(X)          % 基于 X 创建直方图，使用自动分 bin 算法，然后返回均匀宽度的 bin
                      % bin 可涵盖 X 中的元素并显示分布的基本形状
histogram(X,nbins)    % 使用标量 nbins 指定 bin 的数量
histogram(X,edges)    % 将 X 划分为由向量 edges 指定 bin 边界的 bin
                      % 每个 bin 都包含左边界，但不包含右边界，最后一个 bin 除外
histogram('BinEdges',edges,'BinCounts',counts)
                      % 手动指定 bin 边界和关联的 bin 计数
histogram(C)          % 通过为 C（分类数组）中的每个类别绘制一个条形来绘制直方图
histogram(C,Categories)   % 仅绘制 Categories 指定的类别的子集
histogram('Categories',Categories,'BinCounts',counts)
                      % 手动指定类别和关联的 bin 计数
```

【例 5-31】创建直方图。在编辑器中编写以下程序并运行。

```
x=randn(1000,1);
nbins=25;                  % 分类为 15 个等距 bin
subplot(2,2,1)
h=histogram(x,nbins)       % 绘制直方图
counts=h.Values            % 求 bin 计数，输出略
```

```
subplot(2,2,2)
h=histogram(x,'Normalization','probability')    % 指定归一化的直方图
S=sum(h.Values)                % 计算条形高度的总和,输出为1

subplot(2,2,3)                 % 在同一图窗中针对每个向量绘制对应的直方图
x=randn(2000,1);
y=1+randn(5000,1);
h1=histogram(x);
hold on
h2=histogram(y);

subplot(2,2,4)        % 对直方图进行归一化,所有条形高度和为1,使用统一的bin宽度
h1=histogram(x);
hold on
h2=histogram(y);
h1.Normalization='probability';
h1.BinWidth=0.25;
h2.Normalization='probability';
h2.BinWidth=0.25;
```

运行程序后,输出如图 5-33 所示图形。

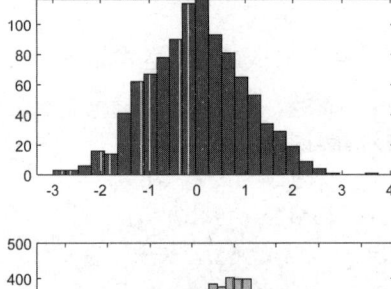

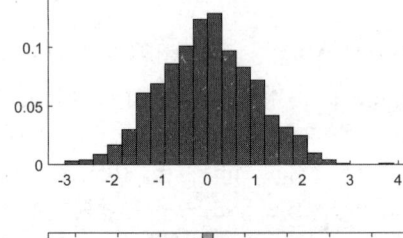

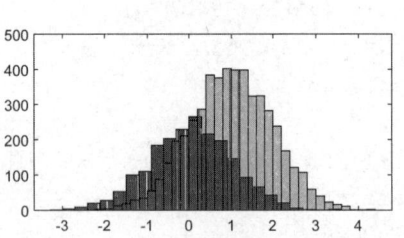

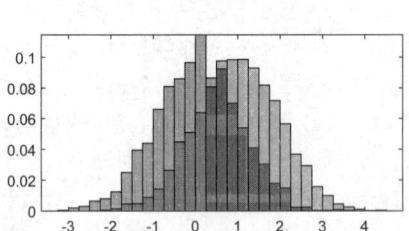

图 5-33 直方图

> **说明**:通过归一化,每个条形的高度等于在该 bin 间隔内选择观测值的概率,并且所有条形的高度总和为 1。

5.5.2 条形图

在 MATLAB 中,利用函数 bar 可以创建条形图,其调用格式如下。

```
bar(y)          % 创建条形图,y 中的每个元素对应一个条形
                % 如果 y 是 m×n 矩阵,则 bar 创建 m 个组,每组包含 n 个条形
bar(x,y)        % 在 x 指定的位置绘制条形
bar(___,width)  % 设置条形的相对宽度以控制组中各个条形的间隔,width 为标量值
bar(___,style)  % 指定条形组的样式('grouped'、'stacked'、'histc'、'hist')
bar(___,color)  % 设置所有条形的颜色('b'、'r'、'g'、'c'、'm'、'y'、'k'、'w')
```

组样式 style 值的含义如下。

- 'grouped':将每组显示为以对应的 x 值为中心的相邻条形。
- 'stacked':将每组显示为一个多色条形,条形的长度是组中各元素之和。若 y 是向量,则与 'grouped' 相同。
- 'histc':以直方图形式显示条形,同一组中的条形紧挨在一起。每组的尾部边缘与对应的 x 值对齐。
- 'hist':以直方图形式显示条形。每组以对应的 x 值为中心。

【例 5-32】创建条形图。在编辑器中编写以下程序并运行。

```
subplot(2,2,1)
y=[2 2 3; 2 5 6; 2 8 9; 2 11 12];
bar(y)                  % 显示 4 个条形组,每组包含 3 个条形

subplot(2,2,2)
y=[2 2 3; 2 5 6; 2 8 9; 2 11 12];
bar(y,'stacked')        % 为矩阵中的每行显示一个条形(堆叠条形图),高度为行中元素之和

subplot(2,2,3)
x=[1980 1990 2000];              % 定义一个包含 3 个年份值的向量
y=[15 20 -5; 10 -17 21; -10 5 15];   % 定义包含负值和正值组合的矩阵
bar(x,y,'stacked')               % 显示具有负数据的堆叠条形

subplot(2,2,4)
x=[1 2 3];
vals=[2 3 6; 11 23 26];          % 定义一个包含两个数据集的值的矩阵
b=bar(x,vals);

%% 在第一个条形序列的末端显示值
xtips1=b(1).XEndPoints;          % 获取条形末端的 x 坐标
ytips1=b(1).YEndPoints;          % 获取条形末端的 y 坐标
labels1=string(b(1).YData);
text(xtips1,ytips1,labels1,...                   % 将这些坐标传递给函数 text
    'HorizontalAlignment','center',...           % 指定水平对齐方式
    'VerticalAlignment','bottom')                % 指定垂直对齐方式,居中显示值

%% 在第二个条形序列的末端上方显示值
```

```
xtips2=b(2).XEndPoints;
ytips2=b(2).YEndPoints;
labels2=string(b(2).YData);
text(xtips2,ytips2,labels2,'HorizontalAlignment','center',…
    'VerticalAlignment','bottom')
```

运行程序后，输出如图 5-34 所示图形。

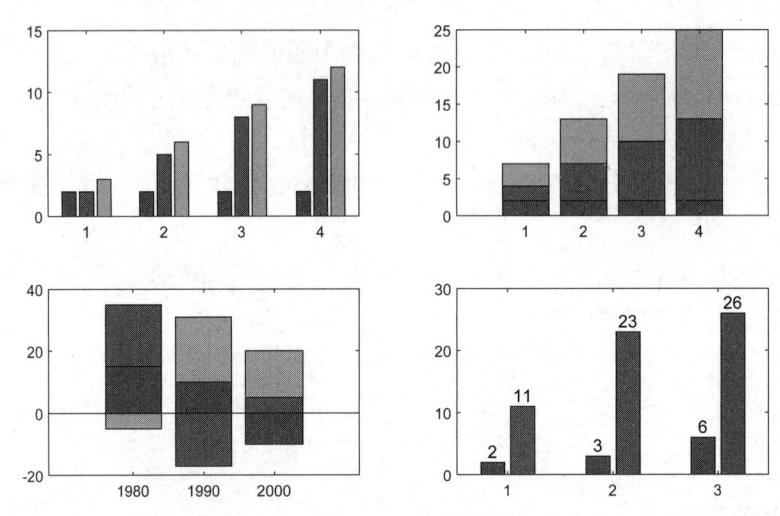

图 5-34 条形图

5.5.3 二元直方图

二元直方图是一种数值数据条形图，它将数据分组到二维 bin 中。在 MATLAB 中，利用函数 histogram2 可以创建二元直方图，其调用格式如下。

```
histogram2(X,Y)            % 使用自动分 bin 算法创建 X 和 Y 的二元直方图，返回均匀面积的 bin
                           % 将 bin 显示为三维矩形条形，每个条形的高度表示 bin 中元素的数量
histogram2(X,Y,nbins)              % 指定在直方图的每个维度中使用的 bin 的数量
histogram2(X,Y,Xedges,Yedges)      % 使用向量 Xedges 和 Yedges 指定各维中 bin 的边界
histogram2('XBinEdges',Xedges,'YBinEdges',Yedges,'BinCounts',counts)
        % 手动指定 bin 计数
```

【例 5-33】绘制二元直方图。在编辑器中编写以下程序并运行。

```
subplot(2,2,1)
x=randn(10000,1);
y=randn(10000,1);
h=histogram2(x,y);         % 创建二元直方图
nXnY=h.NumBins             % 计算每个维度的直方图 bin 数量，输出略
counts=h.Values            % 生成的 bin 计数，输出略


subplot(2,2,2)
```

```
h=histogram2(x,y,[1212],'FaceColor','flat');
            % 每个维度 12 个 bin，若 FaceColor 为'flat'，则按高度对直方图条形着色
% colorbar

subplot(2,2,3)              % 块状直方图
x2=2*x+2;
y2=5*y+3;
h=histogram2(x2,y2,'DisplayStyle','tile',…
    'ShowEmptyBins','on');          % 将 ShowEmptyBins 指定为'on'，显示空 bin

subplot(2,2,4)
h=histogram2(x,y);
h.FaceColor='flat';         % 按高度对直方图条形着色
h.NumBins=[10 25];          % 更改每个方向的 bin 数量
```

运行程序后，输出如图 5-35 所示图形。

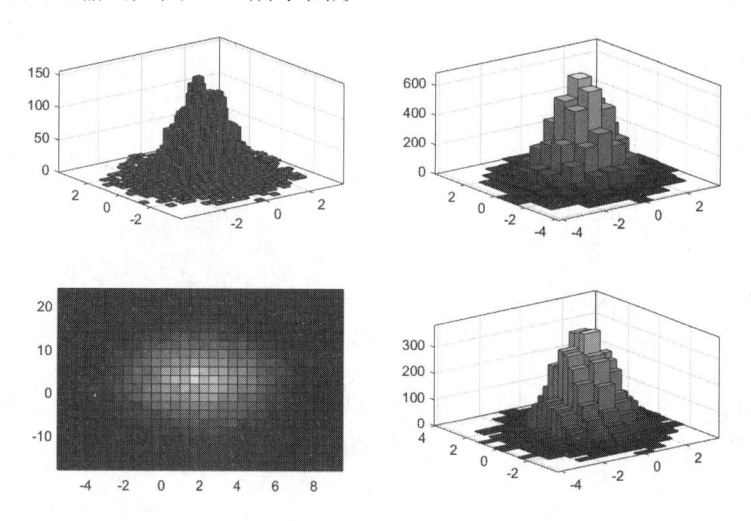

图 5-35 二元直方图

5.5.4 箱线图

箱线图为数据样本提供汇总统计量的可视化表示。箱线图中会显示中位数、下四分位数、上四分位数、任何离群值（使用四分位差计算得出）及不是离群值的最小值和最大值。在 MATLAB 中，利用函数 boxchart 可以创建箱线图，其调用格式如下。

```
boxchart(ydata)         % 为矩阵 ydata 的每列创建一个箱线图
                        % 若 ydata 是向量，则只创建一个箱线图
boxchart(xgroupdata,ydata)       % xgroupdata 用于确定每个箱线图在 X 轴上的位置
         % 根据 xgroupdata 中的唯一值对向量 ydata 中的数据进行分组
         % 并将每组数据绘制为一个单独的箱线图，ydata 必须为向量
boxchart(___,'GroupByColor',cgroupdata)  % 使用颜色来区分箱线图
```

【例 5-34】使用箱线图比较沿幻方矩阵的列和行的值的分布。在编辑器中编写以下程序并运行。

```
subplot(1,2,1)
Y=magic(6);              % 创建一个 6 行、6 列的幻方矩阵
boxchart(Y)              % 为每列创建一个箱线图，每列都有一个相似的中位数
xlabel('Column')
ylabel('Value')

subplot(1,2,2)
boxchart(Y')             % 为每行创建一个箱线图，每行都有相似的四分位差，但中位数不同
xlabel('Row')
ylabel('Value')
```

运行程序后，输出如图 5-36 所示图形。

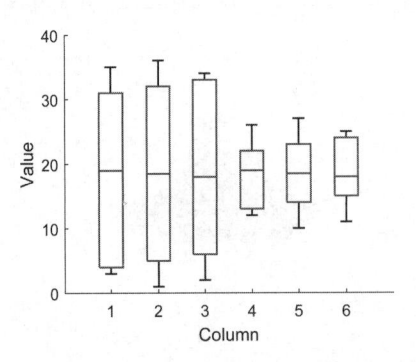

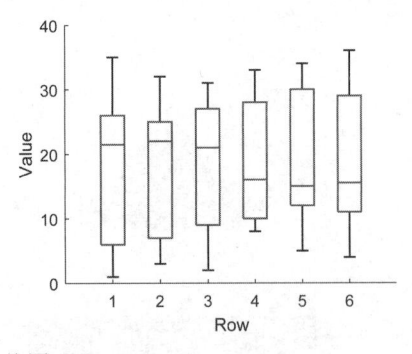

图 5-36　箱线图（1）

【例 5-35】针对 patients 数据集，根据年龄对医疗患者进行分组，并为每个年龄组创建一个关于舒张压值的箱线图。其中 Age 和 Diastolic 变量包含 100 个患者的年龄和舒张压值。

在编辑器中编写以下程序并运行。

```
load patients       % 加载 patients 数据集
subplot(1,2,1)
min(Age)            % 查找患者最小年龄，输出略
max(Age)            % 查找患者最大年龄，输出略
binEdges=25:5:50;                    % 将患者数据划分为以五年为一档的 bin
bins={'late 20s','early 30s','late 30s','early 40s','late 40s+'};
groupAge=discretize(Age,binEdges,'categorical',bins);
            % 对 Age 变量中的值分 bin，并使用 bins 中的 bin 名称
boxchart(groupAge,Diastolic)    % 为每个年龄组创建一个箱线图，显示患者的舒张压值
xlabel('Age Group')
ylabel('Diastolic Blood Pressure')
```

```
subplot(1,2,2)
% 将SelfAssessedHealthStatus转换为有序categorical变量
healthOrder={'Poor','Fair','Good','Excellent'};
SelfAssessedHealthStatus=categorical(SelfAssessedHealthStatus,…
    healthOrder,'Ordinal',true);
% 根据患者自我评估的健康状况对患者进行分组,并找出每组患者的体重均值
meanWeight=groupsummary(Weight,SelfAssessedHealthStatus,'mean');
boxchart(SelfAssessedHealthStatus,Weight)    % 使用箱线图比较各组患者的体重
hold on
plot(meanWeight,'-o')                        % 在箱线图上绘制体重均值
hold off
legend(["Weight Data","Weight Mean"])
```

运行程序后,输出如图 5-37 所示图形。

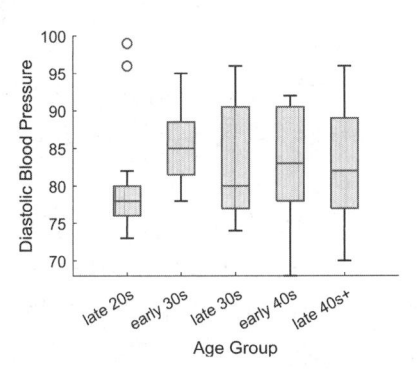

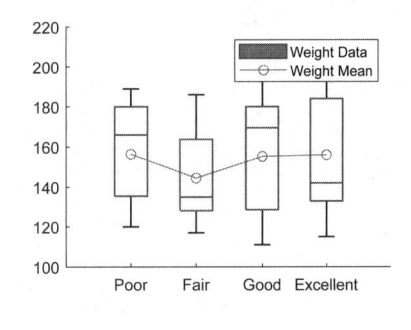

图 5-37　箱线图（2）

【例 5-36】指定箱线图的坐标区。在编辑器中编写以下程序并运行。

```
load patients
% 将Smoker转换为categorical变量,并使用类别名称Smoker和Nonsmoker,而非1和0
Smoker=categorical(Smoker,logical([1 0]),{'Smoker','Nonsmoker'});

tiledlayout(1,2)        % 创建一个1×2分块布局图

ax1=nexttile;           % 在分块布局图中创建第一个坐标区ax1
boxchart(ax1,Systolic,'GroupByColor',Smoker)
           % 显示两个关于收缩压值的箱线图,一个是吸烟者的,另一个是非吸烟者的
ylabel(ax1,'Systolic Blood Pressure')
legend

ax2=nexttile;           % 在分块布局图中创建第二个坐标区ax2
boxchart(ax2,Diastolic,'GroupByColor',Smoker)
           % 显示两个关于舒张压值的箱线图,一个是吸烟者的,另一个是非吸烟者的
ylabel(ax2,'Diastolic Blood Pressure')
```

legend

运行程序后，输出如图 5-38 所示图形。

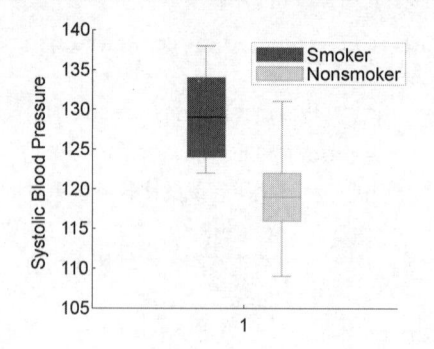

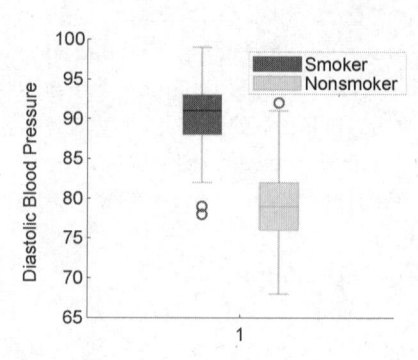

图 5-38　指定坐标区的箱线图

5.5.5　分簇散点图

分簇散点图通常用于展示多个群集（Clusters）中数据点的分布情况，每个群集代表数据的一个子集或类别。分簇散点图通过在坐标系中的不同区域显示这些群集，帮助观察者理解数据的结构和群集之间的关系。

在分簇散点图中，我们对点进行了抖动处理。抖动是通过在每个点的位置上添加均匀随机值来实现的。这些随机值的调整考虑了 y 值的高斯核密度估计结果，以及每个 x 位置处的相对点数（该位置附近点的密度）。具体来说，高斯核密度估计值用于反映 y 值的分布密度，而相对点数则用于调整每个 x 位置处的抖动程度。分簇散点图有助于可视化离散的 x 数据及 y 数据的分布。在 x 中的每个位置，点根据 y 的核密度估计值发生抖动。

在 MATLAB 中，利用函数 swarmchart 可以创建分簇散点图，其调用格式如下。

1. 针对向量和矩阵数据

```
swarmchart(x,y)         % 显示分簇散点图，点在 x 维度中偏移（抖动），形成不同的形状
                        % 每个形状的轮廓类似于小提琴。将 x、y 指定为等长向量，可以绘制一组点
                        % 将 x、y 之一指定为矩阵，可以在同一组坐标区上绘制多组点
swarmchart(x,y,sz)      % 指定标记大小。将 sz 指定为标量，则以相同的大小绘制所有标记
                        % 将 sz 指定为向量或矩阵，则绘制不同大小的标记
swarmchart(x,y,sz,c)    % 指定标记的颜色
swarmchart(___,mkr)     % 指定不同于默认标记（圆形）的标记
swarmchart(___,'filled')         % 填充标记
swarmchart(x,y,'LineWidth',2)    % 创建具有两点标记轮廓的分簇散点图
```

2. 针对表数据

```
swarmchart(tbl,xvar,yvar)          % 绘制表 tbl 中的变量 xvar 和 yvar
                                   % 要绘制一个数据集，请为 xvar、yvar 分别指定一个变量
                                   % 要绘制多个数据集，请为 xvar、yvar 或两者指定多个变量
swarmchart(tbl,xvar,yvar,'filled') % 绘制指定的变量并填充标记
```

```
swarmchart(tbl,'MyX','MyY','ColorVariable','MyColors')
                % 根据表中的数据创建分簇散点图,并使用表中的数据自定义标记颜色
```

【例 5-37】针对向量和矩阵数据创建分簇散点图。在编辑器中编写以下程序并运行。

```
subplot(1,2,1)
x=[ones(1,250)    2*ones(1,250)    3*ones(1,250)];      % 创建 x 坐标组成的向量
y=[2*randn(1,250)    3*randn(1,250)+5    5*randn(1,250)+5]; % 随机值
swarmchart(x,y)         % 创建关于 x 和 y 的分簇散点图

subplot(1,2,2)
%% 创建三组 x 和 y 坐标,使用 randn 函数为 y 生成随机值
x1=ones(1,500);
x2=2*ones(1,500);
x3=3*ones(1,500);
y1=2*randn(1,500);
y2=[randn(1,250)    randn(1,250)+4];
y3=5*randn(1,500)+5;
swarmchart(x1,y1,5)     % 创建第 1 个数据集的分簇散点图,并指定标记统一大小为 5
hold on
swarmchart(x2,y2,5)     % 创建第 2 个数据集的分簇散点图
swarmchart(x3,y3,5)     % 创建第 3 个数据集的分簇散点图
hold off
```

运行程序后,输出如图 5-39 所示图形。

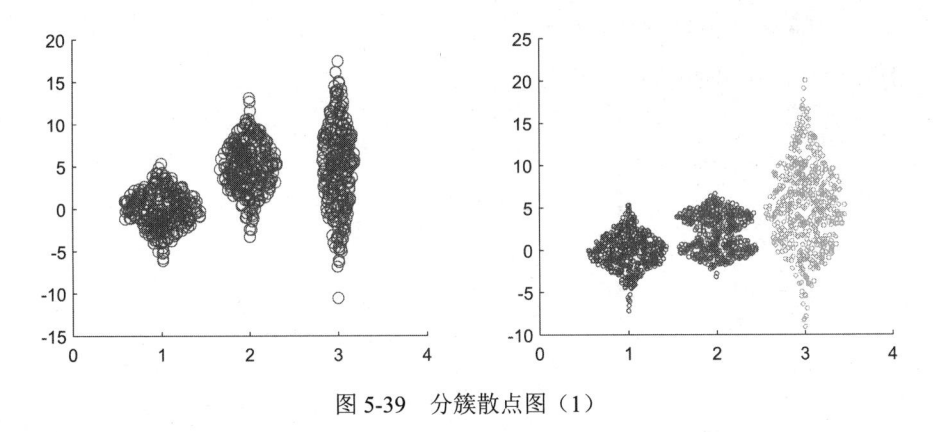

图 5-39　分簇散点图(1)

【例 5-38】根据 BicycleCounts.csv 数据集绘制分簇散点图(表数据)。此数据集包含一段时间内的自行车交通流量数据。

在编辑器中编写以下程序并运行。

```
tbl=readtable(fullfile(matlabroot,'examples','matlab','data',...
    'BicycleCounts.csv'));    % 将数据集读入名为 tbl 的时间表中
tbl(1:5,:)                    % 显示表的前五行,输出略
```

```
daynames=["Sunday" "Monday" "Tuesday" "Wednesday" "Thursday"…
    "Friday" "Saturday"];       % 向量x包含每个观测值的星期几信息
x=categorical(tbl.Day,daynames);
y=tbl.Total;                    % 向量y包含观测到的自行车流量信息
c=hour(tbl.Timestamp);          % 向量c包含一天中的小时信息

swarmchart(x,y,'.');  % 指定点标记的分簇散点图，显示一周中每天的交通流量分布情况
```

运行程序后，输出如图 5-40 所示图形。

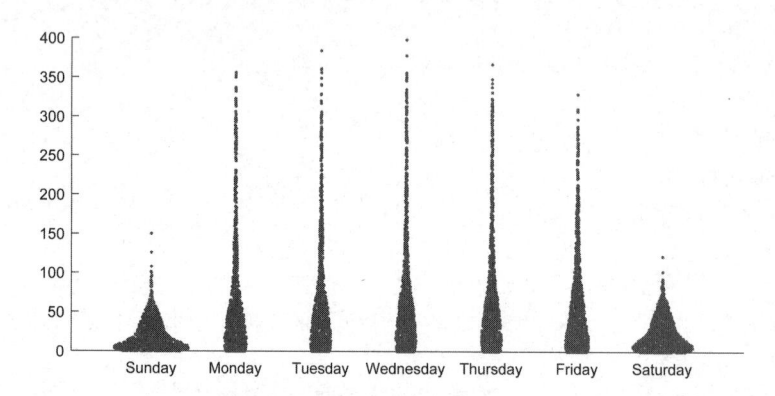

图 5-40　分簇散点图（2）

继续在编辑器中编写以下程序并运行。

```
s=swarmchart(x,y,10,c,'filled');      % 将标记大小指定为10，颜色指定为向量c
    % 用向量c中的值对图窗的颜色图进行索引操作，颜色根据每个数据点的小时信息而变化
```

运行程序后，输出如图 5-41 所示图形。

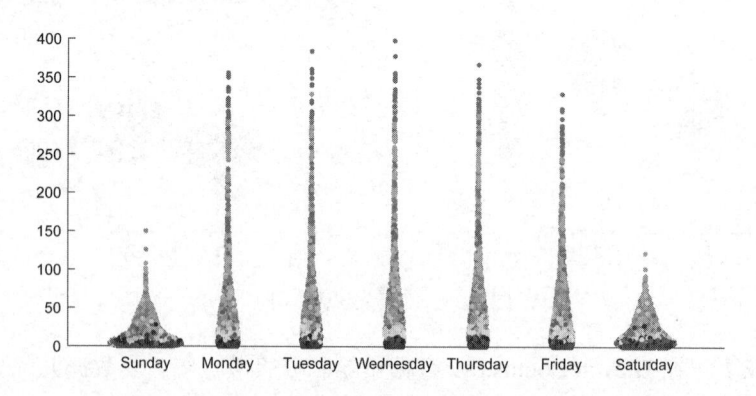

图 5-41　更改抖动类型的分簇散点图

继续在编辑器中编写以下程序并运行。

```
%% 在每个x位置更改簇的形状，使点均匀随机分布，将间距限制为不超过0.5个数据单位
s.XJitter='rand';
s.XJitterWidth=0.5;
```

运行程序后，输出如图 5-42 所示图形。

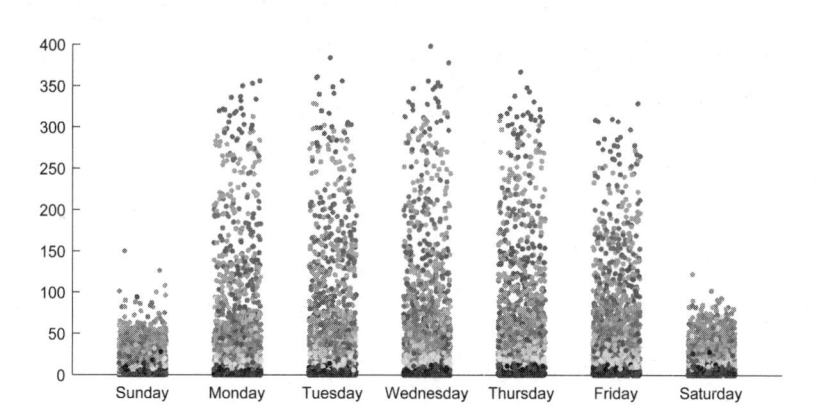

图 5-42　更改抖动宽度的分簇散点图

5.5.6　三维分簇散点图

三维分簇散点图有助于可视化离散的 x、y 数据及 z 数据的分布。在每个 (x,y) 位置，点根据 z 的核密度估计值发生抖动。在 MATLAB 中，利用函数 swarmchart3 可以创建三维分簇散点图，其调用格式如下。

1．向量数据

```
swarmchart3(x,y,z)      % 创建三维分簇散点图，点在 x 和 y 维度中发生偏移（抖动）
                        % 这些点形成不同形状，每个形状的轮廓类似于小提琴
swarmchart3(x,y,z,sz)   % 指定标记大小。先将 sz 指定为标量，则以相同的大小绘制所有标记
        % 先将 sz 指定为与 x、y 和 z 大小相同的向量，则绘制不同大小的标记
swarmchart3(x,y,z,sz,c) % 指定标记的颜色
            % 先将 c 指定为颜色名称或 RGB 三元组，则以相同的颜色绘制所有标记
            % 先将 c 指定为与 x、y 和 z 大小相同的向量，则为每个标记指定一种不同的颜色
swarmchart3(___,mkr)    % 指定不同于默认标记（圆形）的标记
swarmchart3(___,'filled')  % 填充标记
```

2．表数据

```
swarmchart3(tbl,xvar,yvar,zvar)     % 绘制表 tbl 中的变量 xvar、yvar 和 zvar
        % 先为 xvar、yvar 和 zvar 分别指定一个变量，则绘制一个数据集
        % 先为其中至少一个参数指定多个变量，则绘制多个数据集
swarmchart3(tbl,xvar,yvar,zvar,'filled')    % 用实心圆绘制表中的指定变量
```

【例 5-39】创建三维分簇散点图（向量数据）。

在编辑器中编写以下程序并运行。

```
subplot(1,2,1)                    % 改变标记的颜色
x=[zeros(1,500) ones(1,500)];     % 创建包含 0 和 1 的组合的向量 x
y=randi(4,1,1000);                % 创建包含 1 和 2 的随机组合的向量 y
```

```
z=randn(1,1000).^2;              % 创建随机数平方向量 z
c=sqrt(z);                       % 计算向量 z 的平方根, 指定标记的颜色
swarmchart3(x,y,z,10,c,'filled');  % 改变标记的颜色

subplot(1,2,2)                   % 更改抖动类型和宽度
s=swarmchart3(x,y,z);
s.XJitter='rand';                % 指定均匀随机抖动
s.XJitterWidth=0.5;              % 将抖动宽度更改为 0.5 个数据单位
s.YJitter='randn';               % 指定正态随机抖动
s.YJitterWidth=0.1;              % 将抖动宽度更改为 0.1 个数据单位
```

运行程序后,输出如图 5-43 所示图形。

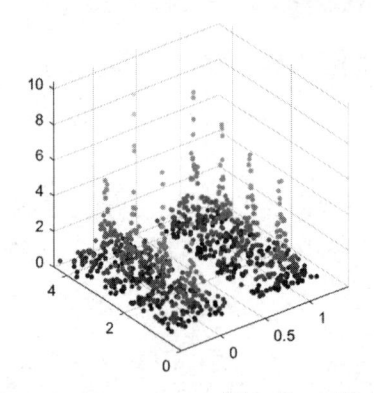

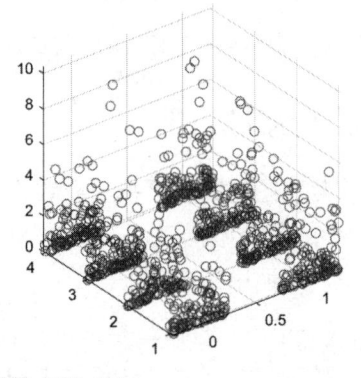

图 5-43 三维分簇散点图(1)

【例 5-40】 利用 BicycleCounts.csv 数据集创建三维分簇散点图。数据集包含一段时间内的自行车交通流量数据。

在编辑器中编写以下程序并运行。

```
tbl=readtable(fullfile(matlabroot,'examples','matlab','data',…
    'BicycleCounts.csv'));       % 将数据集读入名为 tbl 的时间表中
tbl(1:5,:)                       % 显示 tbl 的前五行, 输出略
daynames=["Sunday" "Monday" "Tuesday" "Wednesday" "Thursday"…
    "Friday" "Saturday"];        % 向量 x 包含每个观测值的星期几信息
x=categorical(tbl.Day,daynames);

ispm=tbl.Timestamp.Hour < 12;
y=categorical;                   % 根据观测值的时间创建一个包含值"pm"或"am"的分类向量 y
y(ispm)="pm";
y(~ispm)="am";
z=tbl.Eastbound;                 % 创建东行交通数据的向量 z
swarmchart3(x,y,z,2);            % 创建分簇散点图,显示一周中每个白天和晚上的数据分布
```

运行程序后,输出如图 5-44 所示图形。

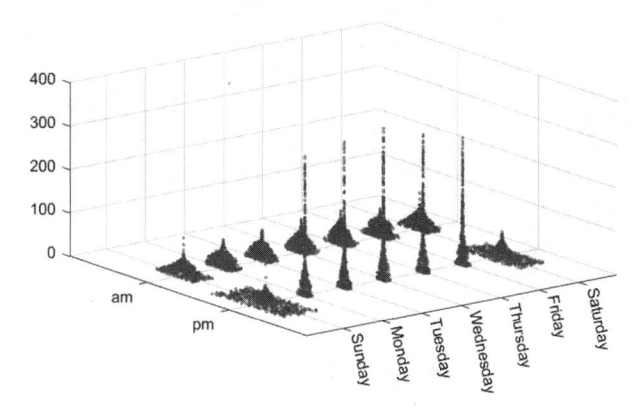

图 5-44 三维分簇散点图（2）

5.5.7 气泡图

在 MATLAB 中，利用函数 bubblechart 可以创建气泡图，其调用格式如下。

1. 向量数据

```
bubblechart(x,y,sz)   % 在向量 x 和 y 指定的位置绘制气泡图，向量 sz 用于指定气泡大小
bubblechart(x,y,sz,c) % 指定气泡的颜色
                      % 对所有气泡使用一种颜色，请指定颜色名称、十六进制颜色代码或 RGB 三元组
                      % 为每个气泡指定不同的颜色，请指定与 x 和 y 长度相同的向量
```

2. 表数据

```
bubblechart(tbl,xvar,yvar,sizevar)        % 绘制表 tbl 中的变量 xvar 和 yvar
                      % 变量 sizevar 表示气泡大小，为 xvar、yvar 和 sizevar 各指定一个变量
                      % 则绘制一个数据集；为至少一个参数指定多个变量，则绘制多个数据集
bubblechart(tbl,xvar,yvar,sizevar,cvar)
                      % 使用变量 cvar 指定的颜色绘制表中指定的变量
```

【例 5-41】绘制气泡图。在编辑器中编写以下程序并运行。

```
x=1:20;
y=rand(1,20);
sz=rand(1,20);
c=1:20;
subplot(1,2,1)
bubblechart(x,y,sz,c);                              % 为每个气泡指定不同的颜色

subplot(1,2,2)
bubblechart(x,y,sz,c,'MarkerFaceAlpha',0.20);       % 指定透明度
```

运行程序后，输出如图 5-45 所示图形。

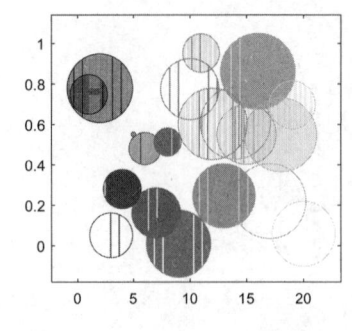

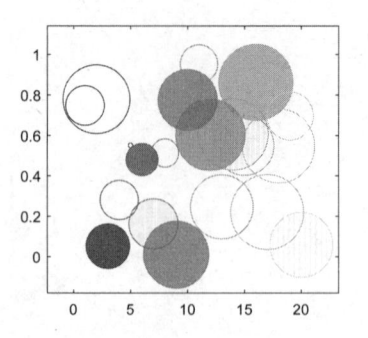

图 5-45　气泡图（1）

【例 5-42】根据表中的数据绘制气泡图。在编辑器中编写以下程序并运行。

```
subplot(1,2,1)
tbl=readtable('patients.xls');          % 以表 tbl 形式读取 patients.xls 数据集
bubblechart(tbl,'Systolic','Diastolic','Weight');      % 绘制气泡图
bubblesize([2 25])                      % 将气泡大小的范围更改为 5~25

subplot(1,2,2)
bubblechart(tbl,'Height',{'Systolic','Diastolic'},'Weight');
        % 同时绘制两个血压变量对 Height 变量的图
bubblesize([2 30])                      % 将气泡大小的范围更改为 2~25
legend
```

运行程序后，输出如图 5-46 所示图形。

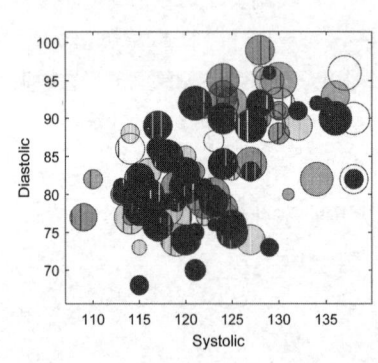

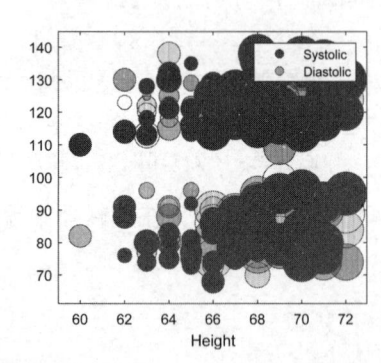

图 5-46　气泡图（2）

5.6　本章小结

在专业绘图领域，各种图表类型可以用来呈现不同类型和结构的数据。本章探讨了线图、分布图、散点图和平行坐标图，以及离散数据图、总体部分图及热图等专业图表在 MATLAB 中的创建方法。

第 6 章 函数概览

函数在 MATLAB 中具有重要作用。本章首先介绍与函数相关的基础内容,包括 M 文件的概念和编辑方法、局部变量与全局变量的使用,以及函数的调用与执行过程。MATLAB 提供包括匿名函数、嵌套函数、子函数和私有函数等在内的多种类型的函数,本章将介绍如何编写这些函数并选择合适的类型。此外,本章还将详细讲解函数参数的传递方式、输入输出参数的处理及全局变量的应用,旨在提升读者的 MATLAB 编程效率和函数应用能力。

6.1 M 文件

通过组织一个 MATLAB 语句序列来完成一个独立的功能,这就是脚本文件编程;而把 M 文件抽象封装,形成可以重复利用的功能块,这就是函数文件编程。因此,MATLAB 编程是提高 MATLAB 应用效率,把 MATLAB 基本函数扩展为实际的用户应用的必经之路。

6.1.1 M 文件概述

MATLAB 提供了极其丰富的内部函数,用户通过命令行调用这些函数,就可以完成很多工作,但是想要更加高效地利用 MATLAB,则离不开 MATLAB 编程。

1. M文件的类型

M 文件是 MATLAB 编程后形成的代码文件。M 文件按其内容和功能可以分为脚本文件和函数文件两大类。

1)脚本文件

脚本文件通常用于执行一系列简单的 MATLAB 命令,运行时只需输入脚本文件名,MATLAB 就会自动按顺序执行脚本文件中的命令。

脚本文件是由许多 MATLAB 代码按顺序组成的语句序列集合，不接收参数的输入和输出，与 MATLAB 工作区共享变量空间。脚本文件一般用来实现一个相对独立的功能，比如对某个数据集进行某种分析、绘图，求解某个已知条件下的微分方程等。通过在命令行窗口中直接输入文件名可以运行脚本文件。

2）函数文件

函数文件也是实现一个单独功能的代码块，它与脚本文件不同的是需要接收参数输入和输出，函数文件中的代码一般只处理输入参数传递的数据，并把处理结果作为函数输出参数返回给 MATLAB 工作区中指定的接收量。

因此，函数文件具有独立的内部变量空间，在执行函数文件时，需指定输入参数的实际取值，而且一般要指定接收输出结果的工作区变量。

在一般情况下，用户不能靠单独输入其文件名来运行函数文件，而必须由其他语句来调用，MATLAB 的大多数应用程序都以函数文件的形式给出。尤其是各种工具箱中的函数，用户可以打开这些函数文件查看。实际上，面向特殊应用领域的用户，如果积累了充足的函数，就可以组建自己的专业领域工具箱。

通过函数文件，用户可以把实现一个抽象功能的 MATLAB 代码封装成一个函数接口，以便以后重复调用。

2．M文件的结构

MATLAB 中的 M 文件一般包括以下五部分。

（1）声明行：这一行只出现在 M 文件的第一行，通过 function 关键字表明此文件是一个 M 文件，并指定函数名、输入和输出参数。

（2）H1 行：这是帮助文字的第一行，给出 M 文件帮助最关键的信息。当用 lookfor 查找某个单词相关的函数时，lookfor 只在 H1 行中搜索是否出现指定单词。

（3）帮助文字：这部分对 M 文件进行更加详细的说明，解释 M 文件实现的功能，M 文件中出现的各变量、参数的意义，以及操作版权等。

（4）M 文件正文：这是 M 文件实现功能的 MATLAB 代码部分，通常包括运算、赋值等指令。

（5）注释部分：这部分的位置比较灵活，主要用来注释 M 文件正文的具体运行过程，方便阅读和修改，经常穿插在 M 文件正文中间。

6.1.2 局部变量与全局变量

在编写程序的时候，可以定义全局变量和局部变量，这两种变量在程序设计中有着不同的应用范围和工作原理。因此，有必要了解这两种变量的使用方法和特点。

无论在脚本文件还是在函数文件中，都会定义一些变量。函数文件所定义的变量是局部变量，这些变量独立于其他函数的局部变量和工作空间的变量，即只能在该函数的工作空间引用，而不能在其他函数工作空间和命令工作空间引用。

但是，如果某些变量被定义成全局变量，就可以在整个 MATLAB 工作空间对其进行存取和修改，以实现共享。因此，定义全局变量是函数间传递信息的一种手段。在 MATLAB 中，定义全局变量需要使用命令 global，其调用格式如下。

```
global var1 … varN
```

通过上面的简单命令，就可以使 MATLAB 允许几个不同的函数空间及基本工作空间共享同一个变量，每个希望共享全局变量的函数或 MATLAB 基本工作空间必须逐个对具体变量（全局变量）进行专门的定义。

如果某个函数在运行过程中修改了全局变量的值，则其他函数空间及其基本工作空间内的同名变量值也会随之变化。

> 提示：在 MATLAB 中对变量名是区分大小写的，尽管 MATLAB 对全局变量的名称没有特别的限制，但是为了提高程序的可读性，建议采用大写字母来命名全局变量，同时，将全局变量尽量放在函数体的首位。

在函数文件中定义全局变量时，如果在当前工作空间已经存在相同的变量，系统将会给出警告，说明由于将该变量定义为全局变量，该变量的值可能发生改变。为避免发生这种情况，应该在使用变量前先将其定义为全局变量。

6.1.3 编辑与运行 M 文件

MATLAB 语言是一种高效的编程语言，可以用普通的文本编辑器把一系列 MATLAB 语句写在一起构成 MATLAB 程序，然后存储在一个文件里，文件的扩展名为.m，因此称为 M 文件。

M 文件都是由纯 ASCII 码字符构成的，运行 M 文件，只需在 MATLAB 命令行窗口中输入 M 文件名即可。

1．新建M文件

① 单击"主页"选项卡"文件"面板中的 ![] （新建脚本）按钮。

② 在命令行窗口中输入 edit 语句，建立新文件，或输入 edit fname 语句，新建名为 fname 的 M 文件。

③ 单击"主页"选项卡"文件"面板中的 ![] （新建）按钮下的 ![] （脚本）按钮。

④ 如果打开文件编辑器后需要建立新文件，可以单击"编辑器"→"文件"→ ![] （新建脚本）按钮，创建脚本文件。

2．打开M文件

① 单击"主页"选项卡"文件"面板中的 ![] （打开）按钮，弹出"打开文件"对话框，选择已有的 M 文件，单击"打开"按钮。

② 输入 edit fname 语句，打开名为 fname 的 M 文件。

③ 如果打开文件编辑器后需要打开其他文件，可以单击"编辑器"→"文件"→ ![]

（打开）按钮，打开文件进行操作。

3．编辑文件

虽然 M 文件是普通的文本文件，在任何文本编辑器中都可以编辑，但 MATLAB 提供了一个更方便的内部编辑器。图 6-1 所示为取消停靠后的编辑器窗口。

对于新建的 M 文件，可以在 MATLAB 编辑器窗口中编写新的文件；对于打开的已有 M 文件，其内容显示在编辑器窗口，用户可以对其进行修改。

> **注意**：除注释内容外，所有 MATLAB 语句都要使用西文字符。

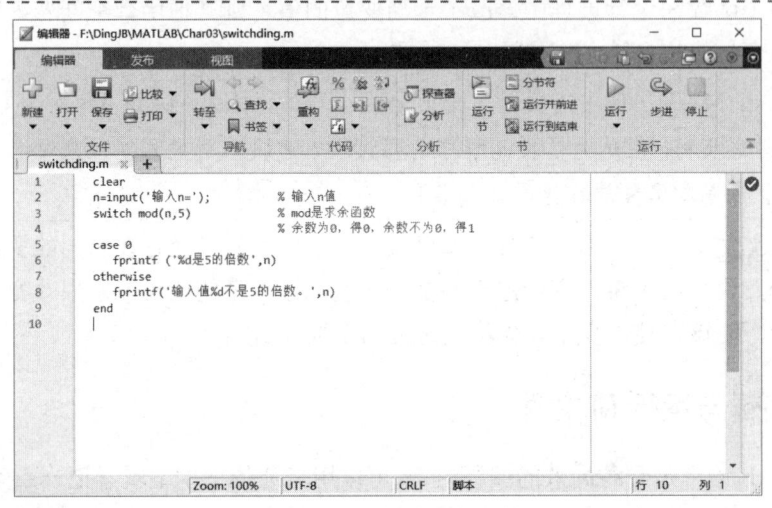

图 6-1　取消停靠后的编辑器窗口

4．保存文件

M 文件在运行之前必须先保存。其方法如下：

（1）单击"编辑器"选项卡下的 ■（保存）按钮，对于新建的 M 文件，弹出"选择要另存的文件"对话框，选择存放路径、文件名和文件保存类型（默认为 M 文件），单击"保存"按钮，即可完成保存；对于打开的已有 M 文件，则直接完成保存。

（2）单击"编辑器"选项卡"保存"按钮下的 ▼（下三角）按钮，并选择"另存为"命令。对于新建的 M 文件，等同于选择"保存"命令；对于打开的已有 M 文件，可以在弹出的"选择要另存的文件"对话框中，重新选择存放的目录、文件名进行保存。

5．运行文件

（1）脚本文件可直接运行，而函数文件还必须输入函数参数。在命令行窗口中输入要运行的文件名即可开始运行。

> **注意**：在运行前，一定要先保存文件，否则运行的是保存前的文件。

（2）如果在编辑器中编写文件后需要直接运行，可以选择"编辑器"选项卡"运行"面板中的 ▷（运行）按钮。

6.1.4 脚本文件

脚本文件是 M 文件中最简单的一种，不需要定义输入参数或输出参数，用命令语句可以控制 MATLAB 命令工作空间的所有数据。

程序运行过程中产生的所有变量均是工作空间变量，这些变量一旦生成，就一直保存在内存空间中，除非用户执行 clear 命令将它们清除。运行一个脚本文件等价于从命令行窗口中顺序运行文件里的语句。由于脚本文件只是一串命令的集合，因此只需像在命令行窗口中输入语句那样，依次将语句写在脚本文件中即可。

【例 6-1】编程计算向量元素的平均值。

在编辑器中编写以下程序并将其保存为 Meanvalue.m。

```
a=input('输入变量：a=');
[b,c]=size(a);
if ~((b==1)|(c==1))|(((b==1)&(c==1)))      % 判断输入是否为向量
    error('必须输入向量')
end
average=sum(a)/length(a)                    % 计算向量 a 所有元素的平均值
```

在命令行窗口中输入 Meanvalue，运行 M 文件，如果输入行向量[6 3 9]，则运行结果如下。

```
>> Meanvalue
输入变量：a=[6 3 9]
average =
     6
```

如果输入的不是向量，如[5 2; 3 4]，则运行结果会报错。

```
>> pingjun
输入变量：a=[5 2; 3 4]
错误使用 Meanvalue (line 4)
必须输入向量
```

6.1.5 函数文件

如果 M 文件的第一个可执行语句以 function 开始，该文件就是函数文件，每一个函数文件都定义一个函数。MATLAB 提供的函数大部分是由函数文件定义的，这足以说明函数文件的重要性。

脚本文件中的变量为命令工作空间变量，在文件执行完成后保留在命令工作空间中；而函数文件内定义的变量为局部变量，只在函数文件内部起作用，当函数文件执行完后，这些内部变量将被清除。

【例 6-2】编写函数 average，用于计算向量元素的平均值。

在编辑器中编写以下程序并将其保存为 average.m，默认状态下函数名为 average.m。

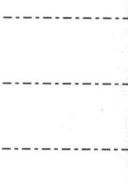

```
function y=average(x)
[a,b]=size(x);                                  % 判断输入量的大小
if~((a==1)|(b==1))| ((a==1)& (b==1))            % 判断输入是否为向量
    error('必须输入向量。')
end
y=sum(x)/length(x);                             % 计算向量 x 所有元素的平均值
```

函数 average 用于接收一个输入参数并返回一个输出参数，其用法与其他函数一样。在命令行窗口中输入以下语句，并查看输出结果。

```
>> clear
>> x=2:3:26                % 输入数值
x =
     2    5    8   11   14   17   20   23   26
>> average(x)              % 调用函数求平均值
ans =
    14
```

通过上面的函数文件可以看出，函数文件通常由以下几个基本部分组成。

（1）函数定义行：函数定义行由关键字 function 引导，指明这是一个函数文件，并定义函数名、输入参数和输出参数，函数定义行内容必须为文件的第一个可执行语句，函数名与文件名相同，可以是 MATLAB 中任何合法的字符。

函数可以带有多个输入和输出参数，如：

```
function [x,y,z]=sphere(theta,phi,rho)
```

也可以没有输出参数，如：

```
function printresults(x)
```

（2）H1 行：H1 行就是帮助文本的第一行，是函数定义行下的第一个注释行，是供 lookfor 查询时使用的。一般来说，为了充分利用 MATLAB 的搜索功能，在编制 M 文件时，应在 H1 行中尽可能多地包含该函数的特征信息。

由于在搜索路径上包含 average 的函数很多，因此用 lookfor average 语句可能会查询到多个有关的函数。如：

```
>> lookfor average
```

（3）帮助文本：在函数定义行后面，连续的注释行不仅可以起到解释与提示作用，更重要的是为用户自己的函数文件提供在线查询信息，以供 help 命令在线查询时使用。如：

```
>> help average
```

（4）函数体：函数体包含了全部的用于完成计算及给输出参数赋值等的语句，这些语句可以是调用函数、流程控制、交互式输入/输出、计算、赋值、注释和空行。

（5）注释：以%起始到行尾结束的部分为注释部分，MATLAB 的注释可以放置在程序的任何位置，可以单独占一行，也可以在一个语句之后，如：

```
                                 % 非向量输入将导致错误
[m,n]=size(x);                   % 判断输入量的大小
```

6.1.6 函数调用

调用函数的一般格式为：

```
[输出参数表]=函数名(输入参数表)
```

调用函数时需要注意以下事项：

（1）当调用一个函数时，输入和输出参数的顺序应与函数定义时一致，其数目可以少于函数文件中所规定的输入和输出参数数目，但不能多于函数文件所规定的输入和输出参数数目。

如果输入和输出参数数目多于或少于函数文件所允许的数目，则调用时自动返回错误信息。如：

```
>> [x,y]=sin(pi)
错误使用 sin
输出参数太多。
```

又如：

```
>> y=linspace(2)
输入参数的数目不足。
出错 linspace (line 19)
    n=floor(double(n));
```

（2）在调用函数时常通过 nargin、nargout 函数来设置默认输入参数，并决定所希望的输出参数。函数 nargin 可以检测函数被调用时指定的输入参数个数；函数 nargout 可以检测函数被调用时指定的输出参数个数。

在函数文件中通过使用 nargin、nargout 函数，可以适应函数被调用时用户输入和输出参数数目少于函数文件中 function 语句所规定数目的情况，以决定采用何种默认输入参数和用户所希望的输出参数。例如，完整的 linspace 函数如下。

```
function y=linspace(d1, d2, n)
% linspace Linearly spaced vector.
% linspace(X1, X2) generates a row vector of 100 linearly
% equally spaced points between X1 and X2.
%
% linspace(X1, X2, N) generates N points between X1 and X2.
% For N=1, linspace returns X2.
%
% Class support for inputs X1,X2:
%    float: double, single
%
```

```matlab
% See also logspace, COLON.

% Copyright 1984-2018 The MathWorks, Inc.

if nargin==2
    n=100;
else
    n=floor(double(n));
end
if ~isscalar(d1) || ~isscalar(d2) || ~isscalar(n)
    error(message('MATLAB:linspace:scalarInputs'));
end
n1=n-1;
if d1==-d2 && n>2 && isfloat(d1) && isfloat(d2)
    % For non-float inputs, fall back on standard case.
    if isa(d1, 'single')
        % Mixed single and double case always returns single.
        d2=-d1;
    end
    y=(-n1:2:n1).*(d2./n1);
    y(1)=d1;
    y(end)=d2;
    if rem(n1, 2)==0 % odd case
        y(n1/2+1)=0;
    end
else
    c=(d2-d1).*(n1-1); % check intermediate value for appropriate treatment
    if isinf(c)
        if isinf(d2-d1) % opposite signs overflow
            y=d1+(d2./n1).*(0:n1)-(d1./n1).*(0:n1);
        else
            y=d1+(0:n1).*((d2-d1)./n1);
        end
    else
        y=d1+(0:n1).*(d2-d1)./n1;
    end
    if ~isempty(y)
        if isscalar(y)
            if ~isnan(n)
                y(1)=d2;
            end
        elseif d1==d2
            y(:)=d1;
```

```
        else
            y(1)=d1;
            y(end)=d2;
        end
    end
end
```

如果调用函数 linspace 时只指定 2 个输入参数,例如 linspace(0,10),则函数 linspace 在 0~10 之间等间隔产生 100 个数据点;相反,如果输入参数的个数是 3,如 linspace(0,10,50),则第 3 个参数决定数据点的个数,即函数 linspace 在 0~10 之间等间隔产生 50 个数据点。同样,函数可按少于函数文件中所规定的输出参数数目进行调用。如对函数 size 的调用:

```
>> x=[1 2 3 ; 4 5 6];
>> m=size(x)
m =
     2     3
>> [m,n]=size(x)
m =
     2
n =
     3
```

(3) 当函数有一个以上输出参数时,输出参数包含在方括号内。例如[m,n]=size(x)。

注意:[m,n]在左边表示函数的两个输出参数 m 和 n;不要把它和[m,n]在等号右边的情况混淆,如 y=[m,n]表示数组 y 由变量 m 和 n 所组成。

(4) 若函数有一个或多个输出参数,但调用时未指定输出参数,则不给输出变量赋任何值。如:

```
function t=toc
% toc Read the stopwatch timer.
% toc, by itself, prints the elapsed time (in seconds) since tic was used.
% t=toc; saves the elapsed time in t, instead of printing it out.
% See also tic, etime, clock, cputime.
% Copyright(c) 1984-94 The MathWorks, Inc.
% toc uses etime and the value of clock saved by tic.
Global tictoc
If nargout<1
elapsed_time=etime(clock,tictoc)
else
    t=etime(clock,tictoc);
end
```

如果调用 toc 时不指定输出参数 t,例如:

```
>> tic
>> toc
历时 0.003488 秒。
```

则函数在命令行窗口显示函数工作空间变量 elapsed_time 的值，但在命令工作空间里不给输出参数 t 赋任何值，也不创建变量 t。

如果调用 toc 时指定输出参数 t，例如：

```
>> tic
>> out=toc
out =
    0.0029
```

则输出参数以变量 out 的形式返回命令行窗口，并在命令工作空间里创建变量 out。

（5）函数有自己的独立工作空间，它与 MATLAB 的工作空间分开。除非使用全局变量，函数内变量与 MATLAB 其他工作空间之间唯一的联系是函数的输入和输出参数。如果函数任一输入参数值发生变化，则其变化仅在函数内出现，不影响 MATLAB 其他工作空间的变量。函数内所创建的变量只驻留在该函数工作空间，而且只在函数执行期间临时存在，以后就消失。因此，从一个调用到另一个调用，在函数工作空间以变量存储信息是不可能的。

（6）在 MATLAB 中的其他工作空间重新定义预定义的变量（例如 pi），不会延伸到函数的工作空间；反之，在函数内重新定义预定义的变量不会延伸到 MATLAB 的其他工作空间。

如果变量说明是全局的，则函数可以与其他函数、MATLAB 的命令行窗口和递归调用本身共享变量。为了在函数内或 MATLAB 命令行窗口中访问全局变量，必须在每个需要访问该变量的工作空间中使用 global 关键字进行声明。

全局变量可以为编程带来某些方便，但破坏了函数对变量的封装，所以在实际编程中，无论什么时候都应尽量避免使用全局变量。如果一定要用全局变量，建议全局变量名要长，采用大写字母，并有选择地以首次出现的 M 文件的名称开头，使全局变量之间不必要的互作用减至最小。

（7）MATLAB 以搜寻脚本文件的方式搜寻函数文件。如输入 cow 语句，MATLAB 首先认为 cow 是一个变量；如果不是，那么 MATLAB 认为它是一个内置函数；如果还不是，MATLAB 检查当前 cow.m 的目录或文件夹；如果仍然找不到，MATLAB 就检查 cow.m 在 MATLAB 搜寻路径上的所有目录或文件夹。

（8）在函数文件内可以调用脚本文件。在这种情况下，脚本文件查看函数工作空间，不查看 MATLAB 命令行窗口。在函数文件内调用的脚本文件不必调到内存进行编译，函数每调用一次，它们就被打开和解释。因此，在函数文件内调用脚本文件减慢了函数的执行。

（9）当函数文件执行到达文件终点，或者碰到返回命令 return 时，就结束执行和返回。返回命令 return 提供了一种结束函数的简单方法，而不必执行到文件的终点。

6.2 函数类型

MATLAB 中的函数有多种，具体可分为匿名函数、M 文件主函数、嵌套函数、子函数、私有函数和重载函数等。

6.2.1 匿名函数

匿名函数通常是很简单的函数。不像一般的 M 文件主函数要通过 M 文件编写，匿名函数是面向命令行代码的函数形式，它通常只用一行非常简单的语句，就可以在命令行窗口或 M 文件中调用函数，这对那些函数内容非常简单的情况是很方便的。

创建匿名函数的标准格式如下。

```
fhandle=@(arglist)expr
```

其中：

（1）expr 通常是一个简单的 MATLAB 变量表达式，实现函数的功能，比如 x+x.^2 等；

（2）arglist 是参数列表，它指定函数的输入参数列表，对应多个输入参数的情况，通常要用逗号分隔各个参数；

（3）符号@是 MATLAB 中用来创建函数句柄的操作符，表示创建由输入参数列表 arglist 和表达式 expr 确定的函数句柄，并把这个函数句柄返回给变量 fhandle，这样，以后就可以通过 fhandle 来调用定义好的这个函数。

例如定义函数：

```
dingfun=@(x)(x+x.^2)
```

表示创建了一个匿名函数，它有一个输入参数 x，它实现的功能是 x+x.^2，并把这个函数句柄保存在变量 dingfun 中，以后就可以通过 dingfun(a)来计算当 x=a 时的函数值。

> **注意**：匿名函数的参数列表 arglist 中可以包含一个或多个参数，这样调用的时候就要按顺序给出这些参数的实际取值。但 arglist 也可以不包含参数，即留空。此时还需要通过 fhandle()的形式来调用函数，即要在函数句柄后紧跟一个空的括号，否则，只显示 fhandle 句柄对应的函数形式。

匿名函数可以嵌套，即在 expr 表达式中可以用函数来调用一个函数句柄。

【例 6-3】匿名函数应用示例。

在命令行窗口中输入以下语句，并查看输出结果。

```
>> dingth=@(x)(x+x.^2)        % 定义函数句柄
dingth =
  包含以下值的 function_handle:
```

```
        @(x)(x+x.^2)
>> dingth(4)
ans =
    20
>> dingth1=@()(6+8)          % 不含参数，即留空
dingth1 =
    包含以下值的 function_handle:
    @()(6+8)
>> dingth1()                 % 在函数句柄后紧跟一个空括号调用函数
ans =
    14
>> dingth1                   % 在函数句柄后不跟空括号，则给出函数句柄对应的函数形式
dingth1=
    包含以下值的 function_handle:
    @()(6+8)
```

匿名函数可以保存在.mat 文件中，该例中通过 save dingth.mat 可以把匿名函数句柄 dingth 保存在 dingth.mat 文件中，当需要使用匿名函数 dingth 时，只需要执行 load dingth.mat 语句即可。

6.2.2 M 文件主函数

每个函数文件第一行定义的函数就是 M 文件主函数，一个 M 文件只能包含一个主函数，通常习惯上将 M 文件名和 M 文件主函数名设为一致的。

M 文件主函数的说法是针对其内部嵌套函数和子函数而言的，一个 M 文件中除一个主函数外，还可以编写多个嵌套函数或子函数，以便在主函数功能实现中进行调用。

6.2.3 嵌套函数

在一个函数内部，可以定义一个或多个函数，这种定义在其他函数内部的函数就被称为嵌套函数。嵌套可以多层发生，也就是说一个函数内部可以嵌套多个函数，这些嵌套函数内部又可以继续嵌套其他函数。

嵌套函数的语法格式为：

```
function x=a(b,c)
…
    function y=d(e,f)
    …
        function z=h(m,n)
            % …
        end
    end
end
```

一般函数代码的结尾是不需要专门标明 end 的，但是使用嵌套函数时，无论嵌套函数还是嵌套函数的父函数（直接上一层次的函数）都要明确标出 end，表示函数结束。

嵌套函数的互相调用和嵌套的层次密切相关，如下面一段代码中：

（1）外层的函数可以调用向内一层直接嵌套的函数（A 可以调用 B 和 C），而不能调用更深层次的嵌套函数（A 不可以调用 D 和 E）；

（2）嵌套函数可以调用与自己具有相同父函数的其他同层函数（B 和 C 可以相互调用）；

（3）嵌套函数也可以调用其父函数，或与其父函数具有相同父函数的其他嵌套函数（D 可以调用 B 和 C），但不能调用与其父函数具有相同父函数的其他嵌套函数内深层嵌套的函数。

```
function A(a,b)
    …
    function B(c,d)
        …
        function D=h(e)
            …
        end
    end
    function C(m,n)
        …
        function E(g,f)
            …
        end
    end
end
```

6.2.4 子函数

一个 M 文件只能包含一个主函数，但是可以包含多个函数，这些编写在主函数后的函数都称为子函数。所有子函数只能被其所在 M 文件中的主函数或其他子函数调用。

所有子函数都有自己独立的声明和帮助、注释等结构，只需要放在主函数之后即可。而各个子函数的前后顺序都可以任意，和被调用的先后顺序无关。

M 文件内部发生函数调用时，MATLAB 首先检查该 M 文件中是否存在相应名称的子函数，然后检查这一 M 文件所在的目录的子目录是否存在同名的私有函数，之后按照 MATLAB 路径，检查是否存在同名的 M 文件或内部函数。根据这一顺序，函数调用时首先查找相应的子函数，因此可以通过编写同名子函数的方法实现 M 文件内部的函数重载。

子函数的帮助文件也可以通过 help 命令显示。

6.2.5 私有函数

私有函数是具有限制性访问权限的函数，它们对应的 M 文件需要保存在名为 private 的文件夹下，这些私有函数代码在编写上和普通的函数没有什么区别，也可以在一个 M 文件中编写一个主函数和多个子函数，以及嵌套函数。

> **注意**：私有函数只能被 private 目录的直接父目录下的脚本文件或 M 文件主函数调用。

通过 help 命令获取私有函数的帮助信息，也需要声明其私有特点，例如要获取私有函数 myprifun 的帮助信息，就要通过 help private/myprifun 命令。

6.2.6 重载函数

重载是计算机编程中非常重要的概念，它经常用在功能类似的，但参数类型或个数不同的函数的编写中。

例如现在要实现一个计算功能，一种情况下输入的几个参数都为双精度浮点型，另一种情况下输入的几个参数都为整型，这时候，用户就可以编写两个同名函数，一个用来处理双精度浮点型的输入参数，另一个用来处理整型的输入参数。这样，当用户实际调用函数时，MATLAB 就可以根据实际传递的变量类型选择执行其中一个函数。

MATLAB 中重载函数通常放置在不同的文件夹下，文件夹名称以符号@开头，然后跟一个代表 MATLAB 数据类型的字符，如@double 目录下的重载函数输入参数应该为双精度浮点型，而@int32 目录下的重载函数的输入参数应该为 32 位整型。

6.3 函数参数传递

在 MATLAB 中通过 M 文件编写函数时，只需要指定输入和输出的形式参数列表，只有在函数实际被调用的时候，才需要把具体的数值提供给函数声明中的输入参数。

6.3.1 参数传递概述

MATLAB 中参数传递过程是值传递，也就是说，在函数调用过程中，MATLAB 将传入的实际变量值赋给形式参数指定的变量名，这些变量都存储在函数的变量空间中，该空间和工作区变量空间是分开的，每一个函数在调用中都有自己独立的变量空间。

例如，编写函数：

```
function y=myfun(x,y)
```

在命令行窗口中通过 a=myfun(3,2)调用此函数，那么 MATLAB 首先会建立 myfun 函数的变量空间，把 3 赋值给 x，把 2 赋值给 y，然后执行函数代码，在执行完毕后，把

myfun 函数返回的参数 y 的值传递给工作区变量 a。调用过程结束后，函数变量空间被释放。

6.3.2 输入、输出参数的数目

MATLAB 的函数可以具有多个输入或输出参数。通常在调用时，需要给出和函数声明语句中一一对应的输入参数；而输出参数数目可以按参数列表对应指定，也可以不指定。

若调用函数时不指定输出参数，则 MATLAB 默认把输出参数列表中的第一个参数的数值返回给工作区变量 ans。

在 MATLAB 中可以通过 nargin 和 nargout 函数，确定函数调用时实际传递的输入和输出参数的个数，结合条件分支语句，就可以处理函数调用中指定不同数目的输入、输出参数的情况。

【例 6-4】输入和输出参数的数目。

在编辑器中编写以下程序，并保存为 dingtha.m 函数。

```
function [n1,n2]=dingtha(m1,m2)
if nargin==1
    n1=m1;
    if nargout==2
        n2=m1;
    end
else
    if nargout==1
        n1=m1+m2;
    else
        n1=m1;
        n2=m2;
    end
end
```

在命令行窗口中输入以下语句，并查看输出结果。

```
>> m=dingtha(6)
m =
     6
>> [m,n]= dingtha(6)
m =
     6
n =
     6
>> m=dingtha(3,9)
m =
    12
```

```
>> [m,n]=dingtha(3,9)
m =
    3
n =
    9
>> dingtha(3,9)
ans =
    3
```

指定了输入和输出参数数目的调用情况比较好理解，只要对照函数文件中对应的 if 分支项即可；而对不指定输出参数数目的调用情况，MATLAB 是按照指定了所有输出参数的调用格式对函数进行调用的，不过在输出时只把第一个输出参数对应的变量值赋给工作区变量 ans。

6.3.3　可变数目的参数传递

使用函数 nargin 和 nargout 并结合条件分支语句，可以处理具有不同数目的输入和输出参数的函数调用，但这要求对每一种输入参数和输出参数组合分别进行代码编写。

有些情况下，用户可能并不能确定具体调用中传递的输入参数或输出参数的数目，即具有可变数目的传递参数，MATLAB 中可通过 varargin 和 varargout 函数实现可变数目的参数传递，使用这两个函数对于处理具有复杂的输入输出参数组合的情况也是便利的。

函数 varargin 和 varargout 把实际函数调用时传递的参数值封装成一个元胞数组，因此，在函数实现部分的代码编写中，就要用访问元胞数组的方法访问封装在函数 varargin 和 varargout 中的元胞或元胞内的变量。

【例 6-5】可变数目的参数传递。

在编辑器中编写以下程序，并保存为 myth.m 函数。

```
function y=dingthb(x)
a=0;
for i=1:1:length(x)
   a=a+mean(x(i));
end
y=a/length(x);              % 计算平均值
```

函数 dingthb 以 x 作为输入参数，从而可以接收可变数目的输入参数，函数实现部分首先计算了各个输入参数（可能是标量、一维数组或二维数组）的均值，然后计算这些均值的均值。

在命令行窗口中输入以下语句，并查看输出结果。

```
>> dingthb([5 3 4 1 8])
ans =
    4.2000
```

```
>> dingthb(5)
ans =
    5
>> dingthb([5 2; 9 6])
ans =
    7
>> dingthb(magic(5))
ans =
    13
```

6.3.4 返回被修改的输入参数

前文已讲过，MATLAB 函数有独立于工作区的变量空间，因此在函数内部对输入参数的修改只影响函数内部的变量空间。这些修改的生命周期与函数调用的生命周期相同。如果不将修改后的值通过返回值传递到工作区或其他变量，函数调用结束后，这些修改会被自动清除，不会影响到工作区中的变量。

【例 6-6】函数内部的输入参数修改。

在编辑器中编写以下程序，并保存为 dingthc.m 函数。

```
function y=dingthc(x)
x=x+2;
y=x.^2;
```

在 dingthc 函数内部，首先修改输入参数 x 的值（x=x+2），然后用修改后的 x 值计算输出参数 y 的值（y=x.^2）。

在命令行窗口中输入以下语句，并查看输出结果（注意 x 的值是否发生变化）。

```
>> x=6
x =
    6
>> y=dingthc(x)
y =
    64
>> x
x =
    6
```

由此可见，调用结束后，函数变量空间中的 x 在函数调用中被修改，但此修改只在函数变量空间中有效，这并没有影响到 MATLAB 工作区变量空间中的变量 x 的值，函数调用前后，MATLAB 工作区中的变量 x 的值始终为 6。

如果希望函数内部对输入参数的修改也对 MATLAB 工作区的变量有效，就需要在函数输出参数列表中返回此输入参数。对上例中的函数，需要把函数修改为 function [y,x]=dingthc(x)，而在调用时也要通过[y,x]=dingthc(x)语句调用。

【例6-7】 将修改后的输入参数返回给 MATLAB 工作区。

在编辑器中编写以下程序，并保存为 dingthd.m 函数。

```
function [y,x]=dingthd(x)
x=x+2;
y=x.^2;
```

在命令行窗口中输入以下语句，并查看输出结果。

```
>> x=6
x =
    6
>> [y,x]=dingthd(x)
y =
    64
x =
    8
>> x
x =
    8
```

由此可见，函数调用后，MATLAB 工作区中的变量 x 的值从 6 变为 8，表明通过[y,x]=dingthc(x)调用，实现了函数对 MATLAB 工作区变量的修改。

6.3.5 全局变量

通过返回修改后的输入参数，可以实现函数内部对 MATLAB 工作区变量的修改，而另一种殊途同归的方法是使用全局变量，声明全局变量需要用到 global 关键词，语法格式为 global variable。

通过全局变量可以实现 MATLAB 工作区变量空间和多个函数的变量空间共享。这样，多个使用全局变量的函数和 MATLAB 工作区共同维护这一全局变量，任何一处对全局变量的修改，都会直接改变此全局变量的取值。

在应用全局变量时，通常在各个函数内部通过 global variable 语句来声明，在命令行窗口或脚本文件中也要先通过 global 声明，再进行赋值。

【例6-8】 全局变量的使用。

在编辑器中编写以下程序，并保存为 dingthe.m 函数。

```
function y=dingthe(x)
global a;
a=a+9;
y=cos(x);
```

在命令行窗口中先声明全局变量，再赋值调用。在命令行窗口中输入以下语句，并查看输出结果。

```
>> global a
a=8
a =
    8
>> dingthe(pi)
ans =
    -1
>> a
a =
    17
```

通过上例可见，用 global 将 a 声明为全局变量后，函数内部对 a 的修改也会直接作用到 MATLAB 工作区中，函数调用一次后，a 的值从 8 变为 17。

6.4 初等数学函数

MATLAB 自带了大量的数学函数，本节将对 MATLAB 中的初等数学函数进行简单的介绍。初等数学函数运算的共同特点是函数的运算针对的都是矩阵中的元素，即都是对矩阵中的每个元素进行运算的。

6.4.1 三角函数

MATLAB 提供了大量的三角函数，方便用户直接调用。三角函数的功能如表 6-1 所示。

表 6-1 三角函数的功能

函数名	功能描述	函数名	功能描述
sin	正弦	sec	正割
sind	正弦，输入值以"°"为单位	secd	正割，输入值以"°"为单位
sinpi	准确计算 sin(X*pi)	sech	双曲正割
sinh	双曲正弦	asec	反正割
asin	反正弦	asecd	反正割，输出值以"°"为单位
asind	反正弦，输出值以"°"为单位	asech	反双曲正割
asinh	反双曲正弦	csc	余割
cos	余弦	cscd	余割，输入值以"°"为单位
cosd	余弦，输入值以"°"为单位	csch	双曲余割
cospi	准确计算 cos(X*pi)	acsc	反余割
cosh	双曲余弦	acscd	反余割，输出值以"°"为单位
acos	反余弦	acsch	反双曲余割
acosd	反余弦，输出值以"°"为单位	cot	余切
acosh	反双曲余弦	cotd	余切，输入值以"°"为单位
tan	正切	coth	双曲余切

续表

函数名	功能描述	函数名	功能描述
tand	正切，输入值以 " ° " 为单位	acot	反余切
tanh	双曲正切	acotd	反余切，输出值以 " ° " 为单位
atan	反正切	acoth	反双曲余切
atand	反正切，输出值以 " ° " 为单位	hypot	平方和的平方根（斜边）
atan2	四象限反正切	deg2rad	将角从以 " ° " 为单位转换为以弧度为单位
atan2d	四象限反正切（以 " ° " 为单位）	rad2deg	将角的单位从弧度转换为 " ° "
atanh	反双曲正切	…	…

【例 6-9】绘制 0~2π 的正弦函数、余弦函数图形。

在编辑器中编写以下程序并运行。

```
x=0:0.05*pi:2*pi;
y1=sin(x);
y2=cos(x);
plot(x,y1,'b-',x,y2,'ro-')
xlabel('X取值'); ylabel('函数值')
legend('正弦函数','余弦函数')
```

运行程序后，输出如图 6-2 所示图形。

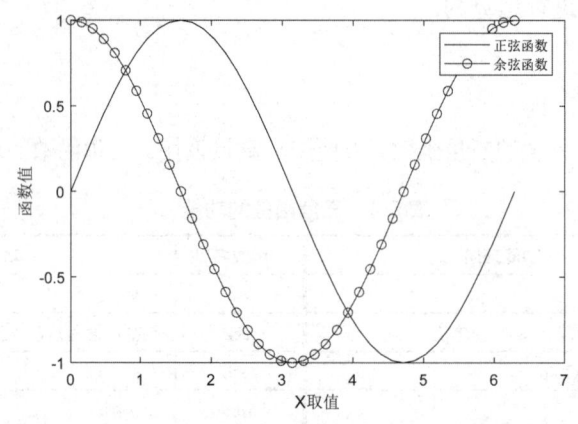

图 6-2 0~2π 的正弦函数、余弦函数图形

6.4.2 指数和对数函数

MATLAB 提供的指数和对数函数及其功能如表 6-2 所示。

表 6-2 指数和对数函数及其功能

函数名	功能描述	函数名	功能描述
exp	指数	realpow	幂，若结果是复数则报错
expm1	准确计算 exp(x) 减 1 的值	reallog	自然对数，若输入不是正数则报错
log	自然对数（以 e 为底）	realsqrt	开平方根，若输入不是正数则报错

续表

函数名	功能描述	函数名	功能描述
log1p	准确计算 log(1+x)的值	sqrt	开平方根
log10	常用对数（以 10 为底）	nthroot	求 x 的 n 次方根
log2	以 2 为底的对数	nextpow2	返回满足 2^P>=abs(N)的最小正整数 P，N 为输入

【例 6-10】计算 e^{x_1} ($x_1 \in [-1,6]$) 及 $\log x_2$ ($x_2 \in [0.1,6]$)的值，并绘图。

在编辑器中编写以下程序并运行。

```
x1=-1:0.2:6; x2=0.1:0.3:6;
y1=exp(x1); y2=log(x2);
subplot(1,2,1); plot(x1,y1,'b-')
xlabel('自变量取值'); ylabel('函数值')
legend('e^x');
subplot(1,2,2); plot(x2,y2,'ro-')
xlabel('自变量取值'); ylabel('函数值')
legend('log^x');
```

运行程序后，输出如图 6-3 所示图形。

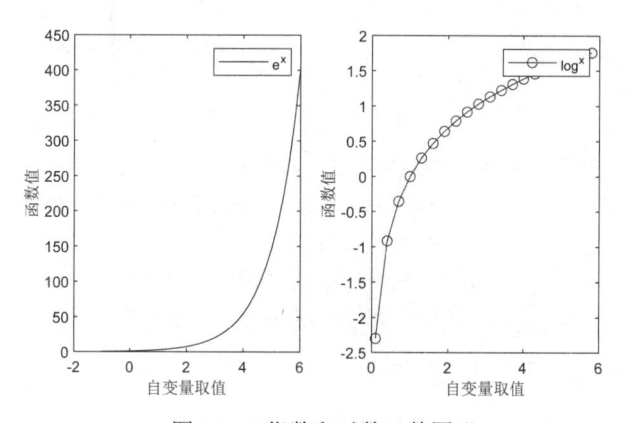

图 6-3　指数和对数函数图形

6.4.3　复数函数

MATLAB 提供的复数函数及其功能如表 6-3 所示。

表 6-3　复数函数及其功能

函数名	功能描述	函数名	功能描述
abs	绝对值（复数的模）	imag	复数的虚部
angle	复数的相角	isreal	是否为实数矩阵
complex	用实部和虚部构造一个复数	real	复数的实部
conj	复数的共轭	sign	符号函数
cplxpair	把复数矩阵排列成复共轭对	unwrap	调整矩阵元素的相位
i	虚数单位	j	虚数单位

在复数函数中，除了函数 unwrap 和 cplxpair 的用法比较复杂，其他函数的用法都比较简单。下面就详细介绍函数 unwrap 和 cplxpair 的用法。

函数 unwrap 用于对表示相位的矩阵进行校正，当矩阵相邻元素的相位差大于设定阈值（默认值为 π）时，通过加±2π 来校正相位。函数 unwrap 的基本调用格式如下。

```
Q=unwrap(P)              % 当相位大于默认阈值π时，校正相位
Q=unwrap(P,tol)          % 用 tol 设定阈值
Q=unwrap(P,[],dim)       % 用默认阈值π在给定维度dim上做相位校正
Q=unwrap(P,tol,dim)      % 用阈值tol在给定维度dim上做相位校正
```

函数 cplxpair 用于将复数数组中的复共轭对组合在一起，其基本调用格式如下。

```
B=cplxpair(A)            % 对沿复数数组不同维度的元素排序，并将复共轭对组合在一起
B=cplxpair(A,tol)        % 覆盖默认容差
B=cplxpair(A,[],dim)     % 沿着标量dim指定的维度对A排序
B=cplxpair(A,tol,dim)    % 沿着指定维度对A排序并覆盖默认容差
```

【例 6-11】 绘制螺旋线的正确相位角。定义相位角为 0～6π 的螺旋线的 x 坐标和 y 坐标。

在编辑器中编写以下程序并运行。

```
t=linspace(0,6*pi,201);
x=t/pi.*cos(t);
y=t/pi.*sin(t);
plot(x,y)                % 绘制螺旋线，结果如图 6-4（a）所示
P=atan2(y,x);            % 基于螺旋线x、y坐标求其相位角，返回函数在[-π,π]区间的角度值
plot(t,P)                % 相位角有不连续性，如图 6-4（b）所示
Q=unwrap(P);             % 使用 unwrap 函数消除不连续性
plot(t,Q)                % 平移后的相位角，如图 6-4（c）所示
```

运行程序后，输出如图 6-4 所示图形。

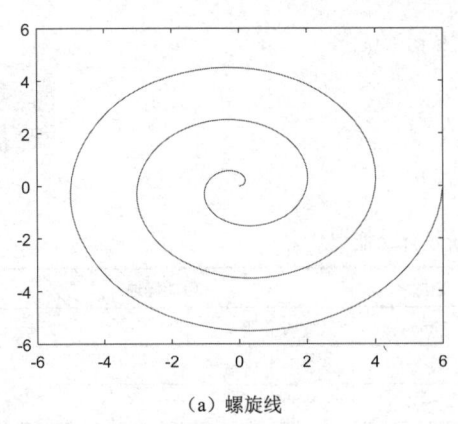

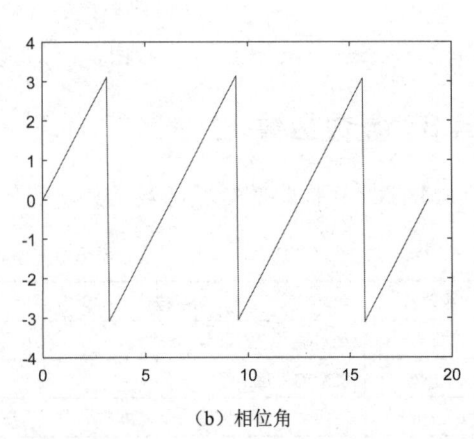

(a) 螺旋线　　　　　　　　　　　　　(b) 相位角

图 6-4　螺旋线的正确相位角

(c)平移后的相位角

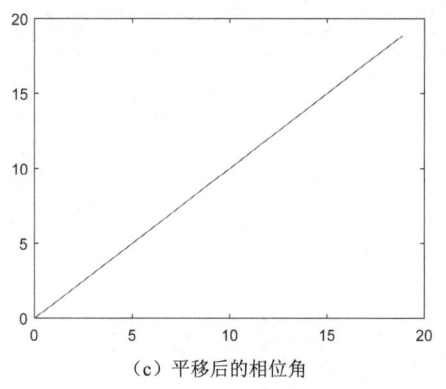

图 6-4　螺旋线的正确相位角（续）

> 说明：当 P 的连续元素之间的相位差大于或等于跳跃阈值 π 时，unwrap 函数会将角度增加 2π 的倍数，平移后的相位角 Q 在[0,6π]区间上。

6.5 本章小结

MATLAB 提供了极其丰富的内部函数，用户通过命令行调用这些函数就可以完成很多工作，但是想要更加高效地利用 MATLAB，则离不开 MATLAB 编程。通过本章的学习，读者应该了解到脚本文件和函数文件在结构、功能、应用范围上的差别。熟悉并掌握 MATLAB 中各种类型的函数，尤其对匿名函数，以 M 文件为核心的 M 文件主函数、子函数、嵌套函数等要熟练应用。对函数句柄也要理解和掌握。对中高级 M 函数编程，用户还要熟悉参数传递过程及相关函数。

第 7 章 符号运算

MATLAB 除了能够处理数值运算，还可以进行各种符号运算。在 MATLAB 中，进行符号运算可以用推理解析的方式进行，避免数值计算带来的截断误差，同时符号运算可以得到精确解。在 MATLAB 中，符号运算实质上属于数值计算的补充部分，并不是 MATLAB 的核心内容。但是，该软件在符号运算的命令、符号运算结果的图形显示、运算程序的编写和帮助系统等方面，都表现得十分完整和便捷。

7.1 符号运算基本概念

通过 MATLAB 的符号运算功能，能够解决科学计算中的符号数学问题，并获得符号解析的精确解。符号运算在自然科学与工程计算的理论分析中具有极其重要的作用和实用价值。

7.1.1 符号对象

数值运算在科学与工程技术中固然重要，但在自然科学的理论分析中，处理各种公式、关系式及其推导则是符号运算要解决的问题。与数值运算同样重要，符号运算也是科学计算的关键内容之一。在 MATLAB 中，数值运算的操作对象是具体数值，而符号运算的操作对象则是非数值的符号对象。

符号对象是 Symbolic Math Toolbox 定义的一种新的数据类型（sym 类型），用来存储非数值的字符符号（通常是大写或小写的英文字母及其字符串）。符号对象可以是符号常量（符号形式的数）、符号变量、符号函数及各种符号表达式（符号数学表达式、符号方程与符号矩阵）等。

在 MATLAB 中，可利用函数 sym、syms 来建立符号对象，以及利用函数 class 来测试建立的操作对象为何种类型、是否为符号对象类型（sym 类型）。

7.1.2 创建符号对象

在一个 MATLAB 程序中，作为符号对象的符号常量、符号变量、符号函数及符号表达式，首先要利用 sym、syms 函数创建。

利用 sym 函数可以创建符号变量、表达式、函数、矩阵，其调用格式如下。

```
x=sym('x')              % 创建一个符号变量 x
A=sym('a',[n1…nM])      % 创建一个大小为 n1×…×nM 的符号数组，元素是自动生成的
```

例如，A=sym('a',[13])会创建行向量 A=[a1 a2 a3]。生成的元素 a1、a2 和 a3 不会出现在 MATLAB 工作区中。多维数组元素的命名格式为前缀 a，加上使用_作为分隔符的元素索引，如 a1_3_2。

```
A=sym('a',n)        % 创建一个 n×n 的符号矩阵，矩阵中的元素是自动生成的
sym(__,set)         % 创建符号变量或数组，并设置这些变量或数组元素的假设条件 set
         % set 可以是'real'、'positive'、'integer'或'rational'，也可以组合多个条件
sym(__,'clear')     % 清除符号变量或数组上的假设条件

sym(num)            % 将由 num 指定的数字或数值矩阵转换为符号数或符号矩阵
sym(num,flag)       % 使用由 flag 指定的方法，将浮点数转换为符号数，如表 7-1 所示
sym(strnum)         % 将由 strnum 指定的字符向量或字符串转换为精确的符号数

symexpr=sym(h)      % 通过与函数句柄 h 关联的匿名函数创建一个符号表达式或矩阵 symexpr
symexpr=sym(M)      % 将符号矩阵 M 转换成类型为 sym 的符号变量数组
```

转换成的符号对象应符合 flag 格式。

表 7-1 flag 格式

选项	描述
'd'	最接近的十进制浮点数精确表示
'e'	带（数值计算时）估计误差的有理数表示
'f'	十六进制浮点数表示
'r'	为默认设置，是最接近有理数表示的形式 指用两个正整数 p、q 构成的 p/q、p*pi/q、sqrt(p)、2^p、10^q 的形式之一

与 sym 函数类似，syms 函数通过简化的语法使符号变量的定义更加方便。它允许一次性定义多个符号变量，并自动将这些符号变量存储在 MATLAB 工作区中，便于后续的符号计算和操作。其调用格式如下。

1. 创建符号变量

```
syms var1 … varN              % 创建符号变量 var1…varN，类型为 sym，使用空格分隔
syms var1 … varN [n1…nM]      % 创建大小为 n1-by-…-by-nM 的符号变量数组
syms var1 … varN n            % 创建一个大小为 n-by-n 的符号矩阵，自动生成元素
syms __ set                   % 设置符号变量属于 set，并清除其他假设条件，set 同 sym
```

2．创建符号函数

```
syms f(var1,…,varN)              % 创建类型为 symfun 的符号函数 f(var1,…,varN)
syms f(var1,…,varN) [n1…nM]      % 创建一个大小为 n1-by-…-by-nM 的符号数组
syms f(var1,…,varN) n            % 创建一个大小为 n-by-n 的符号函数矩阵
```

3．创建符号矩阵

```
syms var1 … varN [nrowncol] matrix    % 创建符号矩阵，变量为 var1…varN
                                      % 其中每个矩阵变量的大小为 nrow-by-ncol
syms var1 … varN n matrix             % 创建大小为 n-by-n 的符号矩阵
```

4．创建符号矩阵函数

```
syms f(var1,…,varN) [nrowncol] matrix           % 创建符号矩阵函数 f
syms f(var1,…,varN) [nrowncol] matrix keepargs
       % 保留工作区中 var1,…,varN 的现有定义
syms f(var1,…,varN) n matrix          % 创建一个方阵形式的符号矩阵函数,大小为 n-by-n
syms f(var1,…,varN) n matrix keepargs % 保留工作区中 var1,…,varN 的现有定义
```

5．创建符号对象数组

```
syms(symArray)       % 创建符号对象数组，它们包含在 symArray 中
                     % symArray 可以是符号变量的向量或符号变量的单元数组
```

6．列出符号对象的名称

```
syms       % 列出工作区中所有符号变量、符号函数、符号矩阵、符号矩阵函数和数组的名称
S=syms     % 返回一个包含工作区中所有符号对象名称的单元数组
```

> **说明**：syms 函数实际上是 sym 函数的简化版。两者功能相似，syms 函数更适合一次性定义多个符号变量，并自动将它们存储在工作区中；sym 函数更灵活，适合需要精确控制变量名称、数组大小或设置特定假设条件的场合。

在 MATLAB 中，利用函数 class 可以查看数据对象的类型，其调用格式如下。

```
str=class(object)       % 返回指代数据对象类型的字符串
```

数据对象类型如表 7-2 所示。

表 7-2 数据对象类型

字符串	类型	字符串	类型
sym	符号对象	int8	8 位带符号整型数组
cell	元胞数组	int16	16 位带符号整型数组
char	字符数组	int32	32 位带符号整型数组
sparse	实（或复）稀疏矩阵	uint8	8 位不带符号整型数组
struct	结构数组	uint16	16 位不带符号整型数组
double	双精度浮点数	uint32	32 位不带符号整型数组

7.1.3 符号常量

符号常量是一种符号对象。数值常量如果作为函数 sym 的输入参量，就建立了一个符号对象——符号常量，即看上去是一个数值量，但它已是一个符号对象。创建的这个符号对象可以用 class 函数来检测其数据类型。

【例 7-1】 对数值量 1/8 创建符号对象并检测其数据类型。

在命令行窗口中输入以下语句，并查看输出结果。

```
>> clear
>> a=1/8;
>> b='1/8';
>> c=sym(1/8);
>> d=sym('1/8');
>> classa=class(a)
classa =
    'double'
>> classb=class(b)
classb =
    'char'
>> classc=class(c)
classc =
    'sym'
>> classd=class(d)
classd =
    'sym'
```

由结果可以看出，a 是双精度浮点数类型；b 是字符类型；c 与 d 都是符号对象类型。

7.1.4 符号变量

在 MATLAB 数值运算中，变量是内容可变的数据，而在 MATLAB 符号运算中，符号变量是内容可变的符号对象。符号变量通常是指一个或几个特定的字符，不是指符号表达式，虽然可以将一个符号表达式赋值给一个符号变量。

符号变量有时也称为自由变量。符号变量与 MATLAB 数值运算的数值变量名称的命名规则相同：

- 变量名可以由英文字母、数字和下画线组成；
- 变量名应以英文字母开头；
- 组成变量名的字符长度不大于 31 个；
- MATLAB 区分大小写英文字母。

【例 7-2】 创建符号变量 α、β、γ。

利用函数 sym 创建符号对象。在命令行窗口中输入以下语句，并查看输出结果。

```
>> clear
>> a=sym('alpha');
>> classa=class(a)
classa =
    'sym'
>> b=sym('beta');
>> classb=class(b)
classb =
    'sym'
>> c=sym('gama');
>> classc=class(c)
classc =
    'sym'
```

由结果可以看出,创建的数据对象 alpha(α)、beta(β)、gama(γ)均为符号对象类型。

利用函数 syms 来创建符号对象。在命令行窗口中输入以下语句,并查看输出结果。

```
>> syms alpha beta gama
>> classa=class(alpha)
classa =
    'sym'
>> classb=class(beta)
classb =
    'sym'
>> classc=class(gama)
classc =
    'sym'
```

由结果可以看出,数据对象 α、β、γ均为符号对象类型。

7.1.5 符号表达式

表达式是程序设计语言的基本元素之一。在 MATLAB 数值运算中,数字表达式是由常量、数值变量、数值函数或数值矩阵用运算符连接而成的数学关系式。而在 MATLAB 符号运算中,符号表达式是由符号常量、符号变量、符号函数用运算符或专用函数连接而成的符号对象。

符号表达式包括符号函数与符号方程。符号函数不带等号,而符号方程是带等号的。

【例 7-3】创建符号函数 f1、f2、f3、f4 并检测符号对象的类型。

在命令行窗口中输入以下语句,并查看输出结果。结果显示这 4 个符号函数均为符号对象类型。

```
>> clear
>> syms a n x T w z wc p
```

```
>> f1=n*x^n/x;
>> classf1=class(f1)
classf1 =
    'sym'
>> f2=sym(log(T)^2*T+p);
>> classf2=class(f2)
classf2 =
    'sym'
>> f3=sym(w+sin(a*z));
>> classf3=class(f3)
classf3 =
    'sym'
>> f4=pi+atan(T*wc);
>> classf4=class(f4)
classf4 =
    'sym'
```

【例 7-4】 创建符号方程 e1、e2、e3、e4 并检测符号对象的类型。

在命令行窗口中输入以下语句，并查看输出结果。结果显示这 4 个符号函数均为符号对象类型。

```
>> clear
>> syms a b c x y t p Dy
>> e1=sym(a*x^2+b*x+c==0);
>> classe1=class(e1)
classe1 =
    'sym'
>> e2=sym(log(t)^2*t==p);
>> classe2=class(e2)
classe2 =
    'sym'
>> e3=sym(sin(x)^2+cos(x)==0);
>> classe3=class(e3)
classe3 =
    'sym'
>> e4=sym(Dy-y==x);
>> classe4=class(e4)
classe4 =
    'sym'
```

7.1.6 符号矩阵

元素是符号对象（非数值符号的字符符号即符号变量，符号形式的数即符号常量）的矩阵称为符号矩阵。符号矩阵既可以构成符号矩阵函数（不带等号），也可以构成符号矩阵方程（带等号），它们都是符号表达式。

【例 7-5】建立符号矩阵函数 m1、m2 与符号矩阵方程 m3，并检测符号对象的类型。

在命令行窗口中输入以下语句，并查看输出结果。结果显示 m1、m2、m3 均为符号对象类型。

```
>> syms a b c d ab bc cd de ef fg h i j x
>> m1=sym([ab bc cd; de ef fg; h i j])
m1 =
    [ab, bc, cd]
    [de, ef, fg]
    [ h,  i,  j]
>> clam1=class(m1)
clam1 =
    'sym'
>> m2=sym([1 12; 23 34])
m2 =
    [ 1, 12]
    [23, 34]
>> clam2=class(m2)
clam2 =
    'sym'
>> m3=sym([a b; c d]*x==0)
m3 =
    [a*x==0, b*x==0]
    [c*x==0, d*x==0]
>> clam3=class(m3)
clam3 =
    'sym'
```

7.1.7 确定符号变量

在微积分、函数表达式化简、解方程中，确定自变量是必不可少的步骤。在不指定自变量的情况下，按照数学常规，自变量通常是小写英文字母，并且为字母表末尾的几个，如 t、w、x、y、z 等。

在 MATLAB 中，利用函数 symvar 可以按数学习惯来确定一个符号表达式中的自变量，这对于按照特定要求进行某种计算是非常有价值的。函数 symvar 的调用格式如下。

```
C=symvar(expr)        % 返回字符向量元胞数组 C 中的标识符（表达式中变量的名称）
                      % 搜索 expr 中除 i、j、pi、inf、nan、eps、pi 和公共函数之外的标识符
C=symvar(expr,n)      % 按数学习惯确定符号函数/符号方程 expr 中的 n 个自变量
```

当 n=1 时，从符号表达式 expr 中找出在字母表中离 x 最近的字母；如果有两个字母与 x 的距离相等，取靠后的那个。参数 n 省略时，函数将给出 expr 中所有的符号变量。

【例 7-6】 确定符号函数 f1、f2 中的自变量。

在命令行窗口中输入以下语句，并查看输出结果。

```
>> clear
>> syms k m n w y z
>> f1=n*y^n+m*y+w;
>> ans1=symvar(f1,1)
ans1 =
    y
>> f2=m*y+n*log(z)+exp(k*y*z);
>> ans2=symvar(f2,2)
ans2 =
    [y, z]
```

【例 7-7】 确定符号方程 e1、e2 中的自变量。

在命令行窗口中输入以下语句，并查看输出结果。

```
>> syms a b c x p q t w
>> e1=sym(a*x^2+b*x+c==0);
>> ans1= symvar(e1,1)
ans1 =
    x
>> e2=sym(w*(sin(p*t+q))==0);
>> ans2= symvar (e2)
ans2 =
    [p, q, t, w]
```

7.2 基本符号运算

符号运算的操作与算术运算基本一致，包括符号对象的加、减、乘、除、乘方和开方等操作。除此之外，MATLAB 还提供了专门用于符号运算的函数，以便进行更复杂的符号运算。

7.2.1 符号变量代换

在 MATLAB 中，利用 subs 函数可以在符号表达式中进行变量代换，即将符号表达式中的某个符号变量替换为其他符号、数值或表达式。这在求解方程、进行符号推导或简化时非常有用。该函数的调用格式如下。

1. 替换符号变量和函数

```
snew=subs(s,old,new)    % 将 s 中出现的所有 old 替换为 new，并计算 s
snew=subs(s,new)        % 将 s 中所有默认的符号变量替换为 new，并计算 s
snew=subs(s)            % 将 s 中的符号变量替换为工作区中分配的值，并计算 s
```

> 说明：old 一定是符号表达式 s 中的符号变量，而 new 可以是符号变量、符号常量、双精度数值与数值数组等。

2．替换符号矩阵和函数

```
sMnew=subs(sM,oldM,newM)    % 将 sM 中出现的所有 oldM 替换为 newM，并计算 sM
sMnew=subs(sM,newM)          % 将 sM 中所有默认的符号矩阵替换为 newM，并计算 sM
sMnew=subs(sM)               % 将 sM 中的符号矩阵替换为工作区中分配的值，并计算 sM
```

【例 7-8】已知 $f = ax^n + by + k$，试对其进行符号变量替换：$a = \sin t$、$b = \ln w$、$k = ce^{-dt}$；符号常量替换：$n = 5$，$k = p$，及数值数组替换：$k = \begin{bmatrix} 1 & 2 & 3 & 4 \end{bmatrix}$。

在命令行窗口中输入以下语句，并查看输出结果。

```
>> clear
>> syms a b c d k n x y w t
>> f=a*x^n+b*y+k
f =
    k+a*x^n+b*y
>> f1=subs(f,[a b],[sin(t) log(w)])
f1 =
    k+x^n*sin(t)+y*log(w)
>> f2=subs(f,[a b k],[sin(t) log(w) c*exp(-d*t)])
f2 =
    c*exp(-d*t)+x^n*sin(t)+y*log(w)
>> f3=subs(f,[n k],[5 pi])
f3 =
    a*x^5+pi+b*y
>> f4=subs(f1,k,1:4)
f4 =
    [x^n*sin(t)+y*log(w)+1, x^n*sin(t)+y*log(w)+2, x^n*sin(t)+y*log(w)+3, x^n*sin(t)+y*log(w)+4]
```

若要对符号表达式进行两个变量的数值数组替换，可以用循环程序来实现，而不必使用函数 subs，这样既简单又明了且高效。

【例 7-9】已知 $f = a\sin x + k$，试求当 $a = 1:1:2$ 与 $x = 0:\dfrac{\pi}{6}:\dfrac{\pi}{3}$ 时函数 f 的值。

在编辑器中编写以下程序并运行。

```
syms a k;
f=a*sin(x)+k;
for a=1:2
    for x=0:pi/6:pi/3
        f1=a*sin(x)+k
    end
end
```

程序运行第一组（当 $a=1$ 时）后的结果如下。

```
f1 =
    k
f1 =
    k+1/2
f1 =
    k+3^(1/2)/2
```

程序运行第二组（当 $a=2$ 时）后的结果如下。

```
f1 =
    k
f1 =
    k+1
f1 =
    k+3^(1/2)
```

7.2.2 符号对象类型转换

大多数 MATLAB 符号运算的目的是计算表达式的数值解，于是需要将符号表达式的解析解转换为数值解。

当要得到双精度数值解时，可使用函数 double，其调用格式如下。

```
Y=double(X)     % 将符号常量 X 转换为双精度型
```

当要得到指定精度的精确数值解时，可联合使用 digits 与 vpa 两个函数来实现解析解的数值转换。其中，函数 digits 用于设置精度，其调用格式如下。

```
digits(d)          % 设置 vpa 使用的精度为 d 位有效小数，默认值是 32 位
d1=digits          % 返回当前 vpa 使用的精度
d1=digits(d)       % 设置新的精度 d，并返回旧的精度到 d1
```

函数 vpa 用于精确计算表达式的值，其调用格式如下。

```
xVpa=vpa(x)     % 计算符号表达式 x 的 digits 设定精度的数值解（符号对象类型），默认为 32 位
                % 必须与函数 digits(d) 连用
xVpa=vpa(x,d)   % 求得符号表达式 x 的 d 位精度的数值解（至少 d 位有效数字）
```

在 MATLAB 中，还可以使用函数 eval 将符号对象转换为数值形式。其调用格式如下。

```
N=eval(exp)              % 将不含变量的符号表达式 exp 转换为双精度浮点数值形式
                         % 与 N=double(sym(E)) 相同
[op1,…,opN]=eval(exp)    % 在指定的变量中返回 exp 的输出
```

【例 7-10】计算以下三个符号常量的值，并将结果转换为双精度型数值。

$$c_1 = \sqrt{2}\ln 7 \text{、} c_2 = \pi\sin\frac{\pi}{5}e^{1.3} \text{、} c_3 = e^{\sqrt{8\pi}}$$

在命令行窗口中输入以下语句,并查看输出结果。

```
>> syms c1 c2 c3
>> c1=sym(sqrt(2)*log(7));
>> c2=sym(pi*sin(pi/5)*exp(1.3));
>> c3=sym(exp(pi*sqrt(8)));
>> ans1=double(c1)
ans1 =
    2.7519
>> class(ans1)
ans =
    'double'
>> ans2=double(c2)
ans2 =
    6.7757
>> class(ans2)
ans =
    'double'
>> ans3=double(c3)
ans3 =
    7.2283e+03
>> class(ans3)
ans =
    'double'
```

即 $c_1 = 2.7519$、$c_2 = 6.7757$、$c_3 = 7.2283 \times 10^3$,并且它们都是双精度型数值。

【例 7-11】计算以下符号常量的值,并将结果转换为 8 位与 18 位的精确数值解。

$$c_1 = e^{\sqrt{79}\pi}$$

在命令行窗口中输入以下语句,并查看输出结果。

```
>> clear
>> c=sym(exp(pi*sqrt(79)));
>> c1=double(c)
c1 =
    1.3392e+12
>> ans1=class(c1)
ans1 =
    'double'
>> c2=vpa(c1,8)
c2 =
    1.3391903e+12
>> ans2=class(c2)
ans2 =
    'sym'
```

```
>> digits 18
>> c3=vpa(c1)
c3 =
    1339190288739.15283
>> ans3=class(c3)
ans3 =
    'sym'
>> c4=eval(c3)
c4 =
   1.3392e+12
>> ans4=class(c4)
ans4 =
    'double'
```

在 MATLAB 中，还可以利用 char 函数将数值对象、符号对象转换为字符对象，其调用格式如下。

```
C=char(S)              % 将数值对象或符号对象 S 转换为字符对象
```

【例 7-12】试将数值对象 c=1112 与符号对象 f=x+y+z 转换成字符对象。

在命令行窗口中输入以下语句，并查看输出结果。

```
>> syms a b c x y z
>> c=1112;
>> ans1=class(c)
ans1 =
    'double'
>> c1=char(sym(c))
c1 =
    '1112'
>> ans2=class(c1)
ans2 =
    'char'
>> f=sym(x+y+z);
>> ans3=class(f)
ans3 =
    'sym'
>> f1=char(f)
f1 =
    'x+y+z'
>> ans4=class(f1)
ans4 =
    'char'
```

即原数值对象与符号对象均转换成字符对象。

7.2.3 符号表达式化简

MATLAB 提供了多个对符号表达式进行化简的函数。因式分解、同类项合并、符号表达式的展开、符号表达式的化简与通分等，都属于表达式的恒等变换。

1. 因式分解

在 MATLAB 中，利用 factor 函数可以实现符号表达式的因式分解，其调用格式如下。

```
f=factor(E)        % 恒等变换，对符号表达式 E 进行因式分解，
```

> **说明**：如果 E 包含的所有元素为整数，则计算其最佳因式分解式。对于大于 252 的整数的分解，可使用 factor(sym('N'))。

【例 7-13】已知 $f = x^3 + x^2 - x - 1$，试对其进行因式分解。

在命令行窗口中输入以下语句，并查看输出结果。

```
>> syms x
>> f=x^3+x^2-x-1;
>> f1=factor(f)
f1 =
    [x-1, x+1, x+1]
```

即 $f = x^3 + x^2 - x - 1 = (x-1)(x+1)^2$。

2. 表达式展开

在 MATLAB 中，利用 expand 函数可以实现符号表达式的展开，其调用格式如下。

```
expand(E)          % 恒等变换，将符号表达式 E 展开
```

> **说明**：这种恒等变换常用在多项式、三角函数、指数函数与对数函数的展开中。

【例 7-14】已知 $f = (x+y)^3$，试将其展开。

在命令行窗口中输入以下语句，并查看输出结果。

```
>> syms x y
>> f=(x+y)^3;
>> f1=expand(f)
f1 =
    x^3+3*x^2*y+3*x*y^2+y^3
```

即 $f = (x+y)^3 = x^3 + 3x^2y + 3xy^2 + y^3$。

3. 同类项合并

在 MATLAB 中，利用 collect 函数可以实现符号表达式的同类项合并，其调用格式如下。

```
collect(E,v)       % 恒等变换，将符号表达式 E 中的 v 的同幂项系数合并
collect(E)         % 将符号表达式 E 中由函数 symvar 确定的默认变量的系数合并
```

第 7 章 符号运算

【例 7-15】 已知 $f = -axe^{-cx} + be^{-cx}$，试对其同类项进行合并。

在命令行窗口中输入以下语句，并查看输出结果。

```
>> syms a b c x
>> f=-a*x*exp(-c*x)+b*exp(-c*x);
>> f1=collect(f,exp(-c*x))
f1 =
    (b-a*x)*exp(-c*x)
```

即 $f = -axe^{-cx} + be^{-cx} = (b-ax)e^{-cx}$。

4．表达式化简

在 MATLAB 中，利用 simplify 函数可以实现符号表达式的化简，其调用格式如下。

| S=simplify(E) | % 对符号表达式 E 运用多种恒等式变换法进行综合化简 |

【例 7-16】 已知 $e_1 = \sin^2 x + \cos^2 x$ 与 $e_2 = e^{c\ln(\alpha+\beta)}$，试对其进行综合化简。

在命令行窗口中输入以下语句，并查看输出结果。

```
>> syms x n c alph beta
>> e10=sin(x)^2+cos(x)^2;
>> e1=simplify(e10)
e1 =
    1
>> e20=exp(c*log(alph+beta));
>> e2=simplify(e20)
e2 =
    (alph+beta)^c
```

即 $e_1 = \sin^2 x + \cos^2 x = 1$ 和 $e_2 = e^{c\ln(\alpha+\beta)} = (\alpha+\beta)^c$。

5．表达式通分

在 MATLAB 中，利用 numden 函数可以实现符号表达式的通分，其调用格式如下。

| [N,D]=numden(E) | % 恒等变换，将符号表达式 E 通分，返回通分后的分子 N 与分母 D |

> **说明**：分子与分母都是整系数的最佳多项式形式。计算 N/D 即可求得符号表达式 E 通分的结果。若无等号左边的输出参数，则仅返回 E 通分后的分子 N。

【例 7-17】 已知 $f = \dfrac{x}{ky} + \dfrac{y}{px}$，试对其进行通分。

在命令行窗口中输入以下语句，并查看输出结果。

```
>> syms k p x y
>> f=x/(k*y)+y/(p*x);
>> [N,D]=numden(f)
N =
    p*x^2+k*y^2
```

```
D =
    k*p*x*y
>> f1=N/D
f1 =
    (p*x^2+k*y^2)/(k*p*x*y)
>> numden(f)
ans =
    p*x^2+k*y^2
```

即 $f = \dfrac{x}{ky} + \dfrac{y}{px} = \dfrac{px^2 + ky^2}{kpxy}$，当无等号左边输出参数时，仅返回通分后的分子 N。

6. 表达式嵌套型分解

在 MATLAB 中，利用 horner 函数可以实现对符号表达式进行嵌套型分解，其调用格式如下。

```
horner(p)              % 恒等变换，将符号表达式 p 转换成嵌套形式表达式
horner(p,var)          % 使用变量 var 进行嵌套形式转换
```

【例 7-18】已知 $f = -ax^4 + bx^3 - cx^2 + x + d$，试将其转换成嵌套形式表达式。

在命令行窗口中输入以下语句，并查看输出结果。

```
>> syms a b c d x
>> f=-a*x^4+b*x^3-c*x^2+x+d;
>> f1=horner(f)
f1 =
    d-x*(x*(c-x*(b-a*x))-1)
```

即 $f = -ax^4 + bx^3 - cx^2 + x + d = d - x(x(c - (b - ax)) - 1)$。

7. 美化表达式

在 MATLAB 中，利用 pretty 函数可以以习惯的方式显示符号表达式，其调用格式如下。

```
pretty(E)              % 以习惯的"书写"方式显示符号表达式 E（包括符号矩阵）
```

【例 7-19】试将符号表达式 f1=a*x/b+c/(d*y) 与 f2=sqrt(b^2-4*a*c) 以习惯的"书写"方式显示。

在命令行窗口中输入以下语句，并查看输出结果。

```
>> syms a b c d x y
>> f1=a*x/b+c/(d*y);
>> f2=sqrt(b^2-4*a*c);
>> pretty(f1)
 c     a x
---+---
 d y    b
```

```
>> pretty(f2)
        2
sqrt(b -4 a c)
```

即 $f_1 = \dfrac{c}{dy} + \dfrac{ax}{b}$、$f_2 = \sqrt{b^2 - 4ac}$。

7.2.4 复合函数运算

设 z 是 y（自变量）的函数 z=f(y)，而 y 又是 x（自变量）的函数 y=j(x)，则 z 对 x 的函数：z=f(j(x))称为 z 对 x 的复合函数。求 z 对 x 的复合函数 z=f(j(x))的过程称为复合函数运算。

在 MATLAB 中，利用 compose 函数可以求复合函数，其调用格式如下。

```
compose(f,g)        % 返回复合函数 f(g(y))，其中 f=f(x)且 g=g(y)
     % 这里，x、y 分别是通过 symvar 定义的 f、g 的符号变量
compose(f,g,z)      % 返回以 z 为自变量的复合函数 f(g(z))，其中 f=f(x)且 g=g(y)
     % 且 g(y)中的自变量 y 换为 z，x、y 分别是通过 symvar 定义的 f 和 g 的符号变量
compose(f,g,x,z)    % 返回 f(g(z))，并将 x 设为 f 的自变量。例如，若 f=cos(x/t)
     % 则 compose(f,g,x,z)返回 cos(g(z)/t)，compose(f,g,t,z)返回 cos(x/g(z))
compose(f,g,x,y,z)  % 返回 f(g(z))，并将 x 设为 f 的自变量，将 y 设为 g 的自变量
     % 例如，若 f=cos(x/t)且 g=sin(y/u)，则 compose(f,g,x,y,z)
     % 返回 cos(sin(z/u)/t)，而 compose(f,g,x,u,z)返回 cos(sin(y/z)/t)
```

【例 7-20】 已知 $f = \ln\left(\dfrac{x}{t}\right)$ 与 $g = u\cos y$，求其复合函数 $f(\varphi(x))$ 与 $f(g(z))$。

在命令行窗口中输入以下语句，并查看输出结果。

```
>> syms f g t u x y z
>> f=log(x/t);
>> g=u*cos(y);
>> cfg=compose(f,g)
cfg =
    log((u*cos(y))/t)
>> cfgt=compose(f,g,z)
cfgt =
    log((u*cos(z))/t)
>> cfgxz=compose(f,g,x,z)
cfgxz =
    log((u*cos(z))/t)
>> cfgtz=compose(f,g,t,z)
cfgtz =
    log(x/(u*cos(z)))
>> cfgxyz=compose(f,g,x,y,z)
cfgxyz =
```

```
       log((u*cos(z))/t)
>> cfgxyz=compose(f,g,t,u,z)
cfgxyz =
       log(x/(z*cos(y)))
```

7.2.5 反函数运算

设 y 是 x（自变量）的函数 $y=f(x)$，若将 y 当作自变量，x 当作函数，则上式所确定的函数 $x=j(y)$ 称为函数 $f(x)$ 的反函数，而 $f(x)$ 称为直接函数。

在同一坐标系中，直接函数 $y=f(x)$ 与反函数 $x=j(y)$ 表示同一图形。通常把 x 当作自变量，而把 y 当作函数，故反函数 $x=j(y)$ 写为 $y=j(x)$。

在 MATLAB 中，利用 finverse 函数求反函数，其调用格式如下。

```
g=finverse(f)        % 返回函数 f 的反函数 g，使 f(g(x))=x，符号函数表达式 f 有单变量 x
g=finverse(f,var)    % 求符号函数 f 的自变量为 var 的反函数 g，使得 f(g(var))=var
```

【例 7-21】求函数 $y = ax + b$ 的反函数。

解：（1）数学分析。

函数 $y = ax + b$ 经恒等变换得 $x = \dfrac{y-b}{a}$。若换写 x 作自变量，y 作函数，则

$$y = \frac{x-b}{a}$$

（2）在命令行窗口中输入以下语句，并查看输出结果。

```
>> syms a b x y
>> y=a*x+b
y =
    b+a*x
>> g=finverse(y)
g =
    -(b-x)/a
>> compose(y,g)
ans =
    x
```

即 $y = ax + b$ 的反函数为 $y = \dfrac{-(b-x)}{a}$，且 $g(f(x)) = x$。

7.3 符号微积分

微分学中的基本概念是导数与微分，其中导数是曲线切线的斜率，反映函数相对于自变量变化的速度；而微分则表明当自变量有微小变化时函数大体上变化多少。积分是微分的逆运算。

7.3.1 求极限运算

微积分中导数的定义是通过极限给出的,即极限概念是数学分析或高等数学中最基本的概念,所以极限运算就是微积分运算的前提与基础。

在 MATLAB 中,利用 limit 函数可以求符号表达式的极限,其调用格式如下。

```
limit(f,x,a)        % 计算符号表达式 f 当变量 x→a 时的极限值
limit(f,a)          % 计算符号表达式 f 中由函数 symvar 返回的独立变量趋向于 a 时的极限值
limit(f)            % 计算符号表达式 f 当 x→0 时的极限值
limit(f,x,a,'right')    % 计算符号表达式 f 在 x→a(从右趋向于 a)时的极限值
limit(f,x,a,'left')     % 计算符号表达式 f 在 x→a(从左趋向于 a)时的极限值
```

【例 7-22】试证明 $\lim\limits_{n\to\infty}\left(1+\dfrac{1}{n}\right)^n = e$ 和 $\lim\limits_{x\to\infty}\left(\dfrac{2x+3}{2x+1}\right)^{x+1} = e$。

(1)在命令行窗口中输入以下语句,并查看输出结果。

```
>> syms n
>> limit((1+(1/n))^n,n,inf)
ans =
    exp(1)
```

即 $\lim\limits_{n\to\infty}\left(1+\dfrac{1}{n}\right)^n = e$,得证。

(2)在命令行窗口中输入以下语句,并查看输出结果。

```
>> syms x
>> limit(((2*x+3)/(2*x+1))^(x+1),x,inf)
ans =
    exp(1)
```

即 $\lim\limits_{x\to\infty}\left(\dfrac{2x+3}{2x+1}\right)^{x+1} = e$,得证。

【例 7-23】试求 $\lim\limits_{x\to a}\dfrac{\sqrt[m]{x}-\sqrt[m]{a}}{x-a}$ 与 $\lim\limits_{x\to a}\dfrac{\sin x - \sin a}{x-a}$。

(1)在命令行窗口中输入以下语句,并查看输出结果。

```
>> syms x m a
>> limit(((x^(1/m)-a^(1/m))/(x-a)),a)
ans =
    a^(1/m-1)/m
```

即 $\lim\limits_{x\to a}\dfrac{\sqrt[m]{x}-\sqrt[m]{a}}{x-a} = \dfrac{\sqrt[m]{a^{\frac{1}{m}-1}}}{m}$。

(2)在命令行窗口中输入以下语句,并查看输出结果。

```
>> syms x a
>> limit(((sin(x)-sin(a))/(x-a)),a)
```

```
ans =
    cos(a)
```

即 $\lim\limits_{x \to a} \dfrac{\sin x - \sin a}{x - a} = \cos a$。

【例 7-24】试求 $\lim\limits_{x \to 0} \dfrac{\sin x}{x}$ 与 $\lim\limits_{x \to 0} \dfrac{\tan(2x)}{\sin(5x)}$。

（1）在命令行窗口中输入以下语句，并查看输出结果。

```
>> syms x
>> limit(sin(x)/x)
ans =
    1
```

即 $\lim\limits_{x \to 0} \dfrac{\sin x}{x} = 1$。

（2）在命令行窗口中输入以下语句，并查看输出结果。

```
>> syms x
>> c=limit(tan(2*x)/sin(5*x))
c=
    2/5
```

即 $\lim\limits_{x \to 0} \dfrac{\tan(2x)}{\sin(5x)} = \dfrac{2}{5}$。

【例 7-25】试求 $\lim\limits_{x \to a^+} \dfrac{\sqrt{x} - \sqrt{a} + \sqrt{x-a}}{\sqrt{x^2 - a^2}}$ 和 $\lim\limits_{x \to a^-} \dfrac{\sqrt{x} - \sqrt{a} + \sqrt{x-a}}{\sqrt{x^2 - a^2}}$。

（1）在命令行窗口中输入以下语句，并查看输出结果。

```
>> syms x a
>> c=limit(((sqrt(x)-sqrt(a)+sqrt(x-a))/sqrt(x^2-a^2)),x,a,'right');
>> c=collect(c)
c =
    1/(2*a)^(1/2)
```

即 $\lim\limits_{x \to a^+} \dfrac{\sqrt{x} - \sqrt{a} + \sqrt{x-a}}{\sqrt{x^2 - a^2}} = \dfrac{1}{\sqrt{2a}}$。

（2）在命令行窗口中输入以下语句，并查看输出结果。

```
>> syms x a
>> c=limit(((sqrt(x)-sqrt(a)+sqrt(x-a))/sqrt(x^2-a^2)),x,a,'left');
>> c=collect(c)
c =
    1i/(-2*a)^(1/2)
```

即 $\lim\limits_{x \to a^-} \dfrac{\sqrt{x} - \sqrt{a} + \sqrt{x-a}}{\sqrt{x^2 - a^2}} = 0 + \dfrac{1}{\sqrt{-2a}} i$。

7.3.2 微分运算

符号微分运算实际上就是计算函数的导（函）数。MATLAB 提供的 diff 函数不仅可求函数的一阶导数，还可以计算函数的高阶导数与偏导数，该函数的调用格式如下。

```
Df=diff(f)            % 求符号表达式 f 的 1 阶导数，求导变量由 symvar(f,1) 确定
Df=diff(f,n)          % 计算 f 的第 n 阶导数，求导变量由 symvar 确定
Df=diff(f,var)        % 对 f 关于变量 var 进行求导
                      % var 可以是符号变量（如 x）、符号函数（如 f(x)），或导数函数（如 diff(f(t),t)）
Df=diff(f,var,n)      % 计算 f 关于变量 var 的第 n 阶导数
Df=diff(f,var1,…,varN)           % 对 f 分别关于多个变量 var1,…,varN 进行求导
Df=diff(f,mvar)       % 对符号矩阵表达式 f 关于变量 mvar 进行求导
```

说明：求函数高阶导数很容易通过输入参数 n 的值来实现；对于求多元函数的偏导数，除指定的自变量外的其他变量均当作常数处理。

注意：函数 f 为矩阵时，是对元素逐个进行求导的，且自变量定义在整个矩阵上。

【**例 7-26**】已知函数 $f = \begin{bmatrix} a & t^5 \\ t\sin(x) & \ln(x) \end{bmatrix}$，试求 $\dfrac{df}{dx}$、$\dfrac{d^2 f}{dt^2}$ 与 $\dfrac{d^2 f}{dx dt}$。

在命令行窗口中输入以下语句，并查看输出结果。

```
>> syms a t x
>> f=[a t^5; t*sin(x) log(x)];
>> df=diff(f)
df =
    [      0,   0]
    [t*cos(x), 1/x]
>> dfdt2=diff(f,t,2)
dfdt2 =
    [0, 20*t^3]
    [0,      0]
>> dfdxdt=diff(diff(f,x),t)
dfdxdt =
    [    0, 0]
    [cos(x), 0]
```

即 $\dfrac{df}{dx} = \begin{bmatrix} 0 & 0 \\ t\cos(x) & 1/x \end{bmatrix}$、$\dfrac{d^2 f}{dt^2} = \begin{bmatrix} 0 & 20t^3 \\ 0 & 0 \end{bmatrix}$ 和 $\dfrac{d^2 f}{dx dt} = \begin{bmatrix} 0 & 0 \\ \cos(x) & 0 \end{bmatrix}$。

7.3.3 积分运算

函数的积分是微分的逆运算，即由已知导数求原函数的过程。函数的积分有不定积分与定积分两种运算。

（1）不定积分：求一个给定函数作为导函数的原函数的运算，称为不定积分，这确实是积分学的第一个基本问题。也就是说，寻找一个函数，使其导数等于给定函数。

（2）定积分：被积函数在积分的上下限区间的计算问题，即求一个函数在某一区间上的累积量，这是定积分，属于积分学的第二个基本问题。牛顿-莱布尼茨公式给出了定积分与原函数的关系，是解决定积分问题的重要工具。该公式表明，定积分可以通过计算不定积分在积分上下限处的函数值之差来得到。

定积分中，若积分区间为无穷区间或被积函数在积分区间上有无穷不连续点，但积分存在或收敛，则称为广义积分。

在 MATLAB 中，利用 int 函数不仅可以计算函数的不定积分，还可计算函数的定积分及广义积分，该函数的调用格式如下。

```
F=int(expr)          % 计算符号表达式 expr 的不定积分
                     % 使用由 symvar(expr,1)确定的默认积分变量,若 expr 是常数,则默认积分变量为 x
F=int(expr,var)      % 计算符号表达式 expr 关于符号变量 var 的不定积分
F=int(expr,a,b)      % 计算符号表达式 expr 从 a 到 b 的定积分,与 int(expr,[a b])等效
F=int(expr,var,a,b)  % 计算符号表达式 expr 关于符号变量 var 从 a 到 b 的定积分
                     % 与 int(expr,var,[a b])等效
F=int(___,Name,Value) % 使用一个或多个 Name-Value 对来指定其他选项
```

注意：函数 int 可计算函数的不定积分，不包含积分常数这一部分；高等数学中，有分部积分、换元积分、分解成部分分式的积分等各种积分方法，但在 MATLAB 中，都只使用 int 函数来计算。

一般来说，当多次使用 int 函数时，计算的就是多重积分；当积分下限 a 或积分上限 b 或上下限 a、b 均为无穷大时，计算的就是广义积分，广义积分是相对于常义积分而言的。

【例 7-27】 已知导函数 $f'(x) = \begin{bmatrix} x\cos x & \log x \\ x\log x & e^x \sin x \end{bmatrix}$，试求原函数 $f(x)$。

解：在命令行窗口中输入以下语句，并查看输出结果：

```
>> syms x;
>> dfdx=[x*cos(x) log(x); x*log(x) exp(x)*sin(x)]
dfdx =
    [x*cos(x),         log(x)]
    [x*log(x), exp(x)*sin(x)]
>> fx=int(dfdx)
fx =
    [      cos(x)+x*sin(x),                x*(log(x)-1)]
    [(x^2*(log(x)-1/2))/2, -(exp(x)*(cos(x)-sin(x)))/2]
```

即 $f(x) = \begin{bmatrix} \cos x + x\sin x & x(\log x - 1) \\ \dfrac{x^2\left(\log x - \dfrac{1}{2}\right)}{2} & \dfrac{e^x(\sin x - \cos x)}{2} \end{bmatrix}$。

7.4 符号矩阵运算

在线性代数中,矩阵有特定的数学含义,并且有其严格的运算规则。矩阵的概念是线性代数特有的。MATLAB 中的矩阵运算规则与线性代数中的矩阵运算规则相同。

7.4.1 创建与访问

1. 创建符号矩阵

(1) 符号矩阵的创建与数值矩阵的创建类似,不同之处在于其元素被定义为符号对象,并用方括号括起来形成符号矩阵。

【例 7-28】创建符号矩阵示例一。

在命令行窗口中输入以下语句,并查看输出结果。

```
>> syms a11 a12 a13 a21 a22 a23 a31 a32 a33
>> A=[a11 a12 a13; a21 a22 a23; a31 a32 a33]
A =
    [a11, a12, a13]
    [a21, a22, a23]
    [a31, a32, a33]
```

(2) 定义整个矩阵为符号对象。矩阵元素可以是任何不带等号的符号表达式或数值表达式,各符号表达式的长度可以不同;矩阵每行内的元素间用逗号或空格分隔;行与行之间用分号隔开。

【例 7-29】创建符号矩阵示例二。

在命令行窗口中输入以下语句,并查看输出结果。

```
>> syms a b c d e f g h k
>> P=sym([a b c; d e f; g h k])
P =
    [a, b, c]
    [d, e, f]
    [g, h, k]
>> Q=sym([1 2 3; 4 5 6; 7 8 9])
Q=
    [1, 2, 3]
    [4, 5, 6]
    [7, 8, 9]
>> S=P+Q*i
S=
    [a+i,   b+2*i, c+3*i]
```

```
            [d+4*i, e+5*i, f+6*i]
            [g+7*i, h+8*i, k+9*i]
```

> **说明**：使用函数 sym 定义整个矩阵为符号对象时，作为函数输入参数的矩阵方括号[]两端必须加英文输入状态下的单引号"'"。

（3）用子矩阵创建矩阵。在 MATLAB 的符号运算中，利用方括号[]可将小矩阵连接为一个大矩阵。

【例 7-30】利用方括号[ ]将小矩阵连接成大矩阵示例。

在命令行窗口中输入以下语句，并查看输出结果。

```
>> syms p q x y
>> A=sym([a b; c d]);
>> A1=A+p
A1=
    [a+p, b+p]
    [c+p, d+p]
>> A2=A-q
A2=
    [a-q, b-q]
    [c-q, d-q]
>> A3=A*x
A3=
    [x*a, x*b]
    [x*c, x*d]
>> A4=A/y
A4=
    [a/y, b/y]
    [c/y, d/y]
>> G1=[A A3; A1 A4]
G1 =
    [  a,   b, x*a, x*b]
    [  c,   d, x*c, x*d]
    [a+p, b+p, a/y, b/y]
    [c+p, d+p, c/y, d/y]
>> G2=[A1 A2; A3 A4]
G2 =
    [a+p, b+p, a-q, b-q]
    [c+p, d+p, c-q, d-q]
    [x*a, x*b, a/y, b/y]
    [x*c, x*d, c/y, d/y]
```

由上可见，4 个 2×2 的子矩阵组成一个 4×4 的大矩阵。

2. 访问符号矩阵

符号矩阵的访问是针对矩阵的行或列与矩阵元素进行的。矩阵元素的标识或定位通用双下标格式，如下：

```
A(r,c)              % r 为行号，c 为列号
```

矩阵元素的访问与赋值常用的指令格式如表 7-3 所示。

表 7-3 矩阵元素的访问与赋值常用的指令格式

指令格式	指令功能
A(r,c)	由矩阵 A 中 r 指定行、c 指定列之元素组成的子数组
A(r,:)	由矩阵 A 中 r 指定行对应的所有列之元素组成的子数组
A(:,c)	由矩阵 A 中 c 指定列对应的所有行之元素组成的子数组
A(:)	由矩阵 A 的各个列按从左到右的次序首尾相接的"一维长列"子数组
A(i)	"一维长列"子数组的第 i 个元素
A(r,c)=Sa	对矩阵 A 赋值，Sa 也必须为 Sa(r,c)
A(:)=D(:)	矩阵全元素赋值，保持 A 的尺寸不变，A、D 的元素总数应相同，但行宽、列长可不同

数组是由一组元素排成的矩阵或多维阵列，在 MATLAB 中超越了线性代数的范畴，数组也是进行数值计算的基本处理单元。一行多列的数组是行向量；一列多行的数组就是列向量；数组可以是二维的，也可以是三维的，甚至是多维的。多行多列的"矩形"数组与线性代数中的矩阵从外观形式与数据结构上看，没有什么区别。

【例 7-31】矩阵元素的标识与访问示例。

在命令行窗口中输入以下语句，并查看输出结果。

```
>> syms a11 a12 a13 a21 a22 a23 a31 a32 a33
>> A=sym([a11 a12 a13; a21 a22 a23; a31 a32 a33]);
A =
    [a11, a12, a13]
    [a21, a22, a23]
    [a31, a32, a33]
>> A(2,3)                  % 查询数组 A 的行号为 2、列号为 3 的元素
ans =
    a23
>> A(3,:)                  % 查询数组 A 中第三行所有的元素
ans =
    [a31, a32, a33]
>> (A(:,2))                % 查询数组 A 中第二列所有的元素
ans=
    [a12]
    [a22]
    [a32]
>> (A(:,2))'               % 查询数组 A 中第二列转置后所有的元素
ans =
    [conj(a12), conj(a22), conj(a32)]
```

```
>> B=(A(:))'              % 对矩阵 A 中所有元素的复共轭转置（取复共轭后再转置）
B =
    [conj(a11), conj(a21), conj(a31), conj(a12), conj(a22), conj(a32),
conj(a13), conj(a23), conj(a33)]
>> C=(A(:)).'             % 将 A 中的元素按列顺序排列成行向量，但没有取复共轭
C =
    [a11, a21, a31, a12, a22, a32, a13, a23, a33]
```

> **提示**：在 MATLAB 中，数组的转置与矩阵的转置是不同的。用运算符 "'" 定义的矩阵转置，是其元素的共轭转置；运算符 ".'" 定义的数组的转置则是其元素的非共轭转置。

```
>> A(6)                   % 查询"一维长列"数组的第 6 个元素
ans =
    a32
>> A                      % 查询原 A 矩阵所有的元素
A =
    [a11, a12, a13]
    [a21, a22, a23]
    [a31, a32, a33]

>> syms p
>> P=sym([p p p ; p p p; p p p]);      % 创建 P 矩阵
>> A=P                    % 将 P 矩阵的所有元素赋值给 A 矩阵
A=
    [p, p, p]
    [p, p, p]
    [p, p, p]
>> syms t
>> T=sym([t t t t t t t t t]);         % 创建 T 数组
>> A(:)=T(:)              % 以数组全元素赋值方式对矩阵 A 赋值
A=
    [t, t, t]
    [t, t, t]
    [t, t, t]
```

7.4.2 符号矩阵基本运算

符号矩阵基本运算的规则是把矩阵当作一个整体，依照线性代数的规则进行运算。

1. 加减运算

矩阵加减运算的条件是两个矩阵的行数与列数分别相同（同型矩阵），其运算规则是矩阵相应元素做加减运算。需要指出，标量与矩阵间也可以进行加减运算，其规则是标量与矩阵的每一个元素进行加减运算。

【例 7-32】 符号矩阵的加减运算示例。

在命令行窗口中输入以下语句，并查看输出结果。

```
>> syms a11 a12 a13 a21 a22 a23 a31 a32 a33;
>> syms b11 b12 b13 b21 b22 b23 b31 b32 b33;
>> syms x y;
>> A=sym([a11 a12 a13; a21 a22 a23; a31 a32 a33]);
>> B=sym([b11 b12 b13; b21 b22 b23; b31 b32 b33]);
>> P=A+(5+8j)
P=
    [a11+5+8i, a12+5+8i, a13+5+8i]
    [a21+5+8i, a22+5+8i, a23+5+8i]
    [a31+5+8i, a32+5+8i, a33+5+8i]
>> Q=A-(x+y*j)
Q=
    [a11-x-y*1i, a12-x-y*1i, a13-x-y*1i]
    [a21-x-y*1i, a22-x-y*1i, a23-x-y*1i]
    [a31-x-y*1i, a32-x-y*1i, a33-x-y*1i]
>> S=A+B
S=
    [a11+b11, a12+b12, a13+b13]
    [a21+b21, a22+b22, a23+b23]
    [a31+b31, a32+b32, a33+b33]
```

在 MATLAB 中，维数为 1×1 的数组称为标量。而 MATLAB 中的数值元素是复数，所以一个标量就是一个复数。

2．乘法运算

矩阵与标量间可以进行乘法运算，而两矩阵相乘必须遵循数学中矩阵叉乘的规则。

1）符号矩阵与标量的乘法运算

矩阵与一个标量之间的乘法运算规则是该矩阵的每个元素与这个标量分别进行乘法运算。矩阵与一个标量相乘符合交换律。

【例 7-33】 标量与矩阵之间的乘法运算示例。

在命令行窗口中输入以下语句，并查看输出结果。

```
>> syms a b c d e f g h i k;
>> s=5;
>> P=sym([a b c; d e f; g h i]);
>> sP=s*P
sP=
    [5*a, 5*b, 5*c]
    [5*d, 5*e, 5*f]
    [5*g, 5*h, 5*i]
```

```
>> Ps=P*s
Ps=
    [5*a, 5*b, 5*c]
    [5*d, 5*e, 5*f]
    [5*g, 5*h, 5*i]
>> kP=k*P
kP=
    [a*k, b*k, c*k]
    [d*k, e*k, f*k]
    [g*k, h*k, i*k]
>> Pk=P*k
Pk=
    [a*k, b*k, c*k]
    [d*k, e*k, f*k]
    [g*k, h*k, i*k]
```

运算结果表明：与矩阵相乘的标量既可以是数值对象，也可以是符号对象；由于 $s×P=P×s$ 与 $k×P=P×k$，因此矩阵与一个标量相乘符合交换律。

2）符号矩阵的乘法运算

两矩阵相乘的条件是左矩阵的列数必须等于右矩阵的行数，两矩阵相乘必须服从线性代数中矩阵叉乘的规则。

【例7-34】符号矩阵的乘法运算示例。

在命令行窗口中输入以下语句，并查看输出结果。

```
>> syms a11 a12 a21 a22  b11 b12 b21 b22;
>> A=sym([a11 a12; a21 a22]);
>> B=sym([b11 b12; b21 b22]);
>> AB=A*B
AB=
    [a11*b11+a12*b21, a11*b12+a12*b22]
    [a21*b11+a22*b21, a21*b12+a22*b22]
>> BA=B*A
BA=
    [a11*b11+a21*b12, b11*a12+b12*a22]
    [b21*a11+b22*a21, a12*b21+a22*b22]
```

运算结果表明：矩阵的乘法运算规则是左行元素依次乘右列元素之和作为不同行元素，行元素依次乘不同列元素之和作为不同列元素；由 $A×B≠B×A$，即矩阵乘法不满足交换律。

3．除法运算

两矩阵相除的条件是两矩阵均为方阵，且两方阵的阶数相等。矩阵除法运算有左除与右除之分，即运算符"\"和"/"所指代的运算。其运算规则如下。

```
A\B=inv(A)*B
A/B=A*inv(B)
```

【例 7-35】 符号矩阵与数值矩阵的除法运算示例。

在命令行窗口中输入以下语句,并查看输出结果。

(1) 对符号矩阵进行除法运算。

```
>> syms a11 a12 a21 a22  b11 b12 b21 b22;
>> A=sym([a11 a12; a21 a22]);
>> B=sym([b11 b12; b21 b22]);
>> C1=A\B
C1 =
    [-(a12*b21-a22*b11)/(a11*a22-a12*a21), -(a12*b22-a22*b12)/(a11*a22-a12*a21)]
    [ (a11*b21-a21*b11)/(a11*a22-a12*a21),  (a11*b22-a21*b12)/(a11*a22-a12*a21)]
>> [C2]= simplify(inv(A)*B)
C2 =
    [-(a12*b21-a22*b11)/(a11*a22-a12*a21), -(a12*b22-a22*b12)/(a11*a22-a12*a21)]
    [ (a11*b21-a21*b11)/(a11*a22-a12*a21),  (a11*b22-a21*b12)/(a11*a22-a12*a21)]

>> D1=A/B
D1 =
    [(a11*b22-a12*b21)/(b11*b22-b12*b21), -(a11*b12-a12*b11)/(b11*b22-b12*b21)]
    [(a21*b22-a22*b21)/(b11*b22-b12*b21), -(a21*b12-a22*b11)/(b11*b22-b12*b21)]
>> [D2]= simplify(A*inv(B))
D2 =
    [(a11*b22-a12*b21)/(b11*b22-b12*b21), -(a11*b12-a12*b11)/(b11*b22-b12*b21)]
    [(a21*b22-a22*b21)/(b11*b22-b12*b21), -(a21*b12-a22*b11)/(b11*b22-b12*b21)]
```

运算结果表明:C1=C2,D1=D2,验证了以上运算规则。

(2) 对数值矩阵进行除法运算。

```
>> C=[1 2 3; 4 5 6; 7 8 9];
>> D=[1 0 0; 0 2 0; 0 0 3];
>> P1=C/D
P1=
    1.0000    1.0000    1.0000
    4.0000    2.5000    2.0000
    7.0000    4.0000    3.0000
>> P2=C*inv(D)
P2=
    1.0000    1.0000    1.0000
    4.0000    2.5000    2.0000
    7.0000    4.0000    3.0000

>> C=[2 2 3; 4 5 6; 7 8 9];
```

```
>> D=[5 0 0; 0 4 0; 0 0 3];
>> Q1=C\D
Q1=
    5.0000    -8.0000     3.0000
  -10.0000     4.0000    -0.0000
    5.0000     2.6667    -2.0000
>> Q2=inv(C)*D
Q2=
    5.0000    -8.0000     3.0000
  -10.0000     4.0000    -0.0000
    5.0000     2.6667    -2.0000
```

运算结果表明：数值矩阵的除法也符合以上符号矩阵除法的运算规则。

4．乘方运算

在 MATLAB 的符号运算中定义了矩阵的整数乘方运算，其运算规则是矩阵 A 的 b 次乘方 A^b 是矩阵 A 自乘 b 次。

【例 7-36】符号矩阵的乘方运算示例。

在命令行窗口中输入以下语句，并查看输出结果。

```
>> A=sym([a11 a12; a21 a22]);
>> b=2;
>> C1=A^b
C1=
    [ a11^2+a12*a21, a11*a12+a12*a22]
    [a11*a21+a21*a22,  a22^2+a12*a21]
>> C2=A*A
C2=
    [ a11^2+a12*a21, a11*a12+a12*a22]
    [a11*a21+a21*a22,  a22^2+a12*a21]
```

运算结果表明：C1=C2，即验证了以上运算规则。

5．指数运算

在 MATLAB 的符号运算中定义了符号矩阵的指数运算，该运算由函数 exp 来实现。

【例 7-37】符号矩阵的指数运算示例。

在命令行窗口中输入以下语句，并查看输出结果。

```
>> A=sym([a11 a12; a21 a22]);
>> B=exp(A)
B=
    [exp(a11), exp(a12)]
    [exp(a21), exp(a22)]
```

运算结果表明：符号矩阵的指数运算规则是得到一个与原矩阵行、列数相同的新矩阵，并将以 e 为底、以矩阵的每一个元素作指数进行运算的结果作为新矩阵的对应元素。

7.4.3 微分与积分

矩阵的微分与积分是将常规函数的微分与积分概念推广到矩阵的结果。如矩阵 $A=(a_{ij})_{m\times n}$ 的每个元素都是变量 t 的函数，即

$$A = \begin{bmatrix} a_{11}(t) & a_{12}(t) & \cdots & a_{1n}(t) \\ a_{21}(t) & a_{22}(t) & \cdots & a_{2n}(t) \\ \vdots & \vdots & & \vdots \\ a_{m1}(t) & a_{m2}(t) & \cdots & a_{mn}(t) \end{bmatrix}$$

则称 A 为一个函数矩阵，记为 $A(t)$。若 $t \in [a,b]$，则称 $A(t)$ 定义在 $[a,b]$ 上；又若每个元素 $a_{ij}(t)$ 在 $[a,b]$ 上连续、可微、可积，则称 $A(t)$ 在 $[a,b]$ 上连续、可微、可积，并定义如下。

函数矩阵的导数：

$$\frac{dA}{dt} = \begin{bmatrix} \frac{d}{dt}a_{11}(t) & \frac{d}{dt}a_{12}(t) & \cdots & \frac{d}{dt}a_{1n}(t) \\ \frac{d}{dt}a_{21}(t) & \frac{d}{dt}a_{22}(t) & \cdots & \frac{d}{dt}a_{2n}(t) \\ \vdots & \vdots & & \vdots \\ \frac{d}{dt}a_{m1}(t) & \frac{d}{dt}a_{m2}(t) & \cdots & \frac{d}{dt}a_{mn}(t) \end{bmatrix}$$

函数矩阵的积分：

$$\int A dt = \begin{bmatrix} \int a_{11}(t)dt & \int a_{12}(t)dt & \cdots & \int a_{1n}(t)dt \\ \int a_{21}(t)dt & \int a_{22}(t)dt & \cdots & \int a_{2n}(t)dt \\ \vdots & \vdots & & \vdots \\ \int a_{m1}(t)dt & \int a_{m2}(t)dt & \cdots & \int a_{mn}(t)dt \end{bmatrix}$$

【例 7-38】已知符号矩阵 $A = \begin{bmatrix} a_{11}(t) & a_{12}(t) \\ a_{21}(t) & a_{22}(t) \end{bmatrix}$ 与数值矩阵 $B = \begin{bmatrix} 2t & \sin(t) \\ e^t & \ln(t) \end{bmatrix}$，试计算 $\dfrac{dA}{dt}$、$\dfrac{dB}{dt}$。

在命令行窗口中输入以下语句，并查看输出结果。

（1）针对符号矩阵。

```
>> syms t a11(t) a12(t) a21(t) a22(t);
>> A= sym( [a11(t) a12(t); a21(t) a22(t)]);
A=
   [a11(t), a12(t)]
   [a21(t), a22(t)]
>> dA=diff(A, 't')
dA =
```

```
     [diff(a11(t), t), diff(a12(t), t)]
     [diff(a21(t), t), diff(a22(t), t)]
```

（2）针对数值矩阵。

```
>> syms t a11 a12 a21 a22;
>> a11=2*t; a12=sin(t); a21=exp(t); a22=log(t);
>> A=[a11 a12; a21 a22];
>> B=subs(A, [a11 a12 a21 a22], [a11 a12 a21 a22])
B=
    [  2*t, sin(t)]
    [exp(t), log(t)]
>> dB=diff(B,'t')
dB=
    [    2,  cos(t)]
    [exp(t),    1/t]
```

7.4.4 Laplace 变换

矩阵的 Laplace 变换是将通常函数的 Laplace 变换概念推广到矩阵的结果。设函数矩阵 $A(t)$ 的每个元素 $a_{ij}(t)$ 在 $t \geq 0$ 时有定义，而且积分在 s（复数域）的某一域内收敛，则称

$$L[A(t)] = \int_0^\infty A(t) \mathrm{e}^{-st} \mathrm{d}t$$

为函数矩阵 $A(t)$ 的 Laplace 变换。

【例 7-39】已知矩阵 $P = \begin{bmatrix} At & \mathrm{e}^{at} \\ \sin(\omega t) & \delta(t) \end{bmatrix}$，试计算矩阵 P 的 Laplace 变换 $L[P(t)]$。

在命令行窗口中输入以下语句，并查看输出结果。

```
>> syms t s A a omega;
>> f=sym(dirac(t));
>> P=[A*t exp(a*t); sin(omega*t) f]
P=
    [        A*t, exp(a*t)]
    [sin(omega*t), dirac(t)]
>> Q=laplace(P)
Q =
    [              A/s^2, -1/(a-s)]
    [omega/(omega^2+s^2),        1]
```

7.5 符号方程

在初等数学中主要有代数方程与超越方程。能够通过有限次的代数运算（加、减、

乘、除、乘方、开方）求解的方程叫代数方程；不能够通过有限次的代数运算求解的方程叫超越方程。超越方程包括指数方程、对数方程与三角方程。在高等数学中主要有微分方程。

7.5.1 符号代数方程求解

在 MATLAB 中，函数是已经设计好的子程序，执行过程中其内部实现是不可见的。因此，无法直接观察方程的变形过程，无法判断变形是否引起增根或遗根，这就需要对结果进行校验，以确保与原方程一致。

方程的种类繁多，但用 MATLAB 符号方程解算函数来求解方程，其函数调用格式简明精炼，求解过程很简单，使用也很方便。利用 solve 函数可以求解符号代数方程，其调用格式如下。

```
S=solve(eqn,var)                  % 求方程 eqn 中关于变量 var 的解
         % 不指定 var，则自动确定求解变量。如 solve(x+1==2,x) 会求方程 x+1=2 的解 x
S=solve(eqn,var,Name,Value)       % 使用一个或多个 Name-Value 对指定的附加选项
Y=solve(eqns,vars)     % 求方程组 eqns 中关于变量 vars 的解，并返回包含解的结构体
         % 不指定 vars 时由 symvar 确定求解变量，变量数目等于方程组 eqns 的方程数
Y=solve(eqns,vars,Name,Value)     % 使用一个或多个 Name-Value 对指定的附加选项
[y1,…,yN]=solve(eqns,vars)        % 求方程组 eqns 中关于变量 vars 的解
         % 并将解赋值给变量 y1,…,yN
         % 不指定 vars 时由 symvar 确定求解变量，变量数目等于输出参数 N 的数目
[y1,…,yN]=solve(eqns,vars,Name,Value)
         % 使用一个或多个 Name-Value 对指定的附加选项
[y1,…,yN,para,cond]=solve(eqns,vars,'ReturnConditions',true)
         % 返回附加参数 para 和条件 cond，用于指定解中的参数和解的条件
```

> 说明：求方程 eqn 或方程组 eqns 关于指定变量 var 或 vars 的解时，输入参数 eqn 或 eqns 是字符串表达的方程（指 eqn=0 或 eqns=0）或字符串表达式（将等式等号右边的非零项部分移项到左边后得到的没有等号的左端表达式），函数的输入参数 var 或 vars 是对方程组求解的指定变量。方程组的多个方程之间用英文输入状态下的逗号","加以分隔。

【例 7-40】对以下联立方程组，求 $a=1$，$b=2$，$c=3$ 时的 x、y、z。

$$\begin{cases} y^2 - z^2 = x^2 \\ y + z = a \\ x^2 - bx = c \end{cases}$$

在命令行窗口中输入以下语句，并查看输出结果。

```
>> syms x y z a b c;
>> a=1; b=2; c=3;
>> eq1=y^2-z^2-x^2              % 也可为 eq1=y^2-z^2-x^2==0
```

```
>> eq2=y+z-a              % 也可为eq2=y+z-a==0
>> eq3=x^2-b*x-c          % 也可为eq3=x^2-b*x-c==0
>> [x,y,z]=solve(eq1, eq2, eq3,x,y,z)
x =
    -1
     3
y =
     1
     5
z=
     0
    -4
```

由结果可知，方程组的解有两组，即 $\begin{cases} x=-1 \\ y=1 \\ z=0 \end{cases}$ 或 $\begin{cases} x=3 \\ y=5 \\ z=-4 \end{cases}$。经验算，两组解均为方程组的解。

7.5.2 符号微分方程求解

表示未知函数与未知函数的导数及自变量之间关系的方程称为微分方程。如果在一个微分方程中出现的未知函数只含一个自变量，这个方程称为常微分方程。如果在一个微分方程中出现多元函数的偏导数，这个方程称为偏微分方程。

微分方程中出现的未知函数的最高阶导数的阶数，称为微分方程的阶。找出这样的函数，把该函数代入微分方程能使该方程成为恒等式，这个函数称为该微分方程的解。如果微分方程的解中含有相互独立的任意常数，且任意常数的个数与微分方程的阶数相同，这样的解称为微分方程的通解。

由于通解中含有任意常数，因此它不能完全确定地反映某一客观事物的规律性。要完全确定地反映某一客观事物的规律性，必须确定这些常数的值。为此，要根据实际问题的具体情况，提出确定这些常数的条件，这个条件称为初始条件。

设微分方程的未知函数为 $y=y(x)$，一阶微分方程的初始条件通常是 $y|_{x=x_0}=y_0$；二阶微分方程的初始条件通常是 $y|_{x=x_0}=y_0$，$y'|_{x=x_0}=y'_0$。

由初始条件确定了通解的任意常数后的解称为微分方程的特解。求微分方程 $y'=f(x,y)$ 满足初始条件 $y|_{x=x_0}=y_0$ 的特解的问题称为一阶微分方程的初始问题，记作

$$\begin{cases} y'=f(x,y) \\ y|_{x=x_0}=y_0 \end{cases}$$

微分方程的一个解的图形是一条曲线，称为微分方程的积分曲线。一阶微分方程的特解的几何意义就是求微分方程的通过已知点 (x_0, y_0) 的那条积分曲线。二阶微分方程的

特解的几何意义就是求微分方程的通过已知点 (x_0, y_0) 且在该点处的切线斜率为 y_0' 的那条积分曲线，即二阶微分方程的初始问题，记作

$$\begin{cases} y'' = f(x, y, y') \\ y|_{x=x_0} = y_0, y'|_{x=x_0} = y_0' \end{cases}$$

科学研究与实际工程中会遇到由几个微分方程联立起来共同确定几个具有同一个自变量的函数的情形，这些联立的微分方程称为微分方程组。

在 MATLAB 中，利用 dsolve 函数可以求解常微分方程的符号解，其调用格式如下。

```
S=dsolve(eqn)              % 求解微分方程 eqn，其中 eqn 是一个符号方程
       % 微分方程使用 diff 和 == 来表示。如 diff(y,x)==y 表示微分方程 dy/dx=y
       % 通过将 eqn 指定为这些方程的向量可以求解微分方程组
S=dsolve(eqn,cond)         % 在给定初始条件或边界条件 cond 的情况下求解微分方程 eqn
S=dsolve(___,Name,Value)   % 使用一个或多个 Name-Value 对指定的附加选项
[y1,…,yN]=dsolve(___)      % 将方程的解赋值给变量 y1,…,yN
```

提示：使用 MATLAB 微分函数 diff 可以对微分方程进行验算。

【例 7-41】求微分方程的通解。

（1）$\dfrac{\mathrm{d}y}{\mathrm{d}t} = ay$；

（2）$\dfrac{\mathrm{d}y}{\mathrm{d}t} = ay$，$y(0) = 6$

（3）$\dfrac{\mathrm{d}^2 y}{\mathrm{d}t^2} = ay$；

（4）$\dfrac{\mathrm{d}^2 y}{\mathrm{d}t^2} = ay$，$y(0) = b$、$y'(0) = 1$

在命令行窗口中输入以下语句，并查看输出结果。

（1）根据求解结果，可得 $y = C_1 \mathrm{e}^{at}$。

```
>> clear
>> syms y(t) a
>> eqn=diff(y,t)==a*y;
>> ySol(t)=dsolve(eqn)
ySol(t) =
    C1*exp(a*t)
```

（2）根据求解结果，可得 $y = 5\mathrm{e}^{at}$。

```
>> syms y(t) a
>> eqn=diff(y,t)==a*y;
>> cond=y(0)==5;
>> ySol(t)=dsolve(eqn,cond)
ySol(t) =
    5*exp(a*t)
```

（3）根据求解结果，可得 $y = C_1 \mathrm{e}^{-\sqrt{a}t} + C_2 \mathrm{e}^{-\sqrt{a}t}$。

```
>> syms y(t) a
>> eqn=diff(y,t,2)==a*y;
>> ySol(t)=dsolve(eqn)
```

```
ySol(t) =
    C1*exp(-a^(1/2)*t)+C2*exp(a^(1/2)*t)
```

（4）根据求解结果，可得 $y = \dfrac{e^{at}(ab+1)}{2a} + \dfrac{e^{-at}(ab-1)}{2a}$。

```
>> syms y(t) a b
>> eqn=diff(y,t,2)==a^2*y;
>> Dy=diff(y,t);
>> cond=[y(0)==b, Dy(0)==1];
>> ySol(t)=dsolve(eqn,cond)
ySol(t) =
    (exp(a*t)*(a*b+1))/(2*a)+(exp(-a*t)*(a*b-1))/(2*a)
```

【例 7-42】求微分方程组 $\begin{cases} \dfrac{dy}{dt} = z \\ \dfrac{dz}{dt} = -y \end{cases}$ 的通解。

在命令行窗口中输入以下语句，并查看输出结果。

```
>> clear
>> syms y(t) z(t)
>> eqns=[diff(y,t)==z, diff(z,t)==-y];
>> S=dsolve(eqns)                        % 将输出赋给结构体
  包含以下字段的 struct:
    z: C2*cos(t)-C1*sin(t)
    y: C1*cos(t)+C2*sin(t)

>> [ySol(t),zSol(t)]=dsolve(eqns)        % 将输出赋给变量
ySol(t) =
    C1*cos(t)+C2*sin(t)
zSol(t) =
    C2*cos(t)-C1*sin(t)
```

【例 7-43】求微分方程组 $\begin{cases} \dfrac{dx}{dt} + 2x + \dfrac{dy}{dt} + y = t \\ \dfrac{dy}{dt} + 5x + 3y = t^2 \end{cases}$ 的通解，并对其进行验证。

在命令行窗口中输入以下语句，并查看输出结果。

```
>> clear
>> syms x(t) y(t)
>> eq1=diff(x,t)+2*x+diff(y,t)+y==t;
>> eq2=diff(y,t)+5*x+3*y==t^2;
>> S=dsolve(eq1, eq2)
S=
  包含以下字段的 struct:
```

```
            y: cos(t)*(C2-4*cos(t)+3*sin(t)+2*t^2*cos(t)+t^2*sin(t)…
            x: (cos(t)/5+(3*sin(t))/5)*(C1+3*cos(t)+4*sin(t)+t^2*co…
>> x= collect(collect(collect(S.x,t),sin(t)),cos(t))
>> y= collect(collect(collect(S.y,t),sin(t)),cos(t))
x =
(-t^2+t+3)*cos(t)^2+(C1/5-(3*C2)/5)*cos(t)+(-t^2+t+3)*sin(t)^2+((3*C1)
/5+C2/5)*sin(t)
y =
(2*t^2-3*t-4)*cos(t)^2+C2*cos(t)+(2*t^2-3*t-4)*sin(t)^2+(-C1)*sin(t)
```

验算微分方程的解。在命令行窗口中输入以下语句,并查看输出结果。

```
>> L1=diff(x,t)+2*x+diff(y,t)+y-t;
>> L1= simplify(collect(collect(L1,sin(t)),cos(t)));
>> R1=0;
>> L1==R1
ans =
    0==0
>> L2=diff(y,t)+5*x+3*y-t^2;
>> L2=simplify(collect(collect(L2,sin(t)),cos(t)));
>> R2=0;
>> L2==R2
ans =
    0==0
```

由结果可知,方程组的解正确。

7.6 符号函数图形计算器

对于习惯使用计算器或者只想做一些简单的符号运算与图形处理的读者,MATLAB 提供的符号函数图形计算器(简称函数图形计算器)是一个较好的选择。该计算器功能简单,操作方便,可视性强,深受广大用户喜爱。

7.6.1 操作界面

在 MATLAB 命令行窗口中输入命令 funtool(不带输入参数),即可进入如图 7-1 所示的函数图形计算器用户界面。函数图形计算器包括两个图窗与一个函数运算控制窗口。在任何时候,两个图窗中只有一个处于激活状态。

函数运算控制窗口上的任何操作都只对激活的图窗起作用,即激活图窗的函数图形可随函数运算控制窗口的操作而做相应的变化。

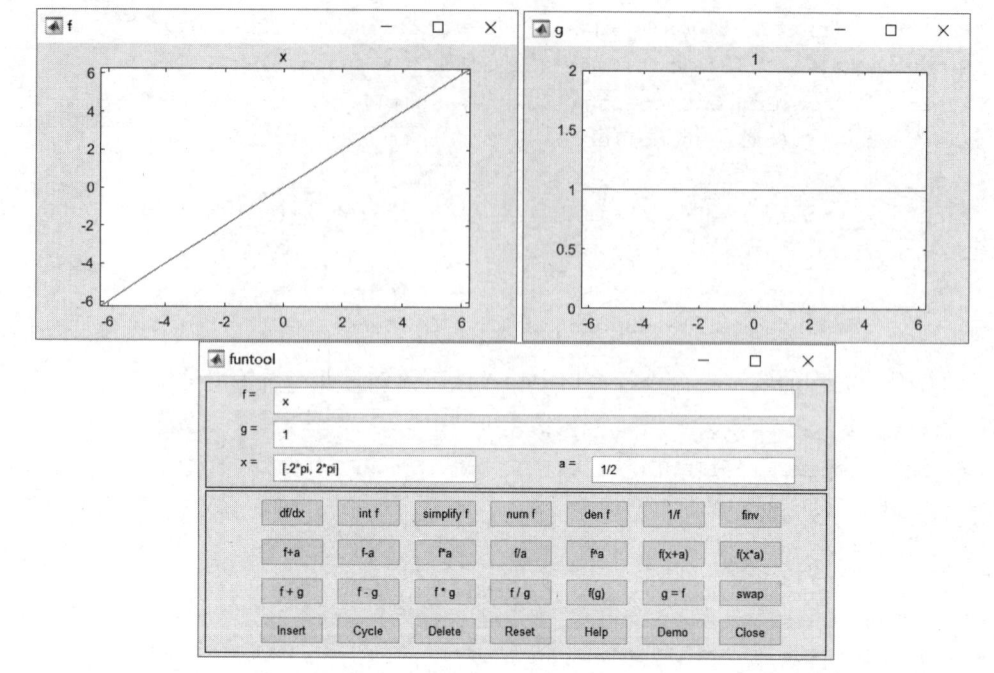

图 7-1　函数图形计算器用户界面

7.6.2　输入框操作

在函数运算控制窗口中，有 4 个输入框供用户对要操作的函数进行输入。这 4 个输入框分别是 f、g、x、a。

（1）f=：为图窗 f 输入控制函数，默认值为 x；

（2）g=：为图窗 g 输入控制函数，默认值为 1；

（3）x=：输入函数自变量的取值范围，默认值为[-2*pi, 2*pi]；

（4）a=：输入常数，用来进行各种运算，默认值为 1/2。

在打开函数图形计算器时，对 4 个输入框，MATLAB 将自动赋予其默认值，用户可随时对其进行修改，而对应的图窗中的图形也会随之做相应的变化。

7.6.3　按钮的功能

函数图形计算器共有 4（行）×7（列）=28 个按钮，每一行按钮代表一类运算。其中，第 1 行按钮代表函数自身的运算；第 2 行按钮代表函数与常数之间的运算；第 3 行按钮代表两函数间的运算；第 4 行按钮代表对于系统的操作，它们的功能如表 7-4 所示。

表 7-4　按钮的功能

参数	含义	参数	含义
函数自身的运算（第 1 行）		函数与常数之间的运算（第 2 行）	
df/dx	计算函数 f 对 x 的导函数	f+a	计算 f(x)+ a
int f	计算函数 f 的积分函数	f-a	计算 f(x)-a

续表

参数	含义	参数	含义
simplify f	对函数 f 进行化简	f*a	计算 f(x)*a
num f	取函数表达式 f(x)的分子，并赋给 f	f/a	计算 f(x)/a
den f	取函数表达式 f(x)的分母，并赋给 f	f^a	计算 f(x)^a
1/f	求函数表达式 f(x)的倒数函数	f(x+a)	计算 f(x+a)
finv	求函数表达式 f(x)的反函数	f(x*a)	计算 f(ax)
两函数间的运算（第3行）		对于系统的操作（第4行）	
f+g	计算两函数 f 与 g 之和，并赋给 f	Insert	将函数 f 添加到已存储函数列表的末尾
f-g	计算两函数 f 与 g 之差，并赋给 f	Cycle	用函数列表中的下一个项目替换函数 f
f*g	计算两函数 f 与 g 之积，并赋给 f	Delete	从已存储函数列表中删除函数 f
f/g	计算两函数 f 与 g 之比，并赋给 f	Reset	将计算器重置为初始状态
f(g)	计算复合函数 f(g(x))	Help	显示函数图形计算器的在线帮助
g=f	将 f 函数值赋给 g	Demo	演示函数图形计算器的功能
swap	将 f 函数表达式与 g 函数表达式交换	Close	关闭函数图形计算器

说明：在计算 int f 或 finv f 时，若由于函数的不可积或非单调而引起无特定解，则函数栏中将返回 NaN，表明计算失败。

7.7 本章小结

科学与工程技术中的数值运算固然重要，但自然科学理论分析中各种各样的公式、关系式及其推导是符号运算要解决的问题。MATLAB 的科学运算包含数值运算与符号运算两大类，符号运算工具是 MATLAB 的重要组成部分。通过本章的学习，读者应了解、熟悉并掌握符号运算的基本概念、主要内容，以及 MATLAB 符号运算函数的功能及其调用格式，为符号运算的应用打下基础。

第8章 数值计算

数值计算是利用计算机对数学问题进行近似求解的一类方法,广泛应用于工程、科学和技术等领域。它通过对复杂的数学模型(如方程组、积分、微分方程等)进行离散化处理,得到能够在计算机上实现的算法,从而获得问题的近似解。在 MATLAB 中,数值计算功能涵盖了从基础数学运算到复杂多维问题求解。MATLAB 使用自适应方法处理复杂问题,通过函数(如 integral、fsolve)在保证精度的同时优化计算效率。

8.1 矩阵分析

矩阵分析是线性代数的重要内容,也是几乎所有 MATLAB 函数分析的基础。MATLAB 支持多种线性代数中定义的操作,正是其强大的矩阵运算能力使其成为优秀的数值计算软件。

8.1.1 范数

根据线性代数的知识,对于线性空间中某个向量 $x = \{x_1, x_2, \cdots, x_n\}$,其对应的 P 级范数的定义为 $\|x\|_p = (\sum_{i=1}^{n} |x_i|^p)^{\frac{1}{p}}$,其中参数 $p=1,2,\cdots,n$。同时,为了保证定义的完整性,定义范数数值 $\|x\|_\infty = \max_{1<i<n} |x_i|$,$\|x\|_{-\infty} = \max_{1<i<n} |x_i|$。

矩阵范数是基于向量的范数而定义的,具体的表达式为:

$$\|A\| = \max_{\forall x \neq 0} \frac{\|Ax\|}{\|x\|}$$

在实际应用中,比较常用的矩阵范数是 1、2 和 ∞ 阶范数,其对应的定义如下:

$$\|A\|_1 = \max_{1<j<n} \sum_{i=1}^{n} |a_{ij}|, \quad \|A\|_2 = \sqrt{S_{\max}\{A^T A\}} \text{ 和 } \|A\|_\infty = \max_{1<j<n} \sum_{i=1}^{n} |a_{ij}|$$

在定义式 $\|A\|_2$ 中,$S_{\max}\{A^T A\}$ 表示矩阵 A 的最大奇异值的平方,关于奇异值的定义

将在后面介绍。

在 MATLAB 中，利用 norm 函数可以求解向量和矩阵的范数，其调用格式如下。

```
n=norm(v)         % 返回向量 v 的欧几里得范数。该范数也称为 2-范数、向量模或欧几里得长度
n=norm(v,p)       % 返回广义向量 p-范数，p≥1
n=norm(X)         % 返回矩阵 X 的 2-范数或最大奇异值，该值近似于 max(svd(X))
n=norm(X,p)       % 返回矩阵 X 的 p-范数，其中 p 为 1、2 或 Inf
n=norm(X,"fro")   % 返回矩阵或数组 X 的 Frobenius 范数
```

说明：p 表示范数类型，指定为 2（默认值）、正实数标量、Inf 或 -Inf。p 的有效值及其返回的内容取决于 norm 函数的第一个输入为矩阵还是向量，如表 8-1 所示。

表 8-1 选项说明

p 的取值	矩阵	向量
1	max(sum(abs(X)))	sum(abs(v))
2	max(svd(X))	sum(abs(v).^2)^(1/2)
正实数标量	—	sum(abs(v).^p)^(1/p)
Inf	max(sum(abs(X')))	max(abs(v))
-Inf	—	min(abs(v))

【例 8-1】根据定义和利用函数分别求解向量的范数。

在命令行窗口中输入以下语句，并查看输出结果。

```
>> clear
>> x=[1:6];              % 输入向量 x
>> y=x.^2;
```

（1）根据定义求解各阶范数。

```
>> N2=sqrt(sum(y))
N2 =
    9.5394
>> Ninf=max(abs(x))
Ninf =
    6
>> Nvinf=min(abs(x))
Nvinf =
    1
```

（2）使用 norm 函数求解范数。

```
>> n2=norm(x)
n2 =
    9.5394
>> ninf=norm(x,inf)
ninf =
    6
```

```
>> nvinf=norm(x,-inf)
nvinf =
     1
```

由结果可以看出，根据范数定义得到的结果和用 norm 函数得到的结果完全相同。

8.1.2　2-范数估值

当需要分析的矩阵比较大时，直接求解矩阵范数的时间就会比较长，因此当允许某个近似的范数满足特定条件时，可以使用 normest 函数来高效地求解范数的近似值。

在 MATLAB 中，normest 函数主要用来处理稀疏矩阵，但也可以接收正常矩阵的输入，多用来处理维数比较大的矩阵，该函数的主要调用格式如下。

```
n=normest(S)            % 返回矩阵 S 的 2-范数估值。主要用于稀疏矩阵，也适用于大型满矩阵
n=normest(S,tol)        % 使用相对误差容限 tol 而不是默认容限 1.0e-6 来估计 2-范数
[n,count]=normest(___)  % 返回 2-范数估值并给出在计算中使用的幂迭代数
```

【例 8-2】分别使用 norm 和 normest 函数来求解矩阵的范数。

在命令行窗口中输入以下语句，并查看输出结果。

```
>> W=wilkinson(90);        % 创建约翰威尔金森（wilkinson）的 90×90 特征值测试矩阵
>> W_norm=norm(W)
W_norm =
    45.2462
>> W_normest=normest(W)    % 近似求解范数
W_normest =
    45.2459
```

8.1.3　条件数

在线性代数中，矩阵 A 的条件数用来度量线性方程 $Ax=b$ 的解对 b 中的误差或不确定性的敏感度，其对应的数学定义是：

$$k = \|A^{-1}\| \cdot \|A\|$$

根据基础的数学知识，矩阵的条件数总是大于或等于 1。其中，正交矩阵的条件数为 1，奇异矩阵的条件数为 ∞，而病态矩阵的条件数则比较大。

依据条件数的定义，方程解的相对误差可以由下面的不等式来估计。

$$\frac{1}{k}\left(\frac{\delta b}{b}\right) \leq \frac{|\delta x|}{|x|} \leq k\left(\frac{\delta b}{b}\right)$$

在 MATLAB 中，利用 cond 函数可以求矩阵 X 的条件数，其调用格式如下。

```
C=cond(A)      % 返回 2-范数逆运算的条件数，等于 A 的最大奇异值与最小奇异值之比
C=cond(A,p)    % 返回 p-范数条件数，其中 p 可以是 1、2、Inf 或 'fro'
```

【例 8-3】以 MATLAB 产生的 Magic 矩阵和 Hilbert 矩阵为例，使用矩阵的条件数来

分析对应的线性方程解的精度。

在命令行窗口中输入以下语句,并查看输出结果。

(1)数值求解。

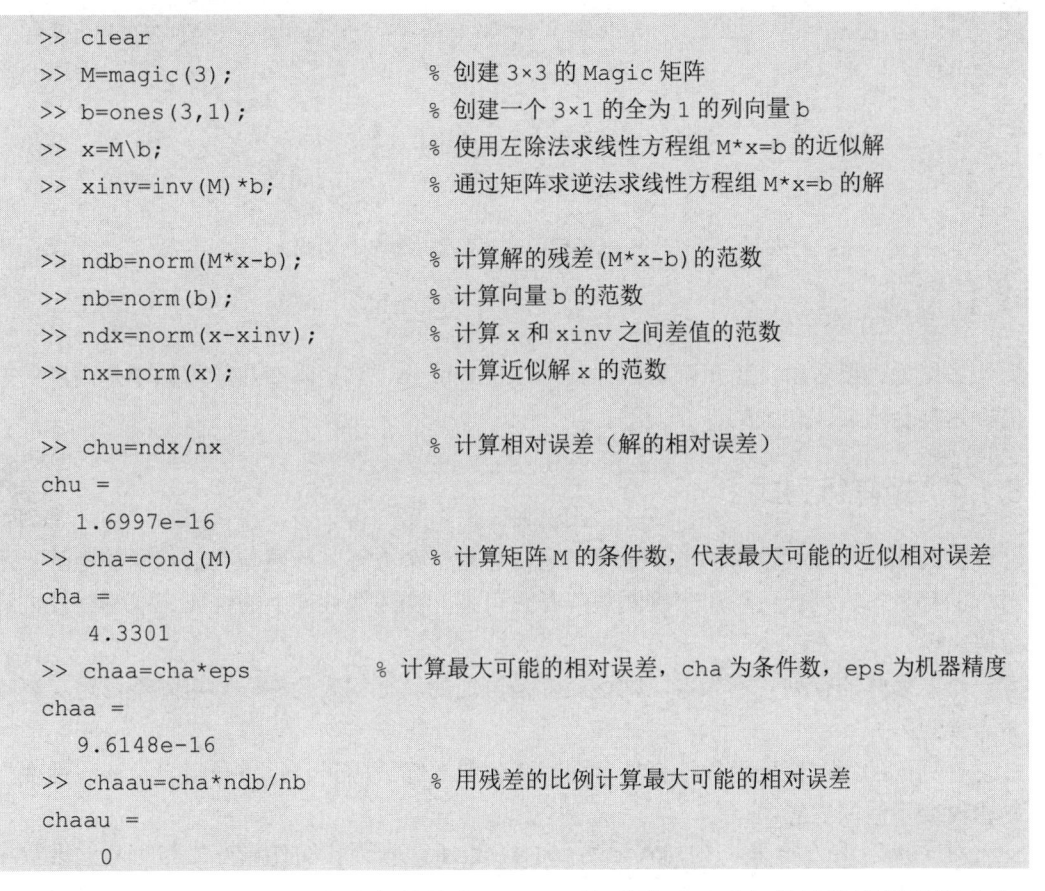

```
>> clear
>> M=magic(3);              % 创建 3×3 的 Magic 矩阵
>> b=ones(3,1);             % 创建一个 3×1 的全为 1 的列向量 b
>> x=M\b;                   % 使用左除法求线性方程组 M*x=b 的近似解
>> xinv=inv(M)*b;           % 通过矩阵求逆法求线性方程组 M*x=b 的解

>> ndb=norm(M*x-b);         % 计算解的残差(M*x-b)的范数
>> nb=norm(b);              % 计算向量 b 的范数
>> ndx=norm(x-xinv);        % 计算 x 和 xinv 之间差值的范数
>> nx=norm(x);              % 计算近似解 x 的范数

>> chu=ndx/nx               % 计算相对误差(解的相对误差)
chu =
   1.6997e-16
>> cha=cond(M)              % 计算矩阵 M 的条件数,代表最大可能的近似相对误差
cha =
   4.3301
>> chaa=cha*eps             % 计算最大可能的相对误差,cha 为条件数,eps 为机器精度
chaa =
   9.6148e-16
>> chaau=cha*ndb/nb         % 用残差的比例计算最大可能的相对误差
chaau =
   0
```

由结果可以看出,该矩阵的条件数为 4.3301,这种情况下引起的计算误差是很小的,其误差完全可以接受。

(2)修改矩阵,重新计算求解的精度。在命令行窗口中输入以下语句,并查看输出结果。

```
>> clear
>> M=hilb(12);              % 创建 12×12 的 Hilbert 矩阵
>> b=ones(12,1);            % 创建一个 12×1 的全为 1 的列向量 b
>> x=M\b;                   % 使用左除法求线性方程组 M*x=b 的近似解
% 警告:矩阵接近奇异值,或者缩放不良。结果可能不准确。RCOND= 2.609829e-17
>> xinv=invhilb(12)*b;      % 使用 Hilbert 矩阵的逆矩阵求精确解 xinv

>> ndb=norm(M*x-b);         % 计算解的残差(M*x-b)的范数
>> nb=norm(b);              % 计算向量 b 的范数
>> nbx=norm(x-xinv);        % 计算近似解与精确解之间差值的范数
>> nx=norm(x);              % 计算近似解 x 的范数
```

```
>> chu=nbx/nx              % 计算相对误差（解的相对误差）
chu =
    0.0733
>> cha=cond(M)             % 计算矩阵 M 的条件数，代表最大可能的近似相对误差
cha =
    1.6212e+16
>> chaa=cha*eps            % 计算最大可能的相对误差，cha 为条件数，eps 为机器精度
chaa =
    3.5997
>> chaau=cha*ndb/nb        % 通过残差计算最大可能的相对误差
chaau =
    3.3642e+07
```

由结果可以看出，该矩阵的条件数为 1.6212e+16，该矩阵在数学理论中是高度病态的，这样会造成比较大的计算误差。

8.1.4 矩阵行列式

行列式是线性代数中的一个重要概念，它是一个方阵（行数与列数相同的矩阵）所对应的标量。行列式可以用来判断矩阵是否可逆、描述线性变换的性质、求解线性方程组等。

一个矩阵的行列式不为零，则该矩阵是可逆的。行列式为零，则矩阵不可逆（矩阵是奇异矩阵）。

行列式的绝对值表示线性变换对面积或体积的缩放因子。正负号则表示该线性变换是否改变了空间的方向。

对于 $n \times n$ 的方阵 A，行列式记为 $\det(A)$ 或 $|A|$。行列式的计算方式与矩阵的维数相关。行列式的计算方法如下。

（1）对于 2×2 的矩阵 $A = \begin{bmatrix} a & b \\ c & d \end{bmatrix}$，其行列式为：

$$\det(A) = ad - bc$$

（2）对于 3×3 的矩阵 $A = \begin{bmatrix} a & b & c \\ d & e & f \\ g & h & i \end{bmatrix}$，其行列式为：

$$\det(A) = a(ei - fh) - b(di - fg) + c(dh - eg)$$

（3）对于 $n \times n$ 的矩阵，可以通过递归展开法（Laplace 展开）或行列式的性质来计算。如将矩阵按某一行或某一列展开，利用 2×2 或 3×3 子矩阵的行列式逐步求解。

在 MATLAB 中，利用 det 函数可以求解矩阵的行列式，其调用格式如下。

```
d=det(x)        % 求解矩阵 x 的行列式，如果输入的参数是一个常数，则返回该常数
```

【例 8-4】求解矩阵的行列式。

在编辑器中编写以下程序，并保存为 det_test.m 文件。

```
rng("default");              % 数据可复现
for i=1:3
    S=rand(i+2);             % 产生随机矩阵
    s(i)=det(S);             % 计算矩阵的行列式
    disp('Matrix:');
    disp(S);
    disp('deter:');
    disp(num2str(s(i)));
end
```

在命令行窗口中输入以下语句，并查看输出结果。

```
>> det_test
Matrix:
    0.8147    0.9134    0.2785
    0.9058    0.6324    0.5469
    0.1270    0.0975    0.9575
deter:
-0.27665
Matrix:
    0.9649    0.4854    0.9157    0.0357
    0.1576    0.8003    0.7922    0.8491
    0.9706    0.1419    0.9595    0.9340
    0.9572    0.4218    0.6557    0.6787
deter:
0.35299
Matrix:
    0.7577    0.7060    0.8235    0.4387    0.4898
    0.7431    0.0318    0.6948    0.3816    0.4456
    0.3922    0.2769    0.3171    0.7655    0.6463
    0.6555    0.0462    0.9502    0.7952    0.7094
    0.1712    0.0971    0.0344    0.1869    0.7547
deter:
0.064745
```

说明：函数 det 除可以计算数值矩阵的行列式之外，还可以计算符号矩阵的行列式，此时的调用格式如下。

```
B=det(A)            % 返回符号数、符号变量或函数矩阵 A 的行列式。
B=det(A,'Algorithm','minor-expansion')
                    % 使用代数余子式展开法（minorexpansion）计算矩阵 A 的行列式
B=det(M)            % 返回符号矩阵或矩阵函数 M 的行列式
```

【例 8-5】求解符号矩阵的行列式。

在命令行窗口中输入以下语句,并查看输出结果。

```
>> syms a b c d
>> A=[a b; c d];
>> B=det(A)
B =
    a*d-b*c
>> A1=sym([2/3 1/3; 1 1]);
>> B2=det(A1)
B2 =
    1/3

>> syms a x
>> A2=[1, a*x^2+x, x; 0, a*x, 2; 3*x+2, a*x^2-1, 0];
>> B2=det(A2,'Algorithm','minor-expansion')
B2 =
    3*a*x^3+6*x^2+4*x+2
```

8.1.5 化零矩阵

对于非满秩的矩阵 A,存在某矩阵 Z,满足 $AZ=0$,同时矩阵 Z 是一个正交矩阵,也就是说 $Z^{-1}=Z^T$,则矩阵 Z 被称为矩阵 A 的化零矩阵。

在 MATLAB 中,利用 null 函数可以求解化零矩阵,其调用格式如下。

```
Z=null(A)           % 返回 A 的零空间的标准正交基(化零矩阵),不存在则返回空矩阵
Z=null(A,tol)       % 指定容差 tol。小于或等于 tol 的 A 的奇异值被视为零,会影响 Z 中的列数
Z=null(A,"rational")  % 返回 A 的零空间有理基(有理数形式的化零矩阵),通常为非正交基
                    % 如果 A 是具有小整数元素的小矩阵,则 Z 的元素是小整数的比率,不如 null(A) 准确
```

【例 8-6】求解非满秩矩阵 A 的化零矩阵。

在命令行窗口中输入以下语句,并查看输出结果。

```
>> A=[3 2 1; 4 5 6; 7 8 9];
>> B=null(A)
B =
    0.4082
   -0.8165
    0.4082
>> C=A*B
C =
   1.0e-14 *
    0.0666
    0.0444
    0.1332
```

求解有理数形式的化零矩阵。在命令行窗口中输入以下语句,并查看输出结果。

```
>> BC=null(A,'r')
BC =
     1
    -2
     1
>> CB=A*BC
CB =
     0
     0
     0
```

8.2 矩阵分解

在 MATLAB 中，线性方程组的求解主要基于 Cholesky 分解、LU 分解、QR 分解 3 种基本矩阵分解方法。另外，还有奇异值分解和舒尔求解。对于这些分解方法，MATLAB 都提供有对应的函数。

8.2.1 QR 分解

矩阵的正交分解又被称为 QR 分解，也就是将一个 $m \times n$ 的矩阵 A 分解为一个正交矩阵 Q（满足 $Q^TQ=I$，即其列向量两两正交，且长度为 1）和一个上三角矩阵 R 的乘积，也就是说 $A=QR$。QR 分解广泛应用于求解线性方程组、计算特征值和奇异值分解等问题。

在 MATLAB 中，利用 qr 函数可以进行 QR 分解，其调用格式如下。

```
R=qr(A)               % 返回 QR 分解 A=Q*R 的上三角 R 因子，适用于满矩阵和稀疏矩阵
[Q,R]=qr(A)           % 对 m×n 矩阵 A 执行 QR 分解，满足 A=Q*R
         % 因子 R 是 m×n 上三角矩阵，因子 Q 是 m×m 正交矩阵
[Q,R,P]=qr(A)         % 额外返回一个置换矩阵 P，满足 A*P=Q*R
[Q,R,P]=qr(A,outputForm)% 指定置换信息 P 是以 matrix（默认）还是以 vector 形式返回
         % 指定为"vector"，则 A(:,P)=Q*R；默认为"matrix"，满足 A*P=Q*R
[C,R]=qr(S,B)         % 计算 C=Q'*B 和上三角因子 R
         % 使用 C 和 R 可以计算稀疏线性系统 S*X=B 和 X=R\C 的最小二乘解
[C,R,P]=qr(S,B)  % 额外返回置换矩阵 P，选择该矩阵是为了减少 R 矩阵中非零元素的填充
         % 使用 C、R 和 P 可以计算稀疏线性系统 S*X=B 和 X=P*(R\C) 的最小二乘解
```

【例 8-7】对矩阵进行 QR 分解。
在命令行窗口中输入以下语句，并查看输出结果。

```
>> clear
>> H=magic(3);
>> [Q,R]=qr(H)
Q =
```

```
    -0.8480    0.5223    0.0901
    -0.3180   -0.3655   -0.8748
    -0.4240   -0.7705    0.4760
R =
    -9.4340   -6.2540   -8.1620
         0   -8.2394   -0.9655
         0         0   -4.6314
>> A=Q*R
A =
     8.0000    1.0000    6.0000
     3.0000    5.0000    7.0000
     4.0000    9.0000    2.0000
```

由结果可以看出，矩阵 R 是上三角矩阵，同时满足 $A=QR$。

正交矩阵的特点是其列向量是两两正交的（内积为零），并且列向量的范数为 1（单位向量）。下面证明矩阵 Q 是正交矩阵。在编辑器中编写以下程序并运行。

```
dQ=det(Q);                  % 计算 Q 的行列式，正交矩阵的行列式应为±1
disp(['行列式 det(Q):',num2str(dQ)])

% 检查列向量之间是否正交
for i=1:3
    H=Q(:,i);               % 第 i 列向量
    normH=norm(H);          % 计算列向量的范数
    disp(['Q 的第',num2str(i),'列的范数:',num2str(normH)]);
    for j=(i+1):3
        M=Q(:,j);           % 第 j 列向量
        N=H'*M;             % 计算 Q 矩阵的第 i 列和第 j 列向量的内积
        disp(['Q 的第',num2str(i),'列与第',num2str(j),'列的内积:',num2str(N)]);
    end
end
```

运行程序后可以在命令行窗口得到如下结果。结果证明矩阵 Q 是正交矩阵。

```
行列式 det(Q):1
Q 的第 1 列的范数:1
Q 的第 1 列与第 2 列的内积:5.5511e-17
Q 的第 1 列与第 3 列的内积:0
Q 的第 2 列的范数:1
Q 的第 2 列与第 3 列的内积:-2.0817e-17
Q 的第 3 列的范数:1
```

在 MATLAB 中，除 qr 函数外，还提供了 qrdelete 函数和 qrinsert 函数来进行矩阵运算的 QR 分解。其中，qrdelete 函数用于在 QR 分解中删除行或列；qrinsert 函数用于在 QR 分解中插入行或列。以 qrdelete 函数为例，其调用格式如下。

```
[Q1,R1]=qrdelete(Q,R,j)              % 返回矩阵 A1 的 QR 分解结果
    % A1 是矩阵 A 删除 j 列数据得到的结果，[Q,R]=qr(A)是 A 的 QR 分解
[Q1,R1]=qrdelete(Q,R,j,'col')        % 同 qrdelete(Q,R,j)
[Q1,R1]=qrdelete(Q,R,j,'row')        % A1 是矩阵 A 删除第 j 行数据得到的结果
```

【例 8-8】 对矩阵进行 QR 分解。

在命令行窗口中输入以下语句，并查看输出结果。

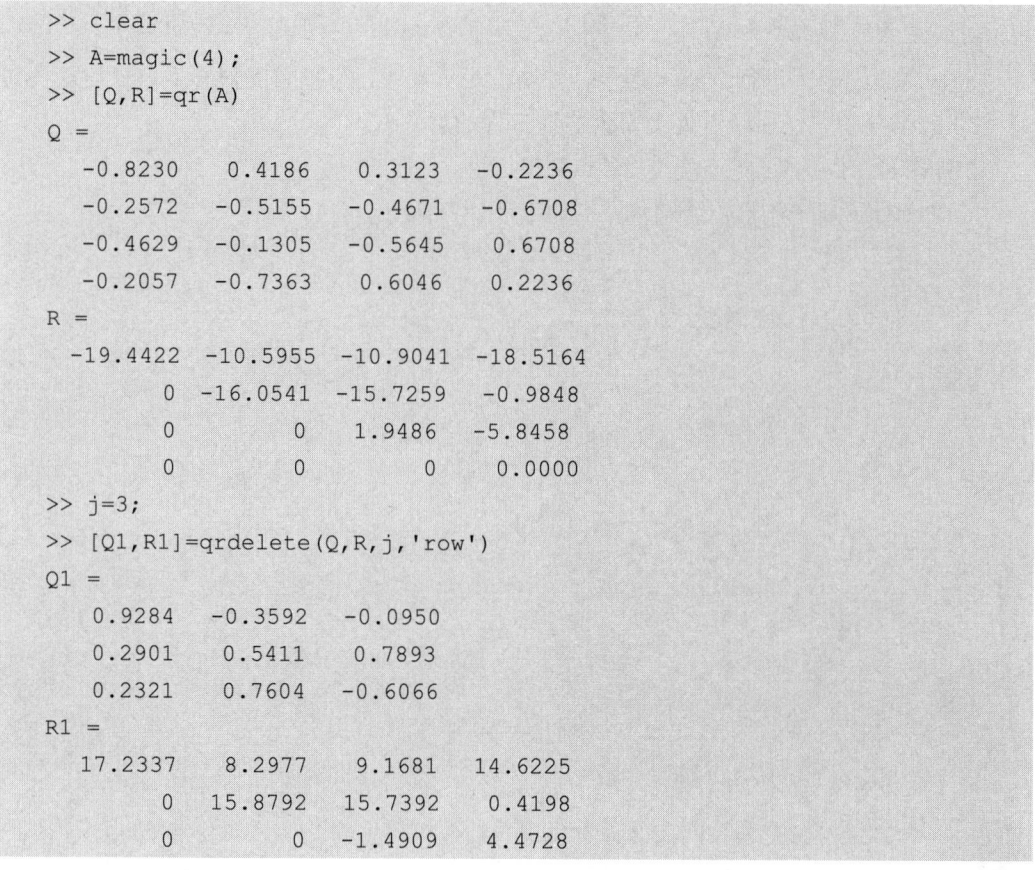

```
>> clear
>> A=magic(4);
>> [Q,R]=qr(A)
Q =
   -0.8230    0.4186    0.3123   -0.2236
   -0.2572   -0.5155   -0.4671   -0.6708
   -0.4629   -0.1305   -0.5645    0.6708
   -0.2057   -0.7363    0.6046    0.2236
R =
  -19.4422  -10.5955  -10.9041  -18.5164
        0  -16.0541  -15.7259   -0.9848
        0         0    1.9486   -5.8458
        0         0         0    0.0000
>> j=3;
>> [Q1,R1]=qrdelete(Q,R,j,'row')
Q1 =
    0.9284   -0.3592   -0.0950
    0.2901    0.5411    0.7893
    0.2321    0.7604   -0.6066
R1 =
   17.2337    8.2977    9.1681   14.6225
        0   15.8792   15.7392    0.4198
        0         0   -1.4909    4.4728
```

8.2.2 Cholesky 分解

Cholesky 分解是把一个对称的正定矩阵 A 分解为一个上三角矩阵 L 和其转置矩阵的乘积，其对应的表达式为：

$$A = L^T L$$

注意：Cholesky 分解仅适用于对称正定矩阵。正定矩阵是指对于任意非零向量 x，有 $x^T A x > 0$。这意味着矩阵 A 的所有特征值均为正，且能通过 Cholesky 分解进行处理。

在 MATLAB 中，利用 chol 函数可以实现 Cholesky 分解，其调用格式如下。

```
R=chol(A)         % 将对称正定矩阵 A 分解成满足 A=R^T*R 的上三角矩阵 R
       % 若 A 是非对称矩阵，则将该矩阵视为对称矩阵，并且只使用 A 的对角线和上三角部分
```

```
R=chol(A,triangle)        % 指定在计算分解时使用 A 的三角因子, 默认为'upper'
    % 指定为'lower'时, 则使用 A 的对角线和下三角部分来生成满足 A=R*R$^T$ 的下三角矩阵 R
[R,flag]=chol(___)        % 额外返回 flag, 指示 A 是否为对称正定矩阵
    % 如果 flag=0, 则矩阵是对称正定矩阵, 分解成功
    % 如果 flag≠0, 则矩阵不是对称正定矩阵, flag 为整数, 表示分解失败的主元位置索引
    % 此时, R 是大小为 q=flag-1 的上三角矩阵, 满足 R'*R=A(1:q,1:q)
[R,flag,P]=chol(S)        % 额外返回一个置换矩阵 P, 这是 amd 获得的稀疏矩阵 S 的预先排序
    % 如果 flag=0, 则 S 是对称正定矩阵, R 是满足 R$^T$*R=P$^T$*S*P 的上三角矩阵
```

对对称正定矩阵进行分解, 是十分重要的矩阵理论, 可以首先对该对称正定矩阵进行 Cholesky 分解, 然后经过处理得到线性方程的解。

【例 8-9】对对称正定矩阵进行 Cholesky 分解。

在命令行窗口中输入以下语句, 并查看输出结果。

```
>> n=4;
>> X=pascal(n);
>> B=chol(X);
>> A=chol(X);
>> B=transpose(A)*A;
>> X
X =
     1     1     1     1
     1     2     3     4
     1     3     6    10
     1     4    10    20
>> A
A =
     1     1     1     1
     0     1     2     3
     0     0     1     3
     0     0     0     1
>> B
B =
     1     1     1     1
     1     2     3     4
     1     3     6    10
     1     4    10    20
```

由结果可以看出, **A** 是上三角矩阵, 同时满足等式 **B**=**A**^{T}**A**=**X**, 表明上面的 Cholesky 分解成功。

【例 8-10】使用 Cholesky 分解求解线性方程组。

在命令行窗口中输入以下语句, 并查看输出结果。

```
>> A=pascal(3);
```

```
>> b=[2; 6; 13];
>> x=A\b                    % 使用左除求线性方程组的解
x =
    1
   -2
    3

>> R=chol(A);
>> Rt=transpose(R);
>> xr=R\(Rt\b)              % 使用 Cholesky 分解求线性方程组的数值解
xr =
    1
   -2
    3
```

由结果可以看出，使用 Cholesky 分解得到的线性方程组的数值解，与使用左除得到的结果完全相同。其对应的数学原理如下：

对线性方程组 $Ax = b$，其中 A 是对称的正定矩阵，$A = R^T R$，则根据定义，线性方程组可以转换为 $R^T Rx = b$，该方程组的数值解为 $x = R \backslash (R^T \backslash b)$。

8.2.3 不完全 Cholesky 分解

不完全 Cholesky 分解是 Cholesky 分解的一种近似形式，常用于稀疏矩阵的预处理。与完全 Cholesky 分解不同，不完全 Cholesky 分解不会完全计算矩阵的所有元素，而是保留矩阵的稀疏结构，只对非零元素进行分解，从而减少计算量和内存消耗，适用于大规模稀疏矩阵。

对于稀疏矩阵，MATLAB 提供 cholinc 函数来做不完全 Cholesky 分解，该函数的另外一个重要功能是实现实数半正定矩阵的 Cholesky 分解，其调用格式如下。

```
L=ichol(A)                  % 通过零填充执行 A 的不完全 Cholesky 分解，A 必须为稀疏方阵
L=ichol(A,options)          % 使用 options 指定的选项（见表 8-2）对 A 进行分解
                            % 默认，ichol 引用 A 的下三角部分并生成下三角因子
```

表 8-2　选项说明

选项	描述
type	分解的类型。指定为'nofill'或'ict'。为'nofill'（默认）时执行零填充的不完全 Cholesky 分解(IC(0))。为'ict'时执行使用阈值调降的不完全 Cholesky 分解(ICT)
droptol	类型为'ict'时用作调降容差的非负标量。如果元素的模小于局部调降容差，将从生成的因子中删除它，但对角线元素除外，该元素永不会被删除。分解的第 j 步的局部调降容差为 norm(A(j:end,j),1)*droptol。如果'type'为'nofill'，则忽略'droptol'。默认值为 0
michol	指示是否进行修正的不完全 Cholesky 分解(MIC)。该字段可能为'on'或'off'。执行 MIC 时，将为对角线补偿所删除的元素，以实施关系 $Ae = LL^T e$，其中 e=ones(size(A,2),1)。默认值为'off'

续表

选项	描述
diagcomp	使用指定的系数补偿。构造不完全 Cholesky 因子时用作全局对角线偏移量 alpha 的非负实数标量。即不必对 A 执行不完全 Cholesky 分解，就可构造 A+alpha*diag(diag(A))分解。默认为 0
shape	确定引用并返回的三角矩阵。指定为'upper'和'lower'（默认）。'upper'表示仅引用 A 的上三角矩阵并构造 R，以使 A 接近 R^TR。'lower'表示仅引用 A 的下三角矩阵并构造 L，以使 A 接近 LL^T

【例 8-11】 对矩阵进行 Cholesky 分解。

在编辑器中编写以下程序并运行。

```
clear
A=sparse(hilb(20));          % 创建 6×6 的 Hilbert 稀疏矩阵
Afull=full(A(16:end,16:end)) % 将稀疏矩阵 A 转换为全矩阵并显示
% [B,p]=chol(A);             % 矩阵不是严格正定的，注释掉 Cholesky 分解
opts.diagcomp=1e-3;          % 设置对角线补偿，用于防止主元素为负数
L=ichol(A, opts);            % 使用不完全 Cholesky 分解，求得下三角矩阵 L
Lfull=full(L(16:end,16:end)) % 将下三角矩阵 L 转换为全矩阵并显示
R=L';                        % R 是 L 的转置矩阵，即 R=L^T
LR=L*R;                      % 计算 L*R 验证分解的正确性，近似等于原矩阵 A
LRA=full(LR(16:end,16:end))
```

运行后可以在命令行窗口得到如下结果。

```
Afull =
    0.0323    0.0312    0.0303    0.0294    0.0286
    0.0312    0.0303    0.0294    0.0286    0.0278
    0.0303    0.0294    0.0286    0.0278    0.0270
    0.0294    0.0286    0.0278    0.0270    0.0263
    0.0286    0.0278    0.0270    0.0263    0.0256
Lfull =
    0.0075         0         0         0         0
    0.0038    0.0071         0         0         0
    0.0045    0.0035    0.0069         0         0
    0.0051    0.0041    0.0032    0.0066         0
    0.0057    0.0046    0.0037    0.0029    0.0064
LRA =
    0.0323    0.0312    0.0303    0.0294    0.0286
    0.0312    0.0303    0.0294    0.0286    0.0278
    0.0303    0.0294    0.0286    0.0278    0.0270
    0.0294    0.0286    0.0278    0.0271    0.0263
    0.0286    0.0278    0.0270    0.0263    0.0257
```

由结果可以看出，尽管用 ichol 函数可以求得分解结果，但是该结果并不能完全保证原矩阵与分解后的矩阵乘积严格相等。

8.2.4 LU 分解

LU 分解又称为高斯消去法，广泛应用于求解线性方程组、计算行列式、矩阵求逆等操作。LU 分解可以将任意一个方阵 ***A*** 分解为一个下三角矩阵 ***L*** 和一个上三角矩阵 ***U*** 的乘积，也就是 ***A=LU***。

在实际应用中，很多矩阵需要进行行交换来确保分解过程的数值稳定性。因此，LU 分解通常表示为 ***PA=LU***，其中，***P*** 是一个置换矩阵，表示行交换。

在 MATLAB 中，利用 lu 函数可以对满矩阵或稀疏矩阵进行 LU 分解，其调用格式如下。

```
[L,U]=lu(A)              % 将矩阵 A 分解为上三角矩阵 U 和经过置换的下三角矩阵 L，使得 A=L*U
[L,U,P]=lu(A)            % 额外返回一个置换矩阵 P，满足 A=P'*L*U，其中，L 是单位下三角矩阵
[L,U,P]=lu(A,outputForm) % 以 outputForm 指定的格式返回 P
    % 指定为'vector'，会返回一个置换向量，满足 A(P,:)=L*U
[L,U,P,Q]=lu(S)  % 将稀疏矩阵 S 分解为单位下三角矩阵 L、上三角矩阵 U、行置换矩阵 P
    % 以及列置换矩阵 Q，满足 P*S*Q=L*U
[L,U,P,Q,D]=lu(S)   % 返回一个对角缩放矩阵 D，满足 P*(D\S)*Q=L*U
```

【例 8-12】 对矩阵进行 LU 分解。

在命令行窗口中输入以下语句，并查看输出结果。

```
>> A=[-1 9 -5; 9 -1 2; 2 -8 7];
>> [L1,U1]=lu(A)         % 对矩阵 A 进行 LU 分解，返回下三角矩阵 L1 和上三角矩阵 U1
L1 =
   -0.1111    1.0000         0
    1.0000         0         0
    0.2222   -0.8750    1.0000
U1 =
    9.0000   -1.0000    2.0000
         0    8.8889   -4.7778
         0         0    2.3750
>> A1=L1*U1              % 验证 LU 分解的正确性，结果应近似等于原矩阵 A
A1 =
    -1     9    -5
     9    -1     2
     2    -8     7
>> x=inv(A)              % 计算矩阵 A 的逆矩阵
x =
   -0.0474    0.1211   -0.0684
    0.3105   -0.0158    0.2263
    0.3684   -0.0526    0.4211
>> x1=inv(U1)*inv(L1)% 通过 L1、U1 的逆矩阵相乘计算 A 的逆矩阵，结果应近似等于 x
x1 =
   -0.0474    0.1211   -0.0684
```

```
        0.3105    -0.0158     0.2263
        0.3684    -0.0526     0.4211
>> d=det(A)                  % 计算矩阵 A 的行列式
d =
  -190
>> d1=det(L1)*det(U1)        % 通过 L1、U1 的行列式相乘验证行列式的性质，应等于 d
d1 =
  -190
```

由结果可以看出，方阵的 LU 分解满足 $A = LU$、$U^{-1}L^{-1} = A^{-1}$、$|A| = |L||U|$。

8.2.5 不完全 LU 分解

对于稀疏矩阵，MATLAB 提供函数 ilu 来进行不完全 LU 分解，其调用格式如下。

```
[L,U]=ilu(A)     % 用零填充执行稀疏矩阵 A 的不完全 LU 分解，返回下三角矩阵 L 和上三角矩阵 U
[L,U,P]=ilu(A)   % 返回置换矩阵 P，满足 L 和 U 是 P*A 或 A*P 的不完全因子
                 % 默认 P 是不使用主元消去的不完全 LU 分解中的单位矩阵
W=ilu(A)         % 返回 LU 因子的非零值，输出 W 等于 L+U-speye(size(A))
[___]=ilu(A,options)    % 使用结构体 options 指定的选项对 A 执行不完全 LU 分解
```

【例 8-13】对稀疏矩阵进行 LU 分解。

在编辑器中编写以下程序并运行。

```
% 创建稀疏矩阵 A 和向量 b
n=10;                           % 设置矩阵大小
A=delsq(numgrid('S',n));        % 创建离散 Laplace 矩阵，大小为 n×n
b=ones(size(A,1),1);            % 创建全为 1 的向量 b

[L,U]=ilu(A);                   % 进行不完全 LU 分解

% 显示矩阵的稀疏结构
subplot(1,3,1)
spy(A); title('Structure of Sparse Matrix A')
subplot(1,3,2)
spy(L); title('Lower Triangle Matrix L')
subplot(1,3,3)
spy(U); title('Upper Triangle Matrix U')
```

运行后可以得到如图 8-1 所示图形。

由于加载的系数矩阵维度比较大，如果直接查看数据，很难直接观察或分析出矩阵的性质。在示例中，我们使用 MATLAB 的 spy 函数来查看矩阵的属性。在 MATLAB 中，利用 spy 函数可以可视化矩阵的稀疏模式，其调用格式如下。

```
spy(S)            % 绘制矩阵 S 的稀疏模式图，非零值为彩色，零值为白色，并显示矩阵中非零元素数
spy(S,LineSpec)            % 指定 LineSpec，以给出绘图中要使用的标记符号和颜色
```

```
spy(___,MarkerSize)         % 指定 MarkerSize, 给出标记的大小
```

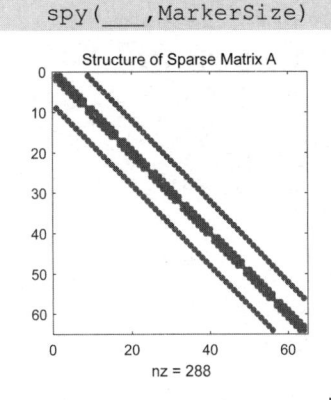

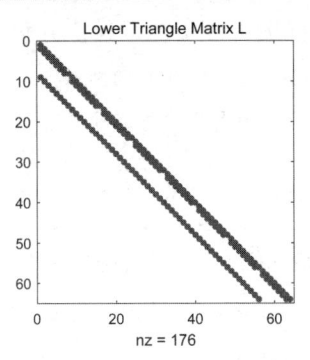

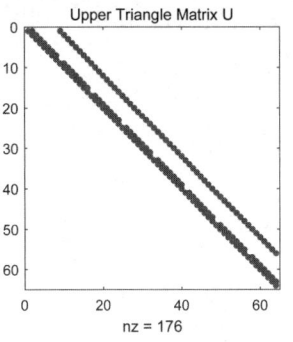

图 8-1　稀疏矩阵和 LU 分解结果图形

【例 8-14】稀疏矩阵的可视化。

在编辑器中编写以下程序并运行。

```
B=bucky;                    % 生成一个 60×60 的稀疏矩阵 B, 该矩阵表示 C60 分子的结构
subplot(1,3,1)
spy(B)
subplot(1,3,2)
spy(B,'ro')                 % 指定颜色和标记
subplot(1,3,3)
spy(B,'ro',2)               % 指定标记大小
```

运行后可以得到如图 8-2 所示图形。

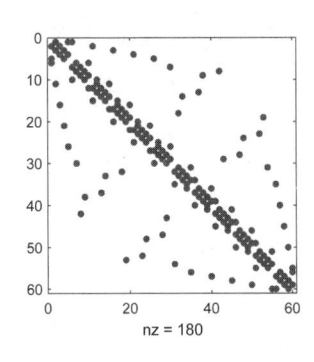

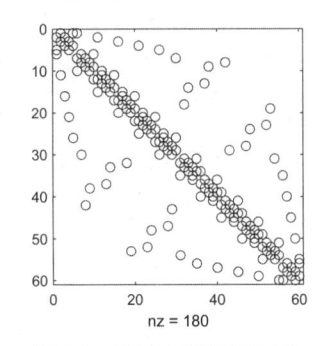

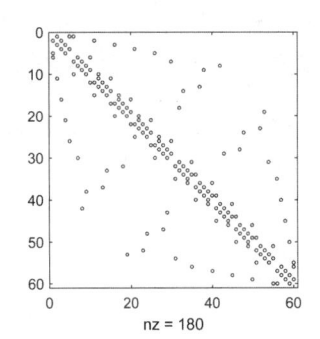

图 8-2　稀疏矩阵的可视化

8.2.6　奇异值分解

奇异值分解（SVD）是将一个矩阵分解为三个矩阵的乘积。这种分解方式在许多应用中非常有用，包括数据压缩、矩阵近似、图像处理及机器学习中的主成分分析（PCA）等。

对于任意矩阵 $A \in \mathbf{R}^{m \times n}$，存在酉矩阵 $U = [u_1, u_2, \cdots, u_m]$ 及 $V = [v_1, v_2, \cdots, v_n]$，使得

$$A = U\varSigma V^{\mathrm{T}} = \mathrm{diag}(\sigma_1, \sigma_2, \cdots, \sigma_p)$$

其中，参数 $\sigma_1 \geqslant \sigma_2 \geqslant \cdots \geqslant \sigma_p$，$p = \min\{m, n\}$。上式中，$\{\sigma_i, u_i, v_i\}$ 分别是矩阵 A 的

第 i 个奇异值、左奇异值和右奇异值，它们的组合就称为奇异值分解三对组。

在 MATLAB 中，利用 svd 函数可以实现奇异值分解，其调用格式如下。

```
S=svd(A)                % 按降序返回矩阵 A 的奇异值
[U,S,V]=svd(A)          % 执行矩阵 A 的奇异值分解，A=U*S*V'
[___]=svd(A,"econ")     % 对 A 进行精简分解。如果 A 是 m×n 矩阵，则
                        % 当 m>n 时，只计算 U 的前 n 列，S 是一个 n×n 矩阵
                        % 当 m=n 时，svd(A,"econ") 等效于 svd(A)
                        % 当 m<n 时，只计算 V 的前 m 列，S 是一个 m×m 矩阵
```

说明：精简分解从奇异值的对角矩阵 S 中删除额外的零值行或列，以及在矩阵 U 或 V 中删除与表达式 $A=USV^T$ 中的那些零值相乘的列。删除这些零值行和列可以缩短执行时间，并降低存储要求，而且不会影响分解的准确性。

```
[___]=svd(A,0)          % 对 m×n 矩阵 A 进行另一种精简分解，不建议使用，而改用"econ"选项
                        % 当 m>n 时，svd(A,0) 等效于 svd(A,"econ")
                        % 当 m<=n 时，svd(A,0) 等效于 svd(A)
[___]=svd(___,outputForm)         % 指定奇异值的输出格式
                        % 指定"vector"以列向量形式返回奇异值，指定"matrix"以对角矩阵形式返回奇异值
```

另外，还可以利用 svds 函数实现奇异值分解，获取奇异值的向量子集，其调用格式如下。

```
s=svds(A)               % 返回一个包含矩阵 A 的 6 个最大的奇异值的向量
s=svds(A,k)             % 返回 k 个最大奇异值。
s=svds(A,k,sigma)       % 基于 sigma 的值返回 k 个奇异值
[U,S,V]=svds(___)       % 返回左奇异向量 U、奇异值的对角矩阵 S 及右奇异向量 V
[U,S,V,flag]=svds(___)  % 额外返回一个收敛标志，flag=0 表示所有奇异值已收敛
```

【例 8-15】对矩阵进行奇异值分解。

在命令行窗口中输入以下语句，并查看输出结果。

```
>> D=[1 3 5; 2 1 3; 2 3 3];
[U,S,V]=svd(D)
U =
   -0.7098    0.6667   -0.2273
   -0.4315   -0.6667   -0.6078
   -0.5567   -0.3333    0.7609
S =
    8.2188         0         0
         0    1.4142         0
         0         0    1.2045
V =
   -0.3268   -0.9428    0.0655
   -0.5148    0.2357    0.8243
   -0.7925    0.2357   -0.5624
```

```
>> [U,S,V]=svd(D,0)             % 使用经济的方法进行分解
U =
   -0.7098    0.6667   -0.2273
   -0.4315   -0.6667   -0.6078
   -0.5567   -0.3333    0.7609
S =
    8.2188         0         0
         0    1.4142         0
         0         0    1.2045
V =
   -0.3268   -0.9428    0.0655
   -0.5148    0.2357    0.8243
   -0.7925    0.2357   -0.5624
```

8.3 特征值分析

在线性代数中，对于给定 $n×n$ 的方阵 A，其特征值 λ（标量）和特征向量 x 满足等式：

$$Ax = \lambda x$$

把矩阵 A 的 n 个特征值放在矩阵的对角线上可以组成一个矩阵 D，即

$$D = \mathrm{diag}(\lambda_1, \lambda_2, \cdots, \lambda_n)$$

然后将各特征值对应的特征向量按照对应次序排列，作为矩阵 V 的数据列。如果该矩阵 V 是可逆的，则关于特征值的问题可以描述为

$$AV = VD \Rightarrow A = VDV^{-1}$$

MATLAB 提供多种关于矩阵特征值处理的函数，使用这些函数可以对矩阵的特征值进行分析。

8.3.1 特征值和特征向量

在 MATLAB 中，求矩阵特征值和特征向量的数值运算方法为：对矩阵进行一系列的 House-holder 变换，产生一个准上三角矩阵，然后使用 OR 法迭代进行对角化。

求矩阵的特征值和特征向量的函数比较简单，第 2 章 2.4.4 节已经进行了详细讲解，这里不再赘述。

【例 8-16】对基础矩阵求矩阵的特征值和特征向量。

在命令行窗口中输入以下语句，并查看输出结果。

```
>> A=pascal(2);
>> [V D]=eig(A)         % 求矩阵的特征值矩阵 D 和特征向量矩阵 V
V =
   -0.8507    0.5257
```

```
       0.5257      0.8507
D =
       0.3820           0
            0      2.6180
>> dV=det(V)           % 计算特征向量矩阵 V 的行列式，若 det(V)≠0，则 V 可逆
dV =
   -1.0000
>> B=A*V-V*D           % 若 B 是零矩阵，则说明 A 的分解 A*V=V*D 有效，分解正确
B =
   1.0e-15 *
   -0.1110      0.2220
   -0.1388           0
```

由结果可以看出，矩阵 **V** 的行列式为 1，是可逆矩阵，同时求解得到的矩阵满足等式 ***AV=VD***。

【例 8-17】求稀疏矩阵的特征值。

利用 eigs 函数可以求稀疏矩阵的特征值。在编辑器中编写以下程序并运行。

```
A=delsq(numgrid('C',10));% 创建一个基于 numgrid 函数生成的网格离散 Laplace 矩阵 A
                         % 'C'代表圆形区域，大小为 10
e=eig(full(A));          % 计算矩阵 A 的所有特征值，并将 A 转换为全矩阵
[dum,ind]=sort(abs(e));  % 基于特征值 e 的绝对值排序，返回排序后的值和对应的索引 ind
dlm=eigs(A);             % 计算矩阵 A 的前 6 个最大模的特征值
dsm=eigs(A,6,'sm');      % 计算矩阵 A 的前 6 个最小模的特征值（'sm'表示最小模）
dsmt=sort(dsm);          % 对最小模的特征值进行排序

subplot(2,1,1)
plot(dlm,'r+');          % 绘制前 6 个最大模的特征值，使用红色加号标记
hold on
plot(e(ind(end:-1:end-5)),'rs'); % 绘制矩阵 A 的 6 个最大模的特征值，用红色方块标记
hold off
legend('eigs(A)','eig(full(A))')   % 为绘制的两个数据序列创建图例
set(gca,'XLim',[0.5 6.5])          % 设置 x 轴的显示范围在[0.5,6.5]之间
grid

subplot(2,1,2)
plot(dsmt,'r+');         % 绘制前 6 个最小模的特征值，使用红色加号标记
hold on
plot(e(ind(1:6)),'rs');  % 绘制矩阵 A 的 6 个最小模的特征值，使用红色方块标记
hold off
legend('eigs(A,6,"sm")','eig(full(A))') % 为绘制的两个数据序列创建图例
grid
```

```
set(gca,'XLim',[0.5 6.5])    % 设置x轴的显示范围在[0.5,6.5]之间
```

运行后可以得到如图 8-3 所示图形。

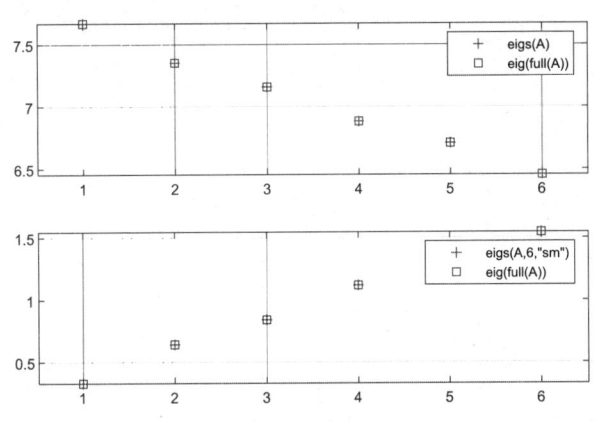

图 8-3 稀疏矩阵的特征值的图形

8.3.2 特征值条件数

前文介绍过，在 MATLAB 中利用 cond 函数可以求矩阵的条件数，但该函数不能用来求矩阵的特征值对扰动的灵敏度。

矩阵的特征值条件数的定义是针对矩阵的每个特征值进行的，即

$$C_i = \frac{1}{\cos\theta(v_i, v_j)}$$

式中，v_i、v_j 分别是特征值 λ 所对应的左特征行向量和右特征列向量；$\theta(\cdot,\cdot)$ 表示两个向量的夹角。

在 MATLAB 中，利用 condeig 函数可以计算矩阵的特征值条件数，其调用格式如下。

```
c=condeig(A)          % 返回由A的特征值条件数构成的向量
                      % 这些条件数是左特征行向量和右特征列向量之间夹角的余弦值的倒数
[V,D,s]=condeig(A)    % 等效于[V,D]=eig(A);s=condeig(A)的组合
```

【例 8-18】求方程组对应矩阵的条件数和特征值条件数。

在命令行窗口中输入以下语句，并查看输出结果。

```
>> A=magic(3);
>> c=cond(A)
c =
    4.3301
>> cg=condeig(A)
cg =
    1.0000
    1.0607
    1.0607
```

由结果可以看出，矩阵的条件数较大，但矩阵的特征值条件数较小，表明矩阵的条件数和矩阵的特征值条件数是不等的。

重新计算新的矩阵，并进行分析。在命令行窗口中输入以下语句，并查看输出结果。

```
>> A=eye(3,3);
>> A(3,1)=1;
>> A(2,3)=1
A =
     1     0     0
     0     1     1
     1     0     1
>> c=cond(A)
c =
    4.0489
>> cg=condeig(A)
cg =
   1.0e+31 *
    2.0282
    2.0282
    2.0282
```

由结果可以看出，矩阵条件数较小，而对应的特征值条件数则相当大。

8.3.3　特征值的复数问题

理论上，即使是实数矩阵，其对应的特征值也可能是复数。在实际应用中，经常需要将一对共轭复数特征值转换为一个实数块，MATLAB 提供 cdf2rdf 函数来实现该功能，其调用格式如下。

```
[VR,DR]=cdf2rdf(VC,DC)         % 将复数对角型转换成实数对角型
```

其中，DC 表示含有复数的特征值对角阵，VC 表示其对应的特征向量矩阵；DR 表示含有实数的特征值对角阵，VR 表示其对应的特征向量矩阵。

【例 8-19】 对矩阵的复数特征值进行分析。

在命令行窗口中输入以下语句，并查看输出结果。

```
>> A=[3 -2 3; 0 4 7; 3 -8 1];
>> [VC,DC]=eig(A)           % 计算矩阵 A 的特征值矩阵 DC（对角矩阵）和特征向量矩阵 VC
VC =
  -0.9267+0.0000i   0.2834+0.2409i   0.2834-0.2409i
  -0.3594+0.0000i   0.6666+0.0000i   0.6666+0.0000i
   0.1094+0.0000i  -0.0891+0.6398i  -0.0891-0.6398i
DC =
   1.8703+0.0000i   0.0000+0.0000i   0.0000+0.0000i
   0.0000+0.0000i   3.0648+6.7188i   0.0000+0.0000i
```

```
     0.0000+0.0000i    0.0000+0.0000i    3.0648-6.7188i
>> [VR,DR]=cdf2rdf(VC,DC)         % 将复数特征值和特征向量转换为实数形式
VR =
   -0.9267    0.4007    0.3407
   -0.3594    0.9427         0
    0.1094   -0.1259    0.9048
DR =
    1.8703         0         0
         0    3.0648    6.7188
         0   -6.7188    3.0648
>> AR=VR*DR/VR           % 通过实数特征值分解重构原矩阵 A,理论上 AR 应等于原矩阵 A
AR =
    3.0000   -2.0000    3.0000
    0.0000    4.0000    7.0000
    3.0000   -8.0000    1.0000
>> AC=VC*DC/VC           % 通过特征值分解尝试重构原矩阵 A
AC =
    3.0000-0.0000i   -2.0000+0.0000i    3.0000+0.0000i
    0.0000+0.0000i    4.0000-0.0000i    7.0000+0.0000i
    3.0000-0.0000i   -8.0000+0.0000i    1.0000+0.0000i
```

8.4 线性方程组求解

线性方程组的数值解法一般分为直接法和迭代法两类。直接法是在没有舍入误差的情况下，通过有限步四则运算求得方程组的准确解，直接法又包括矩阵相除法和消去法。

8.4.1 矩阵相除法

在 MATLAB 中，求解线性方程组 $AX=B$ 的矩阵相除法，即 $X=A\backslash B$。若 A 为 $m×n$ 的矩阵，当 $m=n$ 且 A 可逆时，矩阵相除法给出方程的唯一解；当 $n>m$ 时，矩阵相除法给出方程的最小二乘解；当 $n<m$ 时，矩阵相除法给出方程的最小范数解。

【例 8-20】求解下列线性方程组。

$$\begin{cases} \dfrac{1}{2}x_1 + \dfrac{1}{3}x_2 + x_3 = 1 \\ x_1 + \dfrac{5}{3}x_2 + 3x_3 = 3 \\ 2x_1 + \dfrac{4}{3}x_2 + 5x_3 = 2 \end{cases}$$

在命令行窗口中输入以下语句，并查看输出结果。

```
>> a=[1/2 1/3 1; 1 5/3 3; 2 4/3 5];  % A 为 3×3 矩阵, n=m
>> b=[1; 3; 2];
```

```
>> c=a\b                              % 因为n=m，且A可逆，故给出唯一解
c =
    4
    3
   -2
```

由此可知，方程组的解为 $x_1=4$、$x_2=3$、$x_3=-2$。

【例 8-21】 求解下列线性方程组。

$$\begin{cases} x_1 - x_2 + x_3 - x_4 = 1 \\ x_1 - x_2 - x_3 + x_4 = 0 \\ x_1 - x_2 - 2x_3 + 2x_4 = -0.5 \end{cases}$$

在命令行窗口中输入以下语句，并查看输出结果。

```
>> a=[1 -1 1 -1; 1 -1 -1 1; 1 -1 -2 2];  % A 为 3×4 的矩阵，n>m
>> b=[1; 0; -0.5];
>> c=a\b                              % 因为 n>m，故给出方程的最小二乘解
c =
         0
   -0.5000
    0.5000
         0
```

【例 8-22】 求解下列线性方程组。

$$\begin{cases} \dfrac{1}{2}x_1 + \dfrac{1}{3}x_2 + x_3 = 1 \\ x_1 + \dfrac{5}{3}x_2 + 3x_3 = 3 \\ 2x_1 + \dfrac{4}{3}x_2 + 5x_3 = 2 \\ x_1 + \dfrac{2}{3}x_2 + x_3 = 2 \end{cases}$$

在命令行窗口中输入以下语句，并查看输出结果。

```
>> a=[1/2 1/3 1; 1 5/3 3; 2 4/3 5; 1 2/3 1];   % A 为 4×3 的矩阵，n<m
>> b=[1; 3; 2; 2];
>> c=a\b                              % 因为 n<m，故给出方程的最小范数解
c =
    1.1930
    2.3158
   -0.6842
```

8.4.2 消去法

当方程的个数和未知数的个数不相等时，可以采用消去法。将增广矩阵（由[A B]

构成）化为行简化阶梯形矩阵，若系数矩阵的秩不等于增广矩阵的秩，则方程组无解；若两者的秩相等，则方程组有解，方程组的解就是行简化阶梯形矩阵（Gauss-Jordan 消去法）所对应的方程组的解。

在 MATLAB 中，利用 rref 函数可以得到行简化阶梯形矩阵，其调用格式如下。

```
R=rref(A)          % 使用 Gauss-Jordan 消去法和部分主元消去法返回行简化阶梯形矩阵 A
R=rref(A,tol)      % 指定算法用于确定可忽略列的主元容差
[R,p]=rref(A)      % 返回非零主元 p
```

【例 8-23】求解下列线性方程组。

$$\begin{cases} x_1 - x_2 + x_3 - x_4 = 1 \\ x_1 - x_2 - x_3 + x_4 = 0 \\ x_1 - x_2 - 2x_3 + 2x_4 = -0.5 \end{cases}$$

在命令行窗口中输入以下语句，并查看输出结果。

```
>> A=[1 -1 1 -1; 1 -1 -1 1; 1 -1 -2 2];
>> b=[1 0 -0.5]';
>> M=[A b];               % 创建一个表示该方程组的增广矩阵
>> R=rref(M)              % 以行简化阶梯形矩阵表示该方程组
M =
    1.0000   -1.0000        0        0    0.5000
         0         0    1.0000   -1.0000   0.5000
         0         0        0        0        0
```

由结果可以看出，x_2、x_4 为自由未知量，方程组的通解为：$x_1 = x_2 + 0.5$，$x_3 = x_4 + 0.5$。

【例 8-24】求解下列线性方程组。

$$\begin{cases} x_1 + x_2 + 5x_3 = 6 \\ 2x_1 + x_2 + 8x_3 = 8 \\ x_1 + 2x_2 + 7x_3 = 10 \\ -x_1 + x_2 - x_3 = 2 \end{cases}$$

在命令行窗口中输入以下语句，并查看输出结果。

```
>> A=[1 1 5; 2 1 8; 1 2 7; -1 1 -1];
>> b=[6 8 10 2]';
>> M=[A b];               % 创建一个表示该方程组的增广矩阵
>> R=rref(M)              % 以行简化阶梯形矩阵表示该方程组
R =
     1     0     3     2
     0     1     2     4
     0     0     0     0
     0     0     0     0
```

由结果可以看出，R 的前两行包含表示 x_1、x_2 关于 x_3 的方程，接下来的两行表示存在至少一个适合右侧向量的解（否则其中一个方程将显示为 1=0）。第三列不包含主元，因此 x_3

是自变量。由此，x_1、x_2 的解有无限多个，可以自由选择 x_3。即 $x_1=2-3x_3$、$x_2=4-3x_3$。

例如，取 $x_3=1$，则 $x_1=-1$、$x_2=2$。

从数值的角度来看，使用反斜杠运算符（x0=A\b）是求解该方程组的高效方法，该方法对于矩形矩阵 A 会计算最小二乘解。为检查解的精确度，可以通过计算 norm(A*x0-b)/norm(b) 来评估残差。

解的唯一性可以通过比较矩阵 A 的秩是否等于未知数的数目（检查 rank(A)）来确定。如果解不唯一，则它们都具有 $x=x_0+nt$ 的形式，其中 n 是矩阵 A 的零空间（null(A)），且是一个可以自由选择的参数。

在 MATLAB 中，利用 solve 函数也可解决线性方程（组）和非线性方程（组）的求解问题，关于 solve 函数的使用在第 7 章已详细讲解，这里不再赘述。

8.5 函数零点求解

某函数，在求解范围之内可能有零点，也可能没有零点；可能只有一个零点，也可能有多个甚至无数个零点。MATLAB 提供了求解函数零点的通用函数。

8.5.1 一元函数的零点

在所有函数中，一元函数是最简单的，可以使用 MATLAB 提供的图形绘制命令来可视化。在 MATLAB 中，利用 fzero 函数可以求解一元函数的零点，其调用格式如下。

```
x=fzero(fun,x0)              % 从 x0 开始，尝试求出 fun(x)=0 的点 x
x=fzero(fun,x0,options)      % 使用 options 修改求解过程
x=fzero(problem)             % 对 problem 指定的求根问题进行求解
[x,fval,exitflag,output]=fzero(___) % 显示有关求解过程的信息
    % fval 为函数值，exitflag 为停止原因编码，output 为包含求解过程信息的结构体
```

注意：如果 x_0 在 $[a,b]$ 上，则要求输入区间的两个端点处函数值符号相反，即 $f(a)f(b)<0$，以确保区间内存在零点。

说明：函数 fzero 一次只能找到一个零点，如果一元函数在区间内有多个零点，则它会找到离初始点或区间中间点最近的那个零点。如果希望找到所有的零点，可能需要先通过绘图等方法确定一元函数的多个零点的大致位置，再通过函数 fzero 逐个寻找。

【例 8-25】求函数 $f(x)=x^2\sin x-x+1$ 在区间 $[-2,3]$ 上的零点。

在求解函数零点前绘制函数图形是为了在后续步骤使用 fzero 函数时，更好地选择初始值。

在编辑器中编写以下程序并运行。

```
clear
x=[-2:0.1:3];
y=sin(x).*x.^2-x+1;                    % 计算函数值
plot(x,y,'r','Linewidth',1.5)          % 绘制函数图形
hold on
s=line([-2,4],[0,0]);                  % 添加水平线
set(s,'LineWidth',1.5)                 % 设置直线的宽度
set(s,'color','k')                     % 设置直线的颜色
set(gca,'Xtick',[-3:0.5:4])            % 设置坐标轴刻度
title('zero'),xlabel('x'),ylabel('f(x)')    % 添加图形标题和坐标轴名称
grid
```

运行后得到如图 8-4 所示图形。

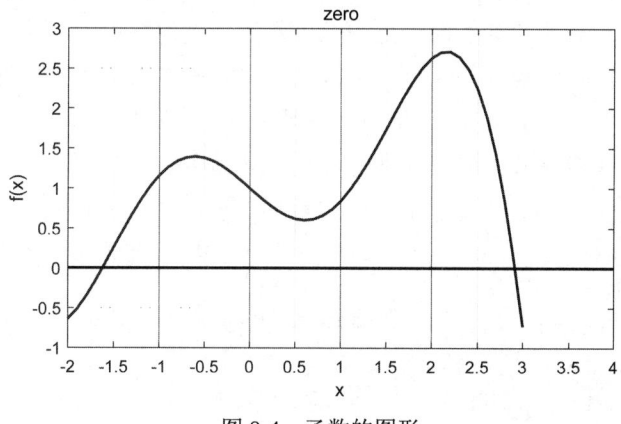

图 8-4 函数的图形

求函数的零点。在命令行窗口中输入以下语句,并查看输出结果。

```
>> clear
>> fun=@(x)(x.^2.*sin(x)-x+1);
>> x0=-2;
>> x=fzero(fun,x0)
x =
   -1.6194

>> x0=1;
>> x=fzero(fun,x0)
x =
    2.9142

>> x0=[-2 2];
>> [x,fval]=fzero(fun,x0)
x =
   -1.6194
```

```
fval =
    -4.4409e-16

>> x0=[-1 3];
>> [x,fval]=fzero(fun,x0)
x =
    2.9142
fval =
    -8.8818e-16
```

由结果可以看出，函数在[-2,3]上具有两个零点，其数值解为-1.6194、2.9142。

8.5.2 多元函数的零点

一般来讲，多元函数的零点问题比一元函数的零点问题更难解决，但是当多元函数的零点大致位置和性质比较好预测时，也可以使用数值方法来搜索精确的零点。

在 MATLAB 中，利用 fsolve 函数可以求解多元函数的零点（通过迭代寻找零点），该函数多用于求解非线性方程或非线性方程组，其调用格式如下。

```
x=fsolve(fun,x0)                        % 从 x0 开始，尝试求解方程 fun(x)=0（全零数组）
x=fsolve(fun,x0,options)                % 使用 options 中指定的优化选项求解方程
x=fsolve(problem)                       % 求解 problem
[x,fval]=fsolve(fun,x0)                 % 额外返回目标函数 fun 在解 x 处的值
[x,fval,exitflag,output]=fsolve(___)
                % 额外返回退出条件的值 exitflag，提供优化过程信息的结构体 output
[x,fval,exitflag,output,jacobian]=fsolve(___)   % 返回 fun 在解 x 处的雅可比矩阵
```

说明：函数 fsolve 依赖于初始猜测值，如果初始猜测值不合适，可能会导致收敛到错误的解或者不收敛。使用 fsolve 函数求解是基于梯度的方法，如果方程组有多个解，只能找到与初始猜测值最接近的那个解。

【例 8-26】求二元方程组 $\begin{cases} 2x_1 - x_2 = e^{-x_1} \\ -x_1 + 2x_2 = e^{-x_2} \end{cases}$ 的零点。

在编辑器中编写以下程序并运行。

```
clear
x=[-5:0.1:5];
y=x;
[X,Y]=meshgrid(x,y);                    % 创建三维图形的数据网格
Z1=2*X-Y-exp(-X);                       % 计算三维函数的数值
Z2=-X+2*Y-exp(-Y);                      % 计算三维函数的数值

surf(X,Y,Z1)                            % 绘制曲面图
hold on
surf(X,Y,Z2)                            % 绘制曲面图
```

```
shading interp                              % 设置照明属性
colorbar horiz                              % 添加水平的颜色条
set(gca,'Ztick',[-180:40:20]);              % 设置图形的坐标轴刻度属性
set(gca,'ZLim',[-170 20]);
alphamap('rampdown')                        % 设置透明属性
colormap parula
title('zero')                               % 添加图形标题
xlabel('x'),ylabel('y'),zlabel('z')         % 添加坐标轴名称
```

运行程序后,输出如图 8-5 所示图形。

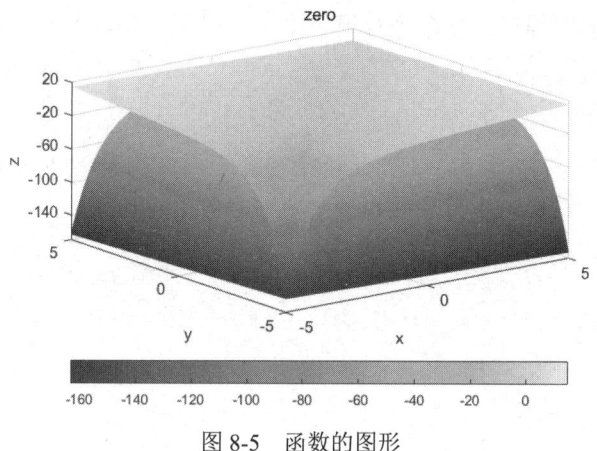

图 8-5 函数的图形

求解二元函数的零点。在命令行窗口中输入以下语句,并查看输出结果。

```
>> clear
>> f=@(x)([2*x(1)-x(2)-exp(-x(1)); -x(1)+2*x(2)-exp(-x(2))]);
>> [x,fval]=fsolve(f,[-4 4])
```
方程已解。

fsolve 已完成,因为按照函数容差的值衡量,函数值向量接近于零,并且按照梯度的值衡量,问题似乎为正则问题。

<停止条件详细信息>
y =
    0.5671   0.5671
fval =
  1.0e-09 *
   -0.2007
   -0.3403

由结果可以看出,原来的二元函数是对称的,因此所求解的两个未知数的解是相等的。由于在上面的示例中设置了显示迭代,因此在上面的结果中显示各优化信息。

【例 8-27】求包含两个变量的非线性方程组的零点。

$$\begin{cases} x_2(1+x_1^2) = e^{-e^{-(x_1+x_2)}} \\ x_1 \cos x_2 + x_2 \sin x_1 = \dfrac{1}{2} \end{cases}$$

首先需要将方程转换为 $F(x)=0$ 的形式。然后在编辑器中编写以下程序并保存为 root2d.m。

```
function F=root2d(x)
F(1)=exp(-exp(-(x(1)+x(2))))-x(2)*(1+x(1)^2);
F(2)=x(1)*cos(x(2))+x(2)*sin(x(1))-0.5;
end
```

从[0,0]开始求解方程组。在命令行窗口中输入以下语句，并查看输出结果。

```
>> clear
>> fun=@root2d;
>> x0=[0,0];
>> x=fsolve(fun,x0)
```

方程已解。

fsolve 已完成，因为按照函数容差的值衡量，函数值向量接近于零，并且按照梯度的值衡量，问题似乎为正则问题。

<停止条件详细信息>

x =

　　0.3532　　0.6061

8.6 数值积分

数值积分是指在给定的区间上，通过数值方法计算函数的定积分。在 MATLAB 中，可以使用多种方法来实现微积分的运算。

8.6.1 一元函数数值积分

在 MATLAB 中，利用 integral 函数可以实现对一元函数的数值积分，该函数能够在指定的区间上计算函数的定积分。其调用格式如下。

```
q=integral(fun,xmin,xmax)      % 使用全局自适应积分和默认误差容限在 xmin~xmax 间
以数值形式求函数 fun 的积分
   q=integral(fun,xmin,xmax,Name,Value)
        % 使用一个或多个 Name-Value 对指定其他选项
```

说明：积分区间$[a, b]$通常是有限的。如果积分区间是无限的，可以使用扩展形式来处理，即 integral 函数支持无限区间积分，例如可以使用$[a, \text{Inf}]$或$[-\text{Inf}, b]$作为积分区间来计算定积分在无限区间上的值。

【例 8-28】 利用数值方法求积分。

（1） $\int_0^{4\pi} \sqrt{\cos(2t)^2 + 3\sin(t)^2}\, dt$ （2） $\int_0^{\infty} x^5 e^{-x} \sin x\, dx$

在命令行窗口中输入以下语句，并查看输出结果。

```
>> fun1=@(t)(cos(2*t).^2+3*sin(t).^2);      % 编写积分函数(1)
>> q1=integral(fun1,0,4*pi)                  % 在区间上求数值积分
q =
   25.1327
>> q1a=integral(fun1,0,4*pi,'RelTol',1e-8)   % 设置积分的求解属性
q1a =
   25.1327

>> fun2=@(x)x.^5.*exp(-x).*sin(x);           % 编写积分函数(2)
>> q2=integral(fun2,0,Inf)                   % 计算从 x=0 至 x=Inf 的广义积分
q2 =
  -15.0000
>> format long
>> q2a=integral(fun2,0,Inf,'RelTol',1e-8,'AbsTol',1e-13)
                                             % 调整绝对误差和相对误差
q2a =
  -14.999999999998360
>> format short
```

8.6.2 二重数值积分

多重数值积分可以认为是一元函数积分的推广和延伸。在 MATLAB 中，利用 integral2 函数可以计算二重数值积分，其调用格式如下。

```
q=integral2(fun,xmin,xmax,ymin,ymax)         % 求函数 z=fun(x,y) 的二重
积分
       % 指定平面区域 xmin≤x≤xmax、ymin(x)≤y≤ymax(x)
q=integral2(fun,xmin,xmax,ymin,ymax,Name,Value)
       % 使用一个或多个 Name-Value 对指定其他选项
```

【例 8-29】 利用数值法求积分。

（1） $\int_0^{\pi}\int_{\pi}^{2\pi}(y\sin x + x\cos y)\,dx\,dy$ （2） $I = \int_{-1}^{1}\int_0^{\sqrt{1-x^2}} \sqrt{1-x^2-y^2}\,dy\,dx$

在命令行窗口中输入以下语句，并查看输出结果。

```
>> fun=@(x,y) y.*sin(x)+x.*cos(y);           % 编写积分函数(1)
>> q=integral2(fun,pi,2*pi,0,pi)             % 计算积分
q =
   -9.8696

>> fun=@(x,y) sqrt(1-x.^2-y.^2);             % 编写积分函数(2)
```

```
>> ymax=@(x) sqrt(1-x.^2);
>> q=integral2(fun,-1,1,0,ymax)            % 计算积分
q =
    1.0472
```

【例8-30】在极坐标系中计算二重积分 $\int_{0}^{\frac{\pi}{2}}\int_{0}^{r_{max}}\frac{r}{\sqrt{r\cos\theta+r\sin\theta}(1+r\cos\theta+r\sin\theta)^{2}}drd\theta$。

在命令行窗口中输入以下语句，并查看输出结果。

```
>> fun=@(x,y) 1./(sqrt(x+y).*(1+x+y).^2);
>> polarf=@(theta,r) fun(r.*cos(theta),r.*sin(theta)).*r;   % 定义函数
>> rmax=@(theta) 1./(sin(theta)+cos(theta));        % 为 r 的上限定义一个函数
>> q=integral2(polarf,0,pi/2,0,rmax)        % 计算积分, 0≤θ≤π/2 和 0≤r≤rmax
q =
    0.2854
```

【例8-31】设 $f(x,y)=ax^{2}+bx^{2}$，试求当 $a=3$、$b=5$ 时 $\int_{-5}^{0}\int_{0}^{5}f(x,y)dxdy$ 的值。

在命令行窗口中输入以下语句，并查看输出结果。代码中指定了'iterated'方法和保留约10个有效数字的精度。

```
>> a=3;
>> b=5;
>> fun=@(x,y) a*x.^2+b*y.^2;

>> format long
>> q=integral2(fun,0,5,-5,0,'Method','iterated','AbsTol',0,'RelTol',1e-10)
q =
    1.666666666666667e+03
>> format short
```

8.6.3 三重数值积分

在 MATLAB 中，利用 integral3 函数可以计算三重数值积分，它适用于在三维空间内对一个三变量函数 $f(x,y,z)$ 进行数值积分，特别是在给定的积分区间上进行高效的数值计算，其调用格式如下。

```
q=integral3(fun,xmin,xmax,ymin,ymax,zmin,zmax)     % 求函数 z=fun(x,y,z) 的三重积分
        % 指定区间 xmin≤x≤xmax、ymin(x)≤y≤ymax(x)、zmin(x,y)≤z≤zmax(x,y)
q=integral3(fun,xmin,xmax,ymin,ymax,zmin,zmax,Name,Value)
        % 使用一个或多个 Name-Value 对指定其他选项
```

【例8-32】计算三重积分 $\int_{-1}^{1}\int_{0}^{1}\int_{0}^{\pi}f(x,y,z)dxdydz$，其中 $f(x,y,z)=y\sin x+z\cos x$。

在命令行窗口中输入以下语句，并查看输出结果。

```
>> fun=@(x,y,z) y.*sin(x)+z.*cos(x);
>> q=integral3(fun,0,pi,0,1,-1,1)
q=
    2.0000
```

【例 8-33】 计算三重积分 $\int_{-1}^{1}\int_{-\sqrt{1-x^2}}^{\sqrt{1-x^2}}\int_{-\sqrt{1-x^2-y^2}}^{\sqrt{1-x^2-y^2}} x\cos y + x^2\cos z \, dzdydx$ 。

在命令行窗口中输入以下语句,并查看输出结果。

```
>> fun=@(x,y,z) x.*cos(y)+x.^2.*cos(z);
>> xmin=-1;
>> xmax=1;
>> ymin=@(x) -sqrt(1-x.^2);
>> ymax=@(x) sqrt(1-x.^2);
>> zmin=@(x,y) -sqrt(1-x.^2-y.^2);
>> zmax=@(x,y) sqrt(1-x.^2-y.^2);
>> q=integral3(fun,xmin,xmax,ymin,ymax,zmin,zmax,'Method','tiled')
                  % 使用'tiled'方法计算定积分
q =
    0.7796
```

MATLAB 中的求积分函数直接支持一重、二重和三重积分。然而,要求解四重及以上多重积分时,需要嵌套对求解器的调用。

【例 8-34】 计算四维球体的体积(正确答案为 $\dfrac{\pi^2 r^4}{2\Gamma(2)}$)。半径为 $r=2$ 的四维球体的体积为

$$\int_0^{2\pi}\int_0^{\pi}\int_0^{\pi}\int_0^{r} r^3 \sin^2\theta\sin\varphi \, dr d\theta d\varphi d\xi$$

在命令行窗口中输入以下语句,并查看输出结果。

```
>> f=@(r,theta,phi,xi) r.^3.*sin(theta).^2.*sin(phi);
>> Q=@(r) integral3(@(theta,phi,xi) f(r,theta,phi,xi),0,pi,0,pi,0,2*pi);
>> I=integral(Q,0,2,'ArrayValued',true)
I =
   78.9568
>> I_exact=pi^2*2^4/(2*gamma(2))          % 验证
I_exact =
   78.9568
```

8.6.4 梯形法求积分

梯形法通过将函数曲线用一系列梯形近似来计算积分。计算公式为

$$I \approx \sum_{i=1}^{n-1} \dfrac{f(x_i)+f(x_{i+1})}{2}\Delta x$$

其中,$\Delta x = x_{i+1} - x_i$ 是相邻数据点之间的距离。

在 MATLAB 中，基于梯形法来近似计算积分值的函数为 trapz，该函数主要用于给定数据点的数值积分，而不是函数表达式的积分，适用于一重、二重或三重积分。该函数的调用格式如下。

```
Q=trapz(Y)              % 通过梯形法计算 Y 的近似积分（采用单位间距）
    % Y 的大小决定求积分所用的维度，若 Y 为向量，则求 Y 的近似积分
    % 若 Y 为矩阵，则对每列求积分并返回积分值的行向量
    % 若 Y 为多维数组，则对大小不等于 1 的第一个维度求积分，使该维度的大小变为 1，其他不变
Q=trapz(X,Y)     % 根据 X 指定的坐标或标量间距对 Y 进行积分
    % 如果 X 是坐标向量，则 length(X) 必须等于 Y 的大小不等于 1 的第一个维度的大小
    % 如果 X 是标量间距，则 trapz(X,Y)等于 X*trapz(Y)
Q=trapz(___,dim)% 沿维度 dim 求积分，必须指定 Y，也可以指定 X
    % 如果指定 X，则它可以是长度等于 size(Y,dim) 的标量或向量
```

【例 8-35】用梯形法近似计算积分值。

在命令行窗口中输入以下语句，并查看输出结果。

```
>> x=[0,1,2,5,10];          % 定义不等间距的 x 数据
>> y=[0,1,4,10,15];         % 对应的 y 值
>> q=trapz(x,y)             % 对不等间距的 x 和 y，使用梯形法进行数值积分
q =
   86.5000


>> X=[1 2.5 7 10];
>> Y=[5.2 7.7 9.6 13.2; 4.8 7.0 10.5 14.5; 4.9 6.5 10.2 13.8];
>> Q1=trapz(X,Y,2)     % 数据位于 Y 的行中，故指定 dim=2
                       % 数据不是按固定间隔计算的，故指定 X 来表示两数据点的间距
Q1 =
   82.8000
   85.7250
   82.1250
```

【例 8-36】求二重积分 $I = \int_{-5}^{5}\int_{-3}^{3}(x^2+y^2)\mathrm{d}x\mathrm{d}y$ 的近似值。

在命令行窗口中输入以下语句，并查看输出结果。

```
>> x=-3:.1:3;
>> y=-5:.1:5;
>> [X,Y]=meshgrid(x,y);
>> F=X.^2+Y.^2;
>> I=trapz(y,trapz(x,F,2))% 嵌套调用函数实现对数值数组进行二重或三重积分
I =
  680.2000
```

8.6.5 累积梯形法求积分

梯形法计算从第一个点到每个后续点的积分累积值。它将每个小区间的面积累积起来计算结果。例如，对于两个点 (x_i,y_i)、(x_{i+1},y_{i+1})，其积分为

$$\int_{x_i}^{x_{i+1}} f(x)\mathrm{d}x \approx \frac{y_i + y_{i+1}}{2} \times (x_{i+1} - x_i)$$

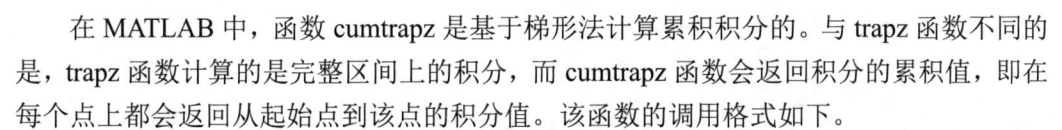

在 MATLAB 中，函数 cumtrapz 是基于梯形法计算累积积分的。与 trapz 函数不同的是，trapz 函数计算的是完整区间上的积分，而 cumtrapz 函数会返回积分的累积值，即在每个点上都会返回从起始点到该点的积分值。该函数的调用格式如下。

```
Q=cumtrapz(Y)            % 通过梯形法按单位间距计算 Y 的近似累积积分
     % Y 的大小决定求积分所用的维度：若 Y 为向量，则求 Y 的累积积分
     % 若 Y 是矩阵，则求每一列的累积积分
     % 若 Y 是多维数组，则对大小不等于 1 的第一个维度求积分
Q=cumtrapz(X,Y)          % 根据由 X 指定的坐标或标量间距对 Y 进行积分
     % 若 X 是坐标向量，则 length(X) 必须等于 Y 的大小不等于 1 的第一个维度的大小
     % 若 X 是标量间距，则 cumtrapz(X,Y) 等于 X*cumtrapz(Y)
Q=cumtrapz(___,dim)      % 沿维度 dim 求积分，必须指定 Y，也可以指定 X
     % 如果指定 X，则它可以是长度等于 size(Y,dim) 的标量或向量
```

【例 8-37】用梯形法近似计算积分值。

在命令行窗口中输入以下语句，并查看输出结果。

```
>> x=[0,1,2,5,10];             % 定义不等间距的 x 数据
>> y=[0,1,4,10,15];            % 对应的 y 值
>> q=cumtrapz(x,y)             % 计算累积积分
q =
      0    0.5000    3.0000   24.0000   86.5000
```

【例 8-38】求二重积分 $I(a,b) = \int_{-2}^{b}\int_{-2}^{a}(10x^2 + 20y^2)\mathrm{d}x\mathrm{d}y$ 的近似值。

在命令行窗口中输入以下语句，并查看输出结果。

```
>> x=-2:0.1:2;
>> y=-2:0.2:2;
>> [X,Y]=meshgrid(x,y);
>> F=10*X.^2+20*Y.^2;
>> I=cumtrapz(y,cumtrapz(x,F,2));    % 使用嵌套函数调用求二重积分
>> I(end)                            % 最后一个值给出二重积分的总体逼近值
ans =
  642.4000
```

下面绘制表示原始函数的曲面及表示累积积分的曲面。累积积分曲面上的每个点表示二重积分在该点处的累积值。用一个红色的星形在图上标记总体逼近值。在编辑器中编写以下程序并运行。

```
surf(X,Y,F,'EdgeColor','none')
xlabel('X'); ylabel('Y')
hold on
surf(X,Y,I,'FaceAlpha',0.5,'EdgeColor','none')
plot3(X(end),Y(end),I(end),'r*')
hold off
```

运行后可以得到如图 8-6 所示的图形。

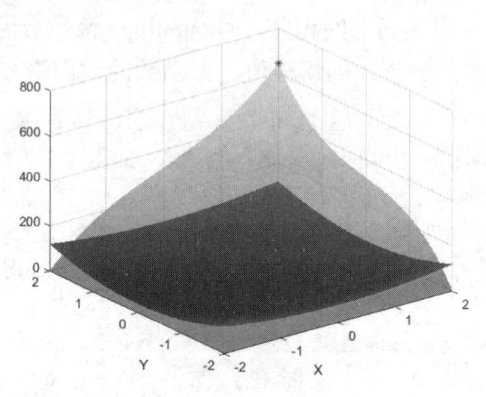

图 8-6　原始函数的曲面及累积积分的曲面

8.6.6　高斯-勒让德法求积分

在 MATLAB 中，函数 quadgk 采用自适应高斯-勒让德法来计算积分。与 integral、trapz 等函数相比，quadgk 函数能提供更高的积分精度，尤其在处理发散的积分、振荡函数、无限积分区间时表现更为出色。该函数的调用格式如下。

```
q=quadgk(fun,a,b)       % 使用高阶全局自适应积分和默认误差容限在区间[a,b]上对 fun 求积分
[q,errbnd]=quadgk(fun,a,b)  % 返回绝对误差|q-I|的逼近上限，其中 I 是积分的确切值
[___]=quadgk(fun,a,b,Name,Value)      % 使用一个或多个名称-值对指定其他选项
```

【例 8-39】计算下列积分。

(1) $\int_0^\pi \sin x \, dx$ 　　(2) $\int_0^\infty e^{-x^2} \, dx$ 　　(3) $\int_0^1 \frac{1}{\sqrt{x}} \, dx$ 　　(4) $\int_0^1 e^x \ln x \, dx$

在命令行窗口中输入以下语句，并查看输出结果。

```
>> q=quadgk(@(x) sin(x),0,pi)
q =
    2.0000
>> q=quadgk(@(x) exp(-x.^2),0,Inf)
q =
    0.8862
>> q=quadgk(@(x) 1./sqrt(x),0,1)
q =
    2.0000
```

```
>> f=@(x) exp(x).*log(x);
>> q=quadgk(f,0,1)
q =
   -1.3179
```

【例 8-40】计算振荡函数的积分 $\int_0^\pi \sin(20000\pi x)\mathrm{d}x$。被积函数振荡非常快,故很难计算。

在命令行窗口中输入以下语句,并查看输出结果。

```
>> fun=@(x) sin(2e4*pi*x);
>> [Q,errbnd]=quadgk(fun,0,pi)
```
警告:已达到正在使用的间隔最大数目的限制。误差的近似范围为 5.7e-01。积分可能不存在,或者可能很难在数值上逼近。请将另一迭代的 MaxIntervalCount 增大到 1272,以便启用 QUADGK 继续。
> 位置: quadgk>vadapt(第 299 行)
位置:quadgk(第 184 行)
```
Q =
   -0.0082
errbnd =
    0.5723
```

警告消息指示调整 MaxIntervalCount 以执行求解迭代,此处指定为 1e5。

```
>> [Q,errbnd]=quadgk(fun,0,pi,'MaxIntervalCount',1e5)
Q =
   1.6656e-06
errbnd =
   2.6323e-12
```

8.6.7 自适应数值积分法求积分

在 MATLAB 中,利用 quad2d 函数可以计算二重积分。它采用自适应数值积分法来计算二元函数在给定区域上的积分,这种方法具有高精度和良好的数值稳定性,适用于处理复杂的二重积分问题。该函数的调用格式如下。

```
q=quad2d(fun,a,b,c,d)            % 逼近 fun(x,y)在平面区域 a≤x≤b 和 c(x)≤y≤d(x)的积分
q=quad2d(fun,a,b,c,d,Name,Value) % 使用一个或多个 Name-Value 对指定其他选项
[q,E]=quad2d(____)               % 额外返回绝对误差 E=|q-I|的逼近上限,其中 I 是积分的确切值
```

【例 8-41】计算下列积分。

(1) $\int_0^\pi \int_\pi^{2\pi} (y\sin x + x\cos y)\mathrm{d}x\mathrm{d}y$ (2) $\int_0^1 \int_0^{1-x} \left[(x+y)^{1/2}(1+x+y)^2\right]^{-1}\mathrm{d}y\mathrm{d}x$

(3) $\int_{-1}^1 \int_{-1}^1 e^{-x^2-y^2}\mathrm{d}x\mathrm{d}y$ (4) $\int_0^\pi \int_0^\pi \sin x\cos y\mathrm{d}x\mathrm{d}y$

在命令行窗口中输入以下语句,并查看输出结果。

```
>> fun=@(x,y) y.*sin(x)+x.*cos(y);
>> Q=quad2d(fun,pi,2*pi,0,pi)
```

```
Q =
   -9.8696
>> fun=@(x,y) 1./(sqrt(x+y).*(1+x+y).^2);
>> ymax=@(x)1-x;
>> Q=quad2d(fun,0,1,0,ymax)
Q =
   0.2854
>> fun=@(x,y) exp(-x.^2-y.^2);
>> q=quad2d(fun,-1,1,-1,1)
q =
   2.2310
>> fun=@(x,y) sin(x).*cos(y);
>> q=quad2d(fun,0,pi,0,pi)
q =
   1.1102e-16
```

8.7 本章小结

由于在 MATLAB 中所有的数据都以矩阵的形式出现，因此 MATLAB 的基本运算单元是数组。矩阵分析是线性代数的重要内容，也是几乎所有 MATLAB 函数分析的基础。本章介绍了矩阵分析、矩阵分解、特征值分析、数值积分等内容，这些内容是 MATLAB 进行数值运算的重要部分，其中矩阵的分析和运算是其他操作的基础，希望读者熟练掌握。

第 9 章 数据分析

数据分析和处理在各个领域中得到广泛应用，特别是在数学、物理等科学领域及工程实践中。无论是通过有限的已知数据推测未知数据，还是进行复杂的信号分析，数据分析工具都发挥着至关重要的作用。例如，在工程领域，数据插值和拟合常用于从有限数据集中推测未知数据。MATLAB 为插值、曲线拟合等数据分析提供了多种内置函数，极大地简化了数据处理工作。

9.1 插值

插值是指在所给的基准数据情况下，研究如何平滑地估算出基准数据之间其他点的函数值，在数字信号处理和图像处理中得到广泛应用。

9.1.1 一维插值

一维插值是对一元函数 $y=f(x)$ 进行插值，是进行数据分析的重要方法。在 MATLAB 中，一维插值有基于多项式的插值和基于快速傅里叶变换（FFT）的插值和三次样条插值等类型。

1. 基于多项式的插值

在 MATLAB 中，一维插值可通过 interp1 函数实现，该函数用来对离散数据点进行插值。interp1 函数根据已知的数据点计算目标插值点的函数值，通常用于数据点之间的内插。根据需要，也可以通过外插来计算范围外的数据点。其调用格式如下。

```
vq=interp1(x,v,xq)              % 使用线性插值返回一元函数在特定查询点的插入值
        % 向量 x 包含样本点，v 包含对应值 v(x)；向量 xq 包含查询点的坐标
vq=interp1(x,v,xq,method)        % 指定备选插值方法，默认为'linear'
vq=interp1(x,v,xq,method,extrapolation) % 指定外插策略，计算落在 x 域外的点
        % 如果使用 method 算法进行外插，可将 extrapolation 设置为'extrap'
```

```
vq=interp1(v,xq)         % 返回插入的值，并假定一个样本点坐标默认集
          % 默认点是从 1 到 n 的数字序列，其中 n 取决于 v 的形状
          % v 为向量时，默认点为 1:length(v)；为数组时，默认点是 1:size(v,1)
vq=interp1(v,xq,method)           % 指定备选插值方法中的任意一种，并使用默认样本点
vq=interp1(v,xq,method,extrapolation)    % 指定外插策略，并使用默认样本点
pp=interp1(x,v,method,'pp')  % 使用 method 算法返回分段多项式形式的 v(x)
```

提示：函数 interp1 用于估算一元函数 $f(x)$ 在中间点的数值，其中 $f(x)$ 是由给定的数据点决定的。数据点与插值点的关系示意图如图 9-1 所示。

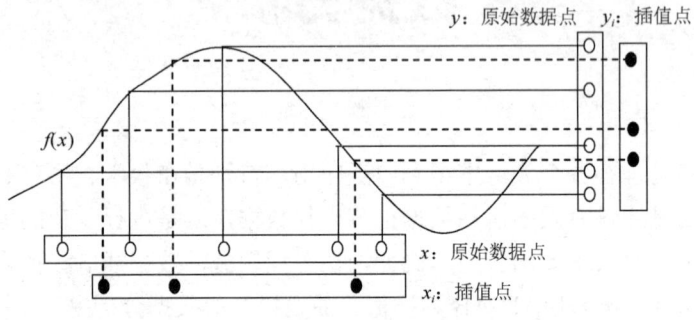

图 9-1　数据点与插值点的关系示意图

interp1 函数支持多种插值方法，如表 9-1 所示。

表 9-1　插值方法

选项	描述	连续性	说明
'linear'	线性插值（默认）。查询点处的插入值基于各维中邻近网格点处数值的线性插值	C0	需要至少 2 个点。比最近邻点插值需要更多内存和运算时间
'nearest'	最近邻点插值。查询点处的插入值是距采样网格点最近的值	不连续	需要至少 2 个点。内存要求最低，运算时间最短
'next'	下一个邻点插值。查询点处的插入值是下一个采样网格点的值	不连续	需要至少 2 个点。内存要求和运算时间与'nearest'相同
'previous'	上一个邻点插值。查询点处的插入值是上一个采样网格点的值	不连续	需要至少 2 个点。内存要求和运算时间与'nearest'相同
'pchip'	保形分段三次插值。查询点处的插入值基于邻近网格点处数值的保形分段三次插值	C1	需要至少 4 个点。比'linear'需要更多内存和运算时间
'cubic'	用于 MATLAB 5 的三次卷积	C1	需要至少 3 个点。点间隔必须均匀；对不规则间隔的数据采用'spline'插值
'v5cubic'	与'cubic'相同	C1	内存要求和运算时间与'pchip'相似
'makima'	修正 Akima 三次 Hermite 插值。查询点处的插入值基于次数最大为 3 的多项式的分段函数；为防过冲，已修正 Akima 公式	C1	需要至少 2 个点。产生的波动比'spline'小，但不像'pchip'那样急剧变平；计算成本高于'pchip'，但通常低于'spline'
'spline'	使用非节点终止条件的样条插值。查询点处的插入值基于各维中邻近网格点处数值的三次插值	C2	需要至少 4 个点。比'pchip'需要更多内存和运算时间

第 9 章 数据分析

【例 9-1】已知当 $x = 0:0.3:3$ 时，函数 $y = (x^2 - 4x + 2)\sin x$ 的值，对 $x_i = 0:0.01:3$ 采用不同的方法进行插值。

在编辑器中编写以下程序并运行。

```
x=0:0.3:3;
y=(x.^2-4*x+2).*sin(x);
xi=0:0.01:3;                                  % 要插值的数据
yi_nearest=interp1(x,y,xi,'nearest');         % 邻近点插值
yi_linear=interp1(x,y,xi);                    % 默认为线性插值
yi_spine=interp1(x,y,xi,'spline');            % 三次样条插值
yi_pchip=interp1(x,y,xi,'pchip');     % 分段三次 Hermite 插值（保形分段三次插值）
yi_v5cubic=interp1(x,y,xi,'v5cubic');         % MATLAB5 中三次多项式插值
figure; hold on
subplot(231)
plot(x,y,'ro')                                % 绘制数据点
title('已知数据点')
subplot(232)
plot(x,y,'ro',xi,yi_nearest,'b-')             % 绘制邻近点插值的结果
title('邻近点插值')
subplot(233)
plot(x,y,'ro',xi,yi_linear,'b-')              % 绘制线性插值的结果
title('线性插值')
subplot(234);
plot(x,y,'ro',xi,yi_spine,'b-')               % 绘制三次样条插值的结果
title('三次样条插值')
subplot(235)
plot(x,y,'ro',xi,yi_pchip,'b-')               % 绘制分段三次 Hermite 插值的结果
title('分段三次 Hermite 插值')
subplot(236)
plot(x,y,'ro',xi,yi_v5cubic,'b-')             % 绘制三次多项式插值的结果
title('三次多项式插值')
```

运行程序后，对数据采用不同的方法插值，输出如图 9-2 所示图形。由图可以看出，采用邻近点插值时，数据的平滑性最差，得到的数据不连续。

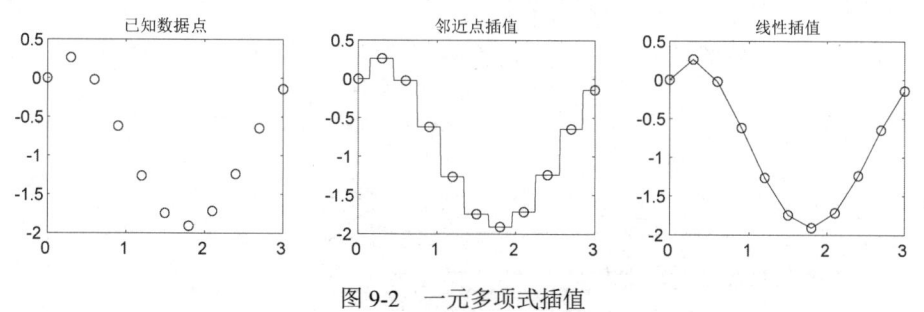

图 9-2　一元多项式插值

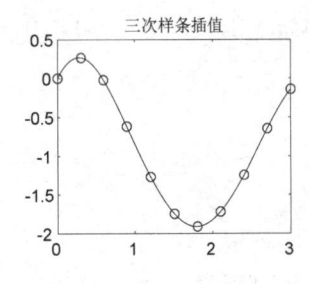

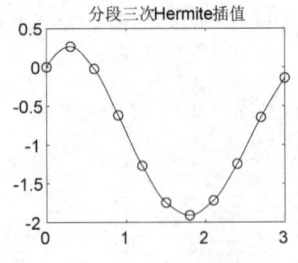

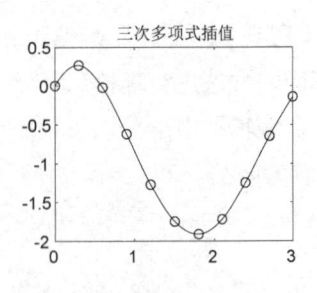

图 9-2　一元多项式插值（续）

选择插值方法时主要考虑的因素有运算时间、占用计算机内存和插值的光滑程度。下面对邻近点插值、线性插值、三次样条插值和分段三次 Hermite 插值进行比较，如表 9-2 所示。

邻近点插值的运算速度最快，但是得到的数据不连续，其他方法得到的数据都连续。三次样条插值的运算速度最慢，可以得到最光滑的结果，是最常用的插值方法。

表 9-2　不同插值方法的比较

插值方法	运算时间	占用计算机内存	光滑程度
邻近点插值	短	少	差
线性插值	稍长	较多	稍好
三次样条插值	最长	较多	最好
分段三次 Hermite 插值	较长	多	较好

2．基于快速傅里叶变换的插值

在 MATLAB 中，利用 interpft 函数进行基于快速傅里叶变换（FFT）的插值。与常见的插值方法（如线性插值、样条插值）不同，interpft 函数使用傅里叶变换技术来进行插值，特别适用于周期性数据的插值和频域中的数据处理。该函数的调用格式如下。

```
y=interpft(X,n)          % 在 X 中内插函数值的傅里叶变换以生成 n 个等间距的点
                         % 对第一个大小不等于 1 的维度进行运算
y=interpft(X,n,dim)      % 沿维度 dim 运算
                         % 例如，X 是矩阵，则 interpft(X,n,2)将在 X 行上进行运算
```

【例 9-2】基于快速傅里叶变换的插值示例分析。

在编辑器中编写以下程序并运行。

```
x=linspace(0,3*pi,20);       % 在[0,3*pi]上有 10 个点
v=sin(x);                    % 定义周期性函数 sin(x)
vq=interpft(v,100);          % 插值到 100 个点

xq=linspace(0,3*pi,100);     % 插值后的 x 点
plot(x,v,'o',xq,vq,'-')      % 原始数据点为圆圈，插值结果为实线
legend('原始数据','FFT 插值')
```

运行程序后，输出如图 9-3 所示图形。

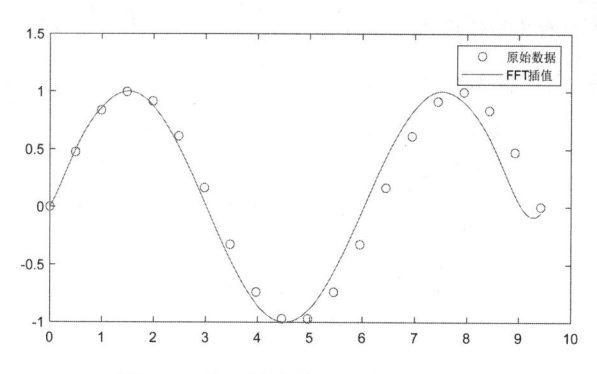

图 9-3 基于快速傅里叶变换的插值

3. 三次样条插值

在 MATLAB 中,利用 spline 函数可以进行样条插值,主要用于构造通过一组给定数据点的平滑曲线。与多项式插值不同,样条插值使用分段低次多项式进行拟合,从而避免了高次多项式插值中常见的过拟合和数据振荡问题。该函数特别适合对一维数据进行平滑插值,并保持曲线在数据点间的光滑性。该函数的调用格式如下。

```
s=spline(x,y,xq)  % 返回与 xq 中的查询点对应的插值向量 s,s 由 x、y 的三次样条插值确定
pp=spline(x,y)    % 返回一个分段多项式结构体,用于 ppval 和样条实用工具 unmkpp
```

【例 9-3】 三次样条插值示例分析。

在编辑器中编写以下程序并运行。

```
x=[0 1 2 3 4 5];
y=[0 0.8 0.9 0.1 -0.8 -1];


pp=spline(x,y);                         % 构造样条插值
xq=linspace(0,5,100);
yq=ppval(pp,xq);                        % 使用 ppval 评估样条
% 绘制数据点和插值曲线
subplot(121)
plot(x,y,'o', xq,yq,'-');
legend('数据点','样条插值曲线');
title('三次样条插值');


slopes=[1,-1];                          % 指定首尾的导数值
pp=spline(x,[slopes(1),y,slopes(2)]);   % 构造样条插值,带有首尾导数
xq=linspace(0,5,100);
yq=ppval(pp,xq);                        % 在查询点上评估样条
% 绘制数据点和插值曲线
subplot(122)
plot(x,y,'o', xq,yq,'-');
legend('数据点','样条插值曲线');
```

```
title('带有边界条件的三次样条插值');
```

运行程序后,输出如图 9-4 所示图形。

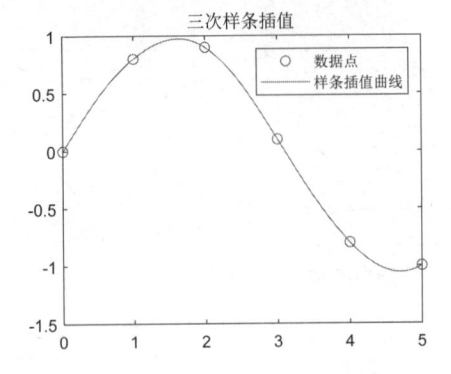

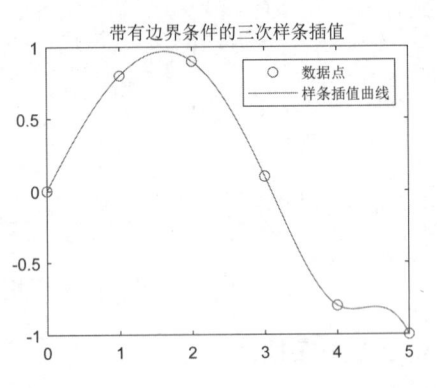

图 9-4 三次样条插值

9.1.2 二维插值

二维插值主要用于处理二维空间中的数据,常用于图像处理、曲面拟合和科学计算中的可视化,其基本思想与一维插值相同,是对函数 $y=f(x,y)$ 进行插值。

在 MATLAB 中,利用 interp2 函数可以进行二维插值。它能够对给定的二维数据网格进行插值,估算网格中未定义点的值。该函数的调用格式如下。

```
Vq=interp2(X,Y,V,Xq,Yq)    % 使用线性插值返回双变量函数在特定查询点的插入值
           % X 和 Y 包含样本点的坐标,V 包含各样本点处的对应函数值,Xq 和 Yq 包含查询点的坐标
Vq=interp2(V,Xq,Yq)        % 假定一个默认的样本点网格
           % 默认网格点覆盖矩形区域 X=1:n 和 Y=1:m,其中[m,n]=size(V)
Vq=interp2(V)              % 将每个维度上样本值的间隔分割一次,形成细化网格
           % 基于该网格返回插入值
Vq=interp2(V,k)            % 将每个维度上样本值的间隔反复分割 k 次,形成细化网格
           % 基于该网格返回插入值,这将在样本值之间生成 2^k-1 个插值点
Vq=interp2(___,method)     % 指定备选插值方法,默认为'linear'
Vq=interp2(___,method,extrapval)   % 指定标量值 extrapval
           % 为处于样本点域外的所有查询点赋予该标量值
           % 如果省略 extrapval,则会返回 NaN 作为外插值
           % 对于'spline'和'makima'方法,返回外插值;对于其他内插方法,返回 NaN 值
```

【例 9-4】分别采用'nearest'、'linear'、'spline'和'cubic'进行二维插值,并绘制三维表面图。

在编辑器中编写以下程序并运行。

```
[x,y]=meshgrid(-5:1:5);                        % 原始数据
z=peaks(x,y);
[xi,yi]=meshgrid(-5:0.8:5);                    % 插值数据
zi_nearest=interp2(x,y,z,xi,yi,'nearest');     % 邻近点插值
```

```
zi_linear=interp2(x,y,z,xi,yi);              % 系统默认为线性插值
zi_spline=interp2(x,y,z,xi,yi,'spline');     % 三次样条插值
zi_cubic=interp2(x,y,z,xi,yi,'cubic');       % 三次多项式插值
figure;hold on
subplot(231)
surf(x,y,z)                                  % 绘制原始数据点
title('原始数据')
subplot(232)
surf(xi,yi,zi_nearest)                       % 绘制邻近点插值的结果
title('邻近点插值')
subplot(233)
surf(xi,yi,zi_linear)                        % 绘制线性插值的结果
title('线性插值')
subplot(234)
surf(xi,yi,zi_spline)                        % 绘制三次样条插值的结果
title('三次样条插值')
subplot(235)
surf(xi,yi,zi_cubic)                         % 绘制三次多项式插值的结果
title('三次多项式插值')
```

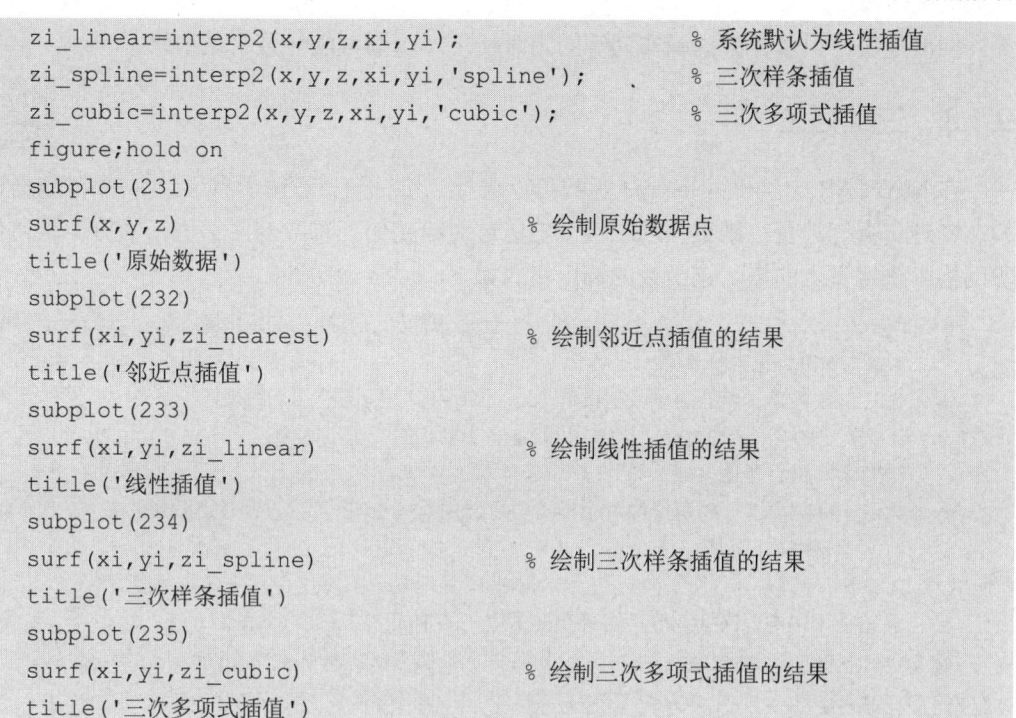

运行程序后，输出如图 9-5 所示图形。

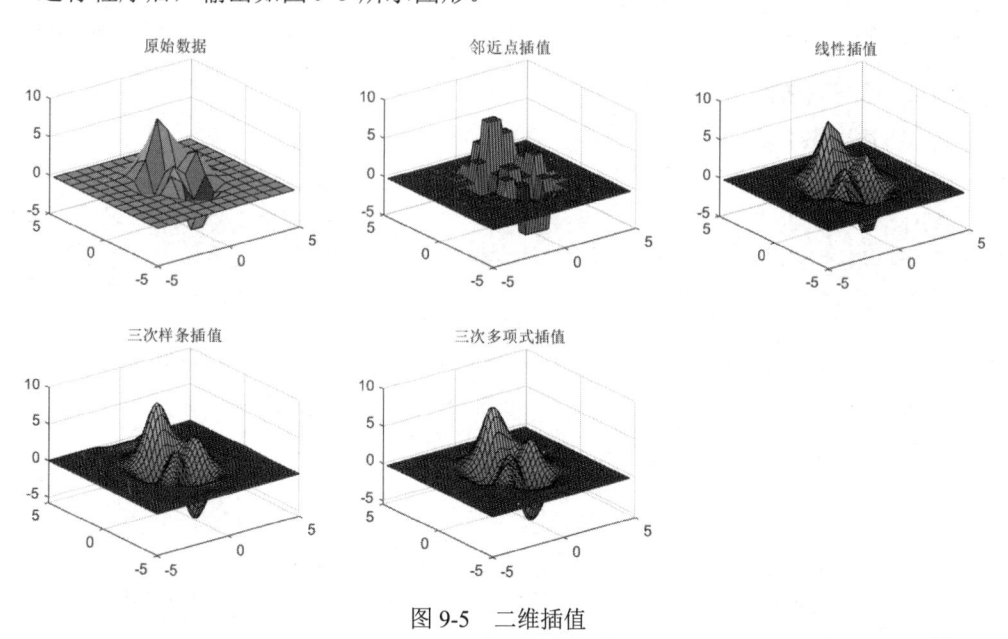

图 9-5 二维插值

> **注意**：在二维插值中已知数据（x,y）必须为栅格格式，一般采用函数 meshgrid 产生，如本例中采用[x,y]=meshgrid(-4:0.8:4)来产生数据（x,y）。如果输入的数据是非网格化或不规则分布的，应该使用 griddata 或 scatteredInterpolant 函数进行插值。

对于等间距数据，可以在插值方法前加上星号'*'（如'*cubic'），以跳过等间距检查，

提升插值速度，但仅在数据确实为等间距时使用，否则可能导致错误结果。

9.1.3 三维插值

在 MATLAB 中，利用 interp3 函数可以进行三维插值，适用于科学计算、3D 数据建模、物理仿真等涉及三维数据的领域。它能够对给定的三维数据网格进行插值，从而估算网格中未定义点的值。该函数的调用格式如下。

```
Vq=interp3(X,Y,Z,V,Xq,Yq,Zq)      % 使用线性插值返回三变量函数在特定查询点的插值
     % X、Y 和 Z 包含样本点的坐标
     % V 包含各样本点处的对应函数值，Xq、Yq 和 Zq 包含查询点的坐标
Vq=interp3(V,Xq,Yq,Zq)     % 假定一个默认的样本点网格
     % 默认网格点覆盖区域 X=1:n、Y=1:m 和 Z=1:p，其中[m,n,p]=size(V)
Vq=interp3(V)     % 将每个维度上样本值之间的间隔分割一次，形成细化网格
     % 基于该网格返回插入值
Vq=interp3(V,k)   % 将每个维度上样本值的间隔反复分割 k 次，形成细化网格
     % 基于该网格返回插入值，这将在样本值之间生成 2^k-1 个插值点
Vq=interp3(___,method)      % 指定备选插值方法，默认为'linear'
Vq=interp3(___,method,extrapval)    % 指定标量值 extrapval
     % 为处于样本点域外的所有查询点赋予该标量值
     % 如果省略 extrapval，则会返回 NaN 作为外插值
     % 对于'spline'和'makima'方法，返回外插值；对于其他内插方法，返回 NaN 值
```

【例 9-5】三维插值函数示例分析。
在编辑器中编写以下程序并运行。

```
[X,Y,Z,V]=flow(10);              % 生成 n×2n×n 数组
subplot(131)
slice(X,Y,Z,V,[6 9],2,0);        % 绘制穿过 X=6、X=9、Y=2 和 Z=0 样本体的切片
shading flat

[Xq,Yq,Zq]=meshgrid(.1:.25:10,-3:.25:3,-3:.25:3);
Vq=interp3(X,Y,Z,V,Xq,Yq,Zq);    % 使用默认方法插值
subplot(132)
slice(Xq,Yq,Zq,Vq,[6 9],2,0);
shading flat

Vq=interp3(X,Y,Z,V,Xq,Yq,Zq,'cubic');  % 使用'cubic'方法在查询网格点处插值
subplot(133)
slice(Xq,Yq,Zq,Vq,[6 9],2,0);
shading flat
```

说明：函数 flow 是一个包含三个变量的函数，可生成用于演示 slice、interp3 和其他可视化标量数据的函数的流体流动数据。

运行程序后，输出如图 9-6 所示图形。

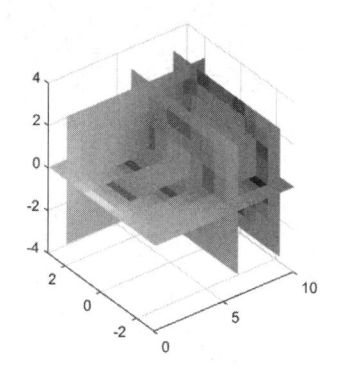

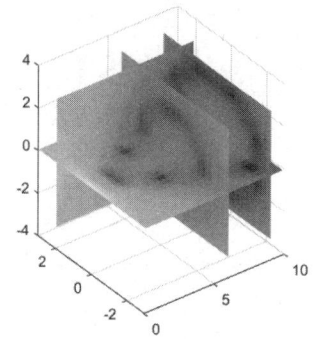

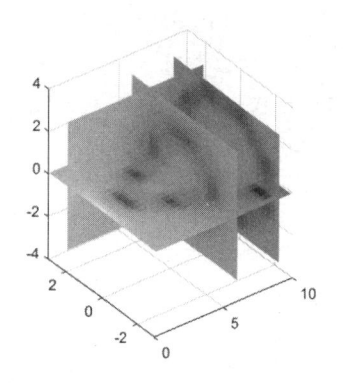

图 9-6　三维插值

程序中的函数 slice 用于绘制三维体的切片平面，其调用格式如下。

```
slice(X,Y,Z,V,xslice,yslice,zslice)        % 为三维体数据 V 绘制切片
    % 以 X、Y 和 Z 作为坐标数据，xslice、yslice 和 zslice 为切片位置
    % 将切片参数指定为标量或向量可以绘制一个或多个与特定轴正交的切片平面
    % 将所有切片参数指定为定义曲面的矩阵可以沿曲面绘制单个切片
slice(V,xslice,yslice,zslice)              % 使用 V 的默认坐标数据
    % V 中每个元素的位置(x,y,z)分别基于列、行和页面索引
```

9.1.4　N 维插值

在 MATLAB 中，利用 interpn 函数可以实现多维插值，即对一维、二维、三维及更高维度的数据进行插值。该函数是更通用的插值工具，适用于任意维度的插值问题。

```
Vq=interpn(X1,X2,…,Xn,V,Xq1,Xq2,…,Xqn)
    % 使用线性插值返回 n 变量函数在特定查询点的插入值。结果始终穿过函数的原始采样点
    % X1,X2,…,Xn 包含样本点的坐标。V 包含各样本点处的对应函数值
    % Xq1,Xq2,…,Xqn 包含查询点的坐标。
Vq=interpn(V,Xq1,Xq2,…,Xqn)        % 假定一个默认的样本点网格
    % 默认网格的每个维度均包含点 1,2,3,…,ni。ni 的值为 V 中第 i 个维度的长度
Vq=interpn(V)            % 将每个维度上样本值的间隔分割一次，形成细化网格
    % 并基于该网格返回插入值
Vq=interpn(V,k)          % 将每个维度上样本值的间隔反复分割 k 次，形成细化网格
    % 并基于该网格返回插入值。这将在样本值之间生成 2^k-1 个插值点
Vq=interpn(___,method)            % 指定备选插值方法，默认为'linear'
Vq=interpn(___,method,extrapval)  % 指定标量值 extrapval
    % 为处于样本点域外的所有查询点赋予该标量值
    % 若省略 extrapval，则基于 method, interpn 返回下列值之一
    % 对于'spline'和'makima'方法，返回外插值；对于其他内插方法，返回 NaN 值
```

【例 9-6】N 维插值函数示例分析。

在编辑器中编写以下程序并运行。

```
%% 一维插值
x=[1 2 3 4 5];
v=[12 16 31 10 6];                % 定义样本点和值
xq=(1:0.1:5);                     % 定义查询点 xq 并插值
vq=interpn(x,v,xq,'cubic');
subplot(121)
plot(x,v,'o',xq,vq,'-');
legend('Samples','Cubic Interpolation');

%% 二维插值
[X1,X2]=ndgrid((-5:1:5));
R=sqrt(X1.^2+X2.^2)+eps;
V=sin(R)./(R);                    % 创建一组一维网格点和对应的样本值
Vq=interpn(V,'cubic');            % 插值
subplot(122)
mesh(Vq);
```

运行程序后,输出如图 9-7 所示图形。

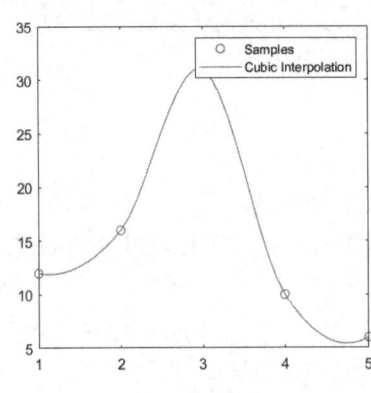

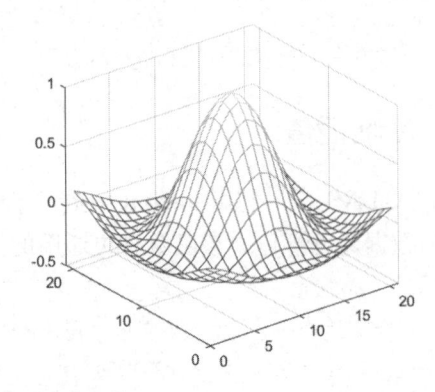

图 9-7 一维、二维插值

在编辑器中编写以下程序并运行。

```
%% 四维插值
f=@(x,y,z,t) t.*exp(-x.^2-y.^2-z.^2);                    % 定义匿名函数
[x,y,z,t]=ndgrid(-1:0.2:1,-1:0.2:1,-1:0.2:1,0:2:10);     % 创建网格点
V=f(x,y,z,t);                                             % 创建样本值 V
[xq,yq,zq,tq]=ndgrid(-1:0.05:1,-1:0.08:1,-1:0.05:1,0:0.5:10);  % 创建查询网格
Vq=interpn(x,y,z,t,V,xq,yq,zq,tq);                        % 在查询点处进行 V 插值

% 创建影片以显示结果
nframes=size(tq,4);
for j=1:nframes
```

```
    slice(yq(:,:,:,j),xq(:,:,:,j),zq(:,:,:,j),Vq(:,:,:,j),0,0,0);
    clim([0 10]);
    M(j)=getframe;
end
movie(M);
```

运行程序后,输出插值动画,结束后图形如图 9-8 所示。

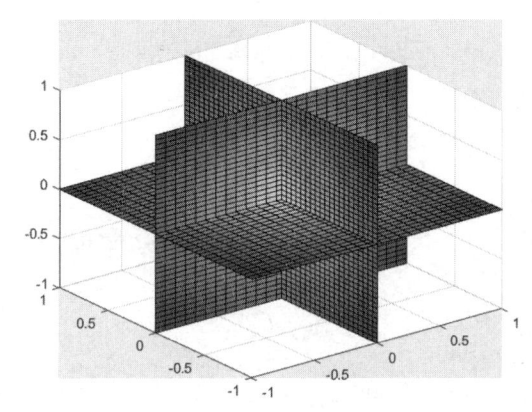

图 9-8 四维插值

9.1.5 分段插值

在 MATLAB 中,经常利用 pchip 和 makima 函数处理一维数据的插值问题。它们都属于分段插值函数,用于生成平滑的插值曲线,但在处理数据时采用了不同的策略,尤其在保持数据的单调性和处理局部不规则性方面有不同的表现。

1. pchip函数

在 MATLAB 中,pchip 函数用于分段三次 Hermite 插值多项式,主要关注保持数据的单调性。pchip 函数插值生成的曲线平滑且连续,同时避免了过冲现象,尤其适用于具有明显单调趋势的数据集,其调用格式如下。

```
p=pchip(x,y,xq)      % 返回与 xq 中的查询点对应的插值向量 p
                     % p 的值由 x 和 y 的分段三次 Hermite 插值确定
pp=pchip(x,y)        % 返回一个分段多项式结构体以用于 ppval 和样条实用工具 unmkpp
```

2. makima函数

在 MATLAB 中,makima 函数是一种基于 Akima 插值的修正版(修正 Akima 分段三次 Hermite 插值),主要用于平滑插值,同时能更好地处理局部变化较大的数据。与 pchip 函数相比,makima 函数更强调在插值过程中的平滑,其调用格式如下。

```
yq=makima(x,y,xq)    % 使用采样点 x 处的值 y 进行修正 Akima 插值,求出点 xq 处的插值 yq
pp=makima(x,y)       % 返回一个分段多项式结构体,用于 ppval 和样条实用工具 unmkpp
```

【例 9-7】分段插值示例分析。

在编辑器中编写以下程序并运行。

```
x=[1 2 3 4 5];                    % 定义数据点
y=[1 4 9 16 25];

xq=1:0.1:5;                       % 查询点
vq=pchip(x,y,xq);                 % 使用 pchip 插值
subplot(121)
plot(x,y,'o',xq,vq,'-')           % 绘制插值结果
legend('data','pchip')
title('Pchip Interpolation')

xq=1:0.1:5;                       % 查询点
vq=makima(x,y,xq);                % 使用 makima 插值
subplot(122)
plot(x,y,'o',xq,vq,'-')           % 绘制插值结果
legend('data','makima')
title('Makima Interpolation')
```

运行程序后,输出如图 9-9 所示图形。

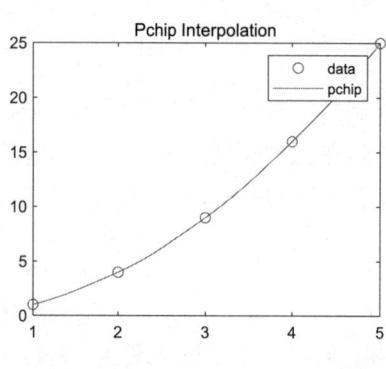

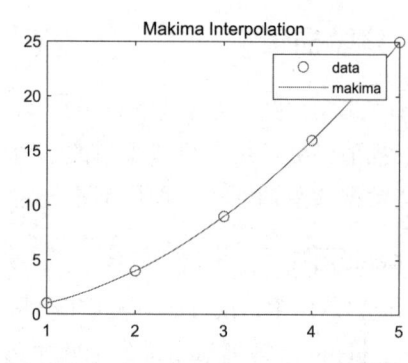

图 9-9 分段插值

【例 9-8】 将 spline、pchip 和 makima 函数为两个不同数据集生成的插值结果进行比较。

说明:这些函数都执行不同形式的分段三次 Hermite 插值。每个函数计算插值斜率的方式不同,因此它们在基础数据的平台区或波动处展现出不同行为。

在编辑器中编写以下程序并运行。

```
x=-3:3;
y=[-1 -1 -1 0 1 1 1];
xq1=-3:.01:3;
p=pchip(x,y,xq1);
s=spline(x,y,xq1);
m=makima(x,y,xq1);
plot(x,y,'o',xq1,p,'-',xq1,s,'-.',xq1,m,'--')
```

```
legend('Sample Points','pchip','spline','makima','Location','SouthEast')
```

运行程序后，输出如图 9-10 所示图形。

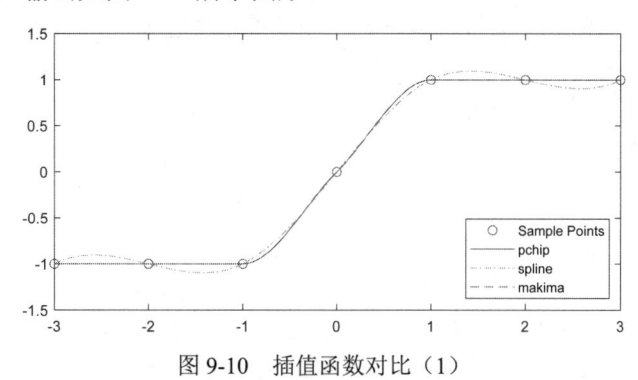

图 9-10　插值函数对比（1）

函数 pchip 和 makima 具有相似的行为，因为它们可以避免过冲，并且可以准确地连接平台区。继续在编辑器中编写以下程序并运行。

```
% 使用振动采样函数执行第二次比较
x=0:15;
y=besselj(1,x);
xq2=0:0.01:15;
p=pchip(x,y,xq2);
s=spline(x,y,xq2);
m=makima(x,y,xq2);
plot(x,y,'o',xq2,p,'-',xq2,s,'-.',xq2,m,'--')
legend('Sample Points','pchip','spline','makima')
```

运行程序后，输出如图 9-11 所示图形。由图可以看出，当基础函数振荡时，spline 和 makima 函数能够比 pchip 函数更好地捕获点之间的移动，后者会在局部极值附近急剧扁平化。

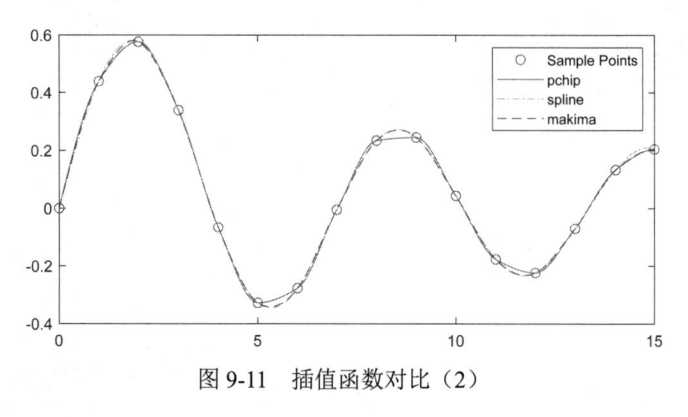

图 9-11　插值函数对比（2）

9.1.6　三次样条插值

对于给定的离散的测量数据 (x,y)（称为断点），要寻找一个三次多项式 $y = p(x)$，

以逼近每对数据点 (x,y) 间的曲线。过两点 (x_i, y_i) 和 (x_{i+1}, y_{i+1}) 只能确定一条直线,而通过一点的三次多项式曲线有无穷多条。

因为三次多项式有 4 个系数,为使通过中间断点的三次多项式曲线具有唯一性,需要增加以下条件:

三次多项式在点 (x_i, y_i) 处有 $p_i'(x_i) = p_i''(x_i)$;在点 (x_{i+1}, y_{i+1}) 处有 $p_i'(x_{i+1}) = p_i''(x_{i+1})$。

为使三次多项式具有良好的解析性,设定 $p(x)$ 在点 (x_i, y_i) 处的斜率是连续的,曲率也是连续的。

对于第一个和最后一个多项式,规定如下条件(非结点条件):

$$p_1'''(x) = p_{i2}'''(x)、\quad p_{n-1}'''(x) = p_n'''(x)$$

综上可知,对数据拟合的三次样条函数 $p(x)$ 是一个分段的三次多项式:

$$p(x) = \begin{cases} p_1(x) & x_1 \leq x \leq x_2 \\ p_2(x) & x_2 \leq x \leq x_3 \\ \vdots & \vdots \\ p_n(x) & x_n \leq x \leq x_{n+1} \end{cases}$$

其中,每段 $p_i(x)$ 均为三次多项式。

在 MATLAB 中,利用函数 spline 可以实现三次样条插值,其调用格式如下。

```
s=spline(x,y,xq)  % 返回与 xq 中的查询点对应的三次样条插值向量 s
                  % 用三次样条插值计算由向量 x 与 y 确定的一元函数 y=f(x)在点 xx 处的值
pp=spline(x,y)    % 返回一个由向量 x 与 y 确定的分段样条多项式的系数矩阵 pp
                  % 用于 ppval 和样条实用工具 unmkpp
```

【例 9-9】对离散分布在 $y=\exp(x)\sin(x)$ 函数曲线上的数据点进行样条插值计算。

在编辑器中编写以下程序并运行。

```
>> x=[0 2 4 5 8 12 12.8 17.2 19.9 20];
>> y=exp(x).*sin(x);
>> xx=0:.25:20;
>> yy=spline(x,y,xx);
>> plot(x,y,'o',xx,yy)
```

运行程序后,输出如图 9-12 所示图形。

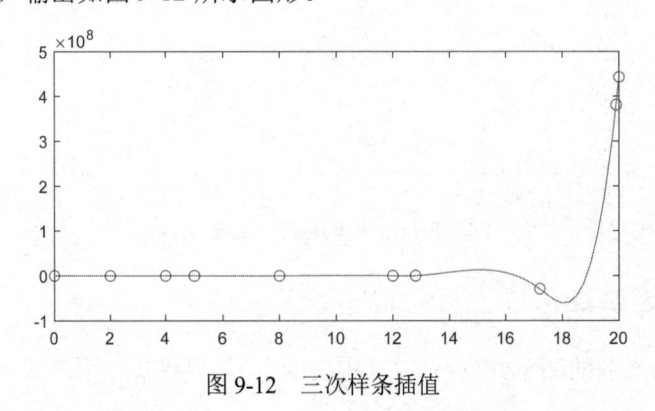

图 9-12　三次样条插值

9.2 拟合

在科学和工程领域，曲线拟合的主要目的是寻找一条平滑的曲线来尽可能准确地描述带有噪声的测量数据，并据此探究两个变量之间的关系或变化趋势，最终得到一个用于预测或解释的数学函数表达式 $y = f(x)$。

在插值方法中，虽然多项式插值可以逼近数据点，但高次多项式容易导致数据振荡，特别是在数据量大或间隔不均匀的情况下。而样条插值（Spline）可以生成光滑的曲线，避免高次多项式的振荡问题。然而，样条插值通常要求曲线通过所有数据点，因此并不适用于包含噪声的测量数据的曲线拟合。曲线拟合的目标是寻找一条能够反映数据趋势的曲线，而不要求曲线必须穿过每个数据点。

在曲线拟合过程中，通常假设测量数据中包含噪声，因此拟合曲线不必严格通过所有已知数据点。曲线拟合的评价标准是整体拟合误差的最小化，而不是单点误差。最常用的曲线拟合方法是最小二乘法，它通过最小化拟合曲线与数据点之间的垂直距离的平方和（残差平方和）来求得最佳拟合曲线。

MATLAB 提供了多种曲线拟合工具，包括线性拟合、多项式拟合、非线性拟合等。

9.2.1 多项式拟合

多项式拟合是数据分析和建模中常用的工具，适用于描述数据中呈现的线性或非线性趋势。多项式拟合是指通过最小二乘法找到一个多项式

$$p(x) = p_1(x^n) + p_2(x^{n-1}) + \cdots + p_n(x) + p_{n+1}$$

使得拟合曲线和原始数据点之间的误差平方和最小，即

$$\min \sum_{i=1}^{N} [y_i - P_n(x_i)]^2$$

其中，y_i 是给定数据的因变量值；$P_n(x_i)$ 是多项式拟合函数。

在 MATLAB 中，利用函数 polyfit 可以实现多项式拟合，它通过最小二乘法找到一个多项式，使其尽可能逼近一组给定的离散数据点。其调用格式如下。

```
p=polyfit(x,y,n)        % 返回次数为 n 的多项式 p(x) 的系数，拟合基于最小二乘法
    % p 中的系数按降幂排列，p 的长度为 n+1
[p,S]=polyfit(x,y,n)% 额外返回结构体 S，可用作 polyval 的输入来获取误差估计值
[p,S,mu]=polyfit(x,y,n)  % 执行中心化和缩放以同时改善多项式和拟合算法的数值属性
    % 额外返回二元素向量 mu，包含中心化值和缩放值，mu(1) 为 mean(x)，mu(2) 为 std(x)
    % 使用这些值时，polyfit 将 x 的中心置于零值处并缩放
```

注意：当使用函数 polyfit 进行拟合时，多项式的次数（阶数）最大不超过 length(x)-1。

在多项式拟合时，经常需要计算多项式 $p(x)$ 的值，在 MATLAB 中，利用函数 polyval 可以得到多项式在每个点处的值，其调用格式如下。

```
y=polyval(p,x)              % 计算多项式 p 在 x 的每个点处的值
    % 参数 p 是长度为 n+1 的向量，其元素是 n 次多项式的系数（按降幂排列）
[y,delta]=polyval(p,x,S)    % 使用 polyfit 生成的可选输出结构体 S 来生成误差估计值
    % delta 是使用 p(x)预测 x 处的未来观测值时的标准误差估计值
y=polyval(p,x,[],mu)        % 使用 polyfit 生成的可选输出 mu 来中心化和缩放数据
    % mu(1)为 mean(x)，mu(2)为 std(x)
[y,delta]=polyval(p,x,S,mu) % 同上
```

针对矩阵多项式，需要采用 polyval 函数计算并以矩阵形式返回多项式 p 的计算值，其调用格式如下。

```
Y=polyvalm(p,X)             % 以矩阵形式返回多项式 p 的计算值
```

【例 9-10】 已知某数据的横坐标及对应的纵坐标，试对该数据进行多项式拟合。

在编辑器中编写以下程序并运行。

```
x=[0.2 0.3 0.5 0.6 0.8 0.9 1.2 1.3 1.5 1.8];
y=[1 2 3 5 6 7 6 5 4 1];
p5=polyfit(x,y,5);                % 5 阶多项式拟合
y5=polyval(p5,x);
p5=vpa(poly2sym(p5),5)            % 显示 5 阶多项式
p9=polyfit(x,y,9);                % 9 阶多项式拟合
y9=polyval(p9,x);

plot(x,y,'bo');
hold on;
plot(x,y5,'r-.')
plot(x,y9,'g--')
legend('原始数据','5 阶多项式拟合','9 阶多项式拟合')
xlabel('x');ylabel('y')
```

运行程序后，得到的 5 阶多项式如下。同时输出如图 9-13 所示图形。

```
p5 =
    -10.041*x^5+58.244*x^4-124.54*x^3+110.79*x^2-31.838*x+4.0393
```

由图可以看出，使用 5 阶多项式拟合时，得到的结果比较差。当采用 9 阶多项式拟合时，得到的结果与原始数据符合得比较好。

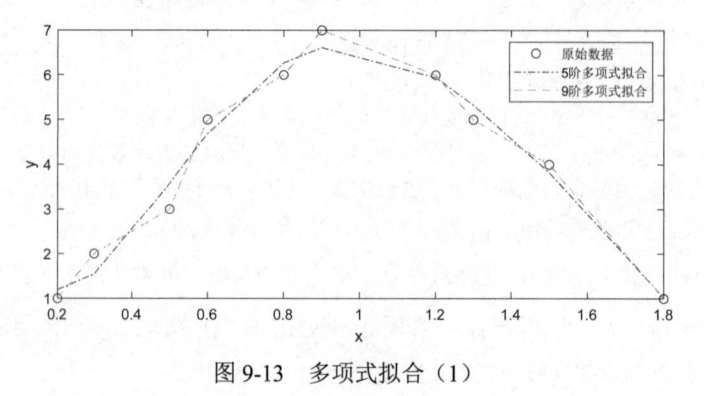

图 9-13 多项式拟合（1）

第 9 章 数据分析

【例 9-11】对误差函数进行多项式拟合。

在编辑器中编写以下程序并运行。

```
clf
x=(0:0.1:2.5)';                % 生成在区间[0,2.5]内等间距分布的 x 向量
y=erf(x);                      % 计算这些点处的误差函数
p=polyfit(x,y,6);              % 求 6 阶逼近多项式的系数
f=polyval(p,x);                % 在各数据点处计算多项式
T=table(x,y,f,y-f,'VariableNames',…
{'X','Y','Fit','FitError'})    % 生成说明数据、拟合和误差的一个表（略）

x1=(0:0.1:5)';
y1=erf(x1);
f1=polyval(p,x1);
plot(x,y,'o',x1,y1,'-', x1,f1,'r--')
axis([0 5 0 2])
```

运行程序后，得到的多项式略，同时输出如图 9-14 所示图形。由图可知，在[0,2.5] 区间内，插值与实际值非常符合。

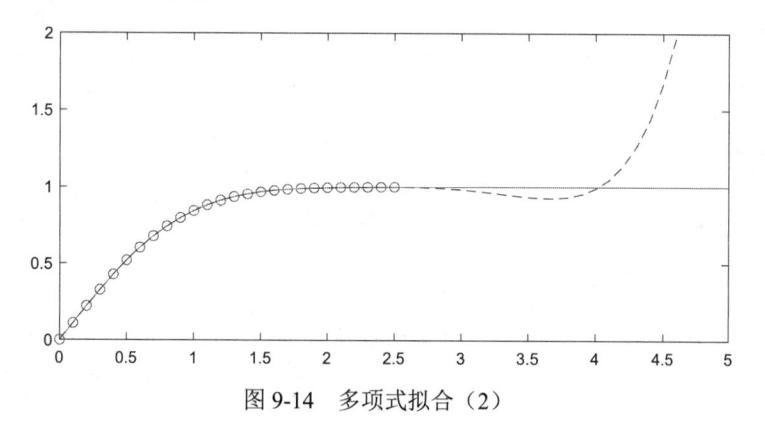

图 9-14 多项式拟合（2）

【例 9-12】将一个线性模型拟合到一组数据点并绘制结果，其中包含预测区间为 95% 的估计值。

在编辑器中编写以下程序并运行。

```
clf
x=1:100;
y=-0.3*x+2*randn(1,100);
p=polyfit(x,y,1);

subplot(1,2,1)
f=polyval(p,x);                % 计算在 x 中各点处拟合的多项式 p
plot(x,y,'o',x,f,'-')          % 绘制得到的线性回归模型
legend('data','linear fit')
```

```
title('Linear Fit of Data')

[p,S]=polyfit(x,y,1)                 % 对数据进行一阶多项式拟合
subplot(1,2,2)
[y_fit,delta]=polyval(p,x,S);% 计算以 p 为系数的一阶多项式在 x 中各点处的拟合值
% 绘制原始数据、线性拟合曲线和 95% 预测区间 y±2Δ
plot(x,y,'bo', x,y_fit,'r-')
hold on
plot(x,y_fit+2*delta,'m--',x,y_fit-2*delta,'m--')
title('Linear Fit of Data with 95% Prediction Interval')
legend('Data','Linear Fit','95% Prediction Interval')
```

运行程序后，输出如图 9-15 所示图形。

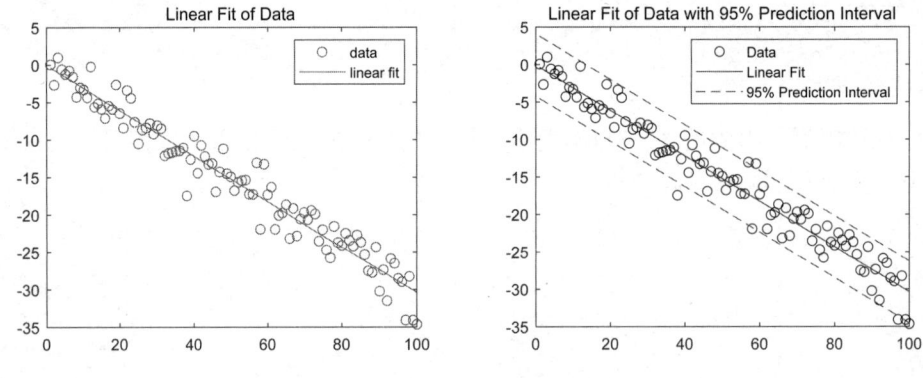

图 9-15　多项式拟合（3）

9.2.2　曲线、曲面拟合

在 MATLAB 中，利用 fit 函数可以对数据进行曲线或曲面拟合。该函数隶属于 Curve Fitting Toolbox，不仅支持线性和多项式拟合，还支持各种非线性模型、用户自定义模型及平滑样条等。其调用格式如下。

```
fobj=fit(x,y,fitType)                % 使用 fitType 指定的模型对 x 和 y 中的数据进行拟合
fobj=fit([x,y],z,fitType)            % 对向量 x、y 和 z 中的数据进行曲面拟合
fobj=fit(x,y,fitType,fitOptions)% 使用 fitOptions 对象指定算法选项对数据进行拟合
fobj=fit(x,y,fitType,Name,Value)% 使用一个或多个 Name-Value 对指定附加选项
[fobj,gof]=fit(x,y,fitType)          % 返回结构体 gof 中的拟合优度统计量
[fobj,gof,output]=fit(x,y,fitType)   % 返回结构体 output 中的拟合算法信息
```

拟合中，使用 fitType 指定的模型及含义如表 9-3 所示。

表 9-3　使用 fitType 指定的模型及含义

模型	含义	模型	含义
'poly1'	线性多项式曲线	'smoothingspline'	平滑样条（曲线）
'poly11'	线性多项式曲面	'lowess'	局部线性回归（曲面）

续表

模型	含义	模型	含义
'poly2'	二次多项式曲线	'log10'	以10为底的对数曲线
'linearinterp'	分段线性插值	'logistic4'	四参数逻辑曲线
'cubicinterp'	分段三次插值		

【例9-13】 数据集 census 中的 pop 和 cdate 分别包含了人口规模和人口统计年份的数据，请以该数据拟合二次曲线。

在编辑器中编写以下程序并运行。

```
load census;              % 加载 census 样本数据集
f=fit(cdate,pop,'poly2')  % 二次曲线拟合，拟合结果包括95%置信边界的系数估计值
plot(f,cdate,pop)         % 绘制 f 中拟合的图及数据散点图
```

运行程序后，输出的多项式如下。同时输出如图9-16所示图形。

```
f=
    线性模型 Poly2:
    f(x)=p1*x^2+p2*x+p3
    系数(置信边界为95%):
      p1=    0.006541  (0.006124, 0.006958)
      p2=      -23.51  (-25.09, -21.93)
      p3=   2.113e+04  (1.964e+04, 2.262e+04)
```

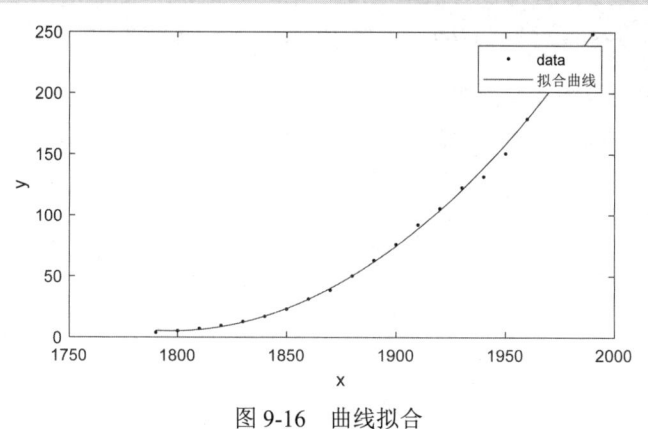

图 9-16　曲线拟合

【例9-14】 利用数据集 carbon12alpha 进行多个多项式拟合。数据集中 angle 是以弧度为单位的发射角度组成的向量。counts 是对应 angle 中角度的原始 alpha 粒子计数组成的向量。

在编辑器中编写以下程序并运行。

```
load carbon12alpha              % 加载 carbon12alpha 核反应采样数据集
scatter(angle,counts)
[f5,gof5]=fit(angle,counts,"poly5");    % 进行5阶多项式拟合
[f7,gof7]=fit(angle,counts,"poly7");    % 进行7阶多项式拟合
```

```
[f9,gof9]=fit(angle,counts,"poly9");            % 进行 9 阶多项式拟合

xq=linspace(0,4.5,1000);        % 生成一个由 0~4.5 之间的查询点组成的向量
hold on
scatter(angle,counts,"k")       % 显示计数对角度的散点图
plot(xq,f5(xq))
plot(xq,f7(xq))
plot(xq,f9(xq))
ylim([-100,550])
legend("original data","fifth-degree polynomial",…
        "seventh-degree polynomial","ninth-degree polynomial")
gof=struct2table([gof5 gof7 gof9],RowNames=["f5" "f7" "f9"])
                                % 显示每个拟合的拟合优度统计量
```

运行程序后，输出的多项式如下。同时输出如图 9-17 所示图形。该图表明 9 阶多项式准确地描述了数据的情况。

```
gof =
  3×5 table
              sse          rsquare      dfe    adjrsquare     rmse
            _____      _____      ___    _____     _____

    f5      1.0901e+05     0.54614      18      0.42007       77.82
    f7      32695          0.86387      16      0.80431       45.204
    f9      3660.2         0.98476      14      0.97496       16.169
```

由上述结果可以看出，9 阶多项式拟合的误差平方和（SSE）小于 5 阶和 7 阶多项式拟合的 SSE，可以证实 9 阶多项式最准确地描述了数据的情况。

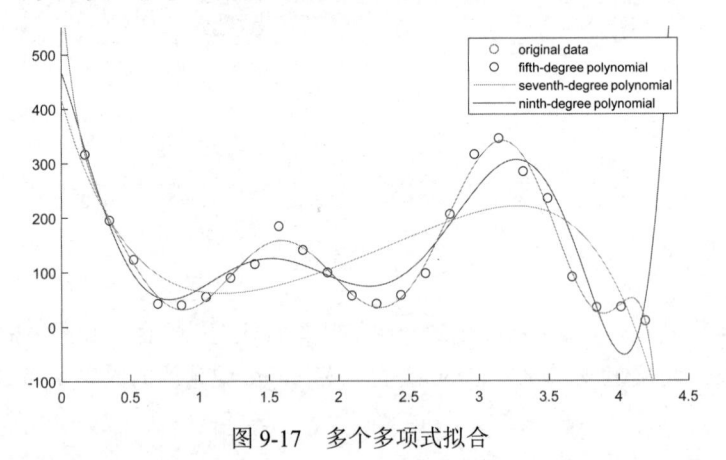

图 9-17 多个多项式拟合

【例 9-15】利用数据集 titanium 进行多项式拟合，拟合时从中排除点。
在编辑器中编写以下程序并运行。

```
[x,y]=titanium;                 % 加载数据
gaussEqn='a*exp(-((x-b)/c)^2)+d'   % 自定义方程
```

```
startPoints=[1.5 900 10 0.6]          % 定义起点

exclude1=[1 10 25];                   % 使用索引向量定义两组要排除的点
exclude2=x<800;                       % 使用表达式定义两组要排除的点
f1=fit(x',y',gaussEqn,'Start',startPoints,'Exclude',exclude1);
f2=fit(x',y',gaussEqn,'Start',startPoints,'Exclude',exclude2);

subplot(121)
plot(f1,x,y,exclude1)                 % 对拟合绘图并突出显示排除的数据
title('Fit with data points 1, 10, and 25 excluded')
subplot(122)
plot(f2,x,y,exclude2)
title('Fit with data points excluded such that x<800')
```

运行程序后，输出如图 9-18 所示图形。

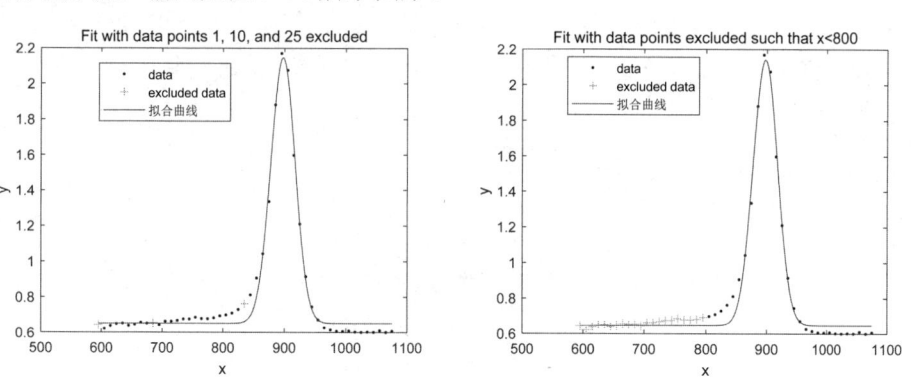

图 9-18　多项式拟合（排除点）

9.2.3　加权最小二乘法拟合

加权最小二乘法（WLS）是一种改进的最小二乘法（LS），用于拟合数据时对不同数据点赋予不同的权重。这种方法比前面介绍的单纯最小方差方法更加符合拟合的初衷。它特别适用于处理具有异方差性（不同数据点的误差方差不同）或希望强调某些数据点的重要性的情况。

N 阶多项式拟合需要求解一个线性方程组以获得拟合系数，其中线性方程组的系数矩阵和需要求解的拟合系数矩阵分别为：

$$A = \begin{pmatrix} x_1^N & \cdots & x_1^2 & x_1 & 1 \\ x_2^N & \cdots & x_2^2 & x_2 & 1 \\ \vdots & & \vdots & \vdots & \vdots \\ x_m^N & \cdots & x_m^2 & x_m & 1 \end{pmatrix}, \quad \boldsymbol{\theta} = \begin{pmatrix} \theta_n \\ \theta_{n-1} \\ \vdots \\ \theta_1 \end{pmatrix}$$

WLS 通过为每个数据点分配权重 w_i，构造一个权重矩阵 W，从而影响每个数据点对拟合结果的贡献。权重矩阵 W 是一个对角矩阵：

$$W = \begin{bmatrix} w_m & 0 & \cdots & 0 \\ 0 & w_{m-1} & \cdots & 0 \\ \vdots & \vdots & & \vdots \\ 0 & 0 & \cdots & w_1 \end{bmatrix}$$

使用 WLS 得到的拟合系数为:

$$\boldsymbol{\theta}_m^n = \begin{pmatrix} \theta_{mn}^n \\ \theta_{mn-1}^n \\ \vdots \\ \theta_1^n \end{pmatrix} = [\boldsymbol{A}^T \boldsymbol{W} \boldsymbol{A}]^{-1} \boldsymbol{A}^T \boldsymbol{W} \boldsymbol{y}$$

其对应的加权最小方差（残差平方和）为 $\boldsymbol{J}_m = [\boldsymbol{A}\boldsymbol{\theta} - \boldsymbol{y}]^T \boldsymbol{W} [\boldsymbol{A}\boldsymbol{\theta} - \boldsymbol{y}]$。

【例 9-16】 自行编写使用 WLS 拟合数据的 M 函数，然后使用 WLS 进行数据拟合。

在编辑器中编写以下程序并保存为 wlsfit.m 文件，即创建 wlsfit 函数。

```
function [th,err,yi]=wlsfit(x,y,N,xi,r)
% x,y为数据点系列，N为多项式拟合的系统，r为加权系数（权重）的逆矩阵
M=length(x);
x=x(:);
y=y(:);
% 判断调用函数的格式
if nargin==4
    if length(xi)==M       % 当调用函数的格式为(x,y,N,r)时
        r=xi;
        xi=x;
    else                   % 当调用函数的格式为(x,y,N,xi)时
        r=1;
    end
else
    if nargin==3           % 当调用函数的格式为(x,y,N)时
        xi=x;
        r=1;
    end
end
% 求解系数矩阵
A(:,N+1)=ones(M,1);
for n=N:-1:1
    A(:,n)=A(:,n+1).*x;
end
if length(r)==M
    for m=1:M
        A(m,:)=A(m,:)/r(m);
        y(m)=y(m)/r(m);
    end
```

```
end
% 计算拟合系数
th=(A\y)';
ye=polyval(th,x);
err=norm(y-ye)/norm(y);
yi=polyval(th,xi);
end
```

使用 wlsfit 函数对基础数据进行 LS 多项式拟合。在编辑器中编写以下程序并运行。

```
x=[-3:1:3]';
y=[1.1650  0.0751  -0.6965  0.0591  0.6268  0.3516  1.6961]';
[x,i]=sort(x);
y=y(i);
xi=min(x)+[0:100]/100*(max(x)-min(x));
for i=1:4
    N=2*i-1;
    [th,err,yi]=wlsfit(x,y,N,xi);
    subplot(2,2,i)
    plot(x,y,'o',xi,yi,'-')
    grid on
end
```

运行程序后得到如图 9-19 所示图形。由图可以看出，LS 其实是 WLS 的一种特例，相当于将每个基础数据的准确度都设为 1，但是，自行编写的 M 文件和默认的函数的运行结果不同，请仔细比较。

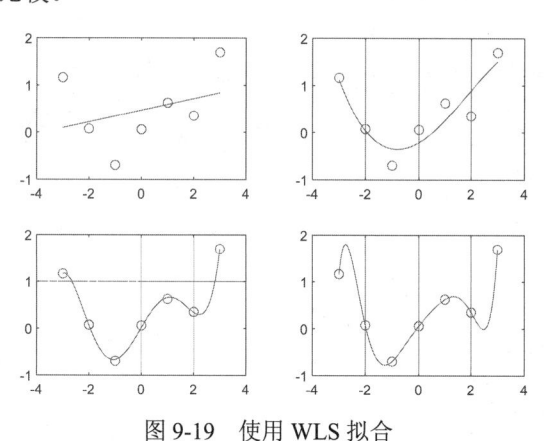

图 9-19　使用 WLS 拟合

9.3　交互式拟合

MATLAB 提供了图形化的曲线拟合工具（交互式拟合），可以实现多种曲线拟合、绘制拟合残差图等功能。拟合结果和估计数值可以保存到 MATLAB 的工作空间中。

MATLAB 基本拟合用户界面具备以下功能：

（1）利用样条插值、保形插值或最高 10 阶的多项式进行数据建模。
（2）绘制一个或多个数据拟合图。
（3）绘制拟合的残差图。
（4）计算模型系数。
（5）计算残差范数（可用于分析模型与数据的拟合度）。
（6）使用模型进行内插或在数据外部进行外插。
（7）将系数及计算出的值保存到 MATLAB 工作区，以便在对话框外部使用。
（8）生成 MATLAB 代码，以便用新数据重新拟合和重新绘图。

> 注意：基本拟合用户界面仅可用于二维绘图。

9.3.1 曲线拟合

若要使用基本拟合工具，必须首先利用 MATLAB 绘图函数在图窗中绘制数据。然后在图窗中执行"工具"→"基本拟合"命令，打开基本拟合用户界面。

【例 9-17】使用基本拟合工具进行曲线拟合示例。

在命令行窗口中输入以下语句，并查看输出结果。

```
>> x=[-3:1:4];
>> y=[1.565  0.091  -0.843  0.519  0.758  0.425  2.052 1.832];
>> plot(x,y,'o')
```

运行程序后，得到如图 9-20 所示的图窗。

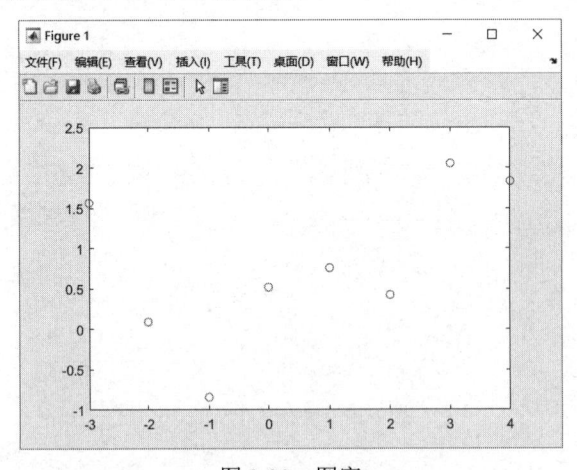

图 9-20　图窗

在图窗中执行"工具"→"基本拟合"命令，弹出如图 9-21 所示的对话框。在该对话框的"拟合的类型"选项区中，勾选"六次多项式"复选框；在"拟合结果"选项区中，会自动列出曲线拟合多项式（方程）和残差范数，如图 9-22 所示。

同时，在图窗中会显示拟合曲线，如图 9-23 所示。

图 9-21　基本拟合对话框

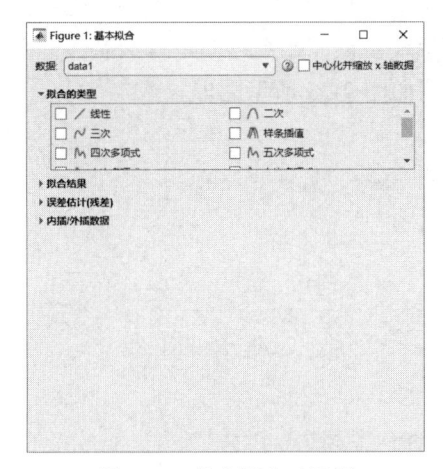

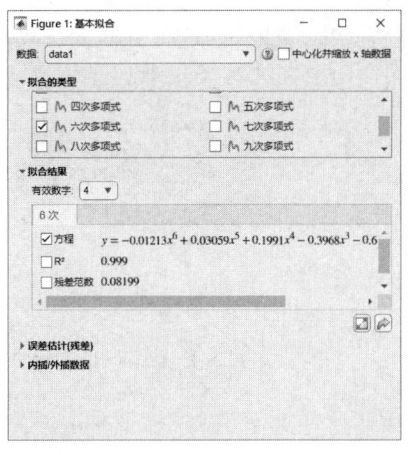

图 9-22　勾选"六次多项式"复选框

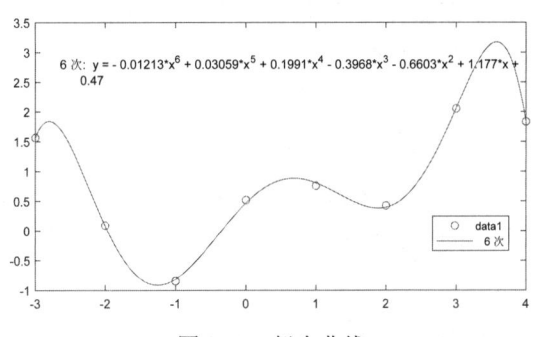

图 9-23　拟合曲线

9.3.2　拟合残差图形

在基本拟合对话框中，可以选择残差图形的样式，也可以选择残差图形的位置。继续上面的操作，绘制拟合残差图形，并显示残差的标准差。

在基本拟合对话框的"误差估计（残差）"选项区中选择"绘图样式"为"条形图"，选择"绘图位置"为"子图"，并勾选"残差范数"复选框，如图 9-24 所示。

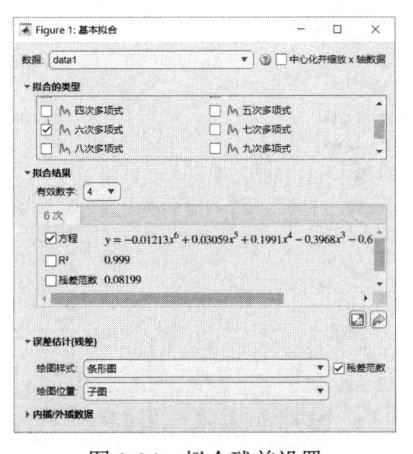

图 9-24　拟合残差设置

299

MATLAB 基础应用与数学建模

查看绘制结果。当选择上面的选项后，MATLAB 会在原始图形的下方绘制残差图形，并在图形中显示残差的标准差（残差范数），得到如图 9-25 所示图形。

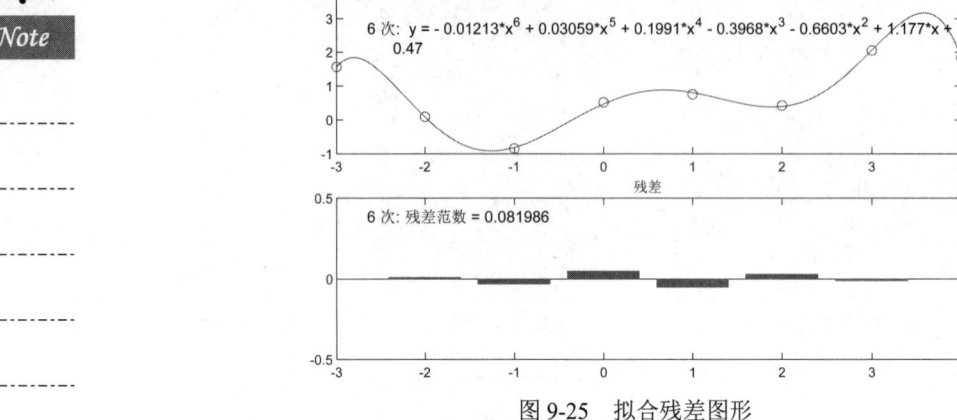

图 9-25　拟合残差图形

9.3.3　数据预测

继续上面的操作，对数据进行预测。如图 9-26 所示，在基本拟合对话框的"内插/外插数据"选项区"X="框中输入"6:8"，按回车键，在其下面的框中会显示预测的数据。

勾选该对话框中的"绘制计算的数据"复选框，可以将预测的数据显示在图形中，如图 9-27 所示。在命令行窗口中输入以下语句，并在图窗中查看输出结果。

```
>> set(gca,'XLim',[-3 9])
>> set(gca,'yLim',[-2000 4])
```

图 9-26　显示预测的数据

图 9-27　显示预测数据的图形

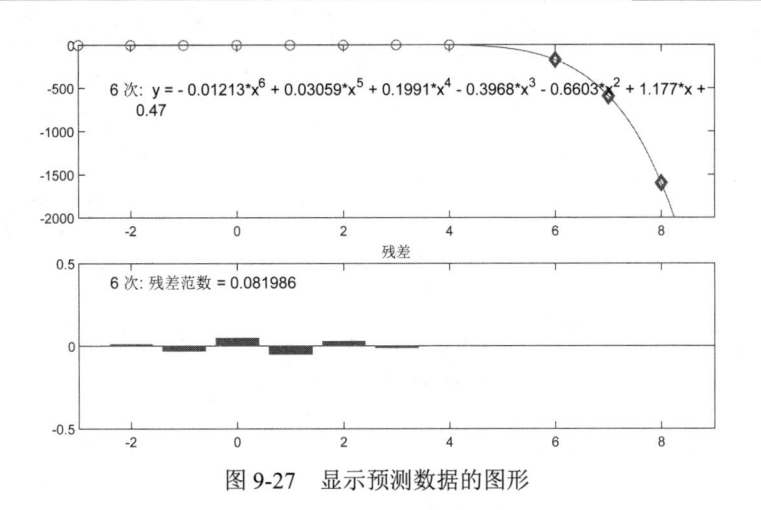

保存预测的数据。单击"内插/外插数据"选项区中的 （将结果导出到工作区）按钮，即可打开如图 9-28 所示的对话框，在其中设置保存数据选项，然后单击"确定"按钮，保存预测的数据。

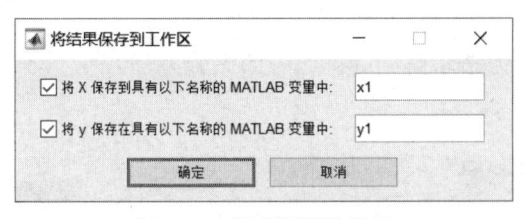

图 9-28　保存预测的数据

上面的示例虽然比较简单，但基本演示了如何使用基本拟合用户界面，读者可以根据实际情况，选择不同的拟合参数，完成其他的拟合工作。

9.4　本章小结

数据分析在各个领域都有着广泛的应用，尤其在数学、物理等科学领域和工程领域的实际应用中，经常会遇到需要进行数据分析的情况。本章介绍了如何使用 MATLAB 进行常见的数据分析，如数据插值、曲线拟合等内容。这些应用相对于前面章节的内容而言，更加复杂，涉及的数学原理也比较深入，因此建议读者在阅读本章内容的时候，结合数学原理一起理解。

第 10 章

微分方程

微分方程是描述变量及其导数之间关系的数学方程,在许多科学和工程领域得到广泛应用。微分方程用于描述动态系统的变化过程,如物理、工程、生物学、经济学和其他领域中的自然现象。微分方程根据涉及的变量和方程的性质可以分为多种类型。本章重点讲解在 MATLAB 中如何求解常微分方程及偏微分方程,通过理论讲解和示例分析,帮助读者掌握利用数值方法求解实际问题中的微分方程。

10.1 常微分方程

常微分方程在很多学科领域内有着重要的应用,如自动控制、各种电子学装置的设计、弹道的计算、飞机和导弹飞行的稳定性的研究、化学反应过程稳定性的研究等。上述问题都可以转化为求常微分方程的解,或者转化为研究解的性质的问题。

10.1.1 常微分方程概述

常微分方程(ODE)描述一个或多个变量及其对一个独立变量(通常是时间)的导数之间的关系,ODE 的阶数取决于 y 在方程中出现的最高阶导数。例如,常见的物理运动方程

$$\frac{d^2 y}{dt^2} + 2\frac{dy}{dt} + 5y = 0$$

可表示为

$$y'' + 2y' + 5y = 0$$

可见,该方程是一个二阶 ODE,描述了物体运动的加速度、速度和位置之间的关系。

在初始值问题中,从初始状态开始解算 ODE。利用初始条件 y_0 及要在其中求得答案的时间段 (t_0, t_f),以迭代方式获取解。

在每一步,求解器对前一步的结果应用一个特定的数值算法,以计算当前时间步的

解。在第一个时间步，初始条件提供了继续积分所需的所有必要信息。最终结果是，ODE 求解器返回一个时间步向量 $t=\left[t_0,t_1,t_2,\cdots,t_f\right]$ 及在每一步对应的解 $y=\left[y_0,y_1,y_2,\cdots,y_f\right]$。

1. ODE的类型

在 MATLAB 中，ODE 求解器可解算以下类型的一阶 ODE：

（1） $y'=f(t,y)$ 形式的显式 ODE。

（2） $M(t,y)y'=f(t,y)$ 形式的线性隐式 ODE。其中，$M(t,y)$ 为非奇异质量矩阵，该矩阵可以是时间或状态依赖的矩阵，也可以是常量矩阵。线性隐式 ODE 涉及在质量矩阵中编码的一阶 y 导数的线性组合。

线性隐式 ODE 可随时变换为显式形式。不过，将质量矩阵直接指定给 ODE 求解器可避免既不方便还可能带来大量计算开销的变换操作。

（3）如果 y' 的某些分量缺失，则这些方程称为微分代数方程（DAE），且 DAE 方程组会包含一些代数变量。代数变量是导数未出现在方程中的因变量。

通过对方程求导可以将 DAE 方程组重写为等效的一阶 ODE 方程组，以消除代数变量。将 DAE 方程组重写为 ODE 方程组所需的求导次数称为微分指数。ode15s 和 ode23t 求解器可解算微分指数为 1 的 DAE。

（4） $f(t,y,y')=0$ 形式的完全隐式 ODE。完全隐式 ODE 不能重写为显式形式，还可能包含一些代数变量。ode15i 求解器可以求解完全隐式问题（包括微分指数为 1 的 DAE）。

2. ODE方程组

通常，在 MATLAB 中可以指定需要解算的任意数量的 ODE 耦合方程，原则上，方程的数量仅受计算机可用内存的限制。如果方程组包含 n 个方程

$$\begin{pmatrix} y_1' \\ y_2' \\ \vdots \\ y_n' \end{pmatrix} = \begin{pmatrix} f_1(t,y_1,y_2,\cdots,y_n) \\ f_2(t,y_1,y_2,\cdots,y_n) \\ \vdots \\ f_n(t,y_1,y_2,\cdots,y_n) \end{pmatrix}$$

则用于编写该方程组代码的函数将返回一个向量，其中包含 n 个元素，对应于 $y_1',y_2',\cdots,y_n'$ 值。例如，考虑以下包含两个方程的方程组

$$\begin{cases} y_1'=y_2 \\ y_2'=y_1 y_2-2 \end{cases}$$

则用于编写该方程组代码的函数为

```
function dy=myODE(t,y)
    dy(1)=y(2);
    dy(2)=y(1)*y(2)-2;
end
```

3. 高阶ODE

在 MATLAB 中，ODE 求解器仅可解算一阶方程。通过使用常规代换法可以将高阶 ODE 重写为等效的包含 n 个一阶方程的方程组，即

$$\begin{cases} y_1 = y \\ y_2 = y' \\ \vdots \\ y_n = y^{(n-1)} \end{cases} \Rightarrow \begin{cases} y_1' = y_2 \\ y_2' = y_3 \\ \vdots \\ y_n' = f(t, y_1, y_2, \cdots, y_n) \end{cases}$$

例如，对三阶 ODE

$$y''' - y''y + 1 = 0$$

使用代换法生成等效的一阶方程组：

$$\begin{cases} y_1 = y \\ y_2 = y' \\ y_3 = y'' \end{cases} \Rightarrow \begin{cases} y_1' = y_2 \\ y_2' = y_3 \\ y_3' = y_1 y_3 - 1 \end{cases}$$

则用于编写该方程组代码的函数为

```
function dydt=f(t,y)
    dydt(1)=y(2);
    dydt(2)=y(3);
    dydt(3)=y(1)*y(3)-1;
end
```

4. 复数ODE

对于复数 ODE $y' = f(t, y)$，其中 $y = y_1 + iy_2$，为解算它，需要将实部和虚部分解为不同的解分量，最后重新组合成相应的结果。从概念上类似于

$$y_v = \begin{bmatrix} \text{Real}(y) & \text{Imag}(y) \end{bmatrix}$$
$$f_v = \begin{bmatrix} \text{Real}(f(t,y)) & \text{Imag}(f(t,y)) \end{bmatrix}$$

例如，如果复数 ODE 为 $y' = yt + 2i$，则可以使用函数来表示该方程：

```
function f=complexf(t,y)
    f=y.*t+2*i;
end
```

然后，分解实部和虚部的代码为

```
function fv=imaginaryODE(t,yv)
% 用于处理包含复数的 ODE，该函数将复数 ODE 转化为两个实数 ODE
    y=yv(1)+i*yv(2);            % 通过实部和虚部构造 y
    yp=complexf(t,y);           % 计算复数的导数 yp
    fv=[real(yp); imag(yp)];    % 在单独的组件中返回实数和虚数
end
```

在运行求解器以获取解时，初始条件 y_0 也会分解为实部和虚部，以提供每个解分量

的初始条件。

```
y0=1+i;
yv0=[real(y0); imag(y0)];
tspan=[0 2];
[t,yv]=ode45(@imaginaryODE, tspan, yv0);
```

获得解后，将实部和虚部分量组合到一起可得到最终结果。

```
y=yv(:,1)+i*yv(:,2);
```

10.1.2 常微分方程求解

在 MATLAB 中，利用 solve 函数可以在指定的时间间隔或特定点上求解常微分方程（ODE）。这是一个用于 MATLAB 中的符号或数值求解器，它可以用于不同的 ODE 形式。该函数的调用格式如下。

```
S=solve(F,t)          % 在指定的时间点t上计算微分方程F的解
    % t 为一个向量，表示ODE中的自变量（通常是时间）的特定值
S=solve(F,t0,tf)      % 在时间间隔[t0,tf]内计算解，并返回每个求解步长上的解
    % [t0,tf]为时间间隔，t0 是起始时间，tf 是结束时间
S=solve(F,t0,tf,Refine=N)   % 在时间间隔[t0,tf]内计算解
    % 并为每个求解步长指定N个均匀分布的解值（N为整数），以提高解的精度
    % Refine=N 是可选参数，用于指定每个求解步长上需要生成的解值数量
```

函数调用格式中的 F 是要求解的 ODE，通过 ode 函数指定为 ode 对象，ode 对象定义一个常微分方程（ODE）或微分代数方程（DAE），用于求解。

使用 ode 对象的属性可以定义 ODE 问题的各个方面，如 ODEFcn、InitialTime 和 InitialValue。可以选择一个特定的求解器，也可以让 MATLAB 根据方程的属性自动选择一个合适的求解器。在创建 ode 对象后，可以使用 solve 或 solutionFcn 函数来求解方程。

在常微分方程中，利用 ode 函数定义问题后，再通过 solve 函数可以求解形如 $y' = f(t,y)$ 的初值问题或包含质量矩阵的问题 $M(t,y)y' = f(t,y)$。其中，ode 函数的调用格式如下。

```
F=ode                  % 创建一个具有默认属性的ode对象
F=ode(Name,Value)      % 使用名称-值对指定一个或多个属性值
    % 例如，使用ODEFcn、InitialTime 和 InitialValue 属性来指定
    % 要求解的方程、积分的初始时间和初始时间点处解的值
```

10.1.3 选择求解器

在 MATLAB 中，求解器 ode45 适用于求解大多数 ODE，应作为首选求解器。但对于精度要求更宽松或更严格的 ODE 问题而言，ode23、ode78、ode89 和 ode113 可能比 ode45 更加高效。

一些 ODE 问题具有较高的计算刚度（或难度）。这里的"刚度"无精确定义，一般而言，当问题的某个位置存在标度差异时，就会出现刚度。

例如，如果 ODE 包含的两个解分量在时间标度上差异极大，则该方程可能是刚性方程。如果非刚性求解器（如 ode45）无法解算某个问题或解算速度极慢，则可以将该问题视为刚性问题。

如果观察到非刚性求解器的解算速度很慢，可尝试改用 ode15s 等刚性求解器。在使用刚性求解器时，可以通过提供雅可比矩阵或其稀疏模式来提高可靠性和效率。

ode23 函数只能求解常数混合矩阵；ode23t 函数与 ode15s 函数可以求解奇异矩阵。

通过使用 ode 对象可以根据问题的属性自动选择求解器。如果不确定使用哪个求解器，可以参考表 10-1 选择，其中提供关于每个求解器的适用情形的一般指导。

表 10-1 不同求解器的特点

求解器	类型	精度	特点	说明
ode45	非刚性	中	一步算法；4,5 阶 Runge-Kutta 法；累积截断误差达$(\Delta x)^3$	大部分场合的首选算法；处理非刚性问题的首选
ode23	非刚性	低	一步算法；2,3 阶 Runge-Kutta 法；累积截断误差达$(\Delta x)^3$	用于精度较低的情形
ode113	非刚性	低到高	多步法；Adams 算法（普通变阶法）；精度可达到 $10^{-6} \sim 10^{-3}$	运算时间比 ode45 短
ode78	非刚性	高	一步算法；7,8 阶 Runge-Kutta 法；高精度	适用于高精度非刚性问题；计算量较大
ode89	非刚性	高	一步算法；8,9 阶 Runge-Kutta 法；高精度	非刚性问题的高精度求解器
ode15s	刚性	低到中	多步法；Gear's 反向差分算法；适用于刚性问题；精度中等	ode45 失效时，可尝试使用
ode23s	刚性	低	一步法；2阶 Rosebrock 算法（低阶法）；低精度	当精度较低时，运算时间比 ode15s 短
ode23t	适度刚性	低	采用梯形算法	适度刚性情形
ode23tb	刚性	低	低阶法，梯形算法，低精度	当精度较低时，运算时间比 ode15s 短
ode15i	完全隐式	低	适用于全隐式微分方程	用于求解完全隐式微分方程

在 MATLAB 中，函数 ode45、ode23、ode113、ode15s、ode23s、ode23t、ode23tb 多用于求常微分方程（ODE）组初值问题的数值解。下面的调用格式中由 solver 代表这些函数。其调用格式如下。

```
[T,Y]=solver(odefun,tspan,y0)        % 求显式微分方程 y'=f(t,y)的解
    % 在区间 tspan=[t0,tf]上，从 t0 到 tf，初始条件向量为 y0
    % 对于标量 t 与列向量 y，函数 f=odefun(t,y)必须返回列向量 f
    % 解矩阵 Y 中的每一行对应于返回的时间列向量 T 中的一个时间点
[T,Y]=solver(odefun,tspan,y0,options)
    % 用参数 options（由 odeset 生成）设置属性（代替省略的积分参数），再进行操作
```

```
% 常用属性包括相对误差值 RelTol 与绝对误差向量 AbsTol
[T,Y]=solver(odefun,tspan,y0,options,p1,p2,…)
    % 将参数 p1,p2,p3,…等传递给 odefun,再进行计算。若无参数设置,则 options=[]
```

说明:odefun 为显式常微分方程 $y'=f(t,y)$,或为包含一个混合矩阵的微分方程 $M(t,y)y'=f(t,y)$。tspan 表示积分区间(求解区间)的向量,tspan=$[t_0, t_f]$。要获得问题在其他指定时间点 $t_0,t_1,t_2,…$上的解,则令 tspan=$[t_0, t_1, t_2, …, t_f]$(要求是单调的)。

10.1.4 求解器的属性

在 MATLAB 中,利用 odeget 函数可以提取 ODE 选项值;利用 odeset 函数可以为 ODE 和 PDE 求解器创建或修改 options 结构体。它们的调用格式如下。

```
v=odeget(options,'Name')% 从 options(包含选项值的结构体)中提取指定选项的值
v=odeget(options,'Name',default)% 若选项没在 options 中指定,则返回值 v=default

options=odeset(Name,Value,…)
    % 创建 options 结构体,可以将其作为参数传递给 ODE 和 PDE 求解器
    % 在结构体 options 中,指定选项具有确定的值。任何未指定的选项都使用默认值
options=odeset(oldopts,Name,Value,…)
    % 使用新指定的名称-值对修改现有的 options 结构体 oldopts
options=odeset(oldopts,newopts)
    % 通过合并现有 options 结构体 oldopts 和新结构体 newopts 来修改现有结构体
    % 任何不等于[]的新选项都会覆盖 oldopts 中的相应选项
```

在计算过程中可以对求解器 solver 中的具体执行参数进行设置(如绝对误差、相对误差、步长等),这些参数(options 部分属性)的具体含义如表 10-2 所示。

表 10-2 options 部分属性的具体含义

属性名	取值	含义
AbsTol	有效值:正实数或向量 默认值:1e-6	相对误差容限。为正实数时,解向量中的所有元素的误差必须小于或等于这个正实数;为向量时,向量的每个分量分别对应于解向量中的每一分量的误差容限
RelTol	有效值:正实数 默认值:1e-3	相对误差容限。对应于解向量中的所有元素。在每步(第 k 步)计算过程中,误差估计为: e(k)<=max(RelTol*abs(y(k)),AbsTol(k))
NormControl	有效值:on、off 默认值:off	控制解向量范数的相对误差。为 on 时,每步计算中,满足: norm(e)<=max(RelTol*norm(y),AbsTol)
Events	有效值:on、off	为 on 时,返回相应的事件记录
OutputFcn	有效值:odeplot、odephas2、odephas3、odeprint 默认值:odeplot	若无输出参量,则 solver 将执行下面操作之一: 画出解向量中各元素随时间的变化; 画出解向量中前两个分量构成的相平面图; 画出解向量中前三个分量构成的三维相空间图; 随计算过程,显示解向量

续表

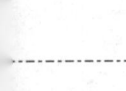

属性名	取值	含义
OutputSel	有效值：正整数向量 默认值：[]	若不使用默认设置，则 OutputFcn 所表现的是那些正整数指定的解向量中的分量的曲线或数据
Refine	有效值：正整数 $k>1$ 默认值：$k=1$	若 $k>1$，则增加每个积分步中的数据点记录，使解曲线更加光滑
Jacobian	有效值：on、off 默认值：off	为 on 时，返回相应的 ode 函数的 Jacobi 矩阵
Jpattern	有效值：on、off 默认值：off	为 on 时，返回相应的 ode 函数的稀疏 Jacobi 矩阵
Mass	有效值：none、M、 M(t)、M(t,y) 默认值：none	M：不随时间变化的常数矩阵 M(t)：随时间变化的矩阵 M(t,y)：随时间、地点变化的矩阵
MaxStep	有效值：正实数 默认值：tspans/10	最大积分步长

10.1.5 求解基本过程

在 MATLAB 中，求解具体 ODE 的基本过程如下。

（1）描述微分方程及初始条件。

根据问题所属学科中的规律、定律、公式，用微分方程与初始条件进行描述。

$$F(y, y', y'', \cdots, y^{(n)}, t) = 0$$

$$y(0) = y_0, y'(0) = y_1, \cdots, y^{(n-1)}(0) = y_{n-1}$$

这里，$y = \begin{bmatrix} y & y' & y'' & \cdots & y^{(m-1)} \end{bmatrix}^T$ 表示状态变量，y 可能是一个向量。其中，n 是方程的阶数，n 与 m 可以不等。

（2）将高阶微分方程转换为一阶微分方程组。

高阶微分方程（$n>2$）可以通过引入新的变量，被转换为等价的一阶微分方程组。例如，将 n 阶微分方程转换为以下形式：

$$\begin{cases} y_1 = y \\ y_2 = y' \\ \vdots \\ y_n = y^{(n-1)} \end{cases} \Rightarrow \begin{cases} y_1' = y_2 \\ y_2' = y_3 \\ \vdots \\ y_n' = f(t, y_1, y_2, \cdots, y_n) \end{cases}$$

矩阵形式为：

$$y' = \begin{bmatrix} y_1' \\ y_2' \\ \vdots \\ y_n' \end{bmatrix} = \begin{bmatrix} y_2 \\ y_3 \\ \vdots \\ f(t, y_1, y_2, \cdots, y_n) \end{bmatrix} = \begin{bmatrix} f_1(t, y) \\ f_2(t, y) \\ \vdots \\ f_n(t, y) \end{bmatrix}, \quad y_0 = \begin{bmatrix} y_1(0) \\ y_2(0) \\ \vdots \\ y_n(0) \end{bmatrix} = \begin{bmatrix} y_0 \\ y_1 \\ \vdots \\ y_{n-1} \end{bmatrix}$$

（3）根据上述一阶微分方程组，编写一个函数文件 odefile，用于描述这些方程组。该文件需要接收时间 t 和状态向量 y 作为输入，并返回 y'。

（4）使用 MATLAB 提供的 ODE 求解器（如 ode45、ode23s 等），将函数文件 odefile 与初始条件传递给求解器，运行后即可得到 ODE 的解。

结果包含在指定时间区间内的解向量 y（其中包含状态变量 y 和其不同阶的导数）中。

【例 10-1】求解描述振荡器的经典 Ver der Pol 微分方程 $\dfrac{d^2 y}{dt^2} - \mu(1-y^2)\dfrac{dy}{dt} + y = 0$，其中，$\mu > 0$ 为标量参数。

分析：令 $\begin{cases} y_1 = y \\ y_2 = y' \end{cases}$，将方程转换为一阶 ODE 方程组 $\begin{cases} y_1' = y_2 \\ y_2' = \mu(1-y_2) - y_1 \end{cases}$，设初始条件为 $y(0)=1$，$y'(0)=0$。

在编辑器中编写以下程序并保存为 verderpol.m 文件。

```
function yprime=verderpol(t,y)
global MU
yprime=[y(2); MU*(1-y(1)^2)*y(2)-y(1)];
```

在编辑器中编写以下程序并运行。

```
global MU
MU=7;                    % 使用 μ=7 的 van der Pol 方程
tspan=[0,40];
Y0=[1;0];                % 初始值
[t,y]=ode45('verderpol',tspan,Y0);
plot(t,y(:,1),'-',t,y(:,2),'--')
title('Solution of van der Pol Equation (\mu=7)');
xlabel('Time t');ylabel('Solution y')
legend('y_1','y_2')
```

运行程序后，输出如图 10-1 所示图形。

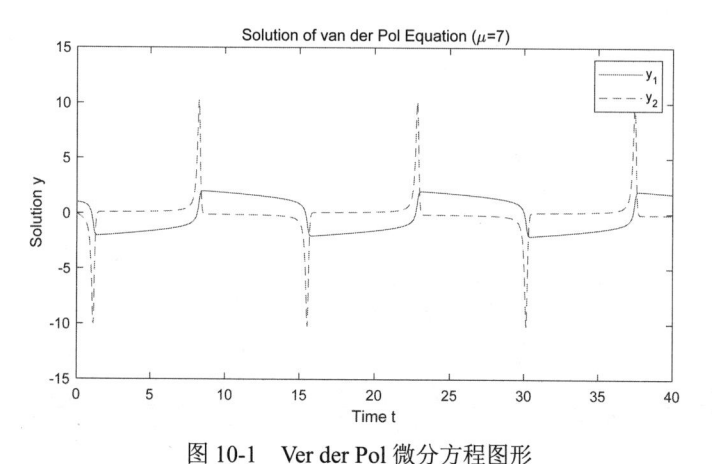

图 10-1　Ver der Pol 微分方程图形

【例 10-2】罗伯逊问题是一个经典的刚性 ODE 测试问题。试将罗伯逊问题转化为隐式微分代数方程（DAE）求解。

（1）罗伯逊问题方程组如下：
$$y_1' = -0.04y_1 + 10^4 y_2 y_3$$
$$y_2' = 0.04y_1 - 10^4 y_2 y_3 - (3 \times 10^7) y_2^2$$
$$y_3' = (3 \times 10^7) y_2^2$$

求解该 ODE 方程组，找到其稳定状态解，初始条件为 $y_1 = y_2 = y_3 = 0$。在编辑器中编写以下程序并保存为 **funb.m** 文件。

```
function dydt=funb(t,y)
dydt=[(-0.04*y(1)+1e4*y(2)*y(3))
    (0.04*y(1)-1e4*y(2)*y(3)-3e7*y(2)^2)
    3e7*y(2)^2];
```

在编辑器中编写以下程序并运行。

```
tspan=[0; 0.04e9];
y0=[1; 0; 0];
[t,y]=ode15s(@funb,[0 4*logspace(-6,6)],y0);
y(:,2)=1e4*y(:,2);

semilogx(t,y);
ylabel('1e4*y(:,2)');
title('Robertson problem solved by ODE15S');
xlabel('This is equivalent to the DAEs coded.');
```

运行程序后，输出如图 10-2 所示图形。

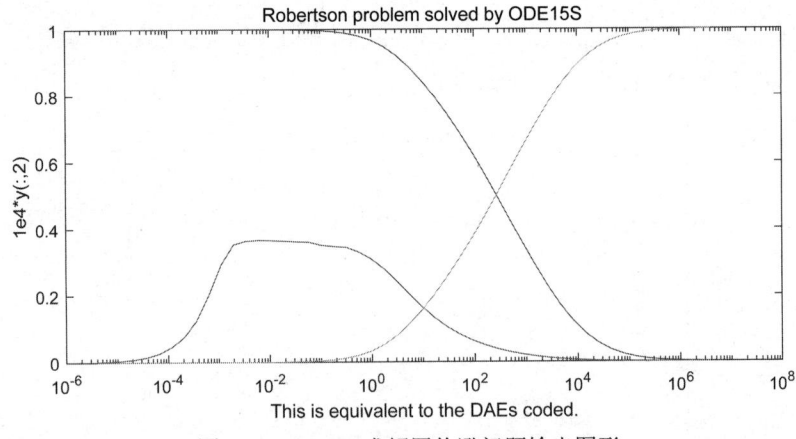

图 10-2　ode15s 求解罗伯逊问题输出图形

（2）这些方程也满足线性守恒定律 $y_1' + y_2' + y_3' = 0$。在解和初始条件方面，守恒定律为 $y_1 + y_2 + y_3 = 1$。

通过使用线性守恒定律确定 y_3 的状态，该问题可以重写为 DAE 方程组。问题可重新表示为隐式 DAE 方程组。

$$0 = y_1' + 0.04y_1 - 10^4 y_2 y_3$$
$$0 = y_2' - 0.04y_1 + 10^4 y_2 y_3 + (3\times10^7)y_2^2$$
$$0 = y_1 + y_2 + y_3 - 1$$

在编辑器中编写以下程序并保存为 robertsidae.m 文件。

```
function res=robertsidae(t,y,yp)
res=[yp(1)+0.04*y(1)-1e4*y(2)*y(3);
     yp(2)-0.04*y(1)+1e4*y(2)*y(3)+3e7*y(2)^2;
     y(1)+y(2)+y(3)-1];
```

设置误差容限和 $\partial f/\partial y'$ 的值。

```
options=odeset('RelTol',1e-4,'AbsTol',[1e-6 1e-10 1e-6], ...
               'Jacobian',{[],[1 0 0; 0 1 0; 0 0 0]});
```

使用 decic 函数根据估计值计算一致初始条件。固定 y_0 的前两个分量以获得与先前使用 ode15s 求解时相同的一致初始条件。

```
y0=[1; 0; 1e-3];
yp0=[0; 0; 0];
[y0,yp0]=decic(@robertsidae,0,y0,[1 1 0],yp0,[],options);
```

将此问题表示为半显式 DAE 方程组。使用 ode15i 对 DAE 方程组求解。

```
tspan=[0 4*logspace(-6,6)];
[t,y]=ode15i(@robertsidae,tspan,y0,yp0,options);
```

绘制解分量。由于第二个解分量跟其他分量相比较小,所以绘制前将其乘以 1e4。

```
y(:,2)=1e4*y(:,2);
semilogx(t,y)
ylabel('1e4*y(:,2)')
title('Robertson DAE problem with a Conservation Law, solved by ODE15I')
```

运行程序后,输出如图 10-3 所示图形。

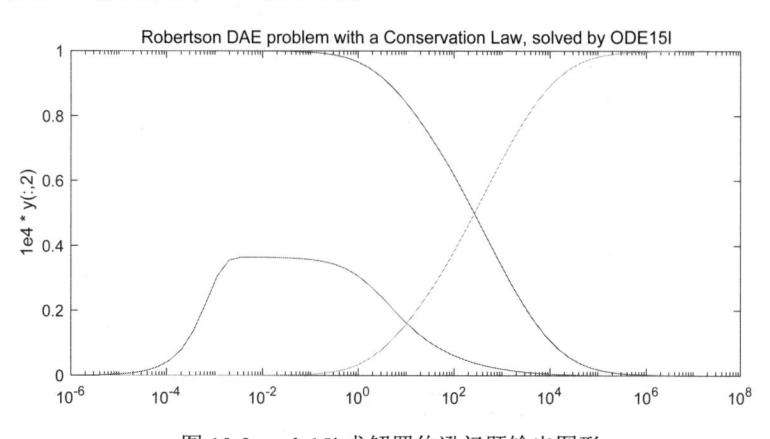

图 10-3 ode15i 求解罗伯逊问题输出图形

【例 10-3】 对抛向空中的短棒的动态进行建模。两个质点 m_1 和 m_2 由长度为 L 的棒连接，如图 10-4 所示。短棒被抛向空中，随后在重力作用下在垂直 xy 平面内移动。棒与水平线构成角 θ，设第一个质点的坐标是 (x,y)，由此第二个质点的坐标是 $(x+L\cos\theta, y+L\sin\theta)$。

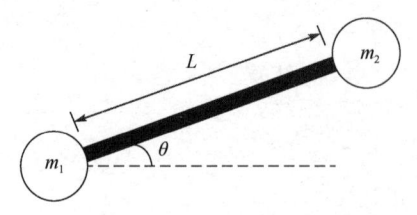

图 10-4 抛向空中的短棒

系统的运动方程通过对三个坐标 x、y 和 θ 中的每个坐标应用拉格朗日方程获得，即

$$(m_1+m_2)\ddot{x} - m_2 L\ddot{\theta}\sin\theta - m_2 L\dot{\theta}^2\cos\theta = 0$$

$$(m_1+m_2)\ddot{y} - m_2 L\ddot{\theta}\cos\theta - m_2 L\dot{\theta}^2\sin\theta + (m_1+m_2)g = 0$$

$$L^2\ddot{\theta} - L\ddot{x}\sin\theta + L\ddot{y}\cos\theta + gL\cos\theta = 0$$

（1）编写方程代码。

MATLAB 要求将方程写作 $\dot{q}=f(t,q)$ 的形式，其中 $\dot{q}$ 是每个坐标的一阶导数。问题中，解向量有 6 个分量：x、y、角度 θ 及各自的一阶导数：

$$q = \begin{bmatrix} q_1 & q_2 & q_3 & q_4 & q_5 & q_6 \end{bmatrix}^T = \begin{bmatrix} x & \dot{x} & y & \dot{y} & \theta & \dot{\theta} \end{bmatrix}^T$$

通过此表示法，可以用 q 的元素彻底重写运动方程：

$$(m_1+m_2)\dot{q}_2 - m_2 L\dot{q}_6\sin q_5 = m_2 L q_6^2\cos q_5$$

$$(m_1+m_2)\dot{q}_4 - m_2 L\dot{q}_6\cos q_5 = m_2 L q_6^2\sin q_5 - (m_1+m_2)g$$

$$L^2\dot{q}_6 - L\dot{q}_2\sin q_5 + L\dot{q}_4\cos q_5 = -gL\cos q_5$$

可以发现，运动方程左侧有几个具有一阶导数的项，并不符合求解器要求的形式 $\dot{q}=f(t,q)$。出现这种情况时，必须使用质量矩阵来表示方程的左侧。

通过矩阵表示法，使用 $M(t,q)\dot{q}=f(t,q)$ 形式的质量矩阵可以将运动方程重写为包含 6 个方程的方程组。质量矩阵用矩阵-向量积表示方程左侧的一阶导数的线性组合。此时，方程组变为：

$$\begin{bmatrix} 1 & 0 & 0 & 0 & 0 & 0 \\ 0 & m_1+m_2 & 0 & 0 & 0 & -m_2 L\sin q_5 \\ 0 & 0 & 1 & 0 & 0 & 0 \\ 0 & 0 & 0 & m_1+m_2 & 0 & m_2 L\cos q_5 \\ 0 & 0 & 0 & 0 & 1 & 0 \\ 0 & -L\sin q_5 & 0 & L\cos q_5 & 0 & L^2 \end{bmatrix} \begin{bmatrix} \dot{q}_1 \\ \dot{q}_2 \\ \dot{q}_3 \\ \dot{q}_4 \\ \dot{q}_5 \\ \dot{q}_6 \end{bmatrix} = \begin{bmatrix} q_2 \\ m_2 L q_6^2\cos q_5 \\ q_4 \\ m_2 L q_6^2\sin q_5 - (m_1+m_2)g \\ q_6 \\ -gL\cos q_5 \end{bmatrix}$$

根据表达式，编写一个用于计算质量矩阵的非零元素的函数。该函数接收三个输入：t 和解向量 q（这两个是必需的，即使这些输入在函数体中不使用），以及 P（可选的额外输入，用于传入参数值）。

在编辑器中编写以下程序并保存为 mass.m 文件。

```
function M=mass(t,q,P)
% 提取输入参数
m1=P(1);
m2=P(2);
L=P(3);
g=P(4);

% 构建质量矩阵
M=zeros(6,6);
M(1,1)=1;
M(2,2)=m1+m2;
M(2,6)=-m2*L*sin(q(5));
M(3,3)=1;
M(4,4)=m1+m2;
M(4,6)=m2*L*cos(q(5));
M(5,5)=1;
M(6,2)=-L*sin(q(5));
M(6,4)=L*cos(q(5));
M(6,6)=L^2;
end
```

下面为方程组 $M(t,q)\dot{q}=f(t,q)$ 中的每个方程的右侧编写一个函数。与质量矩阵函数一样，该函数接收两个必需的输入 t 和 q，以及一个用于传入参数值的可选输入 P。

在编辑器中编写以下程序并保存为 funa.m 文件。

```
function dydt=funa(t,q,P)
% 提取输入参数
m1=P(1);
m2=P(2);
L=P(3);
g=P(4);

% 构建求解方程
dydt=[q(2)
      m2*L*q(6)^2*cos(q(5))
      q(4)
      m2*L*q(6)^2*sin(q(5))-(m1+m2)*g
      q(6)
      -g*L*cos(q(5))];
end
```

（2）求解方程组。

首先，为 m_1、m_2、L、g 创建一个由参数值组成的向量 **P**。求解器将向量 **P** 作为额外输入传递给质量矩阵和 ODE 函数。

在命令行窗口中输入以下语句。

```
>> P=[0.1 0.1 1 9.81];
```

为问题创建一个初始条件向量。由于对短棒以一定角度向上投掷，因此其初始速度应为非零值，取 $\dot{x}_0=4$、$\dot{y}_0=20$、$\dot{\theta}_0=2$；初始位置从直立位置开始，取 $x_0=0$、$y_0=L$、$\theta_0=-\pi/2$。

在命令行窗口中输入以下语句。

```
>> y0=[0; 4; P(3); 20; -pi/2; 2];
```

现在，创建一个 ode 对象来表示问题，为 ODEFcn、MassMatrix、InitialValue 和 Parameters 指定值。因为存在质量矩阵，故选择 ode15s 求解器。

在命令行窗口中输入以下语句，并查看输出结果。

```
>> F=ode(ODEFcn=@funa, MassMatrix=@mass, InitialValue=y0, Parameters=P)
F=
  ode-属性:
   Problem definition
              ODEFcn: @funa
          Parameters: [0.1000 0.1000 1 9.8100]
         InitialTime: 0
        InitialValue: [6×1 double]
            Jacobian: []
          MassMatrix: [1×1 odeMassMatrix]
   Solver properties
    AbsoluteTolerance: 1.0000e-06
    RelativeTolerance: 1.0000e-03
               Solver: auto
       SelectedSolver: ode15s
  Show all properties
```

为积分时间跨度创建一个由 0 和 4 之间的 25 个点组成的向量，并使用 solve 仿真方程组。当指定时间向量时，求解器会采用它自己的内部步长，但在指定的点对解进行插值。

在命令行窗口中输入以下语句，并查看输出结果。

```
>> tspan=linspace(0,4,25);
>> sol=solve(F,tspan)
sol=
  ODEResults-属性:
       Time: [0 0.1667 0.3333 0.5000 0.6667 … ] (1×25 double)
   Solution: [6×25 double]
```

（3）绘制结果。

求解结果包含运动方程在每个请求的时间步的解。通过对短棒随时间的运动轨迹绘图可以对结果进行检验。遍历解的每列，并在每个时间步绘制短棒的位置。给短棒的每端涂上不同颜色，以便看到它随时间的旋转情况。

在编辑器中编写以下程序并运行。

```
title("Motion of Thrown Baton");
axis([0 22 0 25])
hold on
for j=1:length(sol.Time)
    theta=sol.Solution(5,j);
    X=sol.Solution(1,j);
    Y=sol.Solution(3,j);
    xvals=[X X+P(3)*cos(theta)];
    yvals=[Y Y+P(3)*sin(theta)];
    plot(xvals,yvals,xvals(1),yvals(1),"ro",xvals(2),yvals(2),"go")
end
hold off
```

运行程序后，输出如图 10-5 所示图形。

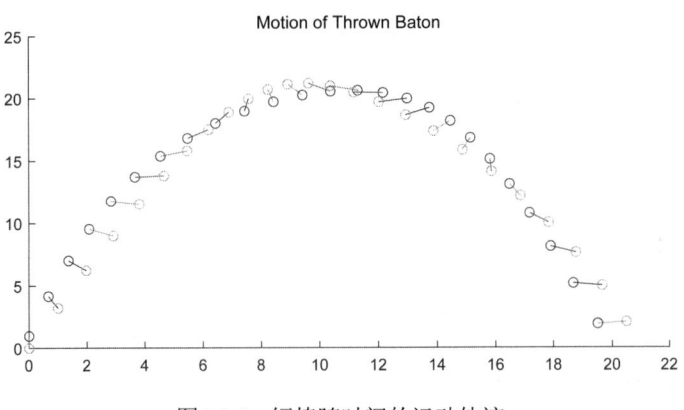

图 10-5　短棒随时间的运动轨迹

10.2　偏微分方程

偏微分方程（PDE）是数学、物理和工程领域中非常重要的工具，用于描述多种现象，包括热传导、波动、电磁场、流体动力学、量子力学等。与常微分方程不同，PDE 包含两个或更多个独立变量，因此它描述的是多变量系统的动态变化。

10.2.1　偏微分方程概述

偏微分方程（PDE）是涉及一个或多个独立变量和其偏导数的方程。偏微分方程的一般形式可以表示为：

$$F\left(x_1, x_2, \cdots, x_n, u, \frac{\partial u}{\partial x_1}, \frac{\partial u}{\partial x_2}, \cdots, \frac{\partial^2 u}{\partial x_1^2}, \cdots\right) = 0$$

其中，$u = u(x_1, x_2, \cdots, x_n)$ 是未知函数，通常依赖于多个自变量 $x_1, x_2, \cdots, x_n$；$\frac{\partial u}{\partial x_i}$ 是 u 对 x_i 的一阶偏导数，$\frac{\partial^2 u}{\partial x_i^2}$ 是 u 对 x_i 的二阶偏导数。

下面给出一些经典的偏微分方程，它们在科学和工程中有广泛应用：

（1）热传导方程：描述热在介质中的扩散过程。对于一维情况，热传导方程可以表示为：

$$\frac{\partial u}{\partial t} = \alpha \frac{\partial^2 u}{\partial x^2}$$

其中 $u = u(x,t)$ 表示在位置 x 处 t 时刻的温度，α 为热扩散系数。

（2）波动方程：描述波在介质中的传播，如声音、光和水波。对于一维情况，波动方程为：

$$\frac{\partial^2 u}{\partial t^2} = c^2 \frac{\partial^2 u}{\partial x^2}$$

其中 $u = u(x,t)$ 表示波的振幅，c 是波速。

（3）拉普拉斯方程：用于描述静态场，如电势、重力势等。一般形式为：

$$\nabla^2 u = 0$$

其中，$\nabla^2 = \frac{\partial^2}{\partial x^2}$ 为拉普拉斯算子。

（4）泊松方程：是拉普拉斯方程的扩展，用于描述带有源项的静态场：

$$\nabla^2 u = f(x, y, z)$$

10.2.2 偏微分方程求解函数

在偏微分方程（PDE）中，要求解的函数取决于几个变量，微分方程可以包含关于每个变量的偏导数。偏微分方程可用于对波浪、热流、流体扩散和其他空间行为随时间变化的现象建模。

在 MATLAB 中，PDE 求解器 pdepe 使用一个空间变量 x 和时间 t 对 PDE 方程组的初始边界值问题进行求解。可以将这些 PDE 看作一个变量的 ODE，它们也会随着时间而变化。pdepe 函数的调用格式如下：

```
sol=pdepe(m,pdefun,icfun,bcfun,xmesh,tspan)
    % 使用一个空间变量 x 和时间 t 求解抛物型和椭圆型 PDE 方程组
    % 至少一个方程必须为抛物型方程。标量 m 表示问题的对称性（平板、柱状或球面）
    % 所求解的方程在 pdefun 中编码，初始值在 icfun 中编码，边界条件在 bcfun 中编码
    % 对空间离散化所得的常微分方程(ODE)求积分，以求得 tspan 指定的时间处的近似解
sol=pdepe(m,pdefun,icfun,bcfun,xmesh,tspan,options)
    % 额外使用由 options（它是使用 odeset 函数创建的）定义的积分设置
```

```
[sol,tsol,sole,te,ie]=pdepe(m,pdefun,icfun,bcfun,xmesh,tspan,options)
    % 额外求(t,u(x,t))函数（称为事件函数）在何处为零
    % 输出中，te 是事件的时间，sole 是事件发生时的解，ie 是触发事件的索引
    % tsol 是 tspan 中指定的、第一次终止事件之前的时间的列向量
```

说明：对于每个事件函数，应指定积分是否在零点处终止及过零方向是否重要。

将 odeset 的'Events'选项设置为函数（如@myEventFcn），并创建一个对应的函数：

```
[value,isterminal,direction]=myEventFcn(m,t,xmesh,umesh)
```

其中，xmesh 是空间网格点，umesh 是网格点上的解。

pdepe 函数要求解的一维方程大概可分为以下两类：

（1）带时间导数的方程是抛物型方程，如热传导方程。

（2）不带时间导数的方程是椭圆型方程，如拉普拉斯方程。

注意：pdepe 函数要求方程组中至少存在一个抛物型方程。换句话说，方程组中至少有一个方程必须包含时间导数。

10.2.3 一维 PDE 求解过程

一维 PDE 包含函数 $u=u(x,t)$，该函数依赖于时间 t 和一个空间变量 x。利用 MATLAB PDE 求解器求解以下形式的一维抛物型和椭圆型 PDE 方程组。

$$c\left(x,t,u,\frac{\partial u}{\partial x}\right)\frac{\partial u}{\partial t}=x^{-m}\frac{\partial}{\partial x}\left(x^m f\left(x,t,u,\frac{\partial u}{\partial x}\right)\right)+s\left(x,t,u,\frac{\partial u}{\partial x}\right)$$

PDE 方程组具有以下属性：

（1）PDE 在 $t_0 \leq t \leq t_f$ 和 $a \leq x \leq b$ 时成立。空间区间 $[a,b]$ 必须为有限值。

（2）m 可以是 0、1 或 2，分别对应平板、柱状或球面对称性。如果 $m>0$，则 $a \geq 0$ 必须成立。

（3）系数 $f\left(x,t,u,\frac{\partial u}{\partial x}\right)$ 是通量项，$s\left(x,t,u,\frac{\partial u}{\partial x}\right)$ 是源项。通量项取决于偏导数 $\frac{\partial u}{\partial x}$。

关于时间的偏导数耦合只限于与对角矩阵 $c\left(x,t,u,\frac{\partial u}{\partial x}\right)$ 相乘。该矩阵的对角线元素为零或正数。为零的元素对应于椭圆型方程，其他元素对应于抛物型方程。至少存在一个抛物型方程。

如果 x 的某些孤立值是网格点（计算解的位置），那么在这些值处，抛物型方程对应的 c 元素可能消失。当物质界面上有网格点时，允许 c 和 s 中出现界面导致的不连续点。

使用 pdepe 函数求解 PDE 必须定义方程系数、初始条件、解在边界处的行为及在其上计算解的网格点。pdepe 函数的调用格式如下。

```
sol=pdepe(m,pdefun,icfun,bcfun,xmesh,tspan)
```

调用该函数时，根据输入参数计算指定网格上的一个解。

其中，m 为对称常量；pdefun 定义要求解的方程；icfun 定义初始条件；bcfun 定义边界条件；xmesh 是 x 的空间值向量；tspan 是 t 的时间值向量。

> **说明**：xmesh 和 tspan 向量共同构成一个二维网格，pdepe 函数在该网格上计算解。

（1）编写方程。按照 pdepe 函数所需的标准形式表示 PDE。以这种形式编写系数 c、f、s 的值。

```
function [c,f,s]=pdefun(x,t,u,dudx)
c=1;
f=dudx;
s=0;
end
```

其中，pdefun 定义方程 $\dfrac{\partial u}{\partial t} = \dfrac{\partial^2 u}{\partial x^2}$。如果有多个方程，则 c、f 和 s 均为向量，其中每个元素对应于一个方程。

（2）初始条件。在初始时间 $t = t_0$ 时，针对所有 x，解分量均满足以下格式的初始条件 $u(x, t_0) = u_0(x)$。

```
function u0=icfun(x)
u0=1;
end
```

其中，u0=1 定义 $u_0(x, t_0) = 1$ 的初始条件。如果有多个方程，则 u_0 是一个向量，其中每个元素定义一个方程的初始条件。

（3）边界条件。在边界 $x=a$ 或 $x=b$ 时，针对所有 t，解分量满足以下形式的边界条件：

$$p(x,t,u) + q(x,t) f\left(x,t,u,\dfrac{\partial u}{\partial x}\right) = 0$$

其中，$q(x,t)$ 是对角线矩阵，其元素全部是零或全部非零。

> **注意**：边界条件以通量 f（而非关于 x 的 u 的偏导数）形式表示。同时，在 $p(x,t,u)$ 和 $q(x,t)$ 两个系数之间，只有 p 可以依赖于 u。

```
function [pL,qL,pR,qR]=bcfun(xL,uL,xR,uR,t)
pL=uL;
qL=0;
pR=uR-1;
qR=0;
end
```

代码中，pL 和 qL 是左边界的系数，pR 和 qR 是右边界的系数。bcfun 定义边界条件 $u_L(x_L, t) = 0$，$u_R(x_R, t) = 1$。如果有多个方程，则输出 pL、qL、pR 和 qR 是向量，其中每个元素定义一个方程的边界条件。

（4）积分选项。求解时，可以选择 MATLAB PDE 求解器中的默认积分属性来处理常见问题。在某些情况下，可以使用 odeset 创建一个 options 结构体（作为最后一个输入参数传递给 pdepe 函数），通过覆盖这些默认值来提高求解器的性能。

```
sol=pdepe(m,pdefun,icfun,bcfun,xmesh,tspan,options)
```

可用于 pdepe 函数的选项如表 10-3 所示。

表 10-3 可用于 pdepe 函数的选项

类别	选项名称
误差控制	RelTol, AbsTol, NormControl
步长	InitialStep, MaxStep
事件日志记录	Events

（5）解的计算。

在用 pdepe 函数求解方程后，MATLAB 将以三维数组 sol 返回解，其中 sol(i,j,k) 包含在 t(i) 和 x(j) 处计算的解的第 k 个分量。通常，可以使用命令 u=sol(:,:,k) 提取第 k 个解分量。

指定的时间网格仅用于输出目的，不影响求解器采用的内部时间步。但是，指定的空间网格会影响解的质量和速度。求解方程后，可以使用 pdeval 函数计算 pdepe 函数采用不同空间网格返回的解结构体。

【例 10-4】求解抛物型 PDE 示例。一维热方程 $\dfrac{\partial u}{\partial t} = \dfrac{\partial^2 u}{\partial x^2}$ 用来描述在 $t \geq 0$ 和 $0 \leq x \leq L$ 时的散热情况。目标是求解 $u(x,t)$ 温度问题。温度最初是一个非零常量，故初始条件 $u(x,0) = T_0$。

此外，左边界的温度为零，右边界的温度不为零，因此边界条件为 $u(0,t) = 0$，$u(L,t) = 1$。

在 MATLAB 中求解该方程，需要首先对方程、初始条件和边界条件编写代码，然后在调用求解器 pdepe 之前选择合适的解网格。可以将所需的函数作为局部函数包含在文件末尾，或者将它们作为单独的文件保存在 MATLAB 路径上的目录中。

（1）方程函数。在编写方程代码之前，需要确保它的形式符合 pdepe 求解器的要求：

$$c\left(x,t,u,\dfrac{\partial u}{\partial x}\right)\dfrac{\partial u}{\partial t} = x^{-m}\dfrac{\partial}{\partial x}\left(x^m f\left(x,t,u,\dfrac{\partial u}{\partial x}\right)\right) + s\left(x,t,u,\dfrac{\partial u}{\partial x}\right)$$

对应该形式的热方程为

$$1 \cdot \dfrac{\partial u}{\partial t} = x^0 \dfrac{\partial}{\partial x}\left(x^0 \dfrac{\partial u}{\partial x}\right) + 0$$

因此系数值为：$m = 0$、$c = 1$、$f = 0\dfrac{\partial u}{\partial x}$、$s = 0$。

m 的值作为参数传递给 pdepe 函数，而其他系数被编写为方程的一个函数。在编辑器中编写以下程序并保存为 heatpde.m，作为方程函数文件。

```
function [c,f,s]=heatpde(x,t,u,dudx)
c=1;
f=dudx;
```

```
s=0;
end
```

> **注意：** 所有函数都作为局部函数包含在示例的末尾。

（2）初始条件函数。热方程的初始条件函数赋给 u_0 一个常量值。此函数必须接收 x 的输入，即使未使用。在编辑器中编写以下程序并保存为 heatic.m，作为初始条件函数文件。

```
function u0=heatic(x)
u0=0.5;
end
```

（3）边界条件函数。pdepe 求解器所需的边界条件的标准形式是

$$p(x,t,u)+q(x,t)f\left(x,t,u,\frac{\partial u}{\partial x}\right)=0$$

以该形式编写的一维热方程问题的边界条件是

$$p(0,t)+(0\cdot f)=0$$
$$(u(L,t)-1)+(0\cdot f)=0$$

因此，p 和 q 的值为 $p_L=u_L$、$q_L=0$、$p_R=u_R-1$、$q_R=0$，基于此编写对应的函数。在编辑器中编写以下程序并保存为 heatbc.m，作为边界条件函数文件。

```
function [pl,ql,pr,qr]=heatbc(xl,ul,xr,ur,t)
pl=ul;
ql=0;
pr=ur - 1;
qr=0;
end
```

（4）选择解网格。使用包含 20 个点的空间网格和包含 30 个点的时间网格。由于解快速达到稳态，$t=0$ 附近的时间点间隔较小以将此行为捕获到输出中。

在编辑器中编写以下程序并运行。

```
L=1;
x=linspace(0,L,20);
t=[linspace(0,0.05,20),linspace(0.5,5,10)];
```

（5）求解方程。使用对称性值 m、PDE 方程、初始条件、边界条件及 x 和 t 的网格来求解方程。

继续在编辑器中编写以下程序并运行。

```
m=0;
sol=pdepe(m,@heatpde,@heatic,@heatbc,x,t);
```

（6）对解进行绘图。使用 pcolor 可视化解矩阵。

继续在编辑器中编写以下程序并运行。

```
colormap hot
pcolor(x,t,sol)
colorbar
xlabel('Distance x','interpreter','latex')
ylabel('Time t','interpreter','latex')
title('Heat Equation for $0 \le x \le 1$ and $0 \le t \le 5$',…
'interpreter','latex')
```

运行程序后，输出如图 10-6 所示图形。

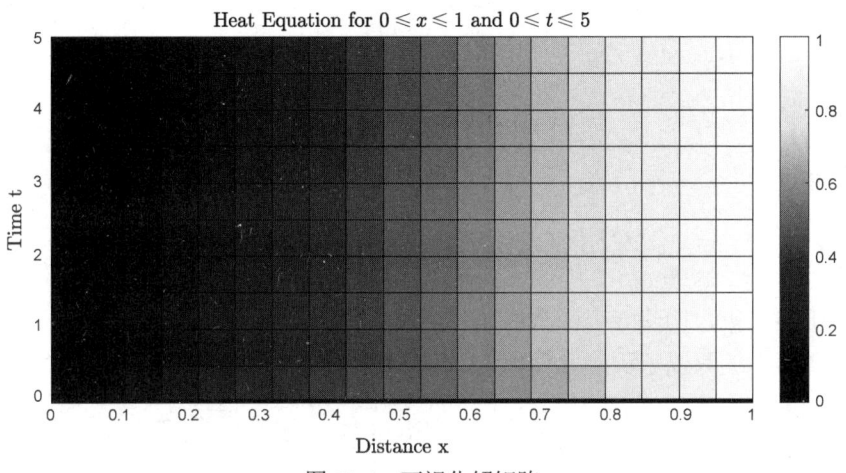

图 10-6 可视化解矩阵

10.2.4 PDE 方程组求解

下面通过示例说明由两个偏微分方程构成的方程组的解的构成，以及如何对解进行计算和绘图。

【例 10-5】 定义函数 $F(y) = e^{5.73y} - e^{-1146y}$，等价于求解 PDE 方程组：

$$\frac{\partial u_1}{\partial t} = 0.024 \frac{\partial^2 u_2}{\partial x^2} - F(u_1 - u_2)$$

$$\frac{\partial u_2}{\partial t} = 0.170 \frac{\partial^2 u_2}{\partial x^2} + F(u_1 - u_2)$$

该公式在区间 $0 \le x \le 1$ 上对时间 $t \ge 0$ 成立。初始条件为 $u_1(x,0) = 1$、$u_2(x,0) = 0$，边界条件为 $\frac{\partial}{\partial x} u_1(0,t) = 0$、$u_2(0,t) = 0$、$\frac{\partial}{\partial x} u_2(1,t) = 0$、$u_1(1,t) = 1$。

要在 MATLAB 中求解该方程，需要首先对方程、初始条件和边界条件编写代码，然后在调用求解器 pdepe 之前选择合适的解网格。使用时可以将所需的函数作为局部函数包含在文件末尾，或者将它们作为单独的文件保存在 MATLAB 路径上的目录中。

（1）方程函数。在编写方程代码之前，需要确保它的形式符合 pdepe 求解器的要求：

$$c\left(x,t,u,\frac{\partial u}{\partial x}\right)\frac{\partial u}{\partial t} = x^{-m}\frac{\partial}{\partial x}\left(x^m f\left(x,t,u,\frac{\partial u}{\partial x}\right)\right) + s\left(x,t,u,\frac{\partial u}{\partial x}\right)$$

对应该形式的 PDE 系数为矩阵，方程变为

$$\begin{bmatrix} 1 & 0 \\ 0 & 1 \end{bmatrix} \frac{\partial u}{\partial t} \begin{bmatrix} u_1 \\ u_2 \end{bmatrix} = \frac{\partial}{\partial x} \begin{bmatrix} 0.024 \frac{\partial u_1}{\partial x} \\ 0.170 \frac{\partial u_2}{\partial x} \end{bmatrix} + \begin{bmatrix} -F(u_1 - u_2) \\ F(u_1 - u_2) \end{bmatrix}$$

由此可得方程中的系数的值为

$$m = 0$$

$$c\left(x,t,u,\frac{\partial u}{\partial x}\right) = \begin{bmatrix} 1 \\ 1 \end{bmatrix}$$

$$f\left(x,t,u,\frac{\partial u}{\partial x}\right) = \begin{bmatrix} 0.024 \frac{\partial u_1}{\partial x} \\ 0.170 \frac{\partial u_2}{\partial x} \end{bmatrix}$$

$$S\left(x,t,u,\frac{\partial u}{\partial x}\right) = \begin{bmatrix} -F(u_1 - u_2) \\ F(u_1 - u_2) \end{bmatrix}$$

基于上述分析，创建一个函数以编写方程代码。该函数应具有签名。
在编辑器中编写以下程序并保存为 pdefun.m，作为方程函数文件。

```
function [c,f,s]=pdefun(x,t,u,dudx)
c=[1; 1];
f=[0.024; 0.17].*dudx;
y=u(1) - u(2);
F=exp(5.73*y)-exp(-11.47*y);
s=[-F; F];
end
```

其中，pdefun 函数中输入参数 x 为独立的空间变量；t 为独立的时间变量；u 是关于 x 和 t 微分的因变量（二元素向量），其中 u(1)是 $u_1(x,t)$，u(2)是 $u_2(x,t)$；dudx 是偏空间导数 $\frac{\partial u}{\partial x}$（二元素向量），其中 dudx(1)是 $\frac{\partial u_1}{\partial x}$，dudx(2)是 $\frac{\partial u_2}{\partial x}$。输出 c、f 和 s 对应于 pdepe 求解器所需的标准 PDE 形式中的系数。

（2）初始条件函数。下面编写返回初始条件的函数。初始条件应用在第一个时间值处，并为 x 的任何值提供 $u(x,t_0)$ 的值。初始条件的数量必须等于方程的数量，对于该问题，有两个初始条件：$u_1(x,0) = 1$、$u_2(x,0) = 0$。

在编辑器中编写以下程序并保存为 pdeic.m，作为初始条件函数文件。

```
function u0=pdeic(x)
u0=[1; 0];
end
```

（3）边界条件函数。编写计算以下边界条件的函数：

$$\frac{\partial}{\partial x}u_1(0,t)=0、u_2(0,t)=0、\frac{\partial}{\partial x}u_2(1,t)=0、u_1(1,t)=1$$

对于在区间[a,b]上提出的问题，边界条件应用于所有 t 及 x=a 或 x=b。pdepe 求解器所需的边界条件的标准形式是

$$p(x,t,u)+q(x,t)f\left(x,t,u,\frac{\partial u}{\partial x}\right)=0$$

以这种形式编写，u 的偏导数的边界条件需要用通量 $f\left(x,t,u,\frac{\partial u}{\partial x}\right)$ 来表示。因此，此问题的边界条件如下。

① 对于 x=0，方程为

$$\begin{bmatrix}0\\u_2\end{bmatrix}+\begin{bmatrix}1\\0\end{bmatrix}\cdot\begin{bmatrix}0.024\dfrac{\partial u_1}{\partial x}\\0.170\dfrac{\partial u_2}{\partial x}\end{bmatrix}=0$$

系数为 $p_L(x,t,u)=\begin{bmatrix}0\\u_2\end{bmatrix}$、$q_L(x,t)=\begin{bmatrix}1\\0\end{bmatrix}$。

② 同样，对于 x=1，方程为

$$\begin{bmatrix}u_1-1\\0\end{bmatrix}+\begin{bmatrix}0\\1\end{bmatrix}\cdot\begin{bmatrix}0.024\dfrac{\partial u_1}{\partial x}\\0.170\dfrac{\partial u_2}{\partial x}\end{bmatrix}=0$$

系数为 $p_R(x,t,u)=\begin{bmatrix}u_1-1\\0\end{bmatrix}$、$q_R(x,t)=\begin{bmatrix}0\\1\end{bmatrix}$。

在编辑器中编写以下程序并保存为 pdebc.m，作为边界条件函数文件。

```
function [pl,ql,pr,qr]=pdebc(xl,ul,xr,ur,t)
pl=[0; ul(2)];
ql=[1; 0];
pr=[ur(1)-1; 0];
qr=[0; 1];
end
```

函数 pdebc 的输入参数中，对于左边界，输入 xl 和 ul 对应于 u 和 x；对于右边界，输入 xr 和 ur 对应于 u 和 x；t 是独立的时间变量。

函数 pdebc 的输出参数中，对于左边界，输出 pl 和 ql 对应于 $p_L(x,t,u)$ 和 $q_L(x,t)$（该问题 x=0）；对于右边界，输出 pr 和 qr 对应于 $p_R(x,t,u)$ 和 $q_R(x,t)$（该问题 x=1）。

（4）选择解网格。当 t 较小时，此问题的解会快速变化。虽然 pdepe 函数选择了适合解析急剧变化的时间步，但要在输出绘图中显示该行为，还需要选择适当的输出时间。对于空间网格，在 0≤x≤1 两端的解中都存在边界层，因此需要在那里指定网格点来解析急剧变化。

在编辑器中编写以下程序并运行。

```
x=[0 0.005 0.01 0.05 0.1 0.2 0.5 0.7 0.9 0.95 0.99 0.995 1];
t=[0 0.005 0.01 0.05 0.1 0.5 1 1.5 2];
```

（5）求解方程。使用对称性值 m、PDE 方程、初始条件、边界条件及 x 和 t 的网格来求解方程。

在编辑器中编写以下程序并运行。

```
m=0;
sol=pdepe(m,@pdefun,@pdeic,@pdebc,x,t);
```

pdepe 函数以三维数组 sol 形式返回解，其中 sol(i,j,k)是在 t(i)和 x(j)处计算的解 u_k 的第 k 个分量的逼近值。将每个解分量提取到一个单独变量中。

在编辑器中编写以下程序并运行。

```
u1=sol(:,:,1);
u2=sol(:,:,2);
```

（6）对解进行绘图。创建在 x 和 t 的所选网格点上绘制的 u_1 和 u_2 的解的曲面图。

在编辑器中编写以下程序并运行。

```
subplot(121)
surf(x,t,u1)
title('u_1(x,t)')
xlabel('Distance x');ylabel('Time t')

subplot(122)
surf(x,t,u2)
title('u_2(x,t)')
xlabel('Distance x');ylabel('Time t')
```

运行程序后，输出如图 10-7 所示图形。

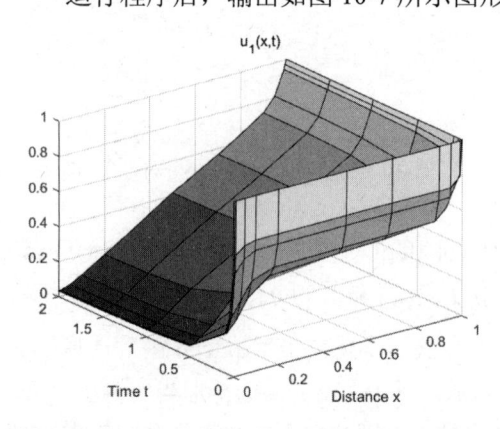

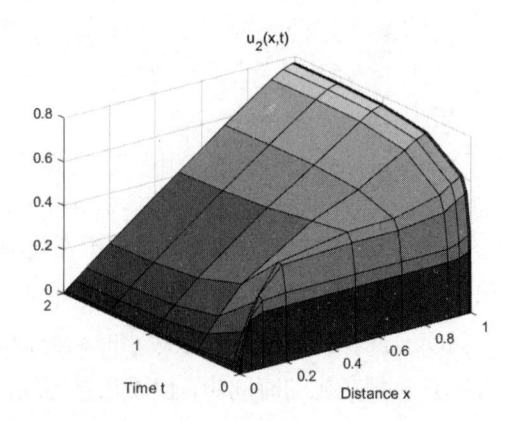

图 10-7　u_1、u_2 的解的曲面图

10.3 本章小结

通过本章的学习，读者对常微分方程和偏微分方程的基本概念、求解方法及在实际应用中的操作有了清晰的理解。本章详细探讨了常微分方程的基本求解过程和如何选择合适的求解器，以及求解器的相关属性设置。在偏微分方程部分，介绍了 MATLAB 中常用的 PDE 求解函数及其在不同维度上的应用。本章为后续更加复杂的方程求解和工程问题的建模打下了坚实的基础，帮助读者掌握求解微分方程的基本技能。

第 11 章 优化计算

在生产活动、经济管理和科学研究中经常遇到各种最大化和最小化问题,如物流运输费用最小、生产成本最低、投资收益最大、风险最小、产品设计浪费材料最少等,这种利用有限的资源使效益最大化的问题就是优化问题。优化问题可以说是数学建模中常见的一类问题,根据其不同表现特征和标准可分为无约束和有约束、线性和非线性、单目标和多目标优化问题等。在 MATLAB 中求解优化问题的方法分为基于问题的优化和基于求解器的优化两种,本章讲解如何在 MATLAB 中实现优化问题的求解。

11.1 基于问题的优化

在 MATLAB 中,基于问题的求解包括对方程问题的求解及对优化问题的求解两类,其中函数 optimvar 用于创建优化变量,函数 eqnproblem 用于创建方程问题,函数 optimproblem 用于创建优化问题,函数 solve 用于对问题的求解,下面分别予以介绍。

11.1.1 创建优化变量

函数 optimvar 用于创建优化变量,其调用格式如下。

```
x=optimvar(name)          % 创建标量优化变量(符号对象),为目标函数和问题约束创建表达式
x=optimvar(name,n)        % 创建由优化变量组成的 n×1 向量
x=optimvar(name,cstr)     % 创建可使用 cstr 进行索引的优化变量向量
```

> 说明:x 的元素数与 cstr 向量的长度相同;x 的方向与 cstr 的方向相同,当 cstr 是行向量时,x 也是行向量,当 cstr 是列向量时,x 也是列向量。

```
x=optimvar(name,cstr1,n2,…,cstrk)
                          % 基于正整数 ni 和名称 cstrk 的任意组合创建一个优化变量数组
                          % 其维数等于整数 ni 和条目 cstrk 的长度
x=optimvar(name,{cstr1,cstr2,…,cstrk})   % 同上
```

```
x=optimvar(name,[n1,n2,…,nk])            % 同上
x=optimvar(___,Name,Value)               % 使用一个或多个 Name-Value 参数对指定其他选项
```

Name-Value 参数对如表 11-1 所示。

表 11-1　Name-Value 参数对（1）

Name	含义	Value
'Type'	变量类型	指定为'continuous'（实数值）或'integer'（整数值）。适用于数组中的所有变量，当需要多种变量类型时需要创建多个变量
'LowerBound'	下界	指定为与 x 大小相同的数组或实数标量，默认为 Inf，如果为标量，则该值适用于 x 的所有元素
'UpperBound'	上界	指定为与 x 大小相同的数组或实数标量，默认为 Inf，如果为标量，则该值适用于 x 的所有元素

【例 11-1】 利用 optimvar 函数创建变量示例。

在命令行窗口中输入以下语句，并查看输出结果。

```
>> dollars=optimvar('dingding')          % 创建一个名为 dingding 的标量优化变量
>> x=optimvar('x',3)                     % 创建一个名为 x 的 3×1 优化变量向量
>> x=optimvar('x','Type','integer')      % 指定整数变量
>> xarray=optimvar('xarray',3,4,2)       % 创建一个名为 xarray 的 3×4×2 优化变量数组
>> x=optimvar('x',3,3,3,'Type','integer','LowerBound',0,'UpperBound',1)
        % 创建一个名为 x、大小为 3×3×3 的二元优化变量
```

读者可自行运行上述程序，观察输出结果。

11.1.2　创建方程问题

函数 eqnproblem 用于创建方程问题，其调用格式如下。

```
prob=eqnproblem                          % 利用默认属性创建方程问题
prob=eqnproblem(Name,Value)              % 使用一个或多个 Name-Value 参数对指定附加选项
```

Name-Value 参数对如表 11-2 所示。

表 11-2　Name-Value 参数对（2）

Name	含义	Value
'Equations'	问题约束	指定为 OptimizationEquality 数组或以 OptimizationEquality 数组为字段的结构体，如 sum(x.^2,2)==4
'Description'	问题标签	指定为字符串或字符向量，不参与运算，可以存储关于模型或问题的描述性信息

例如，在构造问题时可以使用 Equations 名称来指定方程等。其中 Name 为参数名称，必须放在引号中，Value 为对应的值。例如：

```
prob=eqnproblem('Equations',eqn)
```

输出参数 prob 为方程问题，它以 EquationProblem 对象形式返回。通常需要指定 prob.Equations 完成问题的描述，对于非线性方程，还需要指定初始点结构体。最后通过

调用 solve 函数完成问题的完整求解。

> **注意**：基于问题的优化求解方法不支持在目标函数、非线性等式或非线性不等式中使用复数值。如果某函数计算涉及复数值，即使是作为中间值，最终结果也可能不正确。

【例 11-2】 基于问题求多项式非线性方程组的解。其中，x 为 2×2 矩阵。

$$x^3 = \begin{bmatrix} 1 & 2 \\ 3 & 4 \end{bmatrix}$$

在编辑器中编写以下程序并运行。

```
x=optimvar('x',2,2);          % 将变量 x 定义为一个 2×2 矩阵变量
eqn=x^3==[1 2; 3 4];          % 使用 x 定义要求解的方程
prob=eqnproblem('Equations',eqn);   % 用此方程创建一个方程问题
x0.x=ones(2);                 % 将初始点指定为结构体，并将变量名称作为结构体的字段
sol=solve(prob,x0);           % 从[1 1;1 1]点开始求解问题
disp(sol.x)                   % 查看求解结果
sol.x^3                       % 验证解
```

运行程序后，输出结果如下。

将使用 fsolve 求解问题。方程已解。

fsolve 已完成，因为按照函数容差的值衡量，函数值向量接近于零，并且按照梯度的值衡量，问题似乎为正则问题。

```
<停止条件详细信息>
   -0.1291    0.8602
    1.2903    1.1612
ans =
    1.0000    2.0000
    3.0000    4.0000
```

11.1.3 创建优化问题

函数 optimproblem 用于创建优化问题。该函数的调用格式如下。

```
prob=optimproblem                   % 利用默认属性创建优化问题
prob=optimproblem(Name,Value)       % 使用一个或多个 Name-Value 参数对指定附加选项
```

其中，Name 为参数名称，必须放在引号中，Value 为对应的值，如表 11-3 所示。

输出参数 prob 为方程问题，它以 OptimizationProblem 对象形式返回。通常需要指定目标函数和约束来完成问题的描述。但是，也可能会遇到没有目标函数的可行性问题或没有约束的问题。最后通过调用 solve 函数求解完整的问题。

表 11-3 Name-Value 参数对（3）

Name	含义	Value
'Constraints'	问题约束	指定为 OptimizationConstraint 数组或以 OptimizationConstraint 数组为字段的结构体。例如： prob=optimproblem('Constraints',sum(x,2)==1)
'Objective'	目标函数	指定为标量 OptimizationExpression 对象。例如： prob=optimproblem('Objective',sum(sum(x)))
'ObjectiveSense'	优化方向	指定为'minimize'（或'min'，默认）时，solve 函数将最小化目标；指定为'maximize'（或'max'）时，函数将最大化目标。例如： prob=optimproblem('ObjectiveSense','max')
'Description'	问题标签	指定为字符串或字符向量，不参与运算，可以存储关于模型或问题的描述性信息

利用 optimproblem 创建一个空的优化问题对象 prob 的语句如下：

```
>> prob=optimproblem
prob =
  OptimizationProblem - 属性:
      Description: ''
   ObjectiveSense: 'minimize'
        Variables: [0×0 struct] containing 0 OptimizationVariables
        Objective: [0×0 OptimizationExpression]
      Constraints: [0×0 struct] containing 0 OptimizationConstraints
  未定义问题。
```

说明：在创建优化问题时，使用比较运算符==、<=或>=从优化变量创建优化表达式，其中由==创建等式，由<=或>=创建不等式约束。

【例 11-3】 创建并求解涉及两个正变量和三个线性不等式约束的最大化线性规划问题。在编辑器中编写以下程序并运行。

```
prob=optimproblem('ObjectiveSense','max');   % 创建最大化线性规划问题
x=optimvar('x',2,1,'LowerBound',0);          % 创建正变量
prob.Objective=x(1)+2*x(2);                  % 在问题中设置一个目标函数

% 在问题中创建线性不等式约束
cons1=x(1)+5*x(2)<=100;
cons2=x(1)+x(2)<=40;
cons3=2*x(1)+x(2)/2<=60;
prob.Constraints.cons1=cons1;
prob.Constraints.cons2=cons2;
prob.Constraints.cons3=cons3;

show(prob)              % 检查问题是否正确
sol=solve(prob);        % 问题求解
sol.x                   % 显示求解结果
```

运行程序后，输出结果如下。

```
  OptimizationProblem :
Solve for:
  x
maximize :
  x(1)+2*x(2)
subject to cons1:
  x(1)+5*x(2) <= 100
subject to cons2:
  x(1)+x(2) <= 40
subject to cons3:
  2*x(1)+0.5*x(2) <= 60
variable bounds:
  0 <= x(1)
  0 <= x(2)

将使用 linprog 求解问题。
找到最优解。
ans =
  25.0000
  15.0000
```

11.1.4 求解优化问题或方程问题

函数 solve 用于求优化问题或方程问题的解。该函数的调用格式如下。

```
sol=solve(prob)                    % 求解 prob 指定的优化问题或方程问题
sol=solve(prob,x0)                 % 从初始点 x0 开始求解 prob，x0 指定为结构体，其字段名称
                                   % 等于 prob 中的变量名称
sol=solve(___,Name,Value)          % 使用 Name-Value 参数对修正求解过程，如表 11-4 所示
[sol,fval]=solve(___)              % 返回在解处的目标函数值
[sol,fval,exitflag,output,lambda]=solve(___)        % 额外返回退出标志等
```

表 11-4 Name-Value 参数对（4）

Name	含义	Value
'Options'	优化选项	指定为一个由 optimoptions 创建的对象，或一个由 optimset 等创建的 options 结构体。例如： opts=optimoptions('intlinprog','Display','none') solve(prob,'Options',opts)
'Solver'	优化求解器	指定为求解器的名称
'ObjectiveDerivative'	对非线性目标函数进行自动微分	设置对非线性目标函数是否采用自动微分(AD)，指定为'auto'（尽可能使用 AD）、'auto-forward'（尽可能使用正向 AD）、'auto-reverse'（尽可能使用反向 AD）或'finite-differences'（不要使用 AD）

续表

Name	含义	Value
'ConstraintDerivative'	对非线性约束函数进行自动微分	设置对非线性约束函数是否进行自动微分（AD），参数同上
'EquationDerivative'	对非线性方程进行自动微分	设置对非线性方程是否进行自动微分（AD），参数同上

最后一条语句额外返回一个说明退出条件的退出标志 exitflag 和一个 output 结构体（包含求解过程的其他信息）；对于非整数优化问题，还返回一个拉格朗日乘数结构体 lambda。

【例 11-4】 若 prob 具有名为 x 和 y 的变量，则指定如下初始点。

```
>> x=optimvar('x');          % 创建名为 x 的优化变量
>> y=optimvar('y');          % 创建名为 y 的优化变量
>> x0.x=[3,2,17];            % 指定优化变量 x 的初始点
>> x0.y=[pi/3,2*pi/3];       % 指定优化变量 y 的初始点
```

优化问题的默认及可用求解器如表 11-5 所示。

表 11-5 优化问题的默认及可用求解器

求解器	线性规划（LP）	混合整数线性规划（MILP）	二次规划（QP）	二阶锥规划（SOCP）	线性最小二乘	非线性最小二乘	非线性规划（NLP）	混合整数非线性规划（MINLP）
linprog	★	×	×	×	×	×	×	×
intlinprog	√	★	×	×	×	×	×	×
quadprog	√	×	★	√	√	×	×	×
coneprog	√	×	×	★	×	×	×	×
lsqlin	×	×	×	×	★	×	×	×
lsqnonneg	×	×	×	×	√	×	×	×
lsqnonlin	×	×	×	×	×	★	×	×
fminunc	√	×	√	×	√	√	★（无约束）	×
fmincon	√	×	√	×	√	√	★（有约束）	×
patternsearch	√	×	√	√	√	√	√	×
ga	√	√	√	√	√	√	√	★
particleswarm	√	×	√	×	√	√	√	×
simulannealbnd	√	×	√	×	√	√	√	×
surrogateopt	√	√	√	√	√	√	√	√

说明：★表示默认求解器，√表示可用求解器，×表示不可用求解器。

方程问题的默认及可用求解器如表 11-6 所示。

表 11-6　方程问题的默认及可用求解器

方程类型	lsqlin	lsqnonneg	fzero	fsolve	lsqnonlin
线性	★	×	√（仅标量）	√	√
线性加边界	★	√	×	×	√
标量非线性	×	×	★	√	√
非线性方程组	×	×	×	★	√
非线性方程组加边界	×	×	×	×	★

说明：★表示默认求解器，√表示可用求解器，×表示不可用求解器。

【例 11-5】 求解由优化问题定义的线性规划问题。

在编辑器中编写以下程序并运行。

```
% 创建优化问题
x=optimvar('x');
y=optimvar('y');
prob=optimproblem;                        % 创建一个优化问题 prob
prob.Objective=-x-y/3;                    % 创建目标函数

prob.Constraints.cons1=x+y<=2;            % 创建约束 1
prob.Constraints.cons2=x+y/4<=1;          % 创建约束 2
prob.Constraints.cons3=x-y<=2;            % 创建约束 3
prob.Constraints.cons4=x/4+y>=-1;         % 创建约束 4
prob.Constraints.cons5=x+y>=1;            % 创建约束 5
prob.Constraints.cons6=-x+y<=2;           % 创建约束 6

sol=solve(prob)                           % 问题求解
val=evaluate(prob.Objective,sol)          % 求目标函数在解处的值
```

运行程序后，输出结果如下。

```
将使用 linprog 求解问题。找到最优解。
sol =
  包含以下字段的 struct:
    x: 0.6667
    y: 1.3333
val =
  -1.1111
```

【例 11-6】 使用基于问题的方法求解非线性规划问题。在 $x^2+y^2 \leqslant 4$ 区域内，求 peaks 函数的最小值。

在编辑器中编写以下程序并运行。

```
x=optimvar('x');
y=optimvar('y');
prob=optimproblem('Objective',peaks(x,y));
```

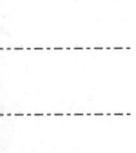

```
prob.Constraints=x^2+y^2<=4;        % 将约束作为不等式包含在优化变量中
x0.x=1;                             % 将 x 的初始点设置为 1
x0.y=-1;                            % 将 y 的初始点设置为-1
sol=solve(prob,x0)                  % 求解问题
```
（注释首行）% 以 peaks 作为目标函数，创建一个优化问题

运行程序后，输出结果如下。

将使用 fmincon 求解问题。找到满足约束的局部最小值。

优化已完成，因为目标函数沿可行方向在最优性容差值范围内呈现非递减，并且在约束容差值范围内满足约束。

```
<停止条件详细信息>
sol =
  包含以下字段的 struct:
    x: 0.2283
    y: -1.6255
```

说明：如果目标函数或非线性约束函数不完全由初等函数组成，则必须使用 fcn2optimexpr 函数将这些函数转换为优化表达式。上面的示例可以通过下面的方式转换。

```
convpeaks=fcn2optimexpr(@peaks,x,y);
prob.Objective=convpeaks;
sol2=solve(prob,x0)
```

【例 11-7】从初始点开始求解混合整数线性规划问题。该问题涉及 8 个整数变量和 4 个线性等式约束，所有变量都为正值。

在编辑器中编写以下程序并运行。

```
prob=optimproblem;
x=optimvar('x',8,1,'LowerBound',0,'Type','integer');
Aeq=[22  13  26  33  21   3  14  26
     39  16  22  28  26  30  23  24
     18  14  29  27  30  38  26  26
     41  26  28  36  18  38  16  26];
beq=[7872; 10466; 11322; 12058];
cons=Aeq*x==beq;                    % 创建 4 个线性等式约束
prob.Constraints.cons=cons;

f=[2 10 13 17 7 5 7 3];
prob.Objective=f*x;                 % 创建目标函数
[x1,fval1,exitflag1,output1]=solve(prob);    % 在不使用初始点的情况下求解问题

x0.x=[8 62 23 103 53 84 46 34]';
[x2,fval2,exitflag2,output2]=solve(prob,x0);         % 使用初始点求解
fprintf('无初始点求解需要% d步。\n 使用初始点求解需要% d步。'...
        ,output1.numnodes, output2.numnodes)
```

运行程序后的输出结果略,请读者自行查看输出结果。

说明:给出初始点并不能始终改进问题。此处使用初始点节省了时间和计算步数。但是,对于某些问题,初始点可能会导致 solve 函数的求解步数更多。

【例 11-8】求解下面的整数规划问题,输出时不显示迭代过程。

$$\min \quad -3x_1 - 2x_2 - x_3$$

$$\text{s.t.} \begin{cases} x_1 + x_2 + x_3 \leq 7 \\ 4x_1 + 2x_2 + x_3 = 12 \\ x_1, \ x_2 \geq 0 \\ x_3 = 0 \text{或} 1 \end{cases}$$

在编辑器中编写以下程序并运行。

```
x=optimvar('x',2,1,'LowerBound',0);              % 声明变量 x1、x2
x3=optimvar('x3','Type','integer','LowerBound',0,'UpperBound',1);
prob=optimproblem;
prob.Objective=-3*x(1)-2*x(2)-x3;
prob.Constraints.cons1=x(1)+x(2)+x3<=7;
prob.Constraints.cons2=4*x(1)+2*x(2)+x3==12;
options=optimoptions('intlinprog','Display','off');
% [sol,fval,exitflag,output]=solve(prob)          % 输出所有数据,便于检查
sol=solve(prob,'Options',options);
sol.x
x3=sol.x3
```

运行程序后,输出结果如下。

```
sol = 
  包含以下字段的 struct:
     x: [2×1 double]
    x3: 1
ans =
       0
    5.5000
x3 =
     1
```

【例 11-9】强制 solve 函数使用 intlinprog 求解线性规划问题。

在编辑器中编写以下程序并运行。

```
x=optimvar('x');
y=optimvar('y');
prob=optimproblem;
prob.Objective=-x-y/3;
prob.Constraints.cons1=x+y<=2;
```

```
prob.Constraints.cons2=x+y/4<=1;
prob.Constraints.cons3=x-y<=2;
prob.Constraints.cons4=x/4+y>=-1;
prob.Constraints.cons5=x+y>=1;
prob.Constraints.cons6=-x+y<=2;
sol=solve(prob,'Solver','intlinprog')
```

运行程序后,输出结果如下。

```
将使用 intlinprog 求解问题。
Running HiGHS 1.6.0: Copyright (c) 2023 HiGHS under MIT licence terms
    ……                              % 中间输出信息略
Objective value    : -1.1111111111e+00
HiGHS run time     :          0.00
找到最优解。
未指定整数变量。Intlinprog 已求解线性问题。
sol =
  包含以下字段的 struct:
    x: 0.6667
    y: 1.3333
```

【例 11-10】使用基于问题的方法求解非线性方程组。

在编辑器中编写以下程序并运行。

```
x=optimvar('x',2);                  % 将 x 定义为一个二元素优化变量
eq1=exp(-exp(-(x(1)+x(2))))==x(2)*(1+x(1)^2);% 创建第一个方程作为优化等式
eq2=x(1)*cos(x(2))+x(2)*sin(x(1))==1/2;  % 创建第二个方程作为优化等式
prob=eqnproblem;                    % 创建一个方程问题
prob.Equations.eq1=eq1;
prob.Equations.eq2=eq2;
show(prob)                          % 检查问题
```

运行程序后,输出结果如下。

```
  EquationProblem :
       Solve for:
           x
       eq1:
           exp((-exp((-(x(1)+x(2))))))==(x(2).*(1+x(1).^2))
       eq2:
           ((x(1).*cos(x(2)))+(x(2).*sin(x(1))))==0.5
```

对于基于问题的方法,将初始点指定为结构体,并将变量名称作为结构体的字段。该问题只有一个变量 x。继续在编辑器中编写以下程序并运行。

```
x0.x=[0 0];
[sol,fval,exitflag]=solve(prob,x0)    % 从[0,0]点开始求解问题
```

运行程序后，输出结果如下。

```
将使用 fsolve 求解问题。方程已解。
fsolve 已完成，因为按照函数容差的值衡量，函数值向量接近于零，并且按照梯度的值衡量，
问题似乎为正则问题。

<停止条件详细信息>
sol =
  包含以下字段的 struct:
    x: [2×1 double]
fval =
  包含以下字段的 struct:
    eq1: -2.4070e-07
    eq2: -3.8255e-08
exitflag =
    EquationSolved
```

在命令行窗口中输入以下代码，查看解点。

```
>> disp(sol.x)                              % 查看解点
    0.3532
    0.6061
```

如果函数不是由初等函数组成的，则需要使用 fcn2optimexpr 将函数转换为优化表达式。针对本例，转换代码如下。

```
ls1=fcn2optimexpr(@(x)ex x0.x=[0 0];
eq1=ls1==x(2)*(1+x(1)^2);
ls2=fcn2optimexpr(@(x)x(1)*cos(x(2))+x(2)*sin(x(1)),x);
eq2=ls2==1/2;
```

11.2 基于求解器的优化

前面介绍了如何在 MATLAB 中实现基于问题的优化求解，本节重点介绍如何在 MATALB 中实现基于求解器的优化问题求解。

11.2.1 线性规划

当建立的数学模型的目标函数为线性函数，约束条件为线性等式或不等式时，称此数学模型为线性规划模型。线性规划方法是处理线性目标函数和线性约束的一种较为成熟的方法，主要用于研究有限资源的最佳分配问题，即如何对有限的资源进行最佳的调配和最有利的使用，以便充分地发挥资源的效能，获取最佳的经济效益。

在 MATLAB 中，用于线性规划问题的求解函数为 linprog，在调用该函数时，需要

遵循 MATLAB 对线性规划标准型的要求，即遵循：

$$\min f(x) = cx$$

$$\text{s.t.} \begin{cases} Ax \le b \\ A_{eq}x = b_{eq} \\ lb \le x \le ub \end{cases}$$

上述模型用于在满足约束条件下，求目标函数 $f(x)$ 的极小值。linprog 函数的调用格式如下：

```
x=linprog(fun,A,b,Aeq,beq,lb,ub)    % 求在约束条件下的 minf(x)的解
x=linprog(problem)                  % 查找问题的最小值，其中问题是输入参数中描述的结构
[x,fval]=linprog(…)                 % 返回解 x 处的目标函数值 fval
```

输入参数 lb、ub、b、beq、A、Aeq 分别对应数学模型中的 **lb**、**ub**、**b**、b_{eq}、A、A_{eq}；输入参数 fun 对应目标函数的系数 c。fun、A、b 是不可缺少的输入变量，x 是不可缺少的输出变量，它是问题的解。当无约束条件时，A=[]、b=[]；当无等式约束时，Aeq=[]、beq=[]；当设计变量无界时，lb=[]、ub=[]。

【例 11-11】求函数 $f(x) = 8x_1 + 3x_2 + 6x_3$ 的最大值，其中 x_1，x_2，x_3 满足以下条件：

$$\text{s.t.} \begin{cases} x_1 - x_2 + x_3 \le 20 \\ 3x_1 + 2x_2 + 4x_3 \le 42 \\ 3x_1 + 2x_2 \le 30 \\ x_1 \ge 0, \ x_2 \ge 0, \ x_3 \ge 0 \end{cases}$$

linprog 函数用来求最小值，这里要利用该函数求最大值，故首先将题目转换为求函数的最小值 $f(x) = -8x_1 - 3x_2 - 6x_3$。

将变量按顺序排好，然后用系数表示目标函数，即

```
f=[-8; -3; -6];
```

因为没有等式条件，所以 Aeq、beq 都是空矩阵，即

```
Aeq=[];
beq=[];
```

不等式条件的系数为：

$$A = \begin{bmatrix} 1 & -1 & 1 \\ 3 & 2 & 4 \\ 3 & 2 & 0 \end{bmatrix}, \ b = \begin{bmatrix} 20 \\ 42 \\ 30 \end{bmatrix}$$

由于没有上限要求，故将 **lb**、**ub** 设为：

$$lb = \begin{bmatrix} 0 \\ 0 \\ 0 \end{bmatrix}, \ ub = \begin{bmatrix} inf \\ inf \\ inf \end{bmatrix}$$

根据以上分析，在编辑器中编写以下程序并运行。

```
clear, clc
f=[-8; -3; -6];                                   % 目标函数的系数
A=[1 -1 1; 3 2 4; 3 2 0];
b=[20; 42; 30];
lb=[0;0;0];                                       % 各变量的下限
ub=[inf;inf;inf];                                 % 各变量的上限
[x,fval,exitflag]=linprog(f,A,b,[],[],lb,[])      % 求解运算
```

运行程序后，输出结果如下。

```
找到最优解。
x =
   10.0000
        0
    3.0000
fval =
    -9
exitflag =
     1
```

exitflag = 1 表示过程正常收敛于解 x 处。

【例 11-12】某单位有一批资金用于 4 个工程项目的投资，各工程项目所得的净收益如表 11-7 所示。

表 11-7 工程项目收益表

工程项目	A	B	C	D
收益（%）	13	10	11	14

由于某种原因，该单位要求用于项目 A 的投资不大于其他各项投资之和；而用于项目 B 和 C 的投资之和要大于项目 D 的投资。试确定使该单位收益最大的投资分配方案。

解：这里设 x_1、x_2、x_3 和 x_4 分别代表用于项目 A、B、C 和 D 的投资百分比，由于各项目的投资百分比之和必须等于 100%，所以 $x_1+x_2+x_3+x_4=1$。

根据题意，可以建立如下模型：

$$\max f(\boldsymbol{x}) = 0.13x_1+0.10x_2+0.11x_3+0.14x_4$$

$$\text{s.t.} \begin{cases} x_1+x_2+x_3+x_4=1 \\ x_1-(x_2+x_3+x_4) \leq 0 \\ x_4-(x_2+x_3) \leq 0 \\ x_i \geq 0, \ i=1,2,3,4 \end{cases}$$

对模型求解。在编辑器中编写以下程序并运行。

```
clear, clc
f=[-0.13;-0.10;-0.11;-0.14];
A=[1 -1 -1 -1 ; 0 -1 -1 1];
b=[0; 0];
```

```
Aeq=[1 1 1 1];
beq=[1];
lb=zeros(4,1);
[x,fval,exitflag]=linprog(f,A,b,Aeq,beq,lb)
```

运行程序后,得到的最优化结果如下。

```
找到最优解。
x =
    0.5000
         0
    0.2500
    0.2500
fval =
   -0.1275
exitflag =
    1
```

上面的结果说明,项目 A、B、C、D 的投资百分比分别为 50%、25%、0、25% 时,该单位收益最大。exitflag =1,收敛正常。

11.2.2 有约束非线性规划

在 MATLAB 中,用于求解有约束非线性规划问题的函数为 fmincon,它用于寻找约束非线性多变量函数的最小值。在调用该函数时,需要遵循 MATLAB 对非线性规划标准型的要求,即遵循:

$$\min f(\boldsymbol{x})$$
$$\text{s.t.} \begin{cases} c(\boldsymbol{x}) \leq 0 \\ c_{eq}(\boldsymbol{x}) = 0 \\ \boldsymbol{A}\boldsymbol{x} \leq \boldsymbol{b} \\ \boldsymbol{A}_{eq}\boldsymbol{x} = \boldsymbol{b}_{eq} \\ \boldsymbol{lb} \leq \boldsymbol{x} \leq \boldsymbol{ub} \end{cases}$$

非线性规划求解函数 fmincon 的调用格式如下。

```
x=fmincon(fun,x0,A,b,Aeq,beq,lb,ub,nonlcon)
                   % 给定初值 x0,求在约束条件下的函数 fun 的最小值 x
x=fmincon(problem)  % 查找问题的最小值,其中问题是输入参数中描述的结构
[x,fval]=fmincon(…) % 返回解 x 处的目标函数值 fval
```

输入参数 x0、A、b、Aeq、beq、lb、ub 分别对应数学模型中的初值 x_0、$\boldsymbol{A}$、$\boldsymbol{b}$、$\boldsymbol{A}_{eq}$、$\boldsymbol{b}_{eq}$、$\boldsymbol{lb}$、$\boldsymbol{ub}$。其中,fun、A、b 是不可缺少的输入变量,x 是不可缺少的输出变量,它是问题的解。

(1)输入参数 fun 为需要最小化的目标函数,在函数 fun 中需要输入设计变量 x(列

向量)。fun 通常用目标函数的函数句柄或函数名称表示。

① 将 fun 指定为文件的函数句柄，如：

```
x=fmincon(@myfun,x0,A,b)
```

其中 myfun 是一个 MATLAB 函数，如：

```
function f=myfun(x)
f=…                    % 目标函数
```

② 将 fun 指定为匿名函数，作为函数句柄：

```
x=fmincon(@(x)norm(x)^2,x0,A,b);
```

(2) 初始点 x0 为实数向量或实数数组。求解器使用 x0 的大小及其中的元素数量确定 fun 接收的变量数量和大小。

(3) nonlcon 为非线性约束，通常被指定为函数句柄或函数名称。nonlcon 是一个函数，接收向量或数组 x，并返回两个数组 c(x)和 ceq(x)。c(x)是由 x 处的非线性不等式约束组成的数组，满足 c(x)≤0。ceq(x)是 x 处的非线性等式约束组成的数组，满足 ceq(x) = 0。

例如：

```
x=fmincon(@myfun,x0,A,b,Aeq,beq,lb,ub,@mycon)
```

其中，mycon 是一个 MATLAB 函数，如：

```
function [c,ceq]=mycon(x)
c=…               % 非线性不等式约束
ceq=…             % 非线性等式约束
```

【例 11-13】求解优化问题，求目标函数 $f(x_1,x_2,x_3)=x_1^2(x_2+5)x_3$ 的最小值，其约束条件为：

$$\text{s.t.} \begin{cases} 350-163x_1^{-2.86}x_3^{0.86} \leq 0 \\ 10-4\times 10^{-3}x_1^{-4}x_2x_3^3 \leq 0 \\ x_1(x_2+1.5)+4.4\times 10^{-3}x_1^{-4}x_2x_3^3-3.7x_3 \leq 0 \\ 375-3.56\times 10^5 x_1 x_2^{-1} x_3^{-2} \leq 0 \\ 4-x_3/x_1 \leq 0 \\ 1 \leq x_1 \leq 4 \\ 4.5 \leq x_2 \leq 50 \\ 10 \leq x_3 \leq 30 \end{cases}$$

(1) 创建目标函数，程序如下。

```
function f=dingfuna(x)
f=x(1)*x(1)*(x(2)+5)*x(3);
end
```

(2) 创建非线性约束条件函数，程序如下。

```
function [c,ceq]=dingfunb(x)
```

```
c(1)=350-163*x(1)^(-2.86)*x(3)^0.86;
c(2)=10-0.004*(x(1)^(-4))*x(2)*(x(3)^3);
c(3)=x(1)*(x(2)+1.5)+0.0044*(x(1)^(-4))*x(2)*(x(3)^3)-3.7*x(3);
c(4)=375-356000*x(1)*(x(2)^(-1))*x(3)^(-2);
c(5)=4-x(3)/x(1);
ceq=0;
end
```

（3）函数的求解。在编辑器中编写以下程序并运行。

```
clear, clc
x0=[2 25 20]';
lb=[1 4.5 10]';
ub=[4 50 30]';
[x,fval]=fmincon(@dingfuna,x0,[],[],[],[],lb,ub,@dingfunb)
```

运行程序后，得到的最优化结果如下。

```
x =
    1.0000
    4.5000
   10.0000
fval =
   95.0001
```

11.2.3 无约束非线性优化

无约束最优化问题在实际应用中比较常见，如工程中常见的参数反演问题。另外，许多有约束最优化问题可以转化为无约束最优化问题进行求解。

在 MATLAB 中，无约束规划由 3 个功能函数实现，它们是一维搜索优化函数 fminbnd、多维无约束搜索函数 fminsearch 和多维无约束优化函数 fminunc。

1. 一维搜索优化函数fminbnd

一维搜索优化函数 fminbnd 的功能是求取固定区间内单变量函数的最小值，也就是一元函数最小值问题。其数学模型为：

$$\min f(x)$$
$$\text{s.t. } x_1 < x < x_2$$

其中，x、x_1 和 x_2 是有限标量；$f(x)$ 是返回标量的函数。

用于求解一元函数最小值优化问题的函数 fminbnd 求的是局部极小值点，只可能返回一个极小值点，其调用格式如下。

```
x=fminbnd(fun,x1,x2)      % 返回值是 fun 描述的标量值函数在 x1<x<x2 的局部最小值
x=fminbnd(problem)        % 求 problem 的最小值，其中 problem 是一个结构体
[x,fval]=fminbnd(…)       % 返回目标函数在 fun 的解 x 处计算出的值
```

> **说明**：fminbnd 函数的算法基于黄金分割搜索和抛物线插值方法。除非左右端点 x1、x2 非常靠近，否则不计算 fun 在端点处的值，因此只需要为 x 在区间（x1,x2）内定义 fun。

输入参数 fun 为需要最小化的目标函数，通常被指定为函数句柄或函数名称。fun 是一个接收实数标量 x 的函数，并返回实数标量 f（在 x 处计算的目标函数值）。

【例 11-14】 求 $f(x) = 5e^{-x}\sin x$ 在区间(0,5)内的最大值和最小值。

在编辑器中编写以下程序并运行。

```
clear, clc
fun=@(x) 5.*exp(-x).*sin(x);
fplot(fun,[0,8]);                    % 在区间（0,8）内绘图
xmin=fminbnd(fun,0,5);
x=xmin;
ymin=fun(x)


f1=@(x) -5.*exp(-x).*sin(x);
xmax=fminbnd(f1,0,5);
x=xmax;
ymax=fun(x)
```

运行程序后，得到的最优化结果如下。

```
ymin =
   -0.0697
ymax =
    1.6120
```

函数在区间(0,5)内的最大值为 1.6120，最小值为-0.0697，其变化曲线如图 11-1 所示。

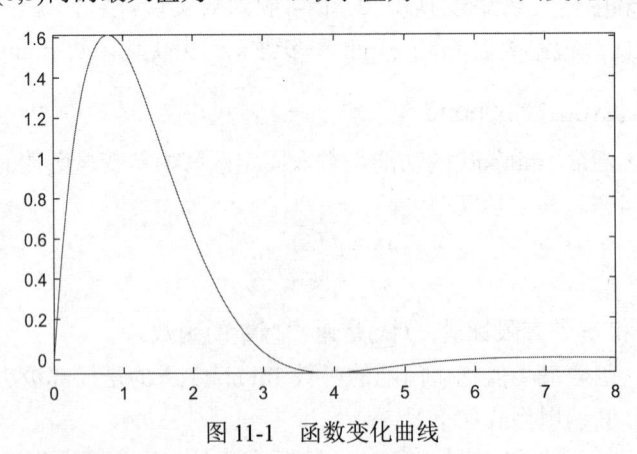

图 11-1　函数变化曲线

2. 多维无约束搜索函数 fminsearch

多维无约束搜索函数 fminsearch 的功能为求解多变量无约束函数的最小值。其数学

模型为：
$$\min f(x)$$

其中，$f(x)$ 是返回标量的函数，x 是向量或矩阵。

函数 fminsearch 使用无导数法计算无约束多变量函数的局部最小值，常用于无约束非线性最优化问题。其调用格式如下。

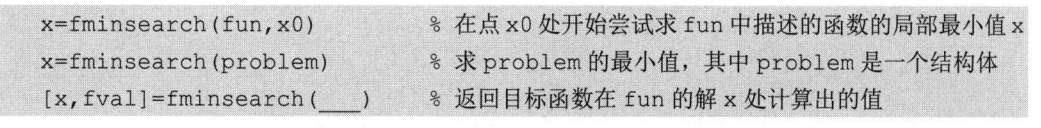

```
x=fminsearch(fun,x0)        % 在点 x0 处开始尝试求 fun 中描述的函数的局部最小值 x
x=fminsearch(problem)       % 求 problem 的最小值，其中 problem 是一个结构体
[x,fval]=fminsearch(___)    % 返回目标函数在 fun 的解 x 处计算出的值
```

使用 fminsearch 可以求解不可微分问题或者具有不连续性的问题，尤其是在解附近没有出现不连续性的情况。函数 fminsearch 的输入参数 x0 对应数学模型中的 x_0，即在点 x0 处开始尝试求解。

输入参数 fun 为需要最小化的目标函数，函数 fun 中需要输入设计变量 x（列向量或数组）。fun 通常用目标函数的函数句柄或函数名称表示。

【例 11-15】求 $3x_1^3 + 2x_1x_2^3 - 8x_1x_2 + 2x_2^2$ 的最小值。

在编辑器中编写以下程序并运行。

```
clear, clc
f='3*x(1)^3+2*x(1)*x(2)^3-8*x(1)*x(2)+2*x(2)^2';
x0=[0,0];
[x,f_min]=fminsearch(f,x0)
```

运行程序后，得到的最优化结果如下。

```
x =
    0.7733    0.8015
f_min =
    -1.4900
```

3. 多维无约束优化函数 fminunc

MATLAB 提供了求解多维无约束优化问题的优化函数 fminunc，用于求解多维设计变量在无约束情况下目标函数的最小值，即
$$\min f(x)$$

其中，$f(x)$ 是返回标量的函数，x 是向量或矩阵。

多维无约束优化函数 fminunc 求的是局部极小值点，其调用格式如下。

```
x=fminunc(fun,x0)
                            % 在点 x0 处开始尝试求 fun 中描述的函数的局部最小值 x
x=fminunc(problem)          % 求 problem 的最小值，其中 problem 是一个结构体
[x,fval]=fminunc(___)       % 返回目标函数在 fun 的解 x 处计算出的值
```

函数 fminunc 的输入参数 x0 对应数学模型中的 x_0，即在点 x0 处开始尝试求解。

（1）输入参数 fun 为需要最小化的目标函数，在函数 fun 中需要输入设计变量 x（列

向量或数组)。fun 通常用目标函数的函数句柄或函数名称表示。

(2) 初始点 x0 为实数向量或实数数组。求解器使用 x0 的大小及其中的元素数量确定 fun 接收的变量数量和大小。

【例 11-16】求无约束非线性问题 $f(\boldsymbol{x}) = 100(x_2 - x_1^2)^2 + (1-x_1)^2$,$x_0 = [-1.2, 1]$。

在编辑器中编写以下程序并运行。

```
clear, clc
x0=[-1.2,1];
[x,fval]=fminunc('100*(x(2)-x(1)^2)^2+(1-x(1))^2',x0)
```

运行程序后,得到的最优化结果如下。

```
找到局部最小值。
优化已完成,因为梯度大小小于最优性容差的值。
<停止条件详细信息>
x =
    1.0000    1.0000
fval =
    2.8336e-11
```

11.2.4 多目标线性规划

多目标线性规划是优化问题的一种,由于其存在多个目标,要求各目标同时取得较优的值,因此求解的方法与过程都相对复杂。通过将目标函数进行模糊化处理,可将多目标问题转化为单目标问题,并借助工具软件,从而达到较易求解的目标。

多目标线性规划是多目标最优化理论的重要组成部分,涉及两个和两个以上的目标函数,且目标函数和约束条件全是线性函数,其数学模型如下。

多目标函数

$$\max \begin{cases} z_1 = c_{11}x_1 + c_{12}x_2 + \cdots + c_{1n}x_n \\ z_2 = c_{21}x_1 + c_{22}x_2 + \cdots + c_{2n}x_n \\ \vdots \quad \vdots \quad \vdots \quad \vdots \\ z_r = c_{r1}x_1 + c_{r2}x_2 + \cdots + c_{rn}x_n \end{cases}$$

约束条件

$$\begin{cases} a_{11}x_1 + a_{12}x_2 + \cdots + a_{1n}x_n \leq b_1 \\ a_{21}x_1 + a_{22}x_2 + \cdots + a_{2n}x_n \leq b_2 \\ \vdots \quad \vdots \quad \vdots \quad \vdots \\ a_{m1}x_1 + a_{m2}x_2 + \cdots + a_{mn}x_n \leq b_m \\ x_1, x_2, \cdots, x_n \geq 0 \end{cases}$$

上述多目标线性规划问题可用矩阵形式表示为

$$\min(\max) z = Cx$$
$$\text{s.t.} \begin{cases} Ax \leq b \\ x \geq 0 \end{cases}$$

其中 $A=(a_{ij})_{m\times n}$、$b=(b_1,b_2,\cdots,b_m)^T$、$C=(c_{ij})_{r\times n}$、$x=(x_1,x_2,\cdots,x_n)^T$、$z=(z_1,z_2,\cdots,z_r)^T$。若数学模型中只有一个目标函数，则该问题为典型的单目标规划问题。

由于多个目标之间的矛盾性，要求所有目标均达到最优是不可能的，因此多目标线性规划问题往往只求其有效解。在 MATALB 中，求解多目标线性规划问题有效解的方法包括最大最小法、目标规划法。

1. 最大最小法

最大最小法，也叫机会损失最小值决策法，是一种根据机会成本进行决策的方法，它以各方案机会损失大小来判断方案的优劣。最大最小法的基本数学模型为

$$\min_{x} \max_{\{F\}} \{F(x)\}$$
$$\text{s.t.} \begin{cases} c(x) \leq 0 \\ c_{eq}(x) = 0 \\ Ax \leq b \\ A_{eq}x = b_{eq} \\ lb \leq x \leq ub \end{cases}$$

式中，x、b、b_{eq}、lb、ub 为向量，A、A_{eq} 为矩阵，$c(x)$、$c_{eq}(x)$、$F(x)$ 为函数，可以是非线性函数，返回向量。

fminimax 使多目标函数中的最坏情况达到最小化，其调用格式如下。

```
x=fminimax(fun,x0,A,b,Aeq,beq,lb,ub,nonlcon)
[x,fval,maxfval]=fminimax(___)      % 额外返回解 x 处的目标函数值及最大函数值
```

其中，参数 nonlcon 给定 $c(x)$ 或 $c_{eq}(x)$。fminimax 函数要求 $c(x) \leq 0$ 且 $c_{eq}(x) = 0$。若无边界存在，则设 lb=[]和（或）ub=[]。

说明：目标函数必须连续，否则 fminimax 函数有可能给出局部最优解。

【例 11-17】利用最大最小法求解以下数学模型。

$$\max f_1(x) = 5x_1 - 2x_2$$
$$\max f_2(x) = -4x_1 - 5x_2$$
$$\text{s.t.} \begin{cases} 2x_1 + 3x_2 \leq 15 \\ 2x_1 + x_2 \leq 10 \\ x_1, x_2 \geq 0 \end{cases}$$

（1）编写目标函数，程序如下。

```
function f=dingfunc(x)
f(1)=5*x(1)-2*x(2);
f(2)=-4*x(1)-5*x(2);
```

```
end
```

（2）求解。在编辑器中编写以下程序并运行。

```
clear,clc
x0=[1;1];
A=[2,3;2,1];
b=[15;10];
lb=zeros(2,1);
[x,fval]=fminimax('dingfunc',x0,A,b,[],[],lb,[])
```

运行程序后，得到的最优化结果如下。

```
可能存在局部最小值。满足约束。
fminimax 已停止，因为当前搜索方向的大小小于步长容差值的两倍，并且在约束容差值范围内
满足约束。
<停止条件详细信息>
x =
    0.0000
    5.0000
fval =
   -10   -25
```

即最优解为 0、5，对应的目标值为-10 和-25。

2．目标规划法——多目标规划函数

在 MATLAB 中的优化工具箱提供了函数 fgoalattain，用于求解多目标规划问题。该函数求解的数学模型标准形式如下。

$$\min_{x,\gamma} \gamma$$

$$\text{s.t.} \begin{cases} F(x) - \text{weight} \cdot \gamma \leq \text{goal} \\ c(x) \leq 0 \\ c_{eq}(x) = 0 \\ Ax \leq b \\ A_{eq}x = b_{eq} \\ lb \leq x \leq ub \end{cases}$$

其调用格式如下。

```
x=fgoalattain(fun,x0,goal,weight,A,b,Aeq,beq,lb,ub,nonlcon)
```

求解满足 nonlcon 所定义的 $c(x)$ 或 $c_{eq}(x)$ 的目标规划问题，即满足 $c(x) \leq 0$ 和 $c_{eq}(x)=0$。如果不存在边界，则设置 lb=[]和（或）ub=[]。

```
x=fgoalattain(problem)      % 求解 problem 所指定的目标规划问题
                            % 问题是 problem 中所述的一个结构体
[x,fval]=fgoalattain(___)   % 返回目标函数 fun 在解 x 处的值
```

模型参数 x0、goal、weight、A、b、Aeq、beq、lb、ub 分别对应数学模型中的 x_0、**goal**、**weight**、A、b、A_{eq}、b_{eq}、**lb**、**ub**。

(1) 输入参数 fun 为需要优化的目标函数，函数 fun 接收向量 x 并返回向量 F，即在 x 处计算目标函数的值。fun 通常用目标函数的函数句柄或函数名称表示。

① 将 fun 指定为文件的函数句柄。

```
x=fgoalattain(@myfun,x0,goal,weight)
```

其中 myfun 是一个 MATLAB 函数，例如：

```
function F=myfun(x)
F=...                    % 目标函数
```

② 将 fun 指定为匿名函数，作为函数句柄。

```
x=fgoalattain (@(x)norm(x)^2,x0,goal,weight);
```

如果上述代码中 x、F 的用户定义值是数组，fgoalattain 会使用线性索引将它们转换为向量。

(2) 初始点 x0 为实数向量或实数数组。求解器使用 x0 的大小及其中的元素数量确定 fun 接收的变量数量和大小。

(3) goal 为要达到的目标，为实数向量。fgoalattain 尝试找到最小乘数 γ，使不等式

$$F_i(x) - \text{goal}_i \leq \text{weight}_i \cdot \gamma$$

对于解 x 处的所有 i 值都成立。

当 weight 为正向量时，如果求解器找到同时达到所有目标的点 x，则达到因子 γ 为负，目标过达到；如果求解器找不到同时达到所有目标的点 x，则达到因子 γ 为正，目标欠达到。

(4) weight 为相对达到因子，为实数向量。fgoalattain 尝试找到最小乘数 γ，使不等式对于解 x 处的所有 i 值都成立，即

$$F_i(x) - \text{goal}_i \leq \text{weight}_i \cdot \gamma$$

(5) nonlcon 为非线性约束，作为函数句柄或函数名称。nonlcon 是一个函数，接收向量或数组 x，并返回两个数组 c(x)和 ceq(x)。c(x)是由 x 处的非线性不等式约束组成的数组，满足 c(x)≤0。ceq(x)是 x 处的非线性等式约束的数组，满足 ceq(x)=0。

例如：

```
x=fgoalattain(@myfun,x0,…,@mycon)
```

其中 mycon 是一个 MATLAB 函数，例如：

```
function [c,ceq]=mycon(x)
c=...                    % 非线性不等式约束
ceq=...                  % 非线性等式约束
```

【例 11-18】设有如下线性系统：

$$\dot{x} = Ax + Bu$$
$$y = Cx$$

其中

$$A = \begin{bmatrix} -0.5 & 0 & 0 \\ 0 & -2 & 10 \\ 0 & 1 & -2 \end{bmatrix}, B = \begin{bmatrix} 1 & 0 \\ -2 & 2 \\ 0 & 1 \end{bmatrix}, C = \begin{bmatrix} 1 & 0 & 0 \\ 0 & 0 & 1 \end{bmatrix}$$

请设计控制系统输出反馈器 K，使得闭环系统

$$\dot{x} = (A + BKC)x + Bu$$
$$y = Cx$$

在复平面实轴上点(-5,-3,-1)的左侧有极点，且 $-4 \leq K_{ij} \leq 4$ （$i,j = 1,2$）。

本题是一个多目标规划问题，要求解矩阵 K，使矩阵 $(A + BKC)$ 的极点为(-5,-3,-1)。

建立目标函数文件。在编辑器中编写以下程序并保存为 myfune.m。

```
function F=dingfund(K,A,B,C)
F=sort(eig(A+B*K*C));
end
```

输入参数并调用优化程序。在编辑器中编写以下程序并运行。

```
clear, clc
A=[-0.5 0 0; 0 -2 10; 0 1 -2];
B=[1 0; -2 2; 0 1];
C=[1 0 0; 0 0 1];
K0=[-1 -1; -1 -1];                       % 初始化控制器矩阵
goal=[-5 -3 -1];                         % 为闭合环路的特征值设置目标值向量
weight=abs(goal);                        % 设置权值向量
lb=-4*ones(size(K0));
ub=4*ones(size(K0));
options=optimset('Display','iter');      % 设置显示参数：显示每次迭代的输出
[K,fval,attainfactor]=fgoalattain(@dingfund,K0,goal,weight,…
[],[],[],[],lb,ub,[],options,A,B,C)
```

运行程序后，得到的最优化结果如下。

```
可能存在局部最小值。满足约束。
fgoalattain 已停止，因为当前搜索方向的大小小于步长容差值的两倍，并且在约束容差值范围内满足约束。
<停止条件详细信息>
K =
   -4.0000   -0.2564
   -4.0000   -4.0000
fval =
   -6.9313
   -4.1588
```

```
    -1.4099
attainfactor =
    -0.3863
```

11.2.5　二次规划

如果某非线性规划的目标函数为自变量的二次函数，约束条件全是线性函数，就称这种规划为二次规划。其标准数学模型如下。

$$\min_{x} \frac{1}{2}x^{\mathrm{T}}Hx + c^{\mathrm{T}}x$$

$$\text{s.t.} \begin{cases} Ax \leq b \\ A_{eq}x = b_{eq} \\ lb \leq x \leq ub \end{cases}$$

式中，H、A、A_{eq} 为矩阵，c、b、b_{eq}、lb、ub、x 为向量。其他形式的二次规划问题都可转化为标准形式。

在 MATLAB 中，可以利用 quadprog 函数求解二次规划问题，其调用格式如下。

```
x=quadprog(H,f,A,b,Aeq,beq,lb,ub,x0)
                    % 从向量 x0 开始求解问题，不存在边界时设置 lb=[]、ub=[]
x=quadprog(problem) % 返回 problem 的最小值，它是 problem 中所述的一个结构体
[x,fval]=quadprog(___)    % 对于任何输入变量，会返回 x 处的目标函数值 fval
```

参数 H、f、A、b、Aeq、beq、lb、ub、x0 分别对应数学模型中的 H、c、A、b、A_{eq}、b_{eq}、lb、ub、x。输入参数 H 为二次目标项，被指定为对称实矩阵，以 1/2*x'*H*x+f'*x 表达式形式表示二次矩阵；如果参数 H 不对称，那么函数会发出警告，并改用对称版本 (H+H')/2。输入参数 f 为线性目标项，被指定为实数向量，表示 1/2*x'*H*x+f'*x 表达式中的线性项。

【例 11-19】 求解下面的最优化问题：

目标函数为

$$f(\boldsymbol{x}) = \frac{1}{2}x_1^2 + x_2^2 - x_1x_2 - 2x_1 - 6x_2$$

约束条件为

$$\begin{cases} x_1 + x_2 \leq 2 \\ -x_1 + 2x_2 \leq 2 \\ 2x_1 + x_2 \leq 3 \\ x_1 \geq 0, \ x_2 \geq 0 \end{cases}$$

目标函数可以修改为

$$f(x) = \frac{1}{2}x_1^2 + x_2^2 - x_1 x_2 - 2x_1 - 6x_2$$
$$= \frac{1}{2}(x_1^2 - 2x_1 x_2 + 2x_2^2) - 2x_1 - 6x_2$$

记

$$H = \begin{pmatrix} 1 & -1 \\ -1 & 2 \end{pmatrix}, \; f = \begin{pmatrix} -2 \\ -6 \end{pmatrix}, \; x = \begin{pmatrix} x_1 \\ x_2 \end{pmatrix}, \; A = \begin{pmatrix} 1 & 1 \\ -1 & 2 \\ 2 & 1 \end{pmatrix}, \; b = \begin{pmatrix} 2 \\ 2 \\ 3 \end{pmatrix}$$

则上面的优化问题可写为

$$\min_{x} \frac{1}{2}x^{\mathrm{T}}Hx + f^{\mathrm{T}}x$$
$$\text{s.t.} \begin{cases} Ax \le b \\ (0\;0)^{\mathrm{T}} \le x \end{cases}$$

在编辑器中编写以下程序并运行。

```
clear, clc
H=[1 -1; -1 2];
f=[-2;-6];
A=[1 1; -1 2; 2 1]; b=[2;2;3];
lb=zeros(2,1);
[x,fval,exitflag]=quadprog(H,f,A,b,[],[],lb)
```

运行程序后，得到的最优化结果如下。

找到满足约束的最小值。
优化已完成，因为目标函数沿可行方向在最优性容差值的范围内呈现非递减，并且在约束容差值范围内满足约束。
<停止条件详细信息>
x =
    0.6667
    1.3333
fval =
   -8.2222
exitflag =
    1

11.3 最小二乘最优问题

最小二乘问题 $\min_{x \in \mathbf{R}^n} f(x) = \min_{x \in \mathbf{R}^n} \sum_{i=1}^{m} f_i^2(x)$ 中的 $f_i(x)$ 可以理解为误差，优化问题就是要使误差的平方和最小。

11.3.1 约束线性最小二乘

约束线性最小二乘的标准数学模型为

$$\min_{x} \frac{1}{2}\|Cx-d\|_2^2$$

$$\text{s.t.} \begin{cases} Ax \le b \\ A_{eq}x = b_{eq} \\ lb \le x \le ub \end{cases}$$

其中，C、A、A_{eq} 为矩阵；d、b、b_{eq}、lb、ub、x 为向量。

在 MATLAB 中，约束线性最小二乘问题用函数 lsqlin 求解。该函数的调用格式如下。

```
x=lsqlin(C,d,A,b)              % 求在约束条件 Ax≤b 下, 方程 Cx=d 的最小二乘解 x
x=lsqlin(C,d,A,b,Aeq,beq,lb,ub) % 增加线性等式约束 Aeq*x=beq 和边界 lb≤x≤ub
x=lsqlin(C,d,A,b,Aeq,beq,lb,ub,x0)  % 使用初始点 x0 执行最小化
```

说明：若没有不等式约束，则设 A=[], b=[]。如果 x(i)无下界，则设置 lb(i)=-Inf, 如果 x(i)无上界，则设置 ub(i)=Inf。x0 为初始解向量，如果不包含初始点，则设置 x0=[]。

```
x=lsqlin(problem)       % 求 problem 的最小值, 它是 problem 中所述的一个结构体
```

使用圆点表示法或 struct 函数创建 problem 结构体。

```
[x,resnorm,residual,exitflag,output,lambda]=lsqlin(___)% 额外返回相关参数
```

（1）resnorm 为残差的 2-范数平方，即 $resnorm = \|Cx-d\|_2^2$；

（2）residual 为残差，且 residual=$Cx-d$；

（3）exitflag 为描述退出条件的值；

（4）output 为包含有关优化过程信息的结构体。

【例 11-20】 求具有线性不等式约束的系统的最小二乘解（求使 $Cx-d$ 的范数最小的 x）。

在编辑器中编写以下程序并运行。

```
clear, clc
C=[0.9501  0.7620  0.6153  0.4057; 0.2311  0.4564  0.7919  0.9354;…
    0.6068  0.0185  0.9218  0.9169; 0.4859  0.8214  0.7382  0.4102;…
    0.8912  0.4447  0.1762  0.8936];
d=[0.0578; 0.3528; 0.8131; 0.0098; 0.1388];
A=[0.2027  0.2721  0.7467  0.4659; 0.1987  0.1988  0.4450  0.4186;…
    0.6037  0.0152  0.9318  0.8462];
b=[0.5251; 0.2026; 0.6721];
% 输入系统的系数和 x 的上下界
lb=-0.1*ones(4,1);
ub=2*ones(4,1);
[x,resnorm,residual,exitflag]=lsqlin(C,d,A,b,[],[],lb,ub)
```

运行程序后，得到的最优化结果如下。

```
找到满足约束的最小值。
优化已完成，因为目标函数沿可行方向在最优性容差值的范围内呈现非递减，并且在约束容差值
范围内满足约束。
<停止条件详细信息>
x =
    -0.1000
    -0.1000
     0.2152
     0.3502
resnorm =
     0.1672
residual =
     0.0455
     0.0764
    -0.3562
     0.1620
     0.0784
exitflag =
     1
```

11.3.2 非线性曲线拟合

非线性曲线拟合是在已知输入向量 x_{data}、输出向量 y_{data}，并知道输入与输出的函数关系为 $y_{\text{data}} = F(x, x_{\text{data}})$ 的情况下，通过求使得下式成立的 x 进行的。

$$\min_{x} \frac{1}{2} \| F(x, x_{\text{data}}) - y_{\text{data}} \|_2^2 = \frac{1}{2} \sum_{i} [F(x, x_{\text{data}_i}) - y_{\text{data}_i}]^2$$

在 MATLAB 中，可以使用函数 lsqcurvefit 求解此类问题，其调用格式如下。

```
x=lsqcurvefit(fun,x0,xdata,ydata)
```

说明：从 x0 开始，求取合适的系数 x，使得非线性函数 fun(x,xdata) 实现对数据 ydata 的最佳拟合（基于最小二乘指标）。ydata 必须与 fun 返回的向量（或矩阵）F 大小相同。

```
x=lsqcurvefit(fun,x0,xdata,ydata,lb,ub)   % 设定 lb≤x≤ub,不指定,lb=[],ub=[]
```

注意：如果问题的指定输入边界不一致，则输出 x 为 x0，输出 resnorm 和 residual 为[]。违反边界 lb≤x≤ub 的 x0 分量将重置于由边界定义的框内。遵守边界的分量不会被更改。

```
x=lsqcurvefit(problem)                    % 求 problem 的最小值，它是 problem 中所述的一个结构体
[x,resnorm]=lsqcurvefit(___)              % 返回在 x 处的残差的 2-范数平方值
```

【**例 11-21**】已知输入向量 x_{data} 和输出向量 y_{data}，且长度都是 n，则最小二乘非线性

拟合函数为
$$y_{\text{data}_i} = x_1 x_{\text{data}_i}^2 + x_2 \sin x_{\text{data}_i} + x_3 x_{\text{data}_i}^3$$

根据题意可知，目标函数为
$$\frac{1}{2}\sum_{i=1}^{n}\left[F(\boldsymbol{x}, \boldsymbol{x}_{\text{data}_i}) - y_{\text{data}_i}\right]^2$$

其中
$$F(\boldsymbol{x}, \boldsymbol{x}_{\text{data}}) = x_1 x_{\text{data}_i}^2 + x_2 \sin x_{\text{data}_i} + x_3 x_{\text{data}_i}^3$$

（1）建立拟合函数文件。在编辑器中编写以下程序并保存为 dingfune.m。

```
function F=dingfune(x,xdata)
F=x(1)*xdata.^2+x(2)*sin(xdata)+x(3)*xdata.^3;
end
```

（2）求解。在编辑器中编写以下程序并运行。

```
clear,clc
xdata=[3.6 7.2 9.3 4.1 8.4 2.8 1.3 7.9 10.0 5.4];
ydata=[16.5 150.6 262.1 24.7 208.5 9.9 2.7 163.9 325.0 54.3];
x0=[1,1,1];
[x,resnorm]=lsqcurvefit(@dingfune,x0,xdata,ydata)
```

运行程序后，得到的最优化结果如下。

```
可能存在局部最小值。
lsqcurvefit 已停止，因为平方和相对于其初始值的最终变化小于函数容差值。
<停止条件详细信息>
x =
    0.2269    0.3385    0.3022
resnorm =
    6.2950
```

即函数在 0.2269、0.3385、0.3022 处残差的平方和均为 6.2950。

11.3.3 非负线性最小二乘

非负线性最小二乘的标准数学模型为
$$\min_{\boldsymbol{x}} \frac{1}{2}\|\boldsymbol{C}\boldsymbol{x} - \boldsymbol{d}\|_2^2$$
$$\boldsymbol{x} \geq 0$$

其中，矩阵 $\boldsymbol{C}$ 和向量 $\boldsymbol{d}$ 为目标函数的系数，向量 $\boldsymbol{x}$ 为非负独立变量。

在 MATLAB 中，可以使用函数 lsqnonneg 求解此类问题，其调用格式如下。

```
x=lsqnonneg(C,d)         % 返回在 x≥0 时，使 norm(C*x-d) 最小的向量 x
                         % 参数 C 为实矩阵，d 为实向量
x=lsqnonneg(problem)     % 求 problem 的最小值，它是 problem 中所述的一个结构体
```

```
[x,resnorm,residual]=lsqnonneg(___)
                    % resnorm 为残差的 2-范数平方值，residual 为残差
```

【例 11-22】比较一个最小二乘问题的无约束解法与非负约束解法。

在编辑器中编写以下程序并运行。

```
clear, clc
C=[0.0382  0.2869; 0.6841  0.7061; 0.6231  0.6285; 0.6334  0.6191];
d=[0.8537; 0.1789; 0.0751; 0.8409];
A=C\d                    % 无约束最小二乘问题
B=lsqnonneg(C,d)         % 非负约束最小二乘问题
```

运行程序后，输出结果如下。

```
A =
   -2.5719
    3.1087
B =
         0
    0.6909
```

11.4 本章小结

  最优化方法是专门研究如何从多个方案中选择最佳方案的科学。最优化理论和方法日益受到重视，最优化方法与模型也广泛应用于各行业领域。本章对基于问题的优化和基于求解器的优化两种方法在 MATLAB 中的求解步骤进行了深入的讲解，并对最小二乘最优问题在 MATLAB 中的求解进行了介绍。

第 12 章

图论算法

图论是研究图及其性质的数学领域。图是由节点（或称顶点）和连接这些节点的边组成的结构，用于描述对象之间的关系。图论在计算机科学、网络分析、交通规划、生物学、社交网络和运筹学等领域有广泛的应用。本章介绍了最短路径问题、行遍性问题、最小生成树问题及最大流问题等内容，并针对每一类问题介绍了不同的算法和求解方法。通过对这些经典问题和算法的学习，读者将能更好地理解图论在优化问题中的应用场景，进而提升处理复杂网络和图结构问题的能力。

12.1 图论的基本概念

图论是数学中的一个重要分支，用于描述和分析对象之间的关系。图可以通过有序三元组 $G=(V,E,\psi)$ 来表示，其中 V 是节点集，E 是边集，ψ 是关联函数。

（1）节点集 $V=(v_1,v_2,\cdots,v_n)$ 是一个非空集合，其中的元素称为图 G 的节点。节点是图的基本构成单位，用于表示对象或实体。

（2）边集 E 是所有边构成的集合，其中的元素称为图 G 的边。边表示节点之间的关系，在不同类型的图中，边的性质和表示方式会有所不同。

（3）关联函数 ψ 是从边集 E 到节点集 V 的映射，描述了边与节点之间的关联。根据关联函数的定义，边可以表示为节点对之间的无序或有序对。

在图 G 中，与 V 中的有序偶 (v_i,v_j) 对应的边 e，称为图 G 的有向弧（或边），而与 V 中节点的无序偶 v_iv_j 对应的边 e，称为图 G 的无向边。每条边都是无向边的图，称为无向图；每条边都是有向弧的图，称为有向图；既有无向边又有有向弧的图称为混合图。

如果图 G 中的每条边 e 都对应一个实数 $w(e)$，则称 $w(e)$ 为该边的权重，并称图 G 为加权图。

在无向图 $G=(V,E,\psi)$ 中，节点与边相互交错且 $\psi(e_i)=v_{i-1}v_i\,(i=1,2,\cdots,k)$ 的有限非空序列 $w=v_0e_1v_1e_2\cdots v_{k-1}e_kv_k$ 称为一条从 v_0 到 v_k 的通路，记为 $W_{v_0v_k}$。边不重复但节点可重

复的通路称为道路，记为 $T_{v_0 v_k}$。边与节点均不重复的通路称为路径，记为 $P_{v_0 v_k}$。

任意两点均有路径的图称为连通图，起点与终点重合的路径称为圈，连通而无圈的图称为树。

设 $P=(u,v)$ 是加权图 G 从 u 到 v 的路径，则称 $w(P)=\sum w(e)$ 为路径 P 的权重。在加权图 G 中，从节点 u 到节点 v 的具有最小权重的路径 $P^*(u,v)$，称为 u 到 v 的最短路径。

无向图具有连接相应节点的无向边，MATLAB 中，graph 对象表示无向图，创建 graph 对象后，可以通过使用对象函数针对对象执行查询操作，了解有关该图的详细信息。例如，可以添加或删除节点或边、确定两个节点之间的最短路径，或定位特定的节点或边。

在 MATLAB 中，利用 graph 函数可以构建无向图对象，其调用格式如下。

```
G=graph              % 创建一个空无向图对象G，其中没有节点或边
G=graph(A)           % 使用对称邻接方阵A创建一个图。对于逻辑邻接矩阵，图没有边权重
    % 对于非逻辑邻接矩阵，图有边权重
    % A中的每个非零项的位置指定图的一条边，边的权重等于该项的值
    % 例如，如果A(2,1)=10，则G包含节点2和节点1之间的一条边，该边的权重为10
G=graph(A,nodenames) % 指定节点名称。nodenames中的元素数量必须等于size(A,1)
G=graph(A,NodeTable)    % 使用表NodeTable指定节点名称(以及其他可能的节点属性)
G=graph(A,___,type)     % 指定在构造图时要使用的邻接矩阵的一个三角矩阵
    % 必须指定A，要仅使用A的上或下三角矩阵构造图，type可以是'upper'或'lower'

G=graph(s,t)         % 以节点对形式指定图边(s,t)，s和t可以指定节点索引或节点名称
    % graph首先按源节点，然后按目标节点对G中的边进行排序
G=graph(s,t,weights)    % 使用数组weights指定边的权重
G=graph(s,t,weights,nodenames)
    % 使用字符向量元胞数组或字符串数组nodenames指定节点名称
G=graph(s,t,weights,NodeTable)  % 使用表NodeTable指定节点名称
    % 使用Name表变量指定节点名称，s和t不能包含NodeTable中没有的节点名称
G=graph(s,t,weights,num)% 使用数值标量num指定图中的节点数
G=graph(s,t,EdgeTable,___)     % 使用表指定边属性，而不是指定weights
    % EdgeTable输入必须是一个表，其中的每行对应于s和t中的每对元素


G=graph(EdgeTable)              % 使用表EdgeTable定义图
    % EdgeTable中的第一个变量必须命名为EndNodes，且必须是定义图形边列表的两列数组
G=graph(EdgeTable,NodeTable)% 使用表NodeTable指定图形节点的名称（及其他属性）
```

有向图具有连接相应节点的有向边，MATLAB 中，digraph 对象表示有向图。创建 digraph 对象后，可以通过使用对象函数针对对象执行查询，了解有关该图的详细信息。在 MATLAB 中，利用 digraph 函数可以构建表示有向图的对象。其调用格式同 graph 函数。

【例 12-1】构造图对象。

（1）创建无向图对象。在编辑器中编写以下程序并运行。

```matlab
% 使用每条边的节点列表创建并绘制一个立方体图
s=[1 1 1 2 2 3 3 4 5 5 6 7];
t=[2 4 8 3 7 4 6 5 6 8 7 8];
weights=[10 10 1 10 1 10 1 1 12 12 12 12];
names={'A' 'B' 'C' 'D' 'E' 'F' 'G' 'H'};
G=graph(s,t,weights,names);
subplot(121)
plot(G,'EdgeLabel',G.Edges.Weight)

% 创建一个边表，其中包含变量 EndNodes、Weight 和 Code
s=[1 1 1 2 3];
t=[2 3 4 3 4];
weights=[6 6.5 7 11.5 17]';
code={'1/44' '1/49' '1/33' '44/49' '49/33'}';
EdgeTable=table([s' t'],weights,code, ...
    'VariableNames',{'EndNodes' 'Weight' 'Code'});
% 创建一个节点表，其中包含变量 Name 和 Country
names={'USA' 'GBR' 'DEU' 'FRA'}';
country_code={'1' '44' '49' '33'}';
NodeTable=table(names,country_code,'VariableNames',{'Name' 'Country'});
G=graph(EdgeTable,NodeTable);
% 使用节点和边表创建图
subplot(122)
plot(G,'NodeLabel',G.Nodes.Country,'EdgeLabel',G.Edges.Code)
```

运行程序后得到的图形如图 12-1 所示。

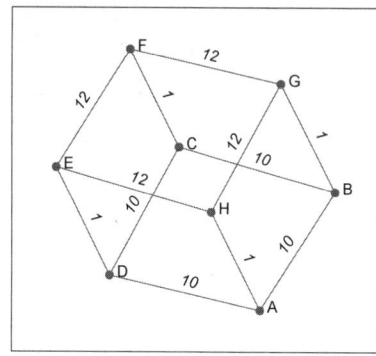

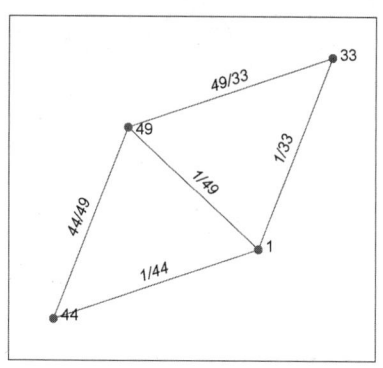

图 12-1　无向图

（2）创建有向图对象。在编辑器中编写以下程序并运行。

```matlab
s=[1 1 1 2 2 3 3 4 5 5 6 7];
t=[2 4 8 3 7 4 6 5 6 8 7 8];
weights=[10 10 1 10 1 10 1 1 12 12 12 12];
names={'A' 'B' 'C' 'D' 'E' 'F' 'G' 'H'};
```

```
G=digraph(s,t,weights,names);
subplot(121)
plot(G,'Layout','force','EdgeLabel',G.Edges.Weight)

% 创建一个边表，其中包含变量 EndNodes、Weight 和 Code
s=[1 1 1 2 2 3];
t=[2 3 4 3 4 4];
weights=[6 6.5 7 11.5 12 17]';
code={'1/44' '1/49' '1/33' '44/49' '44/33' '49/33'}';
EdgeTable=table([s' t'],weights,code, …
    'VariableNames',{'EndNodes' 'Weight' 'Code'});

% 创建一个节点表，其中包含变量 Name 和 Country
names={'USA' 'GBR' 'DEU' 'FRA'}';
country_code={'1' '44' '49' '33'}';
NodeTable=table(names,country_code,'VariableNames',{'Name' 'Country'});

% 使用节点和边表创建图
G=digraph(EdgeTable,NodeTable);
subplot(122)
plot(G,'NodeLabel',G.Nodes.Country,'EdgeLabel',G.Edges.Code)
```

运行程序后得到的图形如图 12-2 所示。

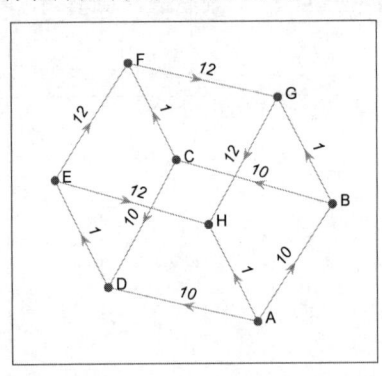

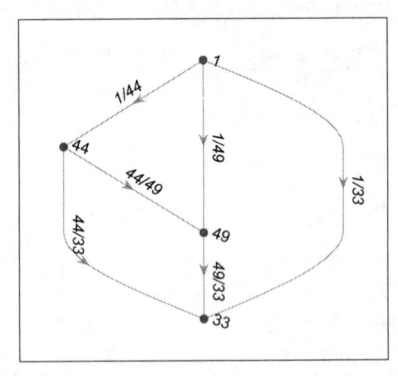

图 12-2　有向图

12.2　最短路径问题

最短路径问题是图论中的一个经典问题，旨在找到图中两个节点之间长度最小的路径。路径的长度通常由边的权重之和来衡量。在许多实际应用中，如交通路网、网络通信、物流配送和地理信息系统等，都会遇到最短路径问题。

最短路径有一个重要而明显的特性：最短路径是一条路径，且最短路径的任一段也是最短路径。

12.2.1 Dijkstra 算法

假设在 $u_0 \to v_0$ 的最短路径中只取一条，则从 u_0 到其余节点的最短路径将构成一棵以 u_0 为根的树。因此，可采用树生长的过程来求指定节点到其余节点的最短路径，利用 Dijkstra 算法可以实现最短路径问题的求解。

设 G 为加权有向图或无向图，G 的边上的权重均为非负值，利用 Dijkstra 算法求 G 中从节点 u_0 到其余节点的最短路径。其中 S 是具有永久标号的顶级点。

对每个节点，定义两个标记 $(l(v), z(v))$，其中 $l(v)$ 表示从节点 u_0 到 v 的一条路的权重，$z(v)$ 表示 v 的父节点，用以确定最短路径的路线。

算法的过程就是在每一步改进这两个标记，使最终 $l(v)$ 为从节点 u_0 到 v 的最短路径的权重，输入为带权邻接矩阵 W。

（1）赋初值：令 $S = \{u_0\}$，$l(u_0) = 0$，$\forall u \in S$，$\forall v \in \overline{S} = V \setminus S$，将节点 u_0 标记为 $(0, u_0)$，此时
$$z(v) = u_0, \quad l(u_0) = 0$$

（2）更新 $l(v)$，$z(v)$：$\forall u \in S$，$\forall v \in \overline{S} = V \setminus S$，令
$$l(v) = l(u) + W(u, v), \quad z(v) = u \; z$$

（3）设 v^* 是使 $l(v)$ 取最小值的 $\overline{S}$ 中的节点，则将 v^* 点标记为 $(l(v^*), z(v^*))$，并令
$$S = S \cup \{v^*\}$$

进入下一步，如果存在多个取最小值的 v^*，则任选其一进行标记或同时对它们进行标记。

（4）若 $\overline{S}$ 非空，则转第二步；否则，停止。

上述算法求出的 $l(v)$ 就是 u_0 到 v 的最短路径的权重，从 v 的父节点标记 $z(v)$ 追溯到 u_0，就得到 u_0 到 v 的最短路径的路线。

在编辑器中编写以下程序，实现 Dijkstra 算法。

```
clear
w=[];              % 初始化带权邻接矩阵 w，在此处录入图的带权邻接矩阵
n=size(w,1);       % 获取矩阵 w 的行数，即图中节点的数量
w1=w(1,:);         % 获取邻接矩阵的第一行，表示起点（第一个节点）到其他节点的权重

% 初始化
for i=1:n          % 赋初值
    % 初始值为起点直接到各节点的权重
    l(i)=w1(i);    % 初始化从起点到每个节点的路径长度（距离）
    z(i)=1;        % 初始化前驱节点，所有节点的前驱节点都初始化为起点
end
s=[];              % 用于存储已经找到最短路径的节点集合
```

```
s(1)=1;              % 初始化，将起点（第一个节点）加入集合 s
u=s(1);              % 设定当前节点 u 为起点
k=1;                 % 已找到最短路径的节点数量

% 循环，直到找到所有节点的最短路径
while k < n
    % 更新 l(v) 和 z(v)
    for i=1:n
        for j=1:k
            if i ~= s(j)              % 如果节点 i 不在集合 s 中
                % 如果从 u 经过某节点到 i 的路径比当前已知的最短路径短，则更新最短路径
                if l(i)>l(u)+w(u,i)
                    l(i)=l(u)+w(u,i);  % 更新从起点到节点 i 的最短路径长度
                    z(i)=u;            % 前驱节点为 u
                end
            end
        end
    end

    % 找到集合 s 之外具有最小 l 值的节点，即 v*
    ll=1;                              % 初始化用于存储节点 l 值的数组
    for i=1:n
        for j=1:k
            if i ~= s(j)               % 如果节点 i 不在集合 s 中
                ll(i)=l(i);            % 记录节点 i 的路径长度
            else
                ll(i)=inf;             % 若节点在集合 s 中，将其路径长度设为无穷大，避免再次选择
            end
        end
    end

    % 找到具有最小 l 值的节点 v
    lv=inf;                            % 初始化最小路径长度为无穷大
    for i=1:n
        if ll(i) < lv
            lv=ll(i);                  % 更新最小路径长度
            v=i;                       % 记录具有最小路径长度的节点 v
        end
    end

    s(k+1)=v;                          % 将找到的节点 v 加入集合 s
    k=k+1;                             % 更新已找到最短路径的节点数量
    u=s(k);                            % 更新当前节点 u 为刚找到的节点 v
```

```
end
clear
w=[];            % 初始化带权邻接矩阵 w。在此处录入图的带权邻接矩阵
n=size(w,1);     % 获取矩阵 w 的行数, 即图中节点的数量
w1=w(1,:);       % 获取邻接矩阵的第一行, 表示起点（第一个节点）到其他节点的权重

% 初始化
for i=1:n        % 赋初值
    % 初始化从起点到每个节点的路径长度（距离）, 初始值为起点直接到各节点的权重
    l(i)=w1(i);
    z(i)=1;      % 初始化前驱节点, 所有节点的前驱节点都初始化为起点
end
s=[];            % 用于存储已经找到最短路径的节点集合
s(1)=1;          % 初始化, 将起点（第一个节点）加入集合 s
u=s(1);          % 设定当前节点 u 为起点
k=1;             % 已找到最短路径的节点数量

% 循环, 直到找到所有节点的最短路径
while k < n
    % 更新 l(v) 和 z(v)
    for i=1:n
        for j=1:k
            if i ~= s(j)                    % 如果节点 i 不在集合 s 中
                % 如果从 u 经过某节点到 i 的路径比当前已知的最短路径短, 则更新最短路径
                if l(i)>l(u)+w(u,i)
                    l(i)=l(u)+w(u,i);       % 更新从起点到节点 i 的最短路径长度
                    z(i)=u;                 % 前驱节点为 u
                end
            end
        end
    end

    % 找到集合 s 之外具有最小 l 值的节点, 即 v*
    ll=1;                        % 初始化用于存储节点 l 值的数组
    for i=1:n
        for j=1:k
            if i ~= s(j)         % 如果节点 i 不在集合 s 中
                ll(i)=l(i);      % 记录节点 i 的路径长度
            else
                ll(i)=inf;       % 若节点在集合 s 中, 将其路径长度设为无穷大, 避免再次选择
            end
        end
    end
```

```
    % 找到具有最小 l 值的节点 v
    lv=inf;                    % 初始化最小路径长度为无穷大
    for i=1:n
        if ll(i) < lv
            lv=ll(i);          % 更新最小路径长度
            v=i;               % 记录具有最小路径长度的节点 v
        end
    end

    s(k+1)=v;                  % 将找到的节点 v 加入集合 s
    k=k+1;                     % 更新已找到最短路径的节点数量
    u=s(k);                    % 更新当前节点 u 为刚找到的节点 v
end
```

12.2.2 Floyd 算法

Floyd 算法是一种用于求每对节点之间最短路径的算法。该算法的基本思想是直接在图的带权邻接矩阵中用插入节点的方法依次构造出 n 个矩阵 $D^{(1)}, D^{(2)}, \cdots, D^{(n)}$，最后得到的矩阵 $D^{(n)}$ 称为图的距离矩阵，同时求出插入点矩阵以便得到两点间的最短路径。

1. 求距离矩阵

把带权邻接矩阵 W 作为距离矩阵的初值，即 $D^{(0)} = \left(d_{ij}^{(0)}\right)_{n \times n} = W$。

（1）$D^{(1)} = \left(d_{ij}^{(1)}\right)_{n \times n}$，其中 $d_{ij}^{(1)} = \min\left\{d_{ij}^{(0)}, d_{i1}^{(0)} + d_{1j}^{(0)}\right\}$，$d_{ij}^{(1)}$ 是从 v_i 到 v_j 允许以 v_1 作为中间点的路径中最短路径的长度。

（2）$D^{(2)} = \left(d_{ij}^{(2)}\right)_{n \times n}$，其中 $d_{ij}^{(2)} = \min\left\{d_{ij}^{(1)}, d_{i2}^{(1)} + d_{2j}^{(1)}\right\}$，$d_{ij}^{(2)}$ 是从 v_i 到 v_j 允许以 v_1，v_2 作为中间点的路径中最短路径的长度。

……

（n）$D^{(n)} = \left(d_{ij}^{(n)}\right)_{n \times n}$，其中 $d_{ij}^{(n)} = \min\left\{d_{ij}^{(n-1)}, d_{in}^{(n-1)} + d_{nj}^{(n-1)}\right\}$，$d_{ij}^{(n)}$ 是从 v_i 到 v_j 允许以 v_1，v_2，$\cdots$，v_n 作为中间点的路径中最短路径的长度，即从 v_i 到 v_j 中间可插入任何节点的路径中最短路径的长度，因此 $D^{(n)}$ 就是距离矩阵。

2. 求路径矩阵

在建立距离矩阵的同时可建立路径矩阵 $R = \left(r_{ij}\right)_{n \times n}$，$r_{ij}$ 的含义是从 v_i 到 v_j 的最短路径要经过点号为 r_{ij} 的点。

$$R^{(0)} = \left(r_{ij}^{(0)}\right)_{n \times n}, \quad r_{ij}^{(0)} = j$$

每求得一个 $D^{(k)}$，则按下列方式产生相应的新的 $R^{(k)}$：

$$r_{ij}^{(k)} = \begin{cases} k, & d_{ij}^{(k-1)} > d_{ik}^{(k-1)} + d_{kj}^{(k-1)} \\ r_{ij}^{(k-1)}, & 其他 \end{cases}$$

即当 v_k 被插入任何两点间的最短路径时，被记录在 $\boldsymbol{R}^{(k)}$ 中，依次求 $\boldsymbol{D}^{(n)}$ 时求得 $\boldsymbol{R}^{(n)}$，可由 $\boldsymbol{R}^{(n)}$ 来查找任何点对之间最短路径。

3. 查找最短路径

若 $r_{ij}^{(n)} = p_1$，则点 p_1 是点 i 到点 j 的最短路径的中间点，然后用同样的方法分头查找，若

（1）向点 i 追溯得

$$r_{ip_1}^{(n)} = p_2, \quad r_{ip_2}^{(n)} = p_3, \quad \cdots, \quad r_{ip_{k-1}}^{(n)} = p_k$$

（2）向点 j 追溯得

$$r_{p_1 j}^{(n)} = q_1, \quad r_{q_1 j}^{(n)} = q_2, \quad \cdots, \quad r_{q_{m-1} j}^{(n)} = q_m, \quad r_{q_m j}^{(n)} = j$$

则由点 i 到点 j 的最短路径为

$$i, p_k, \cdots, p_2, p_1, q_1, q_2, \cdots, q_m, j$$

4. Floyd算法的实现

求任意两点之间的最短路径，假定带权邻接矩阵为 $\boldsymbol{W}$，$d(i,j)$ 为 i 到 j 的距离，$r(i,j)$ 为 i 到 j 之间的插入点。Floyd 算法的实现步骤如下：

（1）赋初值：$w(i,j) \to d(i,j)$，$j \to r(i,j)$，$1 \to k$，$\forall i, j$；

（2）更新 $d(i,j)$，$r(i,j)$，$\forall i, j$，若 $d(i,k)+d(k,j) < d(i,j)$，则 $d(i,j) \to d(i,k)+d(k,j)$，$k \to r(i,j)$；

（3）若 $k = v$，则停止，否则 $k \to k+1$，转第二步。

在编辑器中编写以下程序，并保存为 floyd 函数，实现 Floyd 算法。

```
function [D,R]=floyd(a)
    % 计算图中所有节点对间的最短路径(Floyd-Warshall 算法)
% 输入:a 为带权邻接矩阵,a(i,j)表示节点 i 到节点 j 之间的距离
% 输出:D 为最短路径长度矩阵（距离矩阵）；R 为路径矩阵,R(i,j)记录从节点 i 到节点 j 的最
短路径的中间节点

n=size(a,1);          % 获取矩阵 a 的行数,即图中节点的数量
D=a;                  % 初始化最短路径长度矩阵 D 为邻接矩阵 a

% 初始化路径矩阵 R
for i=1:n
    for j=1:n
        R(i,j)=j;     % 将路径矩阵 R(i,j)的初始值设为 j
    end
end
R;                    % 显示初始路径矩阵 R（可省略）
```

```
% Floyd-Warshall 算法
for k=1:n                    % 中间节点 k
    for i=1:n                % 起点 i
        for j=1:n            % 终点 j
            % 如果从节点 i 经过节点 k 再到节点 j 的路径比直接从节点 i 到节点 j 的路径更短
            if D(i,k)+D(k,j)<D(i,j)
                D(i,j)=D(i,k)+D(k,j);    % 更新最短路径长度
                R(i,j)=R(i,k);           % 更新路径矩阵，记录中间节点
            end
        end
    end
    k;                       % 显示当前中间节点（可省略）
    D;                       % 显示当前的最短路径长度矩阵 D（可省略）
    R;                       % 显示当前的路径矩阵 R（可省略）
end
```

【例 12-2】试用 Floyd 算法求给定区域任意两个节点之间的最短路径。

绘制某城区的交通网络图。全市交通路口节点数据和全市交通路口的路线信息保存在一个 Excel 文件中，为了保证读写准确率和方便性，该文件已去除列标题，并将城区编号转化为数字，如将 A 区的服务平台替换为 1，十字路口替换为 11，其他城区也采用类似方法。并将两组数据分别保存到 Sheet1 和 Sheet2 中。

在编辑器中编写以下程序并运行。

```
clear
% 从文件中读取数据，d_zb 表示节点坐标数据，包含每个节点的 ID、x、y 坐标和类信息
% d_lj 表示边的数据，包含连接各节点的边（第 1、2 列分别为起始节点和终止节点 ID）
d_zb=xlsread('Tnetdata.xls','Sheet1');    % 读取文件中的第一个工作表'Sheet1'
d_lj=xlsread('Tnetdata.xls','Sheet2');    % 读取文件中的第二个工作表'Sheet2'

% 定义 A 区和城区出口的节点列表
ck=[12 14 16 21 22 23 24 28 29 30 38 48 62 151 153 177 202 203 ...
    264 317 325 328 332 362 387 418 483 541 572 578];
hold on                      % 保持当前图形，允许在同一个图窗中绘制多个图形

% 遍历每个节点，根据分类信息绘制不同颜色和样式的点
for i=1:length(d_zb(:,1))
    if fix(d_zb(i,4)/10)>0                           % 检查节点的分类信息
        % 分类节点并用不同颜色绘制
        if mod(d_zb(i,4),10)==1|mod(d_zb(i,4),10)==2
            plot(d_zb(i,2),d_zb(i,3),'g.');          % 绘制绿色点，分类 1 或 2
        end
        if mod(d_zb(i,4),10)==3|mod(d_zb(i,4),10)==5
```

```matlab
            plot(d_zb(i,2),d_zb(i,3),'b.');      % 绘制蓝色点，分类3或5
        end
        if mod(d_zb(i,4),10)==4|mod(d_zb(i,4),10)==6
            plot(d_zb(i,2),d_zb(i,3),'k.');      % 绘制黑色点，分类4或6
        end
    else
        plot(d_zb(i,2),d_zb(i,3),'ro');          % 若不属于上述分类，绘制红色圆圈
    end
end

% 遍历A区和城区出口的节点，并用红色星号标记
for i=1:length(ck)
    plot(d_zb(ck(i),2),d_zb(ck(i),3),'r*');  % 绘制红色星号
end

% 遍历所有边，根据连接的节点分类信息绘制不同颜色的边
for i=1:length(d_lj(:,1))
    % 检查两个节点的分类是否不同
    if mod(d_zb(d_lj(i,1),4),10)~=mod(d_zb(d_lj(i,2),4),10)
        % 如果节点的分类不同，绘制红色边
        plot([d_zb(d_lj(i,1),2) d_zb(d_lj(i,2),2)],…
            [d_zb(d_lj(i,1),3) d_zb(d_lj(i,2),3)],'r');
    else
        % 如果节点的分类相同，根据分类绘制不同颜色的边
        if mod(d_zb(d_lj(i,1),4),10)==1|mod(d_zb(d_lj(i,1),4),10)==2
            plot([d_zb(d_lj(i,1),2) d_zb(d_lj(i,2),2)],…
                [d_zb(d_lj(i,1),3) d_zb(d_lj(i,2),3)],'g');      % 绿色边
        end
        if mod(d_zb(d_lj(i,1),4),10)==3|mod(d_zb(d_lj(i,1),4),10)==5
            plot([d_zb(d_lj(i,1),2) d_zb(d_lj(i,2),2)],…
                [d_zb(d_lj(i,1),3) d_zb(d_lj(i,2),3)],'b');      % 蓝色边
        end
        if mod(d_zb(d_lj(i,1),4),10)==4|mod(d_zb(d_lj(i,1),4),10)==6
            plot([d_zb(d_lj(i,1),2) d_zb(d_lj(i,2),2)],…
                [d_zb(d_lj(i,1),3) d_zb(d_lj(i,2),3)],'k');      % 黑色边
        end
    end
end

% 标记特定节点（32）
text(d_zb(32,2)+2,d_zb(32,3)+1,'P','FontSize',12);% 在节点(32)附近添加文本'P'
plot(d_zb(32,2),d_zb(32,3),'k^');                 % 用黑色三角形标记节点(32)
```

```
% 使用鼠标在图中指定位置放置文本
gtext('A','FontSize',12);
gtext('B','FontSize',12);
gtext('C','FontSize',12);
gtext('D','FontSize',12);
gtext('E','FontSize',12);
gtext('F','FontSize',12);
```

运行程序后，输出如图 12-3 所示图形。

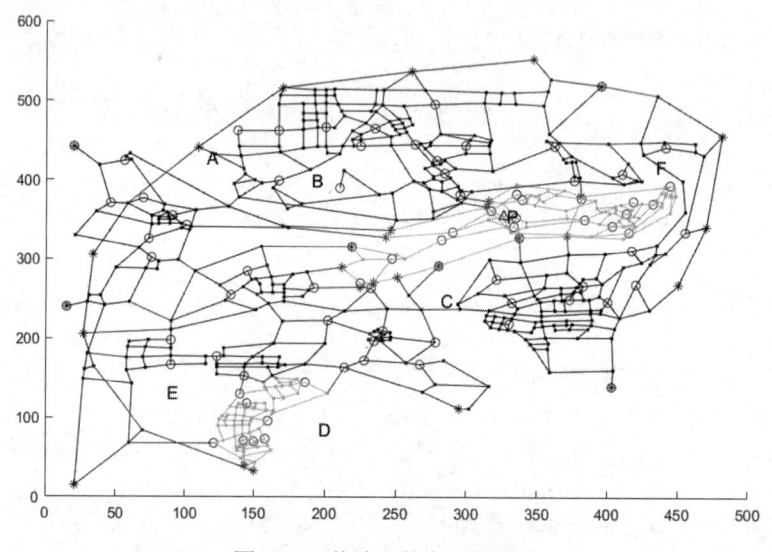

图 12-3　某城区的交通网络图

在编辑器中编写以下程序并运行。即可求得给定区域任意两个节点之间的最短路径。

```
clear
% 从文件中读取数据。d_zb 表示节点坐标数据，包含了每个节点的 ID 和(x,y)坐标
% d_lj 表示边的数据，包含了连接各节点的边
d_zb=xlsread('Tnetdata.xls','Sheet1');    % 读取文件中的第一个工作表'Sheet1'
d_lj=xlsread('Tnetdata.xls','Sheet2');    % 读取文件中的第二个工作表'Sheet2'

% 初始化邻接矩阵 a，初始值为无穷大（inf），表示节点之间没有连接
% a(i,j) 表示节点 i 和节点 j 之间的权重
a=inf*ones(length(d_zb(:,1)),length(d_zb(:,1)));

% 设置邻接矩阵的对角线元素为 0，即每个节点到自身的距离为 0
for i=1:length(d_zb(:,1))
    a(i,i)=0;
end
```

```matlab
% 构建邻接矩阵 a
for i=1:length(d_lj(:,1))
    % 计算两个节点之间的欧几里得距离作为边的权重,d_lj(i,1)和 d_lj(i,2)是边的两个节点
    % 节点的 x 坐标为 d_zb(d_lj(i,1),2)和 d_zb(d_lj(i,2),2)
    % 节点的 y 坐标为 d_zb(d_lj(i,1),3)和 d_zb(d_lj(i,2),3)
    a(d_lj(i,1),d_lj(i,2))=sqrt((d_zb(d_lj(i,1),2)-…
        d_zb(d_lj(i,2),2))^2+(d_zb(d_lj(i,1),3)-d_zb(d_lj(i,2),3))^2);

    % 因为这是一个无向图,所以邻接矩阵是对称的
    % 将 a(i,j)的值赋给 a(j,i)
    a(d_lj(i,2),d_lj(i,1))=a(d_lj(i,1),d_lj(i,2));
end

[D,R]=floyd(a);               % 求解最短路径,D 是最短路径长度矩阵,R 是路径矩阵
```

如果想查询任意两个节点之间的最短距离所对应的线路,则可在运行上述算法后,通过函数 ShortestRoute 来实现。

在编辑器中编写以下程序,并保存为 ShortestRoute 函数。

```matlab
function xl=ShortestRoute(n,m,R)
% 找到最短路径
% 输入起点的索引 n,m 为终点的索引,R 为路径矩阵
% 其中 R(i,j)表示从节点 i 到节点 j 的最短路径中 j 的前驱节点
% 输出:xl 为从起点到终点的最短路径的节点序列

jdgs=length(R);              % 获取路径矩阵 R 的大小
flag1=0;                     % 标志 1,表示是否找到从起点到中间点的路径
flag2=0;                     % 标志 2,表示是否找到从中间点到终点的路径

zjd1=R(n,m);                 % 初始化第一个中间点
zjd2=R(n,m);                 % 初始化第二个中间点
xlz=[];                      % 存储从起点到中间点的路径
xly=[];                      % 存储从中间点到终点的路径

% 如果有直接最短路径,则直接连接起点和终点
if R(n,m)==n||R(n,m)==m
    xl=[n m];                % 如果有直接路径,则返回路径[n,m]
else
    % 如果路径经过中间点,需逐步找到完整路径
    xlz=[n];                 % 将起点加入路径列表
    xly=[m];                 % 将终点加入路径列表

    % 找到从起点到中间点的路径
    while flag1==0
```

```
            xlz=[xlz zjd1];                    % 将中间点加入路径
            % 检查是否到达起点或者中间点
            if R(n,zjd1)==n||R(n,zjd1)==zjd1
                flag1=1;                       % 找到路径，退出循环
            else
                zjd1=R(n,zjd1);                % 更新中间点，继续查找路径
            end
        end

        % 找到从中间点到终点的路径
        while flag2==0
            xly(length(xly))=R(zjd2,m);        % 更新路径中的最后一个节点
            % 检查是否到达终点或中间点
            if R(zjd2,m)==m||R(zjd2,m)==zjd2
                flag2=1;                       % 找到路径，退出循环
            else
                zjd2=R(zjd2,m);                % 更新中间点，继续查找路径
                xly(length(xly)+1)=m;          % 在路径列表中添加终点
            end
        end
        xl=[xlz xly];                          % 合并路径，从起点到终点
end
```

在命令行窗口中输入以下语句，并查看输出结果。结果给出了索引 1→10 的最短路径。

```
>> xl=ShortestRoute(1,10,R)
xl =
    1    69    68    67    66    65    3    45    35    9    34    10
```

12.2.3 两个单一节点之间的最短路径

在 MATLAB 中，利用 shortestpath 函数可以求两个单一节点之间的最短路径，该函数的调用格式如下。

```
P=shortestpath(G,s,t)                          % 计算从起点 s 到终点 t 的最短路径
    % 如果对图进行了加权（G.Edges 包含变量 Weight），则这些权重用作沿图中各边的距离
    % 否则，所有边的距离都视为 1
P=shortestpath(G,s,t,'Method',algorithm)% 可选择性地指定在寻找最短路径时使用
的算法
[P,d]=shortestpath(___)                        % 额外返回最短路径的长度 d
[P,d,edgepath]=shortestpath(___)
    % 额外返回从起点 s 到终点 t 的最短路径上所有边的索引 edgepath
```

最短路径算法的 Method 选项说明如表 12-1 所示。

表 12-1 Method 选项说明

选项	说明
'auto'	'auto'选项会自动选择算法（默认值）。Method 可设置为以下值 ①'unweighted'，用于没有边权重的 graph 和 digraph 输入 ②'positive'，用于具有边权重的所有 graph 输入，并要求权重为非负数，还用于具有非负边权重的 digraph 输入 ③'mixed'，用于其边权重包含某些负值的 digraph 输入，图不能包含负循环
'unweighted'	广度优先计算，将所有边权重都视为 1
'positive'	迪杰斯特拉算法，要求所有边权重均为非负数
'mixed'	适用于有向图的 Bellman-Ford 算法，要求图没有负循环（仅适用于 digraph） 尽管对于相同的问题，'mixed'的速度慢于'positive'，但'mixed'更为通用，因为它允许某些边权重为负数
'acyclic'	算法旨在改进具有加权边的有向无环图（DAG）的性能（仅适用于 digraph）。 使用 isdag 确认有向图是否无环

【例 12-3】求两个单一节点之间的最短路径。

（1）加权图中的最短路径。在编辑器中编写以下程序并运行。

```
% 创建并绘制一个具有加权边的图
s=[1 1 1 2 2 6 6 7 7 3 9 9 4 4 11 11 8];
t=[2 3 4 5 6 7 8 5 8 9 10 5 10 11 12 10 12 12];
weights=[10 10 10 10 10 1 1 1 1 1 1 1 1 1 1 1 1];
G=graph(s,t,weights);
plot(G,'EdgeLabel',G.Edges.Weight)

[P,d]=shortestpath(G,3,8   )% 求节点 3 和节点 8 之间的最短路径，并返回该路径的长度
```

运行程序后输出如下结果，同时输出如图 12-4 所示图形。

```
P =
    3    9    5    7    8
d =
    4
```

由于图中心的边具有较大权重，因此节点 3 和节点 8 之间的最短路径是围绕边权重最小的图边界。此路径的总长度为 4。

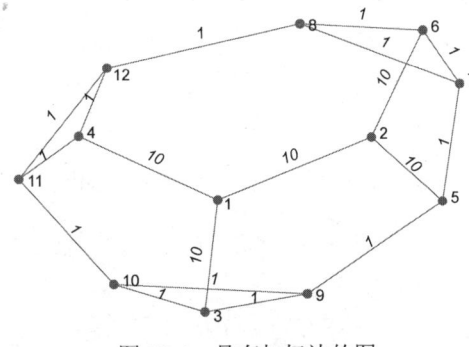

图 12-4 具有加权边的图

（2）忽略边权重的最短路径。在编辑器中编写以下程序并运行。

```
% 使用自定义节点坐标创建并绘制一个具有加权边的图
s=[1 1 1 1 1 2 2 7 7 9 3 3 1 4 10 8 4 5 6 8];
t=[2 3 4 5 7 6 7 5 9 6 6 10 10 10 11 11 8 8 11 9];
weights=[1 1 1 1 3 3 2 4 1 6 2 8 8 9 3 2 10 12 15 16];
G=graph(s,t,weights);

x=[0 0.5 -0.5 -0.5 0.5 0 1.5 0 2 -1.5 -2];
y=[0 0.5 0.5 -0.5 -0.5 2 0 -2 0 0 0];
p=plot(G,'XData',x,'YData',y,'EdgeLabel',G.Edges.Weight);

[path1,d]=shortestpath(G,6,8)    % 根据图边权重，求节点6和节点8之间的最短路径
highlight(p,path1,'EdgeColor','r')   % 以红色显示
```

运行程序后输出如下结果，同时输出如图12-5所示图形。

```
path1 =
    6    3    1    4    8
d =
   14
```

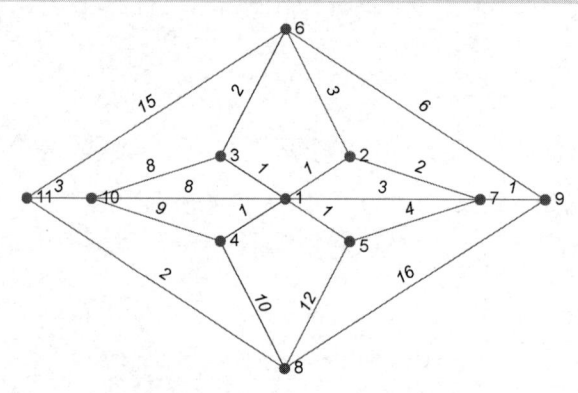

图 12-5　最短路径（考虑边权重）

如果将 Method 指定为 unweighted，则忽略边权重，即将所有边的权重都视为1，此时会在节点之间生成一条不同路径，该路径以前因长度太大而不能成为最短路径。

```
[path2,d]=shortestpath(G,6,8,'Method','unweighted')
highlight(p,path2,'EdgeColor','b')
```

运行程序后输出如下结果，同时输出如图12-6所示图形。

```
path2 =
    6    9    8
d =
    2
```

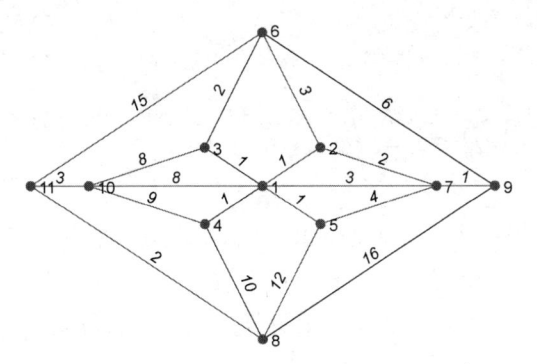

图 12-6 最短路径（忽略边权重）

（3）多重图中的最短路径。在编辑器中编写以下程序并运行。

```
% 创建一个具有五个节点的加权多重图，其中有几对节点之间的边数超过一条
G=graph([1 1 1 1 1 2 2 3 3 3 4 4],[2 2 2 2 2 3 4 4 5 5 5 2],…
        [2 4 6 8 10 5 3 1 5 6 8 9]);
p=plot(G,'EdgeLabel',G.Edges.Weight);
[P,d,edgepath]=shortestpath(G,1,5)    % 找出节点 1 和节点 5 之间的最短路径

G.Edges(edgepath,:);
highlight(p,'Edges',edgepath)         % 指定经过的各条边的索引来突出显示该路径
```

由于有几个节点对之间的边数超过一条，故指定三个输出，以返回最短路径所经过的特定边。运行程序后输出如下结果，同时输出如图 12-7 所示图形。结果表明，最短路径的总长度为 11。

```
P =
    1    2    4    3    5
d =
    11
edgepath =
    1    7    9    10
```

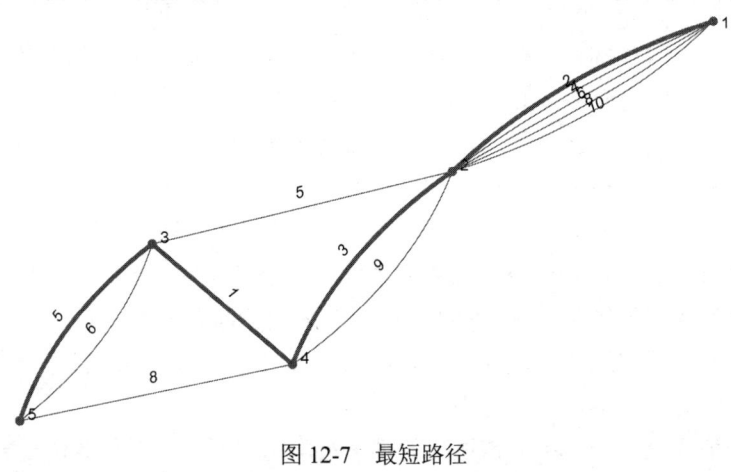

图 12-7 最短路径

12.3 行遍性问题

行遍性问题是图论中的一个经典问题,旨在确定图中是否存在一条路径或一个回路,使得在该路径或回路中,所有的边或者节点都被访问一次且仅被访问一次。这一问题在路径规划、物流运输、网络设计和生物信息学等领域有着重要的应用。

12.3.1 推销员问题

流动推销员需要访问某地区的所有城镇,最后返回出发点,在这个过程中如何安排旅行路线使总行程最小,这便是推销员问题。

若用节点表示城镇,边表示连接两城镇的路,边上的权重表示距离(或时间,或费用),则推销员问题就成为在加权图中寻找一条经过每个节点至少一次的最短闭通路问题。

在加权图 $G=(V,E)$ 中,权重最小的哈密顿圈称为最佳哈密顿圈,经过每个节点至少一次的权重最小的闭通路称为最佳推销员回路。

> **提示**:一般说来,最佳哈密顿圈不一定是最佳推销员回路,同样最佳推销员回路也不一定是最佳哈密顿圈。

在加权图 $G=(V,E)$ 中,若对任意 $x,y,z \in V$,$z \neq x$,$z \neq y$,都有 $w(x,y) \leqslant w(x,z)+w(z,y)$,则图 G 的最佳哈密顿圈也是最佳推销员回路。

最佳推销员回路问题可转化为最佳哈密顿圈问题,方法是由给定的图 $G=(V,E)$ 构造一个以 V 为节点集的完备图 $G'=(V,E')$,E' 的每条边 (x,y) 的权重等于节点 x 与 y 在图中最短路径的权重。即

$$\forall x, \ y \in E', \ w(x,y) = \min dG(x,y)$$

> **注意**:加权图 G 的最佳推销员回路的权重与 G' 的最佳哈密顿圈的权重相同。

推销员问题有时也称为旅行商问题(TSP),它是组合数学中一个古老而又困难的问题,也是组合优化中研究最多的问题之一,但至今尚未彻底解决,现已归入 NP-难问题。

该问题在图论的意义上就是所谓的最小哈密顿圈问题,由于其在许多领域中都有广泛的应用,因而寻找其有效的算法就显得颇为重要。

例如,对于一个仅有 16 个城市的推销员问题,如果用穷举法来求问题的最优解,需比较的可行解有近 21 万亿个。尽管现在计算机的计算速度大大提高,而且已有一些指数级算法可精确地求解推销员问题,但随着它们在大规模问题上的失效(组合爆炸),人们退而求其次,转而寻找近似算法或启发式算法。人们经过几十年的努力,在寻找近似算法或启发式算法方面取得了一定的进展。

目前,一般来说,一万个城市以下的推销员问题基本可用近似算法在合理的时间内

求得可接受的误差小于1%的近似解或最优解。

现实生活中的问题纷繁复杂，推销员问题的重要性就体现在许多关于推销员问题的工作并不是由实际问题直接推动的，而是由于推销员问题为其他一般的各类算法提供了思想方法平台，这些算法广泛地应用于各种离散优化问题。

然而，这并不是说推销员问题无法在许多领域找到其应用。其实，推销员问题大量的直接应用给研究领域带来了生机，并指导了未来的工作。

推销员问题通常可以描述为：

一个推销员要到若干城市推销货物，从城市 1 出发，经过其余各城市一次且仅仅一次，然后回到出发点，求其最短行程，即寻找一条巡回路径 $T=(t_1,t_2,\cdots,t_n)$，使得下列目标函数最小：

$$f(T)=\sum_{i=1}^{n-1}d(t_i,t_{i+1})+d(t_n,t_1)$$

式中，t_i 为城市号，是取值在 1 到 n 之间的自然数，$d(t_i,t_j)$ 表示城市 i 和城市 j 之间的距离，对于对称式推销员问题，有 $d(t_i,t_j)=d(t_j,t_i)$。用图论的语言描述为，在一个加权完全图中，找到一个最小权重哈密顿圈。

推销员问题在图论中的描述如下：

设有 n 个城市，并分别编号 1，2，$\cdots$，n，给定一个完全无向图 $G=(V,E)$，$V=\{1,2,\cdots,n\}$ 为节点集，E 为边集，各节点的距离 d_{ij} 已知（$d_{ij}>0$；$d_{ii}=0$；$i,j\in V$）。

推销员问题的数学模型可写成如下的线性规划形式：

$$\min\sum_{i\neq j}d_{ij}x_{ij}$$

$$\text{s.t.}\begin{cases}\sum_{i\neq j}x_{ij}=1\\\sum_{i\neq j}x_{ji}=1\\\sum_{i,j\in V}x_{ij}\leq |S|-1\\x_{ij}=0\text{或}1\end{cases},\text{其中},i,j\in V、S\subseteq V$$

决策变量：

$$x_{ij}=\begin{cases}1,&\text{边}(i,j)\text{在最优路径上}\\0,&\text{其他}\end{cases}$$

其中，d_{ij} 为各节点之间的距离，x_{ij} 为决策变量，当边 (i,j) 在最优路径上时，值为 1，否则为 0。$|S|$ 为集合 S 中所含图 G 的节点个数。

前面两个约束意味着对每个节点而言，仅有一条边进和一条边出，后一条约束则保证了没有任何子回路解产生。于是，满足上述约束条件的解构成一条遍历所有节点的哈密顿圈。

12.3.2 推销员问题求解算法

推销员问题是一个经典的组合优化问题,目的是找到一条最短的路径,使得推销员从起点出发,经过每个城市一次并返回起点。下面给出几种常见的求解算法。

1. 邻近配送法

邻近配送法是指从调度中心出发,每次总是基于最近邻原则找到与当前派送节点最近的节点进行派送直至所有的业务节点均派送完毕。

具体算法实现:在编辑器中编写以下程序,并保存为 ProximityMethod 函数。

```
function [xl,l]=ProximityMethod(d,q,zx)
% 使用最近邻原则生成派送路径
% 输入:d为距离矩阵,d(i,j)表示节点i和节点j之间的最短路径长度
%      q为需要派送的节点集合;zx为调度中心节点
% 输出:xl为最优访问顺序(包括起点和终点zx);l为最优路径的总距离

% 如果q不是列向量,则将其转化为列向量
if length(q(:,1))>1
    q=q';
end
k=length(q);                    % 获取节点集合的数量

% 将q中与zx相同的节点去除
for i=1:k
    if q(i)==zx
        q(i:k-1)=q(i+1:k);      % 将节点后面的元素前移,覆盖掉q(i)
        k=k-1;                  % 减少节点数量
    end
end
q=q(1:k);                       % 更新节点集合

% 基于最近邻原则生成派送线路
y=zx;                           % 初始化y为调度中心zx
u=[];                           % 用于存储派送节点的顺序

for j=1:k
    sum0=inf;
    % 用z记录与当前派送节点最近的节点序号
    % 遍历当前未派送的节点,寻找距离当前节点y最近的节点
    for i=1:k-j+1
        if d(y,q(i))<sum0
            sum0=d(y,q(i));     % 更新最短距离
            z=i;                % 更新最近节点的索引
```

```
            end
        end
    u(j)=q(z);                          % 将最近的节点添加到派送顺序中
    y=q(z);                             % 更新当前节点为最近的节点

    % 将已派送的节点从 q 中去除
    for i=1:k-j+1
        if i==z
            if i==1
                q=q(2:end);             % 如果是第一个元素,则删除第一个元素
            else
                q=[q(1:i-1) q(i+1:end)];              % 删除节点 i
            end
        end
    end
end

% 生成调度线路与调度距离
xl=[zx u zx]';                          % 生成完整路径,包括起点 zx 和终点 zx
i=1;
% 检查路径中的起点和终点是否重复
while xl(i+1)==zx
    xl=xl(2:end);                       % 删除重复的起点
end
% 计算路径的总距离
l=0;
for i=1:length(xl)-1
    l=l+d(xl(i),xl(i+1));               % 累加每一段路径的距离
end
```

2. 穷举配送法

穷举配送法是指通过穷举法获得所有可能的派送方案,并从中筛选出最优配送方案。该方法适用于配送节点较少的情况,且能够获得全局最优解。到目前为止,利用 MATLAB 可以快速求解 10 个节点以内(包括 10 个)的情况,对于 10 个以上的情况需要设置相关参数,且计算速度会急剧下降甚至无法求解。

具体算法实现:在编辑器中编写以下程序,并保存为 ExhaustiveMethod 函数。

```
function [xl,l]=ExhaustiveMethod(d,q,zx)
% 通过穷举法求解节点调度问题
% 输入:d 为距离矩阵,d(i,j)表示节点 i 和节点 j 之间的距离
%       q 为需要访问的节点集合,可能是行向量或列向量;zx 为中心节点(起点和终点)
% 输出:xl 为优化后的访问顺序(包括起点和终点);l 为最优路径的总距离
```

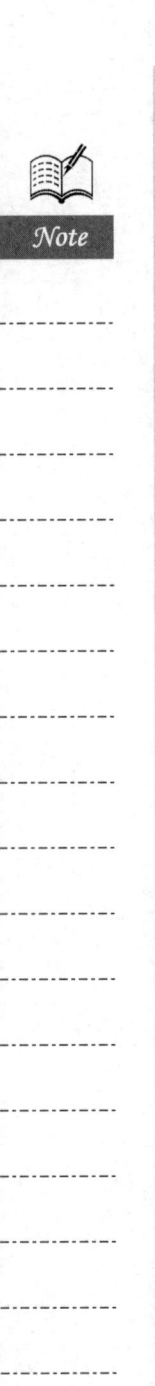

```matlab
    % 如果q不是列向量，则将其转化为列向量
    if length(q(:,1))>1
        q=q';                                    % 转置为列向量
    end
    k=length(q);                                 % 获取节点q的数量
    
    % 将q中与中心节点zx相同的节点去除
    j=1;
    for i=1:k
        if q(i)~=zx                              % 如果q(i)不等于zx,则保留该节点
            x(j)=q(i);
            j=j+1;
        else
            k=k-1;                               % 如果q(i)等于zx,则节点数量减1
        end
    end
    q=x;                                         % 更新去除zx后的节点集合q
    
    % 如果节点个数超过10,则提示无法使用穷举法计算
    if k>10
        disp('Data error, too many nodes,unable to compute!')% 输出提示信息
        xl=x;                                    % 返回去除zx后的节点集合q
        l=[];                                    % 返回空的总距离
    else
        sum1=inf;                                % 初始化最短距离为无穷大
        pl=perms(q);                             % 生成所有节点的排列
        
        % 遍历所有排列，寻找最短路径
        for j=1:length(pl(:,1))
            sum2=0;                              % 初始化当前排列的路径距离
            % 计算从zx到第一个节点，以及最后一个节点返回zx的距离
            sum2=sum2+d(pl(j,1),zx)+d(pl(j,k),zx);
            % 计算排列中各相邻节点之间的距离
            for i=1:k-1
                sum2=sum2+d(pl(j,i),pl(j,i+1));
            end
            % 如果当前排列的距离小于之前的最短距离，则更新最短距离
            if sum2<sum1
                sum1=sum2;                       % 更新最短距离
                x=pl(j,:);                       % 保存当前最优排列
            end
        end
```

```
    % 将最优排列与中心节点 zx 组成完整路径
    xl=[zx x zx];                        % 路径从 zx 开始，经过所有节点，再返回 zx

    % 计算完整路径的总距离
    lx=0;
    for i=1:length(xl)-1
        lx=lx+d(xl(i),xl(i+1));          % 累加每条边的距离
    end
    l=lx;                                % 返回最短路径的总距离
end
```

3．插入节点法

插入节点法是指在给定初始派送线路中，逐一将各节点插入其他任意两个节点中间的方法。

具体算法实现：在编辑器中编写以下程序，并保存为 InsertNodeMethod 函数。

```
function [xl,l]=InsertNodeMethod(d,q,zx)
% 插入节点法求解最短路径问题
% 输入:d 为距离矩阵，d(i,j)表示节点 i 和节点 j 之间的距离
%      q 为需要访问的节点集合；zx 为中心节点（起点和终点）
% 输出:xl 为优化后的访问顺序（包括起点和终点）；l 为最优路径的总距离

% 将 q 中与 zx 相同的点去掉
sum1=1;
for i=1:length(q)
    if q(i)~=zx                          % 如果 q(i)不等于 zx，则保留该节点
        qx(sum1)=q(i);
        sum1=sum1+1;
    end
end

% 将 qx 转换为列向量（如果它是行向量）
if length(qx(:,1))>1
    qx=qx';
end

xl=qx;                                   % 将去掉中心节点 zx 的节点赋值给 xl
jdgs=length(xl);                         % 获取剩余节点的数量

% 计算初始派件距离：从 zx 出发，经过所有节点，再回到 zx
pjjl=d(xl(1),zx)+d(xl(jdgs),zx);         % zx 到第一个节点和最后一个节点返回 zx 的距离
for i=1:jdgs-1
    pjjl=pjjl+d(xl(i),xl(i+1));          % 加上相邻节点之间的距离
```

```
end
l=pjjl;                                  % 记录初始路径的总距离
xl=[zx xl zx];                           % 完整路径, 包括起点和终点

flag1=1;% 标志变量, 用于控制循环
while flag1==1
    % 调用 crjdmax 函数, 找出最优插入点
    [gjwzq,gjwzh]=OptInsPoint(d,xl,zx);       % 获取最优插入点的位置
    if gjwzq>0
        % 如果插入点的最优位置存在, 将节点插入新的最优位置
        if gjwzh>gjwzq
            xl=[xl(1:gjwzq-1) xl(gjwzq+1:gjwzh) xl(gjwzq) xl(gjwzh+1:end)];
        else
            xl=[xl(1:gjwzh) xl(gjwzq) xl(gjwzh+1:gjwzq-1) xl(gjwzq+1:end)];
        end
    else
        flag1=0;                              % 无法继续优化, 退出循环
    end
end

% 计算优化后的总距离
l=0;
for i=1:length(xl)-1
    l=l+d(xl(i),xl(i+1));                     % 累加每条边的距离
end
```

子算法: 在编辑器中编写以下程序, 并保存为 OptInsPoint 函数。

```
function [gjwzq,gjwzh]=OptInsPoint(d,q,zx)
% 寻找能最大化减少路径长度的节点交换
% 输入:d 为距离矩阵, d(i,j) 表示节点 i 和节点 j 之间的距离
%     q 为需要访问的节点集合; zx 为中心节点 (起点和终点)
% 输出:gjwzq 为交换的第一个节点位置; gjwzh 为交换的第二个节点位置

% 去除与 zx 相同的节点
sum1=1;
for i=1:length(q)
    if q(i)~=zx
        qx(sum1)=q(i);                        % 将不等于 zx 的节点保存到 qx 中
        sum1=sum1+1;
    end
end
```

```
% 如果 qx 不是列向量，则将其转置为列向量
if length(qx(:,1))>1
    qx=qx';
end

% 初始化路径 xl，并添加起点和终点
xl=qx;
jdgs=length(xl);                % 获取节点数量
xl=[zx xl zx];                  % 在 qx 的起点和终点添加 zx

gjjl_max=1e-6;                  % 初始化最大改进值，设置为很小的值

% 遍历所有节点对，尝试交换它们，找到能最大限度减少路径长度的交换
for i=2:jdgs+1                  % 遍历路径中的第 i 个节点
    for j=1:jdgs+1              % 遍历路径中的第 j 个节点
        if j>i||j<i-1           % 排除相邻的节点
            % 计算交换前后的路径长度
            jly=d(xl(i-1),xl(i))+d(xl(i),xl(i+1))+d(xl(j),xl(j+1));
            jlx=d(xl(i-1),xl(i+1))+d(xl(j),xl(i))+d(xl(j+1),xl(i));

            % 如果交换后路径减少更多，则更新最大改进量和交换节点
            if (jly-jlx)>gjjl_max
                gjjl_max=jly-jlx;
                gjwzq=i;        % 记录需要交换的节点 i
                gjwzh=j;        % 记录需要交换的节点 j
            end
        end
    end
end

% 如果没有找到能减少路径的交换，则返回 0
if gjjl_max==1e-6
    gjwzq=0;
    gjwzh=0;
end
end
```

4．or-opt法

单点插入法中，通过调整初始配送线路中单点的插入位置而得到更优的配送线路，事实上插入点的个数可以进一步增加，如双点插入法和三点插入法，学者将这种方法命名为 or-opt 法。简单来说，就是把线路中相邻的 l 个点插入其他位置或重定位，一般而

言 $l \leq 3$。若 l 为 1，则意味着将线路中的一个节点在该线路中重定位。

通常来说，or-opt 法可用于同一线路上的点的交换，也可用于不同线路上的点的交换。单线路 or-opt 法交换示意图如图 12-8 所示。

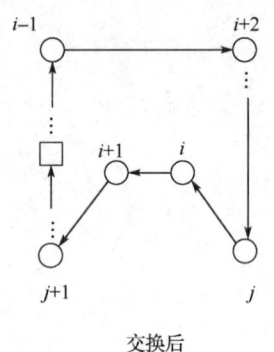

图 12-8　单线路 or-opt 法交换示意图

在图 12-8 中，将线路中的 2 个节点 i 和 $i+1$ 插入节点 j 和 $j+1$ 之间，形成一条新的线路。

具体算法实现：在编辑器中编写以下程序，并保存为 OroptMethod 函数。

```
function [xl,l]=OroptMethod(d,q,zx)
% 使用 Or-Opt 法优化路径
% 输入:d 为距离矩阵，d(i,j) 表示节点 i 和节点 j 之间的距离
%      q 为需要访问的节点集合；zx 为中心节点（起点和终点）
% 输出:xl 为优化后的访问顺序（包括起点和终点）；l 为最优（最短）路径的总距离

% 将 q 中与 zx 相同的点去掉
sum1=1;
for i=1:length(q)
    ifq(i)~=zx                    % 如果 q 中的节点不等于 zx，则保留该节点
    qx(sum1)=q(i);
    sum1=sum1+1;
end
end

% 将 qx 转换为列向量（如果它是行向量）
if length(qx(:,1))>1
    qx=qx';
end

xl=qx;                            % 将去掉中心节点 zx 的节点赋值给 xl
jdgs=length(xl);                  % 获取剩余节点的数量
```

```matlab
% 当节点数大于 6 时进行路径优化
if jdgs>6
    % 计算初始路径长度：从 zx 出发，经过所有节点，再回到 zx
    l=d(xl(1),zx)+d(xl(jdgs),zx);% 起点到第一个节点和最后一个节点返回起点的距离
    for i=1:jdgs-1
        l=l+d(xl(i),xl(i+1));      % 加上相邻节点之间的距离
    end

    % 初始化完整路径，包括起点和终点
    xl=[zx xl zx];                 % 完整路径，从 zx 开始，经过所有节点，再返回 zx
    flag1=1;                       % 标志变量，用于控制循环

    % 通过 Or-Opt 法优化路径
    while flag1==1
        % 调用 oroptmax 函数，找出最优插入位置
        [i,j]=oroptmax(d,xl,zx);  % 获取最优插入位置的索引
        if i>0
            % 执行插入操作，优化路径
            if j>i+1
                % 插入操作，调整路径顺序
                xl=[xl(1:i-1) xl(i+2:j) xl(i) xl(i+1) xl(j+1:end)];
            else
                % 插入操作，调整路径顺序
                xl=[xl(1:j) xl(i) xl(i+1) xl(j+1:i-1) xl(i+2:end)];
            end
        else
            flag1=0;              % 如果没有更优的插入，退出循环
        end
    end

    % 计算优化后的总距离
    l=0;
    for i=1:length(xl)-1
        l=l+d(xl(i),xl(i+1));     % 累加每条边的距离
    end
end
```

5. 双点交换法

双点交换法是指在给定初始配送线路中任意交换两个派送节点位置的方法。相关示意图如图 12-9 所示，将线路中的 2 个节点 i 与 j 进行交换，形成一条新的线路。

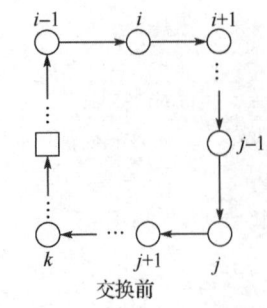

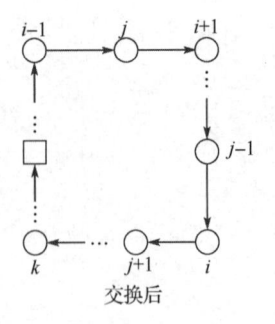

图 12-9 双点交换法示意图

具体算法实现：在编辑器中编写以下程序，并保存为 **DPExchMethod** 函数。

```
function [xl,l]=DPExchMethod(d,q,zx)
% 使用双点交换法优化路径
% 输入:d 为距离矩阵，d(i,j)表示节点 i 和节点 j 之间的距离
%      q 为需要访问的节点集合；zx 为中心节点（起点和终点）
% 输出:xl 为优化后的访问顺序（包括起点和终点）；l 为最优路径的总距离

% 将 q 中与 zx 相同的点去掉
sum1=1;
for i=1:length(q)
    ifq(i)~=zx                    % 如果 q 中的节点不等于 zx，则保留该节点
    qx(sum1)=q(i);
    sum1=sum1+1;
end
end

% 将 qx 转换为列向量（如果它是行向量）
if length(qx(:,1))>1
    qx=qx';
end

xl=qx;                            % 将去掉中心节点 zx 的节点赋值给 xl
jdgs=length(xl);                  % 获取剩余节点的数量

% 当节点数大于 6 时进行路径优化
if jdgs>6
    % 计算初始路径长度：从 zx 出发，经过所有节点，再回到 zx
    l=d(xl(1),zx)+d(xl(jdgs),zx); % 起点到第一个节点和最后一个节点返回起点的距离
    for i=1:jdgs-1
        l=l+d(xl(i),xl(i+1));     % 加上相邻节点之间的距离
    end

    % 初始化完整路径，包括起点和终点
    xl=[zx xl zx];                % 完整路径，从 zx 开始，经过所有节点，再返回 zx
```

```
        flag1=1;                            % 标志变量，用于控制循环

    % 通过局部交换优化路径
    while flag1==1
        % 调用 sdjhmax 函数，找出最优交换位置
        [i,j]=sdjhmax(d,xl, zx);            % 获取最优交换位置的索引
        if i>0
            % 执行局部交换操作，优化路径
            if j>i+1
                % 插入操作，调整路径顺序
                xl=[xl(1:i-1) xl(j) xl(i+1:j-1) xl(i) xl(j+1:end)];
            else
                % 插入操作，调整路径顺序
                xl=[xl(1:i-1) xl(j) xl(i) xl(j+1:end)];
            end
        else
            flag1=0;                        % 如果没有更优的交换，退出循环
        end
    end

    % 计算优化后的总距离
    l=0;
    for i=1:length(xl)-1
        l=l+d(xl(i),xl(i+1));               % 累加每条边的距离
    end
end
```

6. 二边逐次修正法

二边逐次修正法（2-opt 法）是指在指定的初始派送线路中找到两对合适的连接节点，并通过交换连接方式来对线路派送距离优化的方法，即将一条线路中的两条边用另外两条边替换，相关示意图如图 12-10 所示。

将线路中的边 $(i,i+1)$ 和 $(j+1,j)$ 用边 (i,j) 和边 $(i+1,j+1)$ 替代，形成一条新的线路。

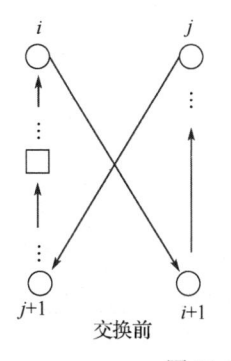

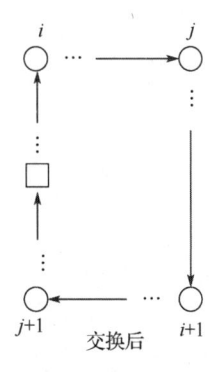

图 12-10　2-opt 法交换示意图

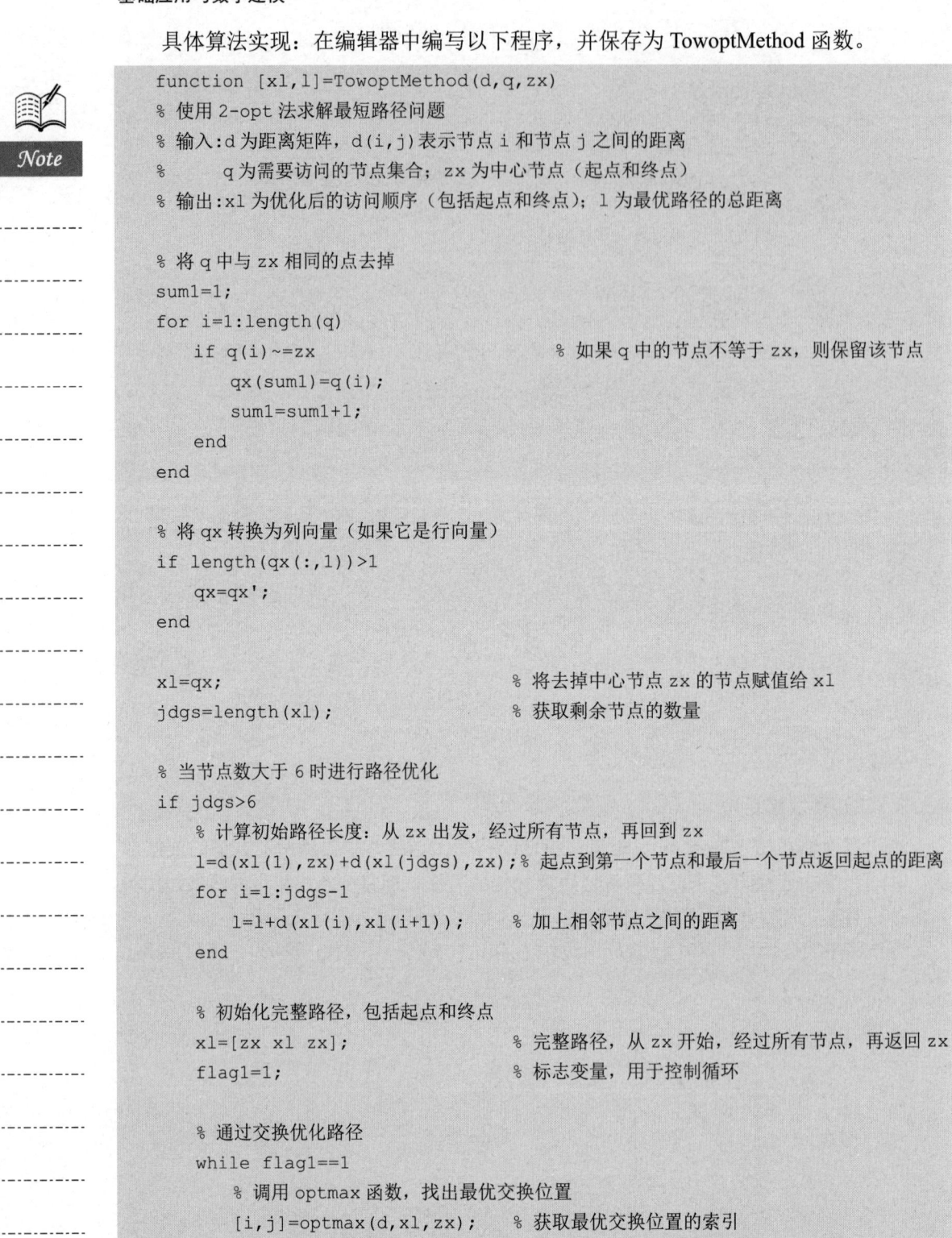

具体算法实现：在编辑器中编写以下程序，并保存为 TowoptMethod 函数。

```matlab
function [xl,l]=TowoptMethod(d,q,zx)
% 使用 2-opt 法求解最短路径问题
% 输入：d 为距离矩阵，d(i,j)表示节点 i 和节点 j 之间的距离
%      q 为需要访问的节点集合；zx 为中心节点（起点和终点）
% 输出：xl 为优化后的访问顺序（包括起点和终点）；l 为最优路径的总距离

% 将 q 中与 zx 相同的点去掉
sum1=1;
for i=1:length(q)
    if q(i)~=zx                    % 如果 q 中的节点不等于 zx，则保留该节点
        qx(sum1)=q(i);
        sum1=sum1+1;
    end
end

% 将 qx 转换为列向量（如果它是行向量）
if length(qx(:,1))>1
    qx=qx';
end

xl=qx;                             % 将去掉中心节点 zx 的节点赋值给 xl
jdgs=length(xl);                   % 获取剩余节点的数量

% 当节点数大于 6 时进行路径优化
if jdgs>6
    % 计算初始路径长度：从 zx 出发，经过所有节点，再回到 zx
    l=d(xl(1),zx)+d(xl(jdgs),zx);  % 起点到第一个节点和最后一个节点返回起点的距离
    for i=1:jdgs-1
        l=l+d(xl(i),xl(i+1));      % 加上相邻节点之间的距离
    end

    % 初始化完整路径，包括起点和终点
    xl=[zx xl zx];                 % 完整路径，从 zx 开始，经过所有节点，再返回 zx
    flag1=1;                       % 标志变量，用于控制循环

    % 通过交换优化路径
    while flag1==1
        % 调用 optmax 函数，找出最优交换位置
        [i,j]=optmax(d,xl,zx);     % 获取最优交换位置的索引
        if i>0
            % 执行交换操作，优化路径
```

```
            m=xl(i+1);              % 临时保存节点
            xl(i+1)=xl(j);          % 交换节点
            xl(j)=m;
            xl(i+2:j-1)=xl(j-1:-1:i+2);      % 反转路径中的一部分
        else
            flag1=0;                % 如果没有更优的交换,退出循环
        end
    end

    % 计算优化后的总距离
    l=0;
    for i=1:length(xl)-1
        l=l+d(xl(i),xl(i+1));       % 累加每条边的距离
    end
end
```

7. 算法最优性检验

为了检验算法的最优性,以下给出推销员问题理想最优解的定义。

推销员问题中,我们将每个节点与其最近两个节点距离均值的总和定义为该问题的理想最优解。

事实上,这一定义基于理想的情况,即每个节点在最优路径上均选择最近的两个节点为相邻的配送节点,因此上述定义是合理的。下面给出了计算理想最优解的算法。

具体算法实现:在编辑器中编写以下程序,并保存为 **AlgOptTest** 函数。

```
function ideal_ddjl=AlgOptTest(d,q,zx)
% 计算理论最短调度距离
% 输入:d 为距离矩阵,d(i,j)表示节点 i 和节点 j 之间的距离
%       q 为需要访问的节点集合;zx 为中心节点(起点和终点)
% 输出:ideal_ddjl 为理想的调度距离(作为基准)

sum1=1;
maxjl=max(max(d));                  % 获取距离矩阵 d 中的最大值

% 将 q 中与 zx 相同的点去掉
for i=1:length(q)
    if q(i)~=zx                     % 如果 q 中的节点不等于 zx,则保留该节点
        qx(sum1)=q(i);
        sum1=sum1+1;
    end
end

% 将 qx 转换为列向量(如果它是行向量)
if length(qx(:,1))>1
```

```
        qx=qx';
    end

    q=[zx qx];                          % 将中心节点 zx 放在 q 的第一个位置
    ideal_ddjl=0;                       % 初始化理想调度距离

    % 遍历每个节点 i
    for i=1:length(q)
        for j=1:length(q)
            if i==j
                jlij(i,j)=maxjl+1;      % 如果 i 和 j 是同一个节点，则赋值为一个大于最大距离的数
            else
                jlij(i,j)=d(q(i),q(j)); % 否则将节点 i 和节点 j 之间的距离赋值给 jlij(i,j)
            end
        end

        % 将与节点 i 有关的所有距离进行排序
        jlpx=sort(jlij(i,:));           % 对 jlij 的第 i 行进行升序排序

        % 选择距离最小的两个节点，将它们的距离加入理想调度距离中
        for j=1:length(q)
            if jlij(i,j)==jlpx(1)||jlij(i,j)==jlpx(2)  % 选择与节点 i 距离最小的两个节点
                ideal_ddjl=ideal_ddjl+jlij(i,j);       % 累加这两个节点的距离
            end
        end
    end

    ideal_ddjl=ideal_ddjl/2;            % 最后将理想调度距离除以 2，因为每条边长度被计算了两次
```

通过上述算法获得推销员问题理想最优解后就可以对前面提出的各种算法进行最优性检验，从而得知各算法的优劣。

8. 基于随机迭代的算法优化

通过分析可以发现，由各种算法得到的最优解与理想最优解之间的接近程度依然较低，其主要原因在于各算法都是通过由前到后的方式逐步进行优化的，从而得到某一局部最优解。因此，考虑采用新的迭代方式，即每次随机选择一个可优化的方式进行迭代，从而有机会获得更优解。

下面给出单点插入法的随机迭代算法实现。在编辑器中编写以下程序，并保存为 IteOptMethod 函数。

```
function [x1,l]=IteOptMethod(d,q,zx)
% 通过单点插入法的随机迭代优化调度路径
% 输入:d 为距离矩阵，d(i,j)表示节点 i 和节点 j 之间的距离
```

```
% q 为需要访问的节点集合；zx 为中心节点（起点和终点）
% 输出:xl 为最终优化后的访问顺序（包括起点和终点）;l 为最优路径的总距离

% 将 q 中与 zx 相同的点去掉
sum1=1;
for i=1:length(q)
    if q(i)~=zx                    % 如果 q 中的节点不等于 zx，则保留该节点
        qx(sum1)=q(i);             % 将节点保存到 qx
        sum1=sum1+1;
    end
end

% 如果 qx 不是列向量，则将其转换为列向量
if length(qx(:,1))>1
    qx=qx';
end

xl=qx;                             % 将去除 zx 后的节点集合赋值给 xl
jdgs=length(xl);                   % 获取节点的数量

% 计算初始路径的总距离
l=d(xl(1),zx)+d(xl(jdgs),zx);      % 起点到第一个节点和最后一个节点返回起点的距离
for i=1:jdgs-1
    l=l+d(xl(i),xl(i+1));          % 加上相邻节点之间的距离
end

% 不断优化路径，直到无法进一步减少距离
flag1=0;                           % 标志变量用于控制循环
while flag1==0
    % 调用 crjdsj 函数，生成新的路径并计算新的总距离
    [xlx,lx]=SchPathOpt(d,xl,zx);

    if lx<l                        % 如果新路径的总距离更短
        xl=xlx;                    % 更新路径为新的路径
        l=lx;                      % 更新最短距离
    else
        flag1=1;                   % 无法进一步优化，退出循环
    end
end

% 最终输出的路径应包含起点和终点
xl=[zx xl zx];                     % 返回从 zx 开始，再次回到 zx 的完整路径
```

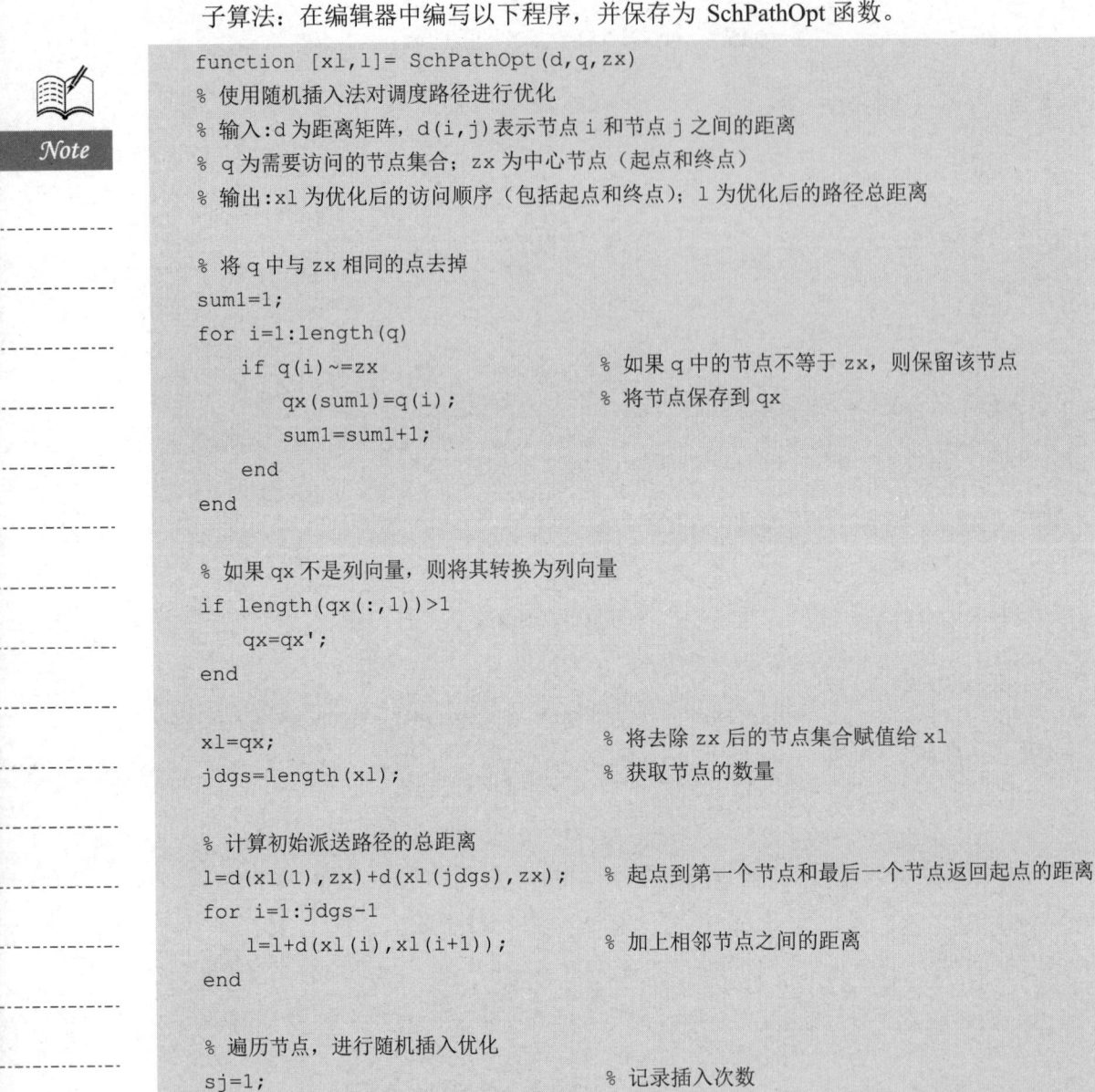

子算法：在编辑器中编写以下程序，并保存为 SchPathOpt 函数。

```
function [xl,l]= SchPathOpt(d,q,zx)
% 使用随机插入法对调度路径进行优化
% 输入:d 为距离矩阵，d(i,j)表示节点 i 和节点 j 之间的距离
% q 为需要访问的节点集合；zx 为中心节点（起点和终点）
% 输出:xl 为优化后的访问顺序（包括起点和终点）；l 为优化后的路径总距离

% 将 q 中与 zx 相同的点去掉
sum1=1;
for i=1:length(q)
    if q(i)~=zx                    % 如果 q 中的节点不等于 zx，则保留该节点
        qx(sum1)=q(i);             % 将节点保存到 qx
        sum1=sum1+1;
    end
end

% 如果 qx 不是列向量，则将其转换为列向量
if length(qx(:,1))>1
    qx=qx';
end

xl=qx;                             % 将去除 zx 后的节点集合赋值给 xl
jdgs=length(xl);                   % 获取节点的数量

% 计算初始派送路径的总距离
l=d(xl(1),zx)+d(xl(jdgs),zx);      % 起点到第一个节点和最后一个节点返回起点的距离
for i=1:jdgs-1
    l=l+d(xl(i),xl(i+1));          % 加上相邻节点之间的距离
end

% 遍历节点，进行随机插入优化
sj=1;                              % 记录插入次数
sjdwz=[];                          % 用于保存插入位置
for j=1:jdgs
    % 将第 j 个节点取出，并存储到 xxl 中
    xxl(1:j-1)=xl(1:j-1);
    xxl(j:jdgs-1)=xl(j+1:end);

    % 尝试将第 j 个节点插入新的位置
    for k=1:jdgs
        z(1:k-1)=xxl(1:k-1);
        z(k)=xl(j);                % 将第 j 个节点插入第 k 个位置
```

```
        z(k+1:jdgs)=xxl(k:jdgs-1);

        % 计算新的派送路径总距离
        pjjlx=d(z(1),zx)+d(z(jdgs),zx);     % 起点到第一个节点的距离
        for i=1:jdgs-1
            pjjlx=pjjlx+d(z(i),z(i+1));     % 累加节点之间的距离
        end

        % 如果新路径的距离更短，则记录插入位置
        if pjjlx<l
            sjdwz(sj,1)=j;                  % 记录节点 j
            sjdwz(sj,2)=k;                  % 记录插入位置 k
            sj=sj+1;                        % 插入次数+1
        end
    end
end

% 如果找到优化方案，则随机选择一个优化的插入操作
if sj>1
    wz=randi(1,1,sj-1)+1;                   % 随机选择一个插入方案
    % 按照随机选择的插入位置调整路径
    xxl(1:sjdwz(wz,1)-1)=xl(1:sjdwz(wz,1)-1);
    xxl(sjdwz(wz,1):jdgs-1)=xl(sjdwz(wz,1)+1:end);
    z(1:sjdwz(wz,2)-1)=xxl(1:sjdwz(wz,2)-1);
    z(sjdwz(wz,2))=xl(sjdwz(wz,1));
    z(sjdwz(wz,2)+1:jdgs)=xxl(sjdwz(wz,2):jdgs-1);

    % 生成优化后的完整路径
    xl=[zx z zx];                           % 添加起点和终点
    % 计算新的总路径长度
    l=0;
    for i=1:length(xl)-1
        l=l+d(xl(i),xl(i+1));               % 累加每段路径的长度
    end
else
    disp('unable to optimize!')             % 如果没有找到优化方案，输出提示
end
```

9. 混合使用求解算法

虽然通过随机迭代法获得了更优解，但通过混合使用这些算法可能会获得更优的解。下面给出了混合使用 4 种计算速度较快算法的算法。

具体算法实现：在编辑器中编写以下程序，并保存为 MixAlgMethod 函数。

```matlab
function [xl,l]=MixAlgMethod(d,q,zx)
% 综合多种算法优化调度路径
% 输入:d 为距离矩阵, d(i,j)表示节点 i 和节点 j 之间的距离
% q 为需要访问的节点集合; zx 为中心节点（起点和终点）
% 输出:xl 为优化后的访问顺序（包括起点和终点）; l 为最优路径的总距离

% 将 q 中与 zx 相同的点去掉
sum1=1;
for i=1:length(q)
    if q(i)~=zx                      % 如果 q 中的节点不等于 zx, 则保留该节点
        qx(sum1)=q(i);               % 将节点保存到 qx
        sum1=sum1+1;
    end
end

% 如果 qx 不是列向量, 则将其转换为列向量
if length(qx(:,1))>1
    qx=qx';
end

% 初始化路径 xl, 并将 zx 添加为起点和终点
xl=[zx qx zx];                       % 路径包括起点和终点

% 计算初始路径的总距离 l
l=0;
for i=1:length(xl)-1
    l=l+d(xl(i),xl(i+1));            % 累加每条边的距离
end

% 开始综合多种算法的优化
jdgs=length(xl);                     % 获取路径的总长度（节点数）
if jdgs>6                            % 当节点数大于 6 时进行优化
    flag1=1;                         % 标志变量, 用于控制循环
    while flag1==1
        flag1=0;                     % 初始标志设为 0
        
        [xl,lx]=InsertNodeMethod(d,xl,zx);    % 使用插入节点法优化路径
        if lx<l
            flag1=1;                 % 如果路径被优化, 继续循环
            l=lx;                    % 更新最短距离
        end
        
        [xl,lx]=DPExchMethod(d,xl,zx);        % 使用双点交换法优化路径
```

```
            if lx<l
                flag1=1;                    % 路径被优化,继续循环
                l=lx;                       % 更新最短距离
            end

            [xl,lx]=TowoptMethod(d,xl,zx);  % 使用 2-opt 法优化路径
            if lx<l
                flag1=1;                    % 路径被优化,继续循环
                l=lx;                       % 更新最短距离
            end

            [xl,lx]=OroptMethod(d,xl,zx);   % 使用 or-opt 法优化路径
            if lx<l
                flag1=1;                    % 路径被优化,继续循环
                l=lx;                       % 更新最短距离
            end
        end
    end
```

12.3.3 邮递员问题

邮递员发送邮件时,要从邮局出发,经过他投递范围内的每条街道至少一次,然后返回邮局,但邮递员希望选择一条行程最短的路线,这就是邮递员问题。

若将投递区的街道用边表示,街道的长度用边的权重表示,街道交叉口用点表示,则一个投递区构成一个加权连通无向图。邮递员问题转化为,在一个非负加权连通无向图中,寻求一个权重最小的巡回。这样的巡回称为最佳巡回。

邮递员问题的一种求解方法是在每条需要巡逻的边上插入三个点,其中两个点靠近街道交叉口的位置,一个点在边的中心,这样就可以把邮递员问题转化为推销员问题进行求解。

12.4 最小生成树问题

树是图论中的重要概念,所谓树就是一个无圈的连通图。最小生成树主要用于寻找加权图中能够连接所有节点的边的子集,使得这些边的总权值最小。该问题常用于网络设计、交通规划和电路设计等领域。

12.4.1 最小生成树概述

给定一个无向图 $G = (V, E)$,通过保留 G 的所有点,而删掉部分 G 的边或者说保留一部分 G 的边所获得的图 G_1,称为 G 的生成子图。

如果图 G 的一个生成子图还是一个树，则称这个生成子图为生成树。最小生成树问题就是指在一个加权的连通的无向图 G 中找出一个生成树，并使得这个生成树的所有边的权重之和为最小。这个树应满足以下条件：

（1）生成树必须包含图中所有的节点。

（2）生成树是一个无环连通子图。

（3）生成树的总权重最小。

求解最小生成树问题的常用算法有 Kruskal 算法和 Prim 算法。

1）Kruskal 算法

Kruskal 算法是基于贪心思想的一种算法，步骤如下：

① 将图中的所有边按权重从小到大排序。

② 初始化一个空集，用于存放最小生成树的边。

③ 从权重最小的边开始，如果加入该边不会形成环，则将这条边加入最小生成树中。

④ 重复步骤③，直到所有节点都被包含在生成树中。

Kruskal 算法的时间复杂度：$O(E\log E)$，其中 E 是图中的边数，排序是最耗时的部分。

2）Prim 算法

Prim 算法也基于贪心思想，但它的处理方式与 Kruskal 算法不同，它从某个节点开始，逐渐扩展生成树，直到包含所有节点。步骤如下：

① 从任意一个节点开始，将它加入最小生成树。

② 在与生成树相连的所有边中，选取权重最小且连接未被加入生成树的节点的边，将该节点和边加入生成树。

③ 重复步骤②，直到所有节点都被加入生成树。

Prim 算法的时间复杂度：$O(E\log V)$，其中 V 是节点数，E 是边数。优化后效率较高。

12.4.2 求解最小生成树

在 MATLAB 中，求解最小生成树问题可以使用 graph 类，并调用 minspantree 函数，该函数的调用格式如下。

```
T=minspantree(G)              % 返回图 G 的最小生成树 T
T=minspantree(G,Name,Value)   % 使用一个或多个名称-值对指定其他选项
    % 如'Method','sparse'表示使用 Kruskal 算法来计算最小生成树
[T,pred]=minspantree(___)     % 额外返回前趋节点的向量 pred
```

说明：最小生成树算法包括以下两种方法。

（1）对于稠密图（'dense'）：Prim 算法（默认值）。从根节点开始，在遍历图时将边添加到树中。

（2）对于稀疏图（'sparse'）：Kruskal 算法。按权重对所有边排序，将不构成循环的边添加到树中。

【例 12-4】 求解最小生成树。

在编辑器中编写以下程序并运行。

```
% 使用加权边创建并绘制一个立方体图
s=[1 1 1 2 5 3 6 4 7 8 8 8];
t=[2 3 4 5 3 6 4 7 2 6 7 5];
weights=[100 10 10 10 10 20 10 30 50 10 70 10];
subplot(131)
G1=graph(s,t,weights);
p1=plot(G1,'EdgeLabel',G1.Edges.Weight);
% 计算并在图上方绘制图的最小生成树。T 包含的节点与 G 相同，但包含的边仅为后者包含的边的子集
[T,pred]=minspantree(G1);
highlight(p1,T)

% 创建并绘制一个包含多个分量的图
s={'a' 'a' 'a' 'b' 'b' 'c' 'e' 'e' 'f' 'f' 'f' 'f' 'g' 'g'};
t={'b' 'c' 'd' 'c' 'd' 'd' 'f' 'g' 'g' 'h' 'i' 'j' 'i' 'j'};
subplot(132)
G2=graph(s,t);
p2=plot(G2,'Layout','layered');

% 图节点名称显示在最小生成树图中
[T,pred]=minspantree(G2,'Type','forest','Root',findnode(G2,'i'));
highlight(p2,T)

% 该树中的所有边都从每个分量中的根节点（节点 i 和 a）向外发出
subplot(133)
rootedTree=digraph(pred(pred~=0),find(pred~=0),[],G2.Nodes.Name);
plot(rootedTree)
```

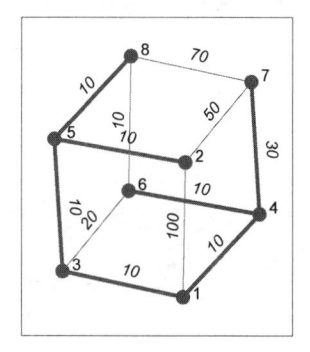

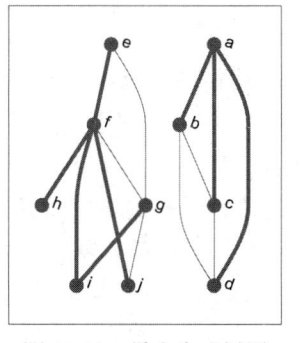

运行程序后得到如图 12-11 所示图形。

图 12-11 最小生成树图

12.5 最大流问题

最大流问题是图论中的一个经典问题，广泛应用于网络流、供应链优化和交通流量规划等领域。它的目标是计算从网络中的源点到汇点可以发送的最大流量。

12.5.1 最大流问题概述

最大流问题通常表述为，给定一个带容量的有向图 $G=(V,E)$，指定一个源点 s 和一个汇点 t，要求计算从 s 到 t 的最大流。其中，V 是节点集，代表网络中的节点；E 是边集，代表节点之间的连接，每条边 $e=(u,v)\in E$，具有一个非负容量 $c(u,v)$，代表从节点 u 到节点 v 的最大可通过的流量。

最大流问题中经常涉及以下概念：

（1）容量：边(u,v)的容量(u,v)是从节点 u 到 v 最大可通过的流量。

（2）流量：边(u,v)上的流量 $f(u,v)$是从节点 u 到节点 v 实际传输的流量，要求 $0 \leqslant f(u,v) \leqslant c(u,v)$。

（3）流的守恒性：对于除源点和汇点外的所有节点，流入该节点的流量等于流出该节点的流量（不能"积存"或"制造"流量）。

（4）最大流量：从源点 s 发送到汇点 t 的流量总和，即为最大流问题的目标。

解决最大流问题的经典算法主要有 Ford-Fulkerson 算法及基于它改进的 Edmonds-Karp 算法。

1．Ford-Fulkerson算法

Ford-Fulkerson 算法基于增广路径的概念，增广路径是一条从源点到汇点的路径，沿途的每条边都有剩余的容量（可以增加流量的空间）。算法步骤如下：

（1）初始化所有边的流量$f(u,v)$=0。

（2）寻找一条从源点 s 到汇点 t 的增广路径，路径上每条边的剩余容量 $r(u,v)=c(u,v)-f(u,v)>0$。

（3）找到增广路径后，沿这条路径增加流量，更新流量。

（4）重复步骤（2）和步骤（3），直到找不到增广路径为止。

（5）最终的总流量即为最大流。

Ford-Fulkerson 的时间复杂度依赖于找到增广路径的方式，如果使用深度优先搜索（DFS），则复杂度可以为 $O(E,F)$，其中 E 是边数，F 是最大流量。

2．Edmonds-Karp算法

Edmonds-Karp 算法是 Ford-Fulkerson 算法的一个具体实现，使用广度优先搜索（BFS）来寻找增广路径。BFS 总是找到最短的增广路径，从而提高算法的效率。

（1）初始化所有边的流量 $f(u,v)=0$。

（2）使用 BFS 寻找一条从源点 s 到汇点 t 的增广路径。

（3）沿增广路径增加流量，并更新所有边的流量。

（4）重复步骤（2），直到找不到增广路径为止。

（5）返回从源点流向汇点的总流量作为最大流。

时间复杂度 $O(V,E^2)$，其中 V 是节点数，E 是边数。该复杂度相比 Ford-Fulkerson 更加稳定。

12.5.2 求解最大流

在 MATLAB 中，解决最大流问题可以使用 maxflow 函数，其调用格式如下。

```
mf=maxflow(G,s,t)          % 返回节点 s 和 t 之间的最大流
    % 若图 G 未加权（G.Edges 不含变量 Weight），则将所有图的边的权重视为 1
mf=maxflow(G,s,t,algorithm)  % 指定要使用的最大流算法，仅在 G 为有向图时可用
[mf,GF]=maxflow(___)       % 额外返回有向图对象 GF，仅使用 G 中具有非零流值的边构造
[mf,GF,cs,ct]=maxflow(___) % 返回源和目标节点 ID cs 和 ct，表示与最大流关联的最小割
```

说明： 最大流算法，指定为表 12-2 中的选项之一。对于有向图，只能指定非默认 algorithm 选项。

表 12-2 选项说明

选项	说明
'searchtrees'	使用博伊科夫-科尔莫戈洛夫算法。通过构造与节点 s 和 t 相关联的两个搜索树，计算最大流（默认值）
'augmentpath'	使用 Ford-Fulkerson 算法。通过求残差有向图中的增广路径，以迭代方式计算最大流
'pushrelabel'	通过将某节点的余流推送到其相邻节点并为该节点重新添加标签，计算最大流

注意： 使用选项 'augmentpath' 'pushrelabel' 时，有向图中相同的两个节点之间不能有相反方向的任何平行边，除非这些边中某条边的权重为零。因此，若图包含边(i,j)，则仅当(i,j)的权重为零和（或）(j,i)的权重为零时，它才能包含反向边(j,i)。

【例 12-5】求解最大流问题。

在编辑器中编写以下程序并运行。

```
% 创建并绘制一个加权图，加权边表示流量
s=[1 1 2 2 3 4 4 4 5 5];
t=[2 3 3 4 5 3 5 6 4 6];
weights=[0.77 0.44 0.67 0.75 0.89 0.90 2 0.76 1 1];
G=digraph(s,t,weights);
plot(G,'EdgeLabel',G.Edges.Weight,'Layout','layered');

mf=maxflow(G,1,6)              % 确定从节点 1 到节点 6 的最大流
```

运行程序后输出如下结果，同时输出如图 12-12 所示图形。

```
mf =
    1.2100
% 创建并绘制一个图，加权边表示流量
s=[1 1 2 2 3 3 4];
t=[2 3 3 4 4 5 5];
weights=[10 6 15 5 10 3 8];
G=digraph(s,t,weights);
H=plot(G,'EdgeLabel',G.Edges.Weight);

% 指定'augmentpath'使用 Ford-Fulkerson 算法，并使用两个输出来返回非零流的图
[mf,GF]=maxflow(G,1,5,'augmentpath')    % 计算节点 1 和节点 5 之间的最大流值

% 突出显示非零流的图并对其添加标签
H.EdgeLabel={};
highlight(H,GF,'EdgeColor','r','LineWidth',1.5);
st=GF.Edges.EndNodes;
labeledge(H,st(:,1),st(:,2),GF.Edges.Weight);
```

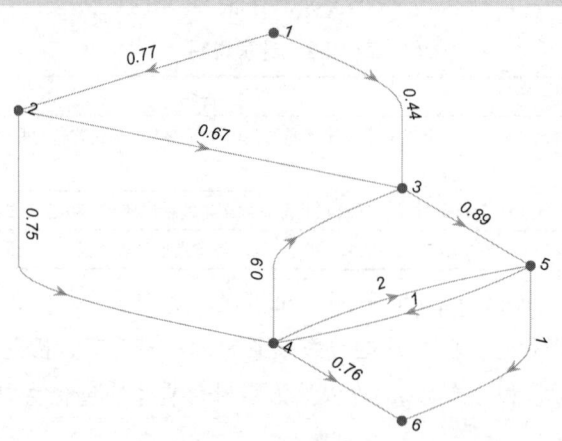

图 12-12　最大流图（1）

运行程序后输出如下结果，同时输出如图 12-13 所示图形。

```
mf =
    11
GF=
  digraph - 属性:
    Edges: [6×2 table]
    Nodes: [5×0 table]
```

(a) 有向图　　　　　　　　　　　　(b) 显示非零流

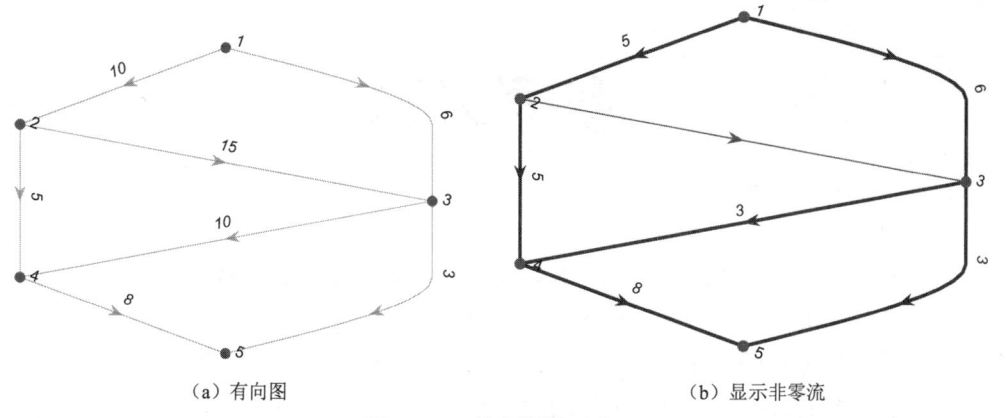

图 12-13　最大流图（2）

12.6　本章小结

　　本章首先介绍了图论的基本概念，随后深入探讨了几类经典问题，包括最短路径问题、行遍性问题、最小生成树问题和最大流问题。每类问题通过详细的算法描述，如 Dijkstra 算法、Floyd 算法、推销员问题求解算法、最小生成树算法等，为读者提供了多种解决复杂网络问题的思路和方法。通过本章内容，读者不仅能够理解不同问题的求解原理，还能学会在实践中选择合适的算法来优化解决方案。本章为更复杂的图论问题及其算法研究奠定了基础，并进一步加深了对图论算法在实际应用中的重要性的认识。

参考文献

[1] Frank R. Giordano, William P.Fox, Steven B.Horton．数学建模[M]．5 版．叶其孝，姜启源等译．北京：机械工业出版社，2014．

[2] 丁金滨．MATLAB 科技绘图与数据分析[M]．北京：清华大学出版社，2024．

[3] 温正．MATLAB 科学计算[M]．2 版．北京：清华大学出版社，2023．

[4] 李昕．MATLAB 数学建模[M]．2 版．北京：清华大学出版社，2022．

[5] 木仁，吴建军，李娜．MATLAB 与数学建模[M]．北京：科学出版社，2018．

[6] 刘浩，韩晶．MATLAB R2022a 完全自学一本通[M]．北京：电子工业出版社，2022．

[7] 姜启源，谢金星，叶俊．数学模型[M]．5 版．北京：高等教育出版社，2018．

[8] 魏鑫，周楠．MATLAB 2022a 从入门到精通[M]．北京：电子工业出版社，2023．